Eberhard Schuster

Sumpf- und Wasserpflanzen

Eberhard Schuster

Sumpf- und Wasserpflanzen

Eigenschaften · Ansprüche · Verwendung

3., neubearbeitete Auflage

Mit 254 farbigen Abbildungen

Parey Buchverlag Berlin 2000

PAREY

Parey Buchverlag im
Blackwell Wissenschafts-Verlag
Kurfürstendamm 57, D-10707 Berlin
Zehetnergasse 6, A-1140 Wien

e-mail: parey@blackwis.de
Internet: http://www.blackwell.de
http://www.parey.de

Anschrift des Autors:
Wasserkulturen
Eberhard Schuster
19089 Augustenhof
– Deutschland –

Weitere Verlagsniederlassungen:

Blackwell Science Ltd
Osney Mead, GB-Oxford OX2 0EL
25 John Street, GB-London WC1N 2BL
23 Ainslie Place, GB-Edinburgh EH3 6AJ

Blackwell Science, Inc.
Commerce Place, 350 Main Street
USA-Malden, Massachusetts 02148-5018

Blackwell Science Asia Pty Ltd
54 University Street
AUS-Carlton, Victoria 3053

Blackwell Science KK
MG-Kodemmacho Building, 3F
7–10, Kodemmacho
Nihonbashi, Chuo-ku
J-Tokio 103-0001

Die Deutsche Bibliothek – CIP-Einheitsaufnahme

Schuster, Eberhard:
Sumpf- und Wasserpflanzen : Eigenschaften, Ansprüche, Verwendung / Eberhard Schuster. 3. bearb. Aufl. – Berlin : Parey, 2000
ISBN 3-8263-3284-9

ISBN 3-8263-3284-9 · Printed in Germany

Einbandgestaltung: Rudolf Hübler, Berlin, unter Verwendung von Abbildungen aus dem Archiv des Autors/Foto-Autor: Sebastian Schuster.

Die Strichzeichnungen wurden von Matthias Kleinwächter, Berlin, gefertigt.

Satz und Repro: deutsch-türksicher fotosatz, Berlin
Druck & Bindung: Offsetdruckerei Wende, Berlin

Gedruckt auf chlorfrei gebleichtem Papier.

Vorwort

Wasser ist das wichtigste Lebenselement auf der Erde. Ohne Wasser kein Leben. Es ist also nicht verwunderlich, wenn das Wasser seit jeher eine besondere Anziehungskraft auf Mensch und Tier ausübt. In jeder hochentwickelten Kultur, vom Altertum bis in die Gegenwart, kommt dem Wasser nicht nur eine lebensspendende Rolle zu, sondern es besitzt auch eine hohe ästhetische Wertigkeit. Die blanke Fläche ruhenden Wassers holt uns spiegelnd den Himmel in den Garten. Spiegelnd vervielfältigen sich die in und am Wasser wachsenden Pflanzen. Ihr Werden und Vergehen im jahreszeitlichen Wechsel, die Eigenarten ihrer Lebensweise, die Pracht ihrer Blüten wecken immer wieder aufs Neue unsere Aufmerksamkeit.

Ich habe mir mit dem vorliegenden Buch die Aufgabe gestellt, Pflanzen und Wasser als Gestaltungselemente für Gärten und Parkanlagen in ihrer Arten- und Formenvielfalt und in verschiedensten Anwendungsmöglichkeiten darzustellen.

Ich habe versucht, bei der Beschreibung der Arten und Sorten des umfangreichen Sortimentes an Sumpf- und Wasserpflanzen, einschließlich der Seerosen, einen möglichst umfassenden Überblick über die Thematik zu geben, es wird jedoch kein Anspruch auf Vollständigkeit erhoben. Ich bin für alle fördernden kritischen Hinweise, Anregungen und Ergänzungen dankbar.

Seit der Veröffentlichung der 2. Auflage meines Buches sind viele Jahre vergangen, in denen eine Vielzahl neuer Sumpf- und Wasserpflanzen einschließlich vieler Sorten auf dem Markt erschienen sind. Diese Neuheiten habe ich in der Beschreibung mit aufgenommen, aber auch etliche Pflanzen, die erst in den nächsten Jahren in größeren Stückzahlen angeboten werden können. Das Sortiment der Seerosen wurde in den letzten Jahren überarbeitet und die Bezeichnung der Sorten korrigiert, wo es notwendig war. In rasanter Weise haben neue Seerosensorten aus den USA Einzug in unsere Gärten gefunden, die in der Zukunft das Seerosensortiment wesentlich beeinflussen werden.

Mit dem vorliegenden Buch will ich mich vor allem an die Gartenfreunde wenden, die im Haus-, Klein- oder Wochenendgarten, auf kleinster Fläche im Mietergarten oder sogar auf dem Balkon Sumpf- und Wasserpflanzen kultivieren möchten. Darüber hinaus sollen aber auch Garten- und Landschaftsarchitekten, Gärtner sowie Auszubildende, Schüler und Studenten dieser Fachrichtungen angesprochen werden, um sich die notwendigen Pflanzenkenntnisse anzueignen und um so für eine breitere, gärtnerisch und gestalterisch gut fundierte Verwendung dieser Pflanzen zu werben.

Die Mitgliedschaft in der „Gesellschaft der Wassergartenfreunde" trägt dazu bei, daß man mit gleichgesinnten Menschen seine Erfahrungen austauschen kann.

Wenn dieses Buch seine Aufgaben erfüllt, dann ist es vor allem das Verdienst des Verlages, der sein Entstehen förderte und um bestmögliche Ausstattung bemüht war.

Mein Dank für das Gelingen dieses Buches geht an alle im Verlag beteiligten Mitarbeiter.

Eberhard Schuster
Augustenhof, im Frühjahr 1999

Inhaltsverzeichnis

Sumpf- und Wasserpflanzen in der Geschichte des Gartens

Sumpf- und Wasserpflanzen in der Geschichte des Gartens

Unternimmt man einen kleinen Streifzug durch die Geschichte der Gärten, so begegnet man schon sehr früh bei den Kulturvölkern des Altertums verschiedenen Sumpf- und Wasserpflanzen. Diese Völker verwendeten bereits vor einigen tausend Jahren bewußt das Wasser als Gestaltungselement und setzten Wasser und die darin wachsenden Pflanzen zur Verschönerung ihrer Umwelt ein. Die Seerose (*Nymphaea*) und die Lotosblume (*Nelumbo*) nahmen dabei die wichtigste Stelle unter den Wasserpflanzen ein.

Seerosen sind fast auf der ganzen Erde heimisch. Es gibt nur wenige Pflanzen, die so bewundert werden und eine solche Vergangenheit haben. Schon die Völker des Altertums sahen in dieser geheimnisumwitterten Blume ein Symbol der Lebenskraft und Reinheit. Die Griechen brachten sie mit Gestalten ihrer Mythologie in Verbindung. Der Sage nach entsproß die Seerose dem Herzen einer aus unglücklicher Liebe zu Herkules sterbenden Nymphe. Nymphen waren in der griechischen Sage wohltätige Halbgöttinnen, deren Wirken die Griechen die Entstehung und Erhaltung aller Pflanzen, Quellen und Bäche zu verdanken glaubten. Aber auch bei den nordischen Völkern waren die dort heimischen Seerosenarten Gegenstand der Verehrung und des Kultes. Sie tauchten in vielen Sagen, Dichtungen und Märchen auf. Ihre Ausstrahlungskraft auf den Menschen wurde von einem chinesischen Geschichtsschreiber mit folgenden Worten beschrieben:

„Seit Beginn der Tang-Dynastie im Jahre 600 wird besonders die Paeonie verehrt. Aber meine Lieblingsblume ist die Seerose. Wie fleckenlos wächst sie aus ihrem schlammigen Grund empor, wie bescheiden ruht sie auf dem klaren Wasser – ein Symbol der Reinheit und Wahrheit! Sie ist ebenmäßig gebaut, und ein feiner Duft umgibt sie. Sie möchte ehrfurchtsvoll aus einer gewissen Entfernung betrachtet werden."

Bei der so treffend beschriebenen Seerose handelt es sich um *Nymphaea tetragona*, einer weißen Zwergseerose, die sich in Asien, Australien, Amerika und Osteuropa ausgebreitet hat.

Obwohl die Seerose vielen Völkern des Altertums bekannt war, schenkte man ihr erst in Ägypten größere Aufmerksamkeit. Als die „Lotosblume des Nils" spielte die Seerose nachweisbar eine wichtige Rolle ab der 4. Dynastie (etwa 4000 v. u. Z.), besonders in religiösen Bräuchen. So wurden die Altäre mit Seerosenblüten geschmückt. Seerosenblüten wurden auf Wandmalereien, Möbeln, Keramiken und anderen Gegenständen des täglichen Lebens abgebildet. Die Pflanzen wurden in Tempelanlagen und in der Nähe von Wohnhäusern viel kultiviert. Zum Totenkult gehörte es, Seerosenblüten mit ins Grab zu legen. Dieser Brauch, den Toten zur Bestattung mit Blumen zu schmücken, war weit verbreitet. Dabei legte man vom Kinn abwärts halbkreisförmig Kränze auf die Mumien, bis sie vollständig bedeckt waren.

So hat der Afrikareisende Georg Schweinfurth (1836–1925) Blütenblätter der weißen *Nymphaea lotus* und der blauen *Nymphaea caerulea* in den Grabkränzen Ramses II. (1580 v. u. Z.) gefunden. Oft sind diese Blumen bis heute so ausgezeichnet erhalten geblieben, daß Botaniker sie genau bestimmen können. Es ist interessant, daß keine Unterschiede zwischen diesen Blüten und jenen von den Arten, die heute kultiviert werden, festzustellen sind.

In Indien wurde die Seerose den Göttern geopfert. Sie war ein Kultursymbol, das den Körper stärkt, die Krankheit heilt und den Geist erfrischt.

Im alten Ägypten wurden Pflanzen aus zwei Gattungen als Lotosblume bezeichnet, aus der Gattung *Nymphaea* die weiße, breitpetalige, nachts blühende *Nymphaea lotus* und die hellblaue, schmalpetalige, am Tage blühende *Nymphaea caerulea.*

Die andere Gattung, die zu den Lotosblumen gezählt wurde, ist *Nelumbo* und hier *Nelumbo nucifera*, eine asiatische Wasserpflanze. Man nimmt an, daß sie zur Zeit der Invasion der Perser (525 v. u. Z.) nach Ägypten eingeführt wurde. Da einige Teile der Pflanze eßbar sind, wurde diese Art am Nil oft angepflanzt. Diese Lotosblume ist auch die Pflanze, von der der griechische Geschichtsschreiber Herodotus (gestorben um 425 v. u. Z., er bereiste Asien und Ägypten) sagte, sie wäre die „Rosenlilie des Nils" mit einer Frucht wie ein Wespennest und eßbaren Samen „von der Größe eines Olivenkerns". Die Samen wurden von den Ägyptern zu Pulver zermahlen und als Gewürz bei der Herstellung von Brot verwendet.

Auch die Blüten von *Nelumbo* spielen im Brauchtum und in der Mythologie eine gewisse Rolle. Wenn ein ägyptischer Herrscher Gäste empfing, wurden den eintretenden Gästen Knospen oder Blüten der Lotosblume überreicht, die in der Hand behalten oder in das Haar gesteckt wurden. Man kann sich diesen Brauch nicht genau erklären, aber es ist denkbar, daß dadurch die friedlichen Absichten des Gastge-

bers symbolisiert werden sollten und daß auf Grund der hohen Wertschätzung der Lotosblume diese dafür ausgewählt wurde.

Seit frühester Zeit haben Seerosen wirtschaftliche Bedeutung. Die Samen und Rhizome wurden gegessen und die Blätter und Blüten medizinisch verwendet. In Irland und Schottland hat man die Rhizome von *Nymphaea alba* zum Färben genommen und in Frankreich zum Bierbrauen.

Obwohl Seerosen schon lange bekannt sind, ist ihre eigentliche Kultur verhältnismäßig jung. Der erste Hinweis in der gartenbaulichen Literatur scheint in dem Werk „Pinax Theatri Botanici ... Basileae Helvet. Sumptibus et typis Ludovici Regis" von GASPARD BAUHIN aus dem Jahre 1623 zu sein. Auf der Seite 193 werden die Unterwasserblätter von *Nymphaea alba* beschrieben. Etwas mehr als 100 Jahre später schreibt PHILLIP MILLER in seinem Buch „Gardener's Dictionary" (es erschien 1731): „In einigen Gärten habe ich Pflanzen gesehen, die in großen Wasserträgen kultiviert werden, in denen sie sehr gut blühen und jährlich viele Blüten hervorbringen."

Danach hörte man etwa 100 Jahre nichts mehr darüber, bis 1837 LINDLEY eine Beschreibung der großen *Victoria regia* gab, die damals erstmalig in England zur Blüte gebracht wurde. Diese ungewöhnliche Pflanze erregte die Aufmerksamkeit einiger Leute, die nun begannen, nach weiteren verwandten schönen Pflanzen zu suchen, die es lohnt einzuführen und zum Blühen zu bringen. In England begann damit eine Manie, unbekannte Wasserpflanzen zu kultivieren. Wer es sich finanziell leisten konnte, baute sich ein Gewächshaus mit einem Wasserbecken darin. Reisende sammelten Samen und Rhizome in aller Welt und schickten sie nach Hause.

Der erste Erfolg in der Züchtung wurde 1851 erreicht, als in den Wasserbecken von Chatsworth, die dem Duke of Devonshire gehörten, eine Hybride zwischen *Nymphaea lotus* und der indischen *Nymphaea rubra* zur Blüte gebracht werden konnte. Sie erhielt den Namen *Nymphaea devoniensis*. Die großen roten Blüten öffneten sich abends. Ihre auffallend schöne Form gab der Begeisterung für Wasserpflanzen neuen Antrieb.

Bei den ersten Kreuzungsversuchen arbeiteten die Züchter meist mit tropischen Seerosen, da es an winterharten Arten nur wenig Ausgangsmaterial gab. In Europa waren damals nur die beiden weißen Arten *Nymphaea alba* und *Nymphaea candida* sowie die rosarote skandinavische Form *Nymphaea alba* var. *rubra* bekannt. Später wurde das winterharte Seerosensortiment noch durch die beiden weißen Arten *Nymphaea tuberosa* und *Nymphaea odorata* aus Nordamerika erweitert. Da diese einheimischen und nordamerikanischen Arten alle weiß blühten, fanden sie bei den Züchtern wenig Interesse. Erst der französiche Gärtner LATOUR-MARLIAC hob Ende des vorigen Jahrhunderts die heimischen winterharten Seerosen aus ihrer Verborgenheit heraus und bearbeitete sie züchterisch mit großem Erfolg. Seine farbigen winterharten Hybriden trugen wesentlich dazu bei, daß die Seerose heute eine wichtige, wenn nicht sogar die wichtigste Stellung im Wassergarten einnimmt. Der gestalterische Wert anderer Sumpf- und Wasserpflanzen für die Gartenkultur wurde, abgesehen von wenigen Ausnahmen (z. B. Iris-Kaempferi-Hybriden), erst in jüngerer Zeit erkannt, als man um die Jahrhundertwende begann, die Wildstauden stärker in die Gartengestaltung einzubeziehen. Das hing eng mit der Entwicklung von Staudengärtnereien zusammen, die mit ihren reichhaltigen Angeboten in einer Zeit zunehmender Industrialisierung und dem Anwachsen der Städte den vom sozialen Inhalt her wohl sehr verschiedenen, aber insgesamt doch stark gewachsenen Gartenbedürfnissen zu entsprechen versuchten. Namen, wie PERRY in England und W. PFITZER, G. ARENDS, H. JUNGE und K. FOERSTER in Deutschland, die sich um die Einführung vieler Stauden sehr verdient gemacht haben, mögen hier für viele stehen. So haben heute Sumpf- und Wasserpflanzen ihren festen Platz im Staudensortiment und in unseren Gärten gefunden, sei es auf der Rabatte am Haus, am Sitzplatz eines stillen Gartenwinkels oder in einer öffentlichen Grünanlage. Diese Entwicklung ist jedoch keineswegs abgeschlossen. Besonders unter den Sumpf- und Wasserpflanzen gibt es eine große Zahl sehr dekorativer Stauden, die ohne besonderen Pflegeaufwand im Garten kultiviert werden können und auf ihre Einführung und weitere Verbreitung warten. Zu dieser Art sinnvoller und produktiver Tätigkeit möchte dieses Buch ermutigen und seinen Beitrag leisten.

Botanisches über Sumpf- und Wasserpflanzen

Botanisches über Sumpf- und Wasserpflanzen

In diesem Abschnitt werden einige allgemeinverständliche botanische Betrachtungen angestellt, die dazu dienen sollen, die besonderen Anpassungen dieser Pflanzen an ihren Standort besser zu verstehen. Einige botanische Kenntnisse sind auch Voraussetzung für eine erfolgreiche Anzucht und Pflege.

Sumpf- und Wasserpflanzen sind in jeder Hinsicht dem Leben im Sumpf oder Wasser angepaßt. Sumpfpflanzen, als Helophyten bezeichnet (griech. *helos* = feuchte Niederung, Sumpf; *phyton* = Pflanze), stehen nur mit ihren Wurzeln und untersten Sproßteilen im Wasser. Sie leiten über zu den Wasserpflanzen, auch Hydrophyten genannt (griech. *hydor* = Wasser; *phyton* = Pflanze). Zu den Hydrophyten zählen alle nicht zum Plankton gehörenden ausdauernden Wasserpflanzen, deren Überdauerungsorgane in den Wintermonaten im Wasser untergetaucht sind. Es gibt ganz untergetauchte (submerse) Wasserpflanzen und solche mit Schwimmblättern, die auf der Wasseroberfläche aufliegen. Als Bindeglied zwischen den Hydrophyten und Helophyten stehen die amphibischen Wasserpflanzen, die im Wasser eine „Wasserform" und auf dem Land eine „Landform" bilden, wie z. B. *Polygonum amphibium* (Wasserknöterich). Sie können aber auch jeweils nur einen Teil ihrer Sprosse als „Wasserform" und den anderen als „Landform" ausbilden, so daß sie ein echtes Bindeglied darstellen.

Die Fähigkeit vieler Sumpf- und Wasserpflanzen, sich verschiedenen Standortbedingungen anzupassen, ist die Vorbedingung für ihre Lebensfähigkeit. Die Lebensbereiche Sumpf und Wasser sind in kurzer Zeit so wandelbar wie kaum ein anderer.

Durch die ständige Veränderung ihrer Umwelt, wie Wasserhoch- und Wassertiefstand, Überschwemmung und Austrocknung, muß sich die Pflanze immer wieder neuen Standortbedingungen anpassen, um ihre Lebensfähigkeit zu erhalten.

Entwicklungsgeschichtlich haben sich die Wasserpflanzen aus typischen, besonders anpassungsfähigen Landpflanzen entwickelt. Sie kehren also, anatomisch und physiologisch vervollkommnet, in das Element Wasser zurück, in dem die Entwicklungsgeschichte aller Pflanzen einmal begonnen hat. Bei dieser Rückkehr wurden fast ausnahmslos die für das Leben auf dem Lande entwickelten Merkmale beibehalten. Sie wurden aber ziemlich einheitlich durch den neuen Lebensraum schrittweise umgestaltet.

Alle submersen Pflanzenteile der Hydrophyten sind in der Lage, Kohlendioxid, Sauerstoff und Nährsalze unmittelbar aus dem Wasser aufzunehmen. Manche Unterwasser- oder Schwimmpflanzen sind deshalb wurzellos, wie z. B. *Ceratophyllum* (Hornblatt), *Utricularia* (Wasserschlauch) oder *Salvinia* (Wasserfarn). Diese Eigenschaft haben aber nur wenige Pflanzen. Normalerweise haben die Wurzeln die Aufgabe, aus dem Boden Wasser und Bodensalze aufzunehmen und sie dem Sproß zuzuleiten sowie die Pflanzen im Boden zu verankern. Schließlich könnnen sie auch der Speicherung von Reservestoffen dienen.

Vielen Sumpf- und Wasserpflanzen fehlen die Wurzelhaare, da sie leicht das Wasser aufnehmen können. Bei den Landpflanzen haben diese Wurzelhaare die Aufgabe, die Oberfläche der Erdwurzeln erheblich zu vergrößern und die Aufnahme von Wasser und Salzen aus dem Boden zu ermöglichen.

Den Wasserorganismen steht im Wasser sehr viel weniger Sauerstoff zur Verfügung als den Landpflanzen. In einem Liter Wasser sind bei 20° C und im Falle der Sättigung mit Luft nur etwa 6,4 cm^3 Sauerstoff gelöst. Ein Liter Luft enthält im Vergleich dazu etwa 210 cm^3 Sauerstoff. Die sogenannten sproßbürtigen Atemwurzeln sind eine weitere Form der Anpassung an den Standort Wasser und dienen der zusätzlichen Aufnahme von Sauerstoff. Sie sind von einem lockeren, lufterfüllten und daher weiß erscheinenden Aerenchym (durch große Zwischenzellräume ausgezeichnetes, luftführendes Gewebe) umgeben, wachsen senkrecht nach oben und kommen mit ihren Spitzen aus dem Wasser heraus.

Viele Pflanzen werden von Luftkanälen durchzogen, die den Assimilationssauerstoff sammeln. Von dort kann er auch den Wurzeln zugeführt werden. Dieses Durchlüftungssystem ist für viele Wasserpflanzen eine sehr charakteristische Eigenschaft. Durch den Sauerstoffgehalt in den Luftkanälen und den damit verbundenen Auftrieb werden die Pflanzen zur Wasseroberfläche gezogen.

Da die vegetativen Teile der untergetauchten Wasserpflanzen allseitig vom Wasser umgeben sind, übernimmt das Wasser Stützfunktion. Ein solches ausgeprägtes Stützgewebe, wie es für Landpflanzen typisch ist, erübrigt sich. Land- und Sumpfpflanzen brauchen elastische Sprosse, die einer Biegungsbeanspruchung gewachsen sind (z. B. sind Schilfstengel elastisch), Wasserpflan-

zen hingegen benötigen zugfeste Sprosse. Diese sind nicht elastisch, sondern brüchig, wie z. B. Seerosenstengel. Sie halten sehr große Zugkräfte aus, wie sie durch Wasserströmungen oder Wellen verursacht werden. Die Festigkeitselemente gegen Zugkräfte sind bei Wasserpflanzen stärker ausgebildet als bei Landpflanzen. Außerdem sind sie in den Sprossen zentral angeordnet und nicht peripher wie bei Landpflanzen.

Die submersen Sprosse und Blätter sind meist zart, zerbrechlich und wie z. B. bei *Myriophyllum* (Tausendblatt) fädig zerschlitzt. Durch diese zerschlitzten Blätter wird eine Vergrößerung der Blattoberfläche erreicht. Da die Zellaußenwände ihrer Oberhaut sehr dünn und ihre Kutikula (äußerste Membranlamelle über den Außenwänden dieser Zellen) sehr zart sind, werden dem Gas-, Wasser- und Salzeintritt in die Pflanze die geringstmöglichen Schwierigkeiten entgegengestellt.

Die Oberflächenvergrößerung der Blätter steht auch zur Langsamkeit der Gasdiffusion im Wasser und zu dessen relativer Salzarmut in Beziehung. Da der Gasaustausch bei diesen Blättern auf der gesamten Blattoberseite stattfindet, fehlen vielen die Spaltöffnungen und Haarbildungen, die bei den Landpflanzen die Funktion des Austausches ausüben.

Von den submersen Blättern wird entweder nur in Wasser gelöstes Kohlendioxid oder noch zusätzlich als Kohlenstofflieferant auch Kalziumbikarbonat aufgenommen. Bei der Verarbeitung von Kalziumbikarbonat in der Pflanze wird nach Entnahme von Kohlendioxid freies Kalziumhydroxid auf der Blattoberseite ausgeschieden, das sich dort sofort wieder in Karbonat bzw. Bikarbonat umwandelt. Daher kann man oft auf der Blattoberseite z. B. bei *Elodea* (Wasserpest) oder *Potamogeton* (Laichkraut) schmutzig graubraune Krusten von Kalziumkarbonat sehen.

Die Schwimmblätter sind hinsichtlich ihrer Blattorganisation und ihres Stoffwechsels oft noch sehr landpflanzenähnlich. Die Spaltöffnungen, die hier noch vorhanden sind, sitzen nur auf der Blattoberseite. Als Wasserpflanzenmerkmal haben sie das bereits beschriebene stark ausgeprägte Lüftungssystem, das die Wurzeln mit Sauerstoff versorgt und die Blätter schwimmfähig macht.

Manche Wasserpflanzen, z. B. *Ranunculus aquatilis* (Gemeiner Wasserhahnenfuß), zeichnen sich durch eine Heterophyllie aus, d. h., sie entwickeln verschiedene Blattformen, die durch ihre Größe und Gestalt voneinander abweichen. Sie bilden unter Wasser zerschlitzte Blätter (Oberflächenvergrößerung) aus und über Wasser mehr oder weniger gelappte bis ganzrandige Schwimmblätter, wobei eine hohe Kohlendioxidkonzentration im Wasser und Kurztagsbedingungen die Entstehung der zerschlitzten Unterwasserblätter fördern. Die Schwimmblätter entstehen in der Grenzschicht zwischen Wasser und Luft und nur unter Langtagsbedingungen.

Das Wasser als Lebensraum dieser Pflanzen prägt aber nicht nur deren Habitus, sondern beeinflußt auch die Vermehrung und die Vermehrungsorgane.

Die meisten höher entwickelten Wasserpflanzen erheben ihre Blütenstände über das Wasser. Dort finden Befruchtung und manchmal auch Samenbildung statt. Nur einige wenige Pflanzen, z. B. *Ceratophyllum* (Hornblatt), bilden submerse Blüten aus, die unter Wasser befruchtet werden. Wenn die Befruchtung über Wasser erfolgt, versenken die meisten Wasserpflanzen ihre Früchte zum Ausreifen unter Wasser. Nur bei wenigen reifen sie an der Luft, z. B. bei *Hottonia* (Wasserfeder) oder *Utricularia* (Wasserschlauch).

Die Früchte bzw. Samen vieler Pflanzen sind schwimmfähig, wie bei *Aponogeton* (Wasserähre), *Nuphar* (Teichmummel), *Nymphaea* (Seerose), *Orontium* (Goldkeule) oder *Potamogeton* (Laichkraut). Sie werden durch die Wasser- und Windbewegungen verbreitet und häufig weit fortgetrieben. Bei anderen Pflanzen, z. B. *Myriophyllum* (Tausendblatt), sinken sie sofort nach der Reife zum Boden. Die Gattungen, die vorwiegend tiefes oder stark bewegtes Wasser besiedeln, vermehren sich meist vegetativ und blühen nur selten. Dazu zählen auch die Unterwasserpflanzen, von denen sich die meisten sehr stark vegetativ vermehren, wie *Elodea canadensis* (Kanadische Wasserpest).

Einige Wasserpflanzen der gemäßigten Zone bilden besondere Überwinterungsknospen aus (Turonien oder Hibernakeln), während die Mutterpflanzen selbst absterben. Dazu gehören z. B. *Hydrocharis morsus-ranae* (Froschbiß) und *Potamogeton crispus* (Krauses Laichkraut). Aus diesen Turonien entwickeln sich im Frühjahr neue Pflanzen.

Ansprüche an den Standort

Ansprüche an den Standort

Die Sumpf- und Wasserpflanzen gehören entsprechend ihren natürlichen Standorten zu bestimmten Lebensbereichen, die aber in der Regel nicht streng voneinander abgegrenzt, sondern durch Übergänge miteinander verbunden sind. So können manche Pflanzen, je nach Standort, einmal zu dem einen, einmal zum anderen gehören. Da die meisten Pflanzen ein gutes Anpassungsvermögen besitzen, gehen die einzelnen Wuchszonen ohne scharfe Abgrenzung ineinander über.

Der Lebensbereich der Sumpf- und Wasserpflanzen gliedert sich in mehrere Wuchszonen. Die Uferzone (bodenfeucht, frisch und naß) bildet den Übergangsbereich vom Land zum Wasser.

An die Flachwasserzone (Wasserstand 0–20 cm) schließt sich die Mittelwasserzone (Wasserstand 20–60 cm) an. Alle Pflanzen, die in einer größeren Wassertiefe als 60 cm wachsen, gehören zur Tiefwasserzone. Diese Tiefwasserzone bis zu einer maximalen Tiefe von etwa 3 m wird auch als Seerosenzone bezeichnet, weil die Seerosen hier die dominierenden Pflanzen sind. Außerdem gedeihen in diesem Bereich auch die wurzelnden und freischwimmenden Schwimmpflanzen und die Unterwasserpflanzen.

Das Licht ist die Energiequelle für den Aufbau organischer Körpersubstanz und deshalb der begrenzende Faktor für das Vordringen der submersen Pflanzen in größere Wassertiefen. So erhalten höher entwickelte Wasserpflanzen oft schon in einer Tiefe von 5–8 m nicht mehr ausreichend Licht zum Assimilieren.

Unsere heimischen Sumpf- und Wasserpflanzen stammen aus verschiedenen Gewässern mit unterschiedlichem Nährstoff- und Humusgehalt sowie pH-Wert.

Sollen sich diese Pflanzen in unseren Wasseranlagen wohlfühlen, müssen ihre Herkunftsverhältnisse berücksichtigt werden. Der größte Teil der heimischen Sumpf- und Wasserpflanzen stammt aus relativ warmen (eutrophen) Gewässern mit nährstoffreichen Böden. Zu der an solchen Standorten gedeihenden artenreichen Vegetation gehören vor allem *Nymphaea* (Seerose), *Nuphar* (Teichmummel), *Alisma* (Froschlöffel) und *Butomus* (Schwanenblume).

Nährstoff- und humusarme (oligotrophe) Gewässer bieten nur wenigen Pflanzen geeignete Entwicklungsmöglichkeiten. Eine ebenso ärmliche Vegetation weisen die nährstoffarmen aber humusreichen (dystrophen) Gewässer auf, zu denen die meisten Heide- und Waldtümpel zählen. Sie enthalten viel gelöste Humusbestandteile, die das Wasser braun färben. Deshalb werden sie auch als Braunwasserseen bezeichnet. Typische Pflanzen dieser dystrophen Gewässer sind die *Utricularia*-Arten (Wasserschlauch).

Nicht jeder See ist nun aber eindeutig diesen Gewässertypen zuzuordnen. In der Natur gibt es viele Übergänge, die auch die Artenzusammensetzung des Pflanzenbestandes beeinflussen. So fehlt in den Braunwasserseen *Nuphar,* wenn das Wasser sauer reagiert, an ihre Stelle treten *Stratiotes aloides* (Krebsschere), *Menyanthes trifoliata* (Fieberklee) oder *Iris pseudacorus* (Sumpfschwertlilie). An stickstoffreichen Standorten gedeihen besonders *Acorus calamus* (Kalmus) und *Ranunculus aquatilis* (Wasserhahnenfuß).

Der pH-Wert des Wassers spielt für die meisten Sumpf- und Wasserpflanzen keine wesentliche Rolle, wobei jedoch das Wachstum in leicht saurem Boden und Wasser oft besser ist. Bei der Beschreibung der Pflanzen werden eventuelle Ansprüche an den Säuregrad mit angegeben. Will man Moorpflanzen erfolgreich kultivieren, ist dem pH-Wert aber große Aufmerksamkeit zu schenken. Die Moore sind ähnlich wie die Braunwasserseen arm an Nährstoffen und Mineralsalzen, dagegen haben sie einen hohen Säuregrad und Huminsäuregehalt, d. h. einen pH-Wert im sauren Bereich (pH 4–5). Können diese extremen Bedingungen des heimatlichen Standortes im Garten nicht geschaffen werden, liegt also der pH-Wert im neutralen oder sogar alkalischen Bereich, sollte besser auf die Verwendung von Moorpflanzen verzichtet werden.

In der Regel wird man zum Füllen eines Wasserbeckens Leitungswasser verwenden, da nur selten ein natürlicher Zufluß durch einen Bach zur Verfügung stehen wird. Wenn das Wasser nicht extrem sauer reagiert, kann man es ohne Bedenken verwenden. Bei einem zu niedrigen pH-Wert kann durch Zusatz von verdünnter Natronlauge Abhilfe geschaffen werden. Bei einer zu alkalischen Reaktion kann man Huminsäure (Torf) oder Zitronensäure einbringen. Solche nachträglichen Veränderungen des Säuregrades werden aber meist große Ausnahmeerscheinungen sein, denn unser Leitungswasser ist qualitativ in Ordnung. Anders sieht es dagegen bei eigenem Brunnenwasser aus, das nicht immer den Anforderungen entspricht. Gechlortes Leitungswasser sollte vor dem Einsetzen der Pflan-

zen etwa eine Woche abstehen, damit das Chlor entweichen kann, wobei es bei bewegtem und warmem Wasser schneller entweicht.

Tropische Wasserpflanzen, vor allem Seerosen, verlangen sehr weiches Wasser bis zu einem Härtegrad von etwa 5° dH. Man kann sie erfolgreich in Regenwasser kultivieren. Ungeeignet ist Regenwasser, das von Dächern aus Dachpappe oder Zink gesammelt wird, sowie in Industriegebieten, wo es zu sehr mit schädlichen Stoffen (z. B. Ruß und Schwefel) angereichert sein kann. Hat man kein geeignetes Regenwasser zur Verfügung muß das verwendete Leitungswasser enthärtet werden.

Im Wasserbecken muß ein ausgeglichenes Verhältnis zwischen Wasser, Pflanze und Tier angestrebt werden. Die Pflanzen, im Wasser sind es vor allem die Unterwasserpflanzen, geben als Produkt ihres Stoffwechsels am Tage Sauerstoff an das Wasser ab, der für das Leben im Wasser notwendig ist. Kleinere und größere Tiere veratmen den Sauerstoff und liefern Kohlendioxid an das Wasser, das wiederum von den Pflanzen zur Assimilation benötigt wird. Bei dem richtigen Verhältnis zwischen Wasser, Pflanze und Tier stellt sich in diesem Prozeß ein „Gleichgewicht" ein, das Wasser ist klar und ermöglicht eine gute Entwicklung der Pflanzen und Tiere. Als Sauerstoffspender sind Unterwasserpflanzen deshalb für ein Wasserbecken unentbehrlich.

Die meisten Sumpf- und Wasserpflanzen stellen an den Boden keine großen Ansprüche. Bis auf die Moorpflanzen, die einen moorigen, sauren Boden verlangen, sind alle anderen Pflanzen mit einem normalen Gartenboden zufrieden. Eine humose Gartenerde, Rasenerde, Lauberde oder Walderde, der Lehm im Verhältnis 1 : 1 zugesetzt werden kann, ist für die meisten Pflanzen geeignet. Der Lehmanteil erhöht die Eigenschaft, Nährstoffe zu speichern. Frische Dungerde oder Komposterde mit noch vielen unverrotteten Pflanzenteilen ruft im Wasser Fäulnis hervor und sollte deshalb nicht genommen werden. Sie muß vor einer Verwendung im Wasserbecken wenigstens 2 bis 3 Jahre ablagern. Die Erde, die beim Ausheben des Beckens anfällt, kann auch als Substrat für Wasserpflanzen genommen werden, wenn sie die entsprechenden Eigenschaften aufweist. Wird nährstoffarme Erde verwendet, kann diese durch Zugabe von gut verrotteter Dungerde, Knochenmehl, Hornspänen oder Volldünger verbessert werden, aber mit Bedacht, da ein Zuviel ebenso schaden kann.

Durch ein Überangebot an Nährstoffen wird der unerwünschte Algenwuchs gefördert.

Ein mittlerer Nährstoffgehalt im Boden, dem in der Regel auch ein ähnlicher im Wasser entspricht, ist für die meisten Sumpf- und Wasserpflanzen ausreichend. Es gibt nur wenige Pflanzen, die einen besonders nährstoffreichen Boden benötigen, wie *Aponogeton* (Wasserähre), *Butomus* (Schwanenblume), *Lysichiton* (Scheinkalla), *Orontium* (Goldkeule), *Pontederia* (Hechtkraut) oder *Typha* (Rohrkolben). Auch die im Handel erhältliche Wasserpflanzenerde sollte für diese Pflanzen zusätzlich mit Nährstoffen angereichert werden.

Tiefwurzler brauchen zu ihrer Entwicklung eine Substrathöhe von mindestens 30 cm.

Stark wachsende Seerosen entwickeln sich ebenfalls in einer höheren Bodenschicht besser. Für alle anderen Sumpf- und Wasserpflanzen ist eine Substrathöhe von 15–20 cm ausreichend.

Bei der Auswahl des Standortes für das Wasserbecken sollte einer vollsonnigen Lage der Vorzug gegeben werden, denn die meisten Pflanzen ziehen einen solchen Standort vor, auch wenn sie im Halbschatten noch wachsen und blühen. Andere, wie *Nymphaea* (Seerose) und *Aponogeton* (Wasserähre) blühen nur in voller Sonne befriedigend. Nur im Halbschatten gedeiht z. B. *Lysichiton* (Scheinkalla), weil die Blätter in der Sonne verbrennen würden. Für die Verwendung an einem vollschattigen Standort eignen sich nur wenige Sumpf- und Wasserpflanzen, wie *Acorus* (Kalmus), *Nuphar* (Teichmummel) oder *Thelypteris* (Sumpffarn).

Pflanzen für den Wassergarten

Seerosen

Die Seerosen nehmen ohne Zweifel die wichtigste Stellung im Wassergarten ein. Aufgrund dieser Bedeutung werden sie in diesem Buch in einem gesonderten Kapitel behandelt. Zur Geschichte der Seerosen in der Gartenkultur ist in der Einführung schon das Wesentlichste gesagt worden. Die Seerose *(Nymphaea)* gehört zur Familie der Seerosengewächse *(Nymphaeaceae)*.

Dieser Familie gehören mehr als 90 fast über alle Kontinente verbreitete Arten von Wasserpflanzen an. Der botanische Name leitet sich von dem griechischen Wort *Nympha*, der weiblichen Naturgottheit von Gewässern, Quellen, Höhlen und Hainen, ab. Die Gattung *Nymphaea* umfaßt ausdauernde Pflanzen mit im Boden kriechenden Rhizomen, die bei manchen Arten knollig verdickt sind. Die Rhizome einiger Arten werden armstark und meterlang. Alle sind mehr oder weniger reichlich verzweigt und meist mit Narben abgefallener Blatt- und Blütenstiele überdeckt. Zu den knollenbildenden Arten gehören fast ausnahmslos alle tropischen Seerosen.

Die Blätter der Seerosen sind langgestielt, unterseits oft andersfarbig, rund, oval oder herzförmig, auf der Oberseite glänzend und schwimmen meist auf der Wasseroberfläche. Die Blätter der winterharten Arten sind meist ganzrandig, die der tropischen Arten oft gezähnt. Als besonderes Merkmal der Blätter muß erwähnt werden, daß die Seitennerven zum Rand hin rechtwinkelig abbiegen und sich gegenseitig wieder verbinden. Die Blüten sind ebenfalls langgestielt, auffallend in Farbe und Form, oft verhältnismäßig groß und schwimmen auf der Wasseroberfläche oder stehen über dem Wasser. Es gibt tag- und nachtblühende Arten. Die Blüten haben zahlreiche Kron- und Staubblätter, die allmählich ineinander übergehen oder ohne Übergang sind, außerdem 4 meist grünliche Kelchblätter. Die Frucht, die unter Wasser reift, besteht aus einer fleischigen, im Wasser zerfallenden Beere. Die Gattung umfaßt etwa 40 Arten in den tropischen, subtropischen und gemäßigten Zonen aller Erdteile.

Seerosenwildarten

Im folgenden werden die wichtigsten winterharten Seerosenarten europäischer, nordamerikanischer und asiatischer Herkunft beschrieben. Ihre Verbreitungsgebiete greifen ineinander über, so daß häufig 2 Arten oder auch mehrere in einem Gebiet gefunden werden. Es ist deshalb nicht verwunderlich, daß durch Kreuzungen untereinander viele Formen entstanden sind, die sich oft nicht ohne weiteres der einen oder anderen Art zuordnen lassen. Eine exakte Einordnung ist deshalb selbst für erfahrene Seerosenspezialisten nicht immer einfach. Sogar andersfarbige Formen einiger Arten, so z. B. rosa oder rote Formen, kommen vor, die wiederum als Kreuzungspartner an der Entstehung vieler farbiger Sorten beteiligt waren. 'WT' wird hier als Abkürzung für die „optimale Wassertiefe" verwendet. Die Buchstaben 'so' stehen für „sonniger Standort".

Nymphaea alba L.
Weiße Seerose
VI–VIII, so, WT 40–150 cm

Diese Art hat ein sehr großes Verbreitungsgebiet, das sich über ganz Europa bis nach Asien und Nordafrika erstreckt. Als Standort bevorzugt sie stehende oder langsam fließende Gewässer. Sie ist die verbreitetste einheimische Art und steht bei uns unter Naturschutz. Die Pflanzen haben bis 1 m lange, gelblich-weiße, waagerecht im Schlamm kriechende, armstarke, wenig verzweigte Rhizome, die deutliche Narben von Blatt- und Blütenstielen aufweisen. Die Blatt- und Blütenstiele können bis 3 m lang werden. Die Schwimmblätter sind flach auf dem Wasser ausgebreitet, eirundlich, lederartig dick, glatt und beiderseits grün, neuausgetriebene im Frühjahr oft rötlich. Unterseits haben sie eine deutlich hervortretende Nervatur. Die Blätter werden 14–32 cm lang und 12–28 cm breit. Sie haben stumpfe Blattlappen, die mehr oder weniger auseinanderstehen. Seltener verlaufen die inneren Ränder parallel oder greifen ineinander über. Die beiden Hauptnerven gehen ebenfalls mehr oder weniger auseinander und schneiden sich in der Verlängerung nicht. Es kommen aber Standortformen vor, die diese typische 'alba-Nervatur' nicht haben, sondern die 'candida-Nervatur', wie sie bei *N. candida* noch beschrieben wird. Die Blattform und die Nervatur sind also keine sicheren Unterscheidungsmerkmale. Die Blüten mit einem Durchmesser von 12 cm und einer Länge bis 7 cm sind wohlriechend und schon morgens ab 7 Uhr bis zum Spätnachmittag geöffnet. Der Kelch, der an der Basis abgerundet ist und seltener 4 schwach angedeutete Kanten hat, besteht aus außen rötlichbraunen, von innen grünlich-weißen, manchmal mit leicht rosafarbenem Schimmer versehenen Kelchblättern. In der Regel sind 19–25 reinweiße Blütenblätter vorhanden, wobei die äußeren größer als die Kelchblätter sind, eine Eigenschaft, die es ermöglicht, bei einer abends geschlossenen Blüte die Farbe zu erkennen. Die inneren Staubfäden sind so breit wie die Staubbeutel, seltener etwas breiter, schwefelgelb, seltener dottergelb. Die runden bis schwach elliptischen Pollen sind auf der Oberfläche mit Stacheln und Warzen verschiedener Größe besetzt, seltener fein granuliert. Alle Staubblätter reichen bis an die Narbenscheibe heran oder lassen einen schmalen Saum unterhalb derselben frei. Die teller- bis trichterförmige, hellgelbe oder schwach rötliche Narbenscheibe weist 9–23 Narbenzähne auf, die meist nach innen zu umgebogen, seltener ausgebreitet, und meist auch breit abgerundet sind und isoliert stehen. Der Zentralkegel ist eiförmig bis zylindrisch. Die kugelige bis niedergedrückt kugelige Frucht erreicht einen Durchmesser von 2–4 cm. Sie enthält die ovalen Samen, die 2–3 mm lang und 1–2 mm dick werden.

Nymphaea alba var. *minor* (DC.) bleibt in allen Teilen kleiner als die Art. Der Blütendurchmesser ist selten größer als 5–7 cm. Das Rhizom ist außen dunkel, fast schwarz. Diese Unterart wächst am besten in einer Wassertiefe von 40–60 cm. Das Vorkommen ist auf Irland, Schottland, Dänemark und Norddeutschland begrenzt.

Nymphaea alba var. *rubra* Lönnroth blüht purpurrot und ist in Südschweden beheimatet, wo sie unter Naturschutz steht. Die Blüten öffnen rosa. Mit dem Alter ändert sich die Farbe zu purpurrot. Die Unterart bevorzugt kühles Wetter und Wasser und ist nicht leicht zu kultivieren. Es

wird angenommen, daß einige der winterharten farbigen Sorten auf diese Form zurückzuführen sind.

N. candida K. B. Presl

Kleine oder Glänzende Seerose

VI–VIII, so, WT 30–60 cm

N. candida hat in Nord-, Mittel- und Osteuropa ihre hauptsächlichste Verbreitung. Außerdem kommt sie aber auch in Nordspanien und Westsibirien vor. Bei uns ist sie oft mit *N. alba* vergesellschaftet, so daß zahlreiche Übergangsformen auftreten. Pflanzen mit allen typischen Artmerkmalen kommen deshalb nicht so häufig vor. Die Art, die heute unter Naturschutz steht, ist bei uns als Relikt der Eiszeit anzusehen, als ein lebender Zeuge der einst durch die Eiszeiten bedingten gewaltigen Veränderungen der europäischen Flora. Sie war mit vielen anderen Pflanzen, deren ursprüngliches Verbreitungsgebiet Nordeuropa war, der zunehmendenVereisung Skandinaviens bis nach den damals eisfreien Teilen Mittel- und Osteuropas ausgewichen. *N. candida* kommt in stehenden Gewässern vor, vor allem in Moorseen und Moorgräben, vermag aber auch noch in nährstoffarmen Waldteichen und Heidetümpeln mit sogenanntem Braunwasser zu wachsen. Die Pflanzen besitzen aufrechte bis aufsteigende, kräftige Rhizome, die allerdings etwas schwächer wachsen als die von *N. alba*. Blatt- und Blütenstiele sind bis 1,60 m lang, selten länger. Unterseits sind die Schwimmblätter nach dem Rand zu oft dunkel purpurn. Sie erreichen eine Länge von 12–27 cm und eine Breite von 17–23 cm. Die Blattlappen sind meist genähert, und die Hauptnerven schneiden sich in der Verlängerung. Sehr oft kommen Abweichungen dieser 'candida-Nervatur' vor. Die mehr sternförmigen Blüten erreichen einen Durchmesser von 8 cm und eine Länge bis 7 cm. Die 4 Kelchblätter lassen am Grund meist 4 deutlich vorspringende Kanten erkennen, manchmal sind diese aber auch nur angedeutet. Sie sind an der Spitze mitunter kapuzenförmig zusammengezogen. Die Kelchblätter sind außen grün, in der oberen Hälfte oft dunkelbraungrün und in der unteren hellgrün, innen weiß. In der Regel sind 15–20 Blütenblätter vorhanden, reinweiß, außen manchmal schwach rötlich gestrichelt. Die inneren Staubfäden sind elliptisch verbreitert und dottergelb, bis zweimal so lang und bis dreimal so breit wie die Staubbeutel.

Die Staubbeutel sind hellgelb, die Pollenkörner kugelig und auf der Oberseite fein granuliert. Die Narbenscheibe hat in der Regel in der Mitte eine mehr oder weniger starke Vertiefung, nur sehr selten ist sie ganz flach. Sie weist verschiedene Farbtöne auf, von Gelb bis Dunkelviolett, und besitzt 8–14 Zähne, niemals mehr, die auch horizontal ausgebreitet sein können. Mitunter schließen sie sich zu einem Kranz zusammen, der in der Mitte noch eine kleine Öffnung freiläßt. Die Zähne sind an der Spitze entweder breit abgerundet oder stumpf bis scharf zugespitzt, mit dem Abwelken der Blüte färben sie sich oft rot. Der Zentralkegel ist kurz zylindrisch, die Frucht vorwiegend eiförmig bis flaschenförmig und im oberen Teil unter der Narbenkrone kahl. Sie entläßt ovale, 3–4 mm lange und 1–2 mm dicke Samen.

Auch von *N. candida* treten Zwerg- und andersfarbige Formen auf, die wiederum mit *N. alba* und deren Formen bastardisieren können.

N. mexicana Zucc. (syn. *N. flava* Leitn.)

Mexikanische Seerose

VI–VIII, so, WT 20–40 cm

Südliche Staaten der USA, Mexiko. Ihre Rhizome bilden meterlange Ausläufer. Die Pflanzen haben herzförmige, am Rand wellige Blätter, die oberseits am Rande rötlich getönt sind und im Jugendstadium große, braune, runde Flecken aufweisen. Später vergrünen sie. Unterseits sind die Blätter rötlich mit kleinen, dunklen Flecken. Die 10–15 cm über dem Wasser stehenden Blüten erreichen einen Durchmesser von 10–15 cm, sind leuchtend gelb und schwach duftend. In der Regel sind sie 3 Tage von 8–16 Uhr geöffnet. Werden die Blüten geschnitten, schließen sie sich bald und öffnen sich auch nicht wieder. Unter ungünstigen Standortbedingungen blüht diese Art nur mäßig. Sie war an der Entstehung vieler gelber und kupferfarbener Sorten als Kreuzungspartner beteiligt, so z. B. bei 'Marliacea Chromatella'. Einige Merkmale, wie die gefleckten Blätter, wurden auf die Sorten übertragen.

N. mexicana ist nicht winterhart. Sie muß in einem Kalthaus oder auf eine andere Art und Weise frostfrei überwintert werden. Sie verträgt es nicht einzufrieren. 20–40 cm Wassertiefe sagen ihr am besten zu. Sie ist eine Art für Seerosensammler.

N. odorata Ait.
Wohlriechende Seerose
VI–VIII, so, WT 30–70 cm

Östliches Nordamerika, Mexiko, Guayana, Westindien. Diese Art hat 4–6 cm starke, glatte, waagerecht wachsende Rhizome, die keine deutlichen Narben von Blatt- und Blütenstielen aufweisen. Sie werden bis 1 m lang, sind weißlich und schwarz behaart. Die Verzweigungen sind kürzer und mit der Achse verwachsen. Sie lassen sich nicht abbrechen, sondern müssen herausgeschnitten werden. Die Blätter bilden sich nicht nur auf der Oberseite der Rhizome, auch an seitlichen, kurzen Verzweigungen. Sie sind rundlich-herzförmig, oberseits glänzend grün, unterseits mehr oder weniger rötlich. Die Blüten mit einem Durchmesser von 10–12 cm sind reinweiß, stark duftend, strahlig-sternförmig und wirken durch die große Anzahl ihrer Blütenblätter wie gefüllt. In der Regel werden 25–30 Blütenblätter gebildet, die nach außen in eine geschweifte Spitze auslaufen. Die äußeren Blütenblätter zwischen den Kelchblättern haben einen grünen Rückenstrich. Die äußeren Staubblätter sind schmal und gelb, die inneren etwas heller. Die gelbe Narbe ist schüsselartig. Die befruchtete Samenkapsel verdreht sich korkenzieherartig und verbleibt unter Wasser.

N. odorata läßt sich leicht kreuzen und ist daher Ausgangsart vieler Seerosensorten mit den typischen „odorata"-Eigenschaften, wie lange Blütezeit (manchmal bis zum Frost), duftende Blüten, rundlich-herzförmige Blätter und walzenförmige Rhizome.

N. odorata var. *gigantea* Tricker wird in allen Teilen größer und hat bis 14 cm große, wohlgeformte Blüten, die einige Zentimeter über der Wasseroberfläche stehen. Die Blattränder sind auffallend gewellt. Die hellgrüne Blattunterseite ist am Rand braunrot gefärbt. Es ist eine starkwachsende Form, deren optimale Wassertiefe zwischen 100 und 150 cm liegt. Bei zu flachem Stand wachsen die Blätter aus dem Wasser heraus.

N. odorata var. *minor* Sims. ist eine in allen Teilen kleinere Form. Die schalenförmigen Blüten werden nur 7–9 cm groß. Die Blütenstiele sind leicht behaart, ebenfalls die Blattstiele. Die optimale Wassertiefe liegt bei 30–40 cm. Selbst gelegentliches Austrocknen im Sommer überstehen die Pflanzen. Sie vertragen auch kaltes Wasser.

N. odorata var. *rosea* Pursh hat mittelgroße, tiefrosa oder rote Blüten. Diese Varietät wurde häufig zu Kreuzungszwecken verwendet.

N. tetragona Georgi
Zwergseerose
VI–VIII, so, WT 10–25 cm

Nordosteuropa, Nordasien, China, Japan, Nordamerika. Diese Art ist die kleinste winterharte Seerose. Sie bildet nur ganz kurze Rhizome aus, die 5–10 cm lang und 1–3 cm dick werden und teilweise mit wolligen schwarzen Haaren bedeckt sind. Die Blätter sind oval bis rundlich-herzförmig, oberseits dunkelgrün und oft schwärzlich gefleckt, unterseits blaßgrün bis rötlich, Länge 4–10 cm, Breite 3–7 cm. Ihre Blüten sind weiß, schwach duftend und erreichen einen Durchmesser von 2,5–3 cm. Die 10–15 Blütenblätter sind breit zugespitzt. Auffallend sind die 4 am Grunde kantigen Kelchblätter.

Die Art setzt problemlos Samen an, der willig keimt. Sämlinge kommen oft schon im 2. Jahr nach der Aussaat zum Blühen. Eine regelmäßige Versorgung mit Nährstoffen ist für ein schnelles und kräftiges Wachstum wichtig.

N. tetragona ist bestens zum Bepflanzen von Trögen, Schalen und anderen kleinen Gefäßen geeignet. Sie hat in einem Miniwassergarten Platz. Auch verträgt sie einen leicht schattigen Standort sowie ein Einfrieren im Winter, wenn es nicht zu lange anhält.

N. tuberosa Paine
Knollenseerose
VI–VIII, so, WT 40–80 cm

Nördliche und mittlere USA. Die Pflanzen haben bis 80 cm lange und bis 5 cm dicke, weißliche, glatte, kurz behaarte, kriechende Rhizome, die zahlreiche, dicke, seitlich abstehende knollenartige Sprosse aufweisen, welche sich leicht vom Rhizom lösen lassen. Dadurch kann eine ungewollte Ausbreitung im Teich erfolgen. Die runden, lederartigen, am Rand gewellten, beiderseits hellgrünen Blätter erreichen bis 35 cm im Durchmesser. Ihre Blattstiele haben oft braunrote Längslinien und sind im Jugendstadium behaart. Der Durchmesser der reinweißen, schwach duftenden Blüten beträgt 9–10 cm. Die Blütenblätter sind lanzettlich und haben eine stumpfe Spitze. Charakteristisch für diese Art ist, daß die 4 frischgrünen, innen weißen Kelchblätter, bei offener Blüte weit zurückgeschlagen sind, oft bis an den Stiel. Von *N. tuberosa* gibt es einige Sorten.

Seerosensorten

Die meisten Sorten sind Ende des vorigen Jahrhunderts gezüchtet worden. Damals gab es an winterharten Arten wenig Ausgangsmaterial. Bis auf einige Formen blühten sie alle weiß, und sie waren deshalb auch nicht von großem Interesse für die Gartengestaltung. Dieser Zustand änderte sich erst, als der französische Züchter LATOUR-MARLIAC die ersten farbigen Sorten auf den Markt brachte. Viele Sorten des heutigen Standardsortimentes haben wir ihm zu verdanken. Er lebte von 1830–1911 und hat etwa 80 verschiedene Sorten gezüchtet. Man weiß allerdings nicht, wie er die Hybriden untereinander oder mit Sorten gekreuzt hat, da sie keinen oder nur sehr selten Samen ansetzen. Nur Wildarten und die natürlichen Hybriden bilden Samen aus. Seine Kreuzungspartner hat er meist geheim gehalten. Durch die Einkreuzung mit *N. mexicana* wurde die Blütenfarbe Gelb in das Sortiment der winterharten Sorten gebracht.

Später, ab Anfang unseres Jahrhunderts, haben sich verschiedene andere Züchter, wie BUGGELE (Österreich), PERRY (England), FROEBEL (Schweiz), HENKEL, HARSTER, JUNGE (Deutschland) und RICHARDSON, DREER (USA) mit der Seerosenzüchtung beschäftigt und auch einige wertvolle Züchtungen auf den Markt gebracht.

Einige Jahrzehnte hat sich im Seerosensortiment nicht viel verändert. Erst seit den 60er Jahren ist Bewegung hineingekommen. Sie begann mit der Einführung von 'Pink Sensation' 1964, von PERRY D. SLOCUM allerdings schon 1947 gezüchtet. 1986 kam von ihm 'Ray Davies' hinzu, eine Sorte, die 1987 die Auszeichnung als eine der 'schönsten Neueinführungen' erhielt. Seitdem geht es Schlag auf Schlag und jedes Jahr werden einige neue Sorten auf den Markt gebracht. SLOCUM wohnt in North Carolina (USA). 1986 hat er seinen Betrieb seinem Stiefsohn übergeben und beschäftigt sich seitdem intensiv mit der Züchtung von Lotosblumen und winterharten Seerosen. Gleichzeitig begann ein weiterer Züchter in den USA mit seiner Arbeit, KIRK STRAWN aus Texas. Er wird von Fachleuten als der zur Zeit bedeutendste Seerosenzüchter angesehen. Er verfügt inzwischen über ein enormes Züchtungspotential. Angeblich soll er in der Züchtung einer blauen winterharten Serrose am weitesten sein. Eine solche blaue Sorte ist der Traum seit vielen Jahrzehnten. In den nächsten Jahren ist damit zu rechnen, daß beide Züchter den erfolgreichen LATOUR-MARLIAC überholt haben. Die guten klimatischen Verhältnisse in Texas und North Carolina tragen sicherlich auch zu diesem Erfolg bei. Der Samenansatz ist dort besser und die Vermehrungsrate höher.

KENNETH LANDON, ebenfalls aus Texas, ist ein weiterer Züchter in den USA, der mit 'Texas Dawn' eine erfolgreiche Sorte gezüchtet hat.

Als Neuzüchtung außerhalb der USA kam vor einigen Jahren 'Norma Gedye' in den Handel. Sie wurde von LAURENCE R. GEDYE in Australien gezüchtet.

In England hat sich in den letzten Jahren REG HENLEY aus Odiham um die Seerosenzüchtung verdient gemacht. Er beweist uns, daß man auch in solchen Klimazonen wie in England erfolgreich Seerosen züchten kann, auch wenn die Ausbeute nicht ganz so groß ist wie in Texas und North Carolina. Seine wichtigste Sorte bis jetzt ist 'Regann'. Der Name setzt sich aus seinem Vornamen und dem Vornamen seiner Frau zusammen.

Die deutschen Züchtungsergebnisse der letzten Jahre sind im Vergleich zu den Erfolgen aus den USA eher bescheiden, auch wenn bei uns einige wertvolle Sorten entstanden sind. Als Züchter sind BERTHOLD, EPPLE, JUNGE und WACHTER zu nennen. Die Sorten 'Berthold', 'Anna Epple' und 'Fritz Junge' sind Neuheiten, die schon im Handel angeboten werden.

Das Farbenspektrum der Sorten ist groß, es reicht von Weiß über Rosa und Lachsfarben bis hin zu Dunkelrot, wobei die Blütenblätter einfarbig oder panaschiert sein können. Hell- und dunkelgelbe sowie kupferne Farbtöne kommen ebenfalls vor. Einige von den neuen amerikanischen Sorten sind farblich sehr auffallend, teilweise mit einer großen Leuchtkraft. Bei manchen Sorten ändert sich die Blütenfarbe im Verblühen. Die blaue Farbe fehlt allerdings bei den winterharten Sorten völlig. Die hellblau blühende Hybride *Nymphaea* × *daubenyana* hort. sowie blaue tropische Arten, z. B. *Nymphaea caerulea*, und Sorten können zwar im Sommer unter optimalen Bedingungen (evtl.

Zusatzheizung) im Freiland kultiviert werden, verlangen aber eine Überwinterung im Gewächshaus.

Einige Sorten werden immer noch unter verschieden Namen gehandelt. Der Arbeitskreis Wasserpflanzen im Bund Deutscher Staudengärtner sowie die International Waterlily and Water Gardening Society haben aber dazu beigetragen, daß der Namenswirrwar in den letzten Jahren entflochten werden konnte. Karl Wachter hat einen wesentlichen Anteil an dieser Arbeit. Selbst für einen Fachmann ist es oft nicht einfach, eine Sorte exakt bestimmen zu können. Durch Standortbedingungen können unterschiedliche Erscheinungsformen auftreten, auch sehen viele weiße und zartrose Sorten sehr ähnlich aus. Diese Umstände erschweren die Bestimmung. Die Originalpflanzen der manchmal 100 Jahre alten Sorten sind nicht mehr vorhanden, so daß man nach Katalogbeschreibungen gehen mußte. Bei den vielen Neuzüchtungen tritt das Problem der falschen Namen nicht mehr auf. In der folgenden Sortenübersicht werden Synonymbezeichnungen in Klammern angegeben.

Manche Seerosenblüten haben eine geringe Schnitteignung, da sie sich bald nach dem Schneiden schließen und nicht wieder öffnen. Andere Sorten, wie z. B. 'Rosennymphe', 'Escarboucle' und 'James Brydon' eignen sich gut als Schnittblumen. Gleich nach dem Öffnen geschnitten, halten sie sich durchschnittlich 4 Tage, schließen sich aber abends. Die Blüten sollten ihrem Wuchs entsprechend in einer flachen Schale schwimmen.

Alle kupferfarbenen und gelben Sorten haben stark gefleckte Blätter, manchmal allerdings nur im Jugendstadium besonders ausgeprägt. Auch bevorzugen sie warme Standorte.

In der folgenden Übersicht werden die Sorten in alphabetischer Reihenfolge aufgeführt. Soweit Züchter und Züchtungsjahr bekannt sind, stehen sie in Klammern. Die Blütengröße sind Durchschnittswerte, ebenfalls die meisten Blattgrößen. Über- und Unterschreitungen, je nach Standort, Alter sowie Ernährung der Pflanzen und Klima, sind möglich. Mit Blütenblätter sind jeweils die Kronblätter gemeint, mit Staubblätter die inneren.

Aufgrund der Bedeutung werden die neuen amerikanischen Sorten in einer gesonderten Übersicht im Anschluß vorgestellt. Um diese besser bekannt zu machen, werden nur sie mit Abbildungen vorgestellt.

'Albatross' (Marliac 1910)
Blüte milchweiß, hellgelbe Staubblätter, tulpenförmig, 20 Blütenblätter, zur Spitze hin auffallend verjüngend, 9,5 cm Durchmesser, süßlich duftend. Narbe schalenförmig, gelb. Blütenstiel bronzegelb bis grün. Kelchblätter dunkelgrün, innen silbrig-weiß. Blüht den ganzen Sommer. Blatt fast rund, kräftig grün, unterseits heller, 20 cm Durchmesser, auseinanderstehende Basallappen. Blattstiel hellgrün, kreisförmig. WT 40–80 cm.

Selten im Angebot, manchmal wird 'Hermine' als 'Albatross' verkauft.

'Amabilis' (Marliac 1921)
(syn. 'Pink Marvel')
Blüte pfirsichrosa, leuchtendgelbe Staubblätter, sternförmig, sehr groß, 21–24 lanzettliche, spitz zulaufende Blütenblätter mit grünem Längsstreifen, 16–17 cm Durchmesser, schwach duftend. Blütenblätter im Verblühen silbrig-rosa. Narbe tief schüsselförmig, hellgelb. Blüten stehen einige Zentimeter über dem Wasser. Kelchblätter grün, mit rosa Rändern, innen weiß mit grünem Schein, im voll aufgeblühten Zustand waagerecht abstehend. Blütenstiel hell bronzerot. Blatt oval, grasgrün, unterseits grün mit gelegentlich roter Randzone, 24 cm Durchmesser, weit geöffnete Basallappen. Blätter halten bis zum Frost, bei günstigem Standort stark wachsend.

Blattstiel rotbraun mit schwachen roten Linien, oval. WT 80–100 cm.

'Andreana' (Marliac 1895)
Blüte orangerot, hellorangerote Staubblätter, kugelig, 18 Blütenblätter mit hellstreifigen Spitzen, 8–10 cm Durchmesser, schwach süßlich duftend. Blüten stehen 5–10 über der Wasseroberfläche. Narbe hellgelb. Grasgrüne Kelchblätter, innen gelblich-weiß. Blütenstiel orange mit Grauton. Blatt oval, stumpf grün mit auffälligen kastanienbraunen Flecken, unterseits rostbraun mit vielen rötlichbraunen Flecken, 16 cm Durchmesser, Blattlappen etwas überlappend oder nebeneinander liegend. Blattstiel orange mit Grauton, beidseitig abgeflacht. Ein typisches Merkmal dieser Sorte ist eine an der Innenseite der Basallappen im unteren Drittel nach oben gebörtelte, etwa 2 cm breite und 1 cm lange Einbuchtung. WT 40–80 cm.

'Anna Epple' (Epple 1970)
Blüte einheitlich hellrosa, in der Mitte kräftiger, im Alter nicht verblassend, hellgelbe Staubblätter, tassenförmig, 25–28 zugespitzte, löffelartig vertiefte Blütenblätter, 10 cm Durchmesser, schwach süßlich duftend. Blüten stehen einige Zentimeter über der Wasseroberfläche. Narbe dunkelgelb. Kelchblätter rotbraun, an der Basis rotbraun gefleckt, innen rosa mit leichtem Grünschimmer. Blütenstiel grün, mit braunen länglichen Flecken, rund. Blatt kreisrund, hellgrün, unterseits mit rötlichem Schimmer, 28 cm Durchmesser, auseinanderstehende Basallappen. Blattstiel hellgrün, rund.

Wüchsige und zuverlässig blühende Sorte. WT 40–80 cm.

'Arc-en-Ciel' (Marliac 1901)
Blüte weiß bis zart rosa, hellgelbe Staubblätter, äußere Staubblätter auffallend lang, sternförmig, 22–24 schmallanzettliche, zugespitzte Blütenblätter, 14 cm Durchmesser, schwach duftend. Blüten stehen über dem Wasser. Narbe hellgelb. Kelchblätter dunkelgrün, zum Rand hin heller, innen silbrig weiß. Blütenstiel grasgrün, fast kreisrund. Blatt rund, auffallend gelb und rosa marmoriert. Im Extremfall kann ein Blatt halb grün und halb gelb gefärbt sein. Die einzige Sorte mit 'Variegata'-Laub. Hauptsächlich wegen dieser Eigenschaft kultiviert. Blattunterseite bräunlichrot, 16–20 cm Durchmesser, weit auseinanderstehende Basallappen.

Diese Sorte galt einige Jahrzehnte als verschollen, bis sie vor wenigen Jahren zufällig in einem botanischen Garten in den USA wieder entdeckt wurde. Inzwischen wird sie schon häufig angeboten. WT 40–80 cm.

'Arethusa' (Dreer 1902)
Blüte leuchtend rosa bis rot geflammt, Staubblätter orange mit gelber Spitze, kugelförmig, 26 Blütenblätter, mit einer grünen Linie auf den 4 äußeren, 10 cm Durchmesser, schwach süßlich duftend, reichblütig. Narbe gelb. Kelchblätter braun mit hellgrünen Rändern, innen hellgrün mit purpurroten Linien. Blütenstiel rötlichbraun. Blatt rund, kräftig grün, rotbraun gefleckt, unterseits rotbraun, auf der Mittelrippe ein 'V' erkennbar, 18 cm Durchmesser, geöffnete Basallappen. Blattstiel rötlichbraun. Wird selten kultiviert und echt angeboten. WT 30–60 cm.

'Atropurpurea' (Marliac 1901)
Blüte leuchtend dunkelkarminrot, Staubblätter orangerot, flach sternförmig, 25–26 an den Spitzen hell panaschierte Blütenblätter, an den

Abb. 1 'Arc-en-Ciel'

Spitzen krallenartig umgebogen, 14–16 cm Durchmesser, schwach duftend. Narbe dunkelgelb. Kelchblätter dunkelbraun bis bronzegrün, mit rotbraunen Rändern, innen purpurrot mit grünlichen Linien. Blütenstiel bräunlich grün, rund. Blatt breit-oval, tiefgrün mit rotem Rand, unterseits orangebraun, auf der Mittelrippe ein 'V' erkennbar, 17 cm Durchmesser, weit geöffnete Basallappen. Blattstiel braun bis bronzegrün, rund. WT 40–80 cm.

'Attraction' (Marliac 1910)
Blüte leuchtend karminrot, nach außen heller, Staubblätter karminrot, sternförmig, 26–28 ovale, spitz zulaufende Blütenblätter, 18 cm Durchmesser, süßlich duftend. Narbe orangegelb. Kelchblätter grün mit rosa Linien, innen silbergrau mit rosa Linien. Blütenstiel braun, oval. Blatt fast kreisrund, grasgrün, unterseits hellgrün, 30 cm Durchmesser, nur wenig geöffnete Basallappen. Blattstiel braun, oval. Die Sorte braucht zur vollen Entfaltung ausreichend Platz und ist deshalb für kleine Teiche nicht zu empfehlen. WT 60–100 cm.

'Aurora' (Marliac 1895)
Blüte hellgelb aufblühend, am 2. Tag karminrosa, im Verblühen rötlichpurpur, orangegelbe Staubblätter, halbkugelförmig, 17–18 schmale Blütenblätter, deren äußere einen grünen Streifen von der Basis bis zur Spitze haben, 6,5 cm Durchmesser, kaum duftend. Narbe gelb. Kelchblätter in verschiedenen Grüntönen bis cremefarben mit Rosa, innen grau- bis cremeweiß mit rosa Linien , löffelartig, an der Spitze leicht nach oben gebogen. Blütenstiel hellgrün, rund. Blatt rund, als junges Blatt kupfrig, dunkelbraunrot marmoriert, reifes Blatt hellgrün, 7,5–8,5 cm Durchmesser, wenig geöffnete Basallappen. Blattstiel hellgrün, rund. Schwachwüchsige, nicht sehr reichblühende Zwergseerose. Sie unterscheidet sich von der ähnlich aussehenden 'Chrysantha' durch die höhere Anzahl von Blütenblättern ('Chrysantha' hat 15). WT 20–40 cm.

'Baroness Orcy' (Marliac 1935)
Blüte purpurrosa, Staubblätter gelborange, zwischen tassen- und kugelförmig, 18 sehr breite Blütenblätter, löffelartig, nach innen gebogen, Blütenspitzen hellrosa, 19 cm Durchmesser, kaum duftend. Narbe gelb. Kelchblätter dunkelgrün, innen hellgrün mit silbrigrosa Streifen. Blütenstiel hellgrün, seitlich abgeflacht. Blatt kreisrund, mattgrün, unterseits hellgrün, grünlichgelb durchsetzt, auf der Mittelrippe ein 'V' erkennbar, 20–30 cm Durchmesser, Basallappen geschlossen. Blattstiel hellgrün, seitlich abgeflacht. WT 40–80 cm.

'Bateau' (Marliac 1969)
Blüte auffallend scharlachrot, nur einige der äußeren Blütenblätter sind hell panaschiert, hell purpurfarbene Staubblätter, tassenförmig, 16 löffelartige Blütenblätter, 8–10 cm Durchmesser. Narbe gelb. Kelchblätter in einem hell und dunkel abgestuften Grün, rosa gerandet, innen grauweiß mit purpurroten Linien. Blütenstiel braun. Blatt oval, dunkelgrün, vereinzelt dunkelbraun gefleckt und dunkelbraun gerandet, unterseits bräunlich, violett angehaucht, auf der Mittelrippe ein 'V' erkennbar, 17 cm Durchmesser, gespreizte Basallappen, überlappen manchmal einige Zentimeter an der Basis. Die Sorte hat viel Ähnlichkeit mit 'Chateau Le Rouge'. WT 35–45 cm.

'Berthold' (Berthold 1985)
Blüte weiß mit Zartrosa, hellgelbe Staubblätter, kelchförmig, nicht ganz öffnend, 16 Blütenblätter, bis auf die inneren an den Spitzen kahnförmig zusammengezogen, 7 cm Durchmesser, nicht duftend. Narbe gelb. 4–5 Kelchblätter dunkelgrün, innen zartrosa mit grünen Linien. Blütenstiel olivgrün, oval. Fruchtknoten hat vierkantigen Boden. Blatt rund, leuchtend grün, unterseits hellgrün, 20 cm Durchmesser, weit geöffnete Basallappen. Blattstiel olivgrün, oval. Die Sorte wurde in einem Bestand von 'Froebeli' gefunden. Ist in allen Teilen aber um etwa 1/3 größer. WT 30–50 cm.

'Bory de Saint-Vincent' (Marliac 1936)
Blüte in der Mitte dunkelrot, nach außen weiß mit hellrosa Flecken, dadurch zweifarbig wirkend, orangebraune Staubblätter, tassenförmig, 19–20 breite Blütenblätter, 10–13 cm Durchmesser, schwach duftend. Blüten stehen einige Zentimeter über der Wasseroberfläche. Narbe hellgelb. Kelchblätter grün, teils mit Braun überdeckt, innen hellgrün mit zartrosa Linien. Blütenstiel bronzefarben, oval. Blatt oval, grün, vereinzelt gefleckt, unterseits hellgrün mit rötlichem Rand, 21 cm Durchmesser. Blattstiel grau bis purpurfarben, oval. WT 40–80 cm.

'Candidissima' (Sturtevant 1892)
(syn. *N. alba* 'Candidissima')
Blüte reinweiß, hellgelbe Staubblätter, tassenförmig, spitze, löffelartige Blütenblätter, an den Spitzen zusammengezogen, 10 cm Durchmesser, schwach duftend. Narbe hellgelb. Kelchblätter grün mit rosa Rändern, innen weißlich mit grünen Linien und hellrosa Rändern. Blütenstiel braun. Blatt oval, dunkelgrün, unterseits heller, 23 cm Durchmesser, Blattnerven schwach entwickelt (mit Ausnahme der Mittelrippe). Blattstiel grün, rund. Sehr wüchsige Sorte. WT 60–100 cm.

'Candidissima Rosea' (Sturtevant 1884)
Blüte zartrosa, in der Mitte dunkler, an den Spitzen fast weiß, gelbe Staubblätter, tassenförmig, 24 löffelartige Blütenblätter, 7–8 cm Durchmesser, schwach süßlich duftend. Narbe gelb. Kelchblätter bräunlichgrün, zur Spitze hin umgebogen, innen hellrosa. Blütenstiel hellbronzegelb. Blatt fast rund, glänzend hell- bis dunkelgrün, schmaler brauner Rand, unterseits bräunlich, an der Mittelrippe ein 'V' erkennbar, 13,5 cm Durchmesser, weit geöffnete Basallappen. Blattstiel gelbgrün. WT 30–50 cm.

'Caroliniana' (Bahnson um 1890)
(syn. *N. odorata* 'Caroliniana')
Blüte lachsfarben bis hellrosa, hellrosa Staubblätter, sternförmig, 25 schmal elliptische Blütenblätter, 10 cm Durchmesser, süßlich duftend. Narbe gelb. Kelchblätter gelblichgrün bis hellgrün, purpurrosa gestreift, innen zartrosa mit grünweißen Streifen. Blütenstiel gelbgrün, seitlich abgeflacht. Blatt fast rund, dunkelgrün, unterseits purpurfarben mit schwarzbraunem Rand, an der Mittelrippe ein 'V' erkennbar, 17 cm Durchmesser, sehr weit geöffnete Basallappen. Blattstiel gelbgrün, seitlich abgeflacht. Die Sorte wird selten angeboten. WT 40–80 cm.

'Caroliniana Nivea' (Marliac 1893)
Blüte rahmweiß, hellgelbe Staubblätter, sternförmig, 25–27 schmale, spitze, löffelartige Blütenblätter, 14 cm Durchmesser, süßlich duftend. Blüten stehen etwas über dem Wasser. Narbe goldgelb. Kelchblätter außen grasgrün, innen weiß mit grünem Schimmer. Blütenstiel rotbraun, seitlich abgeflacht. Blatt fast rund, grasgrün, lederartig glänzend, unterseits blutrot, auf der Mittelrippe ein 'V' erkennbar, 25 cm Durchmesser, auseinanderstehende Basallappen. Blattstiel rotbraun, seitlich abgeflacht. WT 40–80 cm.

'Caroliniana Perfecta' (Marliac 1893)
Blüte einheitlich lachsrosa, gelbe Staubblätter, tassenförmig, 29–33 löffelartige Blütenblätter, 8,5 cm Durchmesser, stark duftend. Narbe gelb. Kelchblätter grasgrün mit rosa Rändern, innen rosa, biegen sich bei voll geöffneter Blüte zum Stiel um. Blütenstiel grasgrün mit braunen Streifen, einseitig abgeflacht. Blatt rund, mittel- bis dunkelgrün, unterseits hellrot, auf der Mittelrippe ein 'V' erkennbar, 22 cm Durchmesser, auseinanderstehende Basallappen. Blattstiel hellgrün mit bronze, oval. Die Blüte hat eine wohlproportionierte Form und eine auffallende Farbe. WT 40–80 cm.

'Caroliniana Rosea' (Marliac 1908)
Blüte silbrigrosa, innen etwas heller, hellgelbe Staubblätter, sternförmig, 26–28 stumpf-spatelförmige Blütenblätter, 12 cm Durchmesser, süßlich duftend. Narbe gelb. Kelchblätter grün, innen hellgrün mit Rosa, bei geöffneter Blüte fast waagerecht abstehend. Blütenstiel grün mit braunen Linien, rund. Blatt kreisförmig, grasgrün, unterseits blutrot, 18 cm Durchmesser. Blattstiel grasgrün mit bräunlichen Linien, kantig. WT 40–80 cm.

'Charles de Meurville' (Marliac 1931)
Blüte innen purpurrot, nach außen heller werdend, Staubblätter gelb mit Rot, tassenförmig, 20–22 lange, schmalkonkave Blütenblätter, 12–13 cm Durchmesser, angenehm duftend. Narbe gelb. Kelchblätter grün, innen grauweiß mit rosa Streifen, spitz zulaufend. Blütenstiel rotbraun. Blatt oval, dunkelgrün, unterseits heller mit stark hervortretenden Blattnerven, 30 cm Durchmesser, auseinanderstehende Basallappen. Lang- und reichblühende Sorte. WT 60–100 cm.

'Chateau Le Rouge' (Marliac 1972)
Blüte dunkelpurpurrot, orangerote bis gelbe Staubblätter, tassenförmig, 14–16 Blütenblätter,12 cm Durchmesser. Narbe hellgelb. Kelchblätter gelblichgrün mit purpurfarbenen Streifen, innen rosa mit roten Linien. Blütenstiel grün. Blatt oval, dunkelgrün, manchmal auch dunkelbraun mit einigen dunklen Flecken, unterseits rötlich mit bräunlichem Ton, 23 cm Durchmesser. Blattstiel dunkelbraun, oval. Ähnlichkeit mit 'Bateau'. WT 40–80 cm.

'Chrysantha' (Marliac 1905)
(syn. 'Graciella', 'IGA Erfurt')
Blüte gelblich bis kupferfarben, im Verblühen rosaorange, innen dunkler, gelbliche Staubblätter, tassenförmig, 15 Blütenblätter, löffelartig, 7,5 cm Durchmesser. Narbe hell schwefelgelb. Kelchblätter gelblichgrün mit Braun und Hellgrün, rosa gestreift, innen hellgrün mit rosa Streifen und Flecken. Blütenstiel hellgelbgrün. Blatt kreisrund, dunkelgrün, dunkelrotbraun marmoriert, unterseits hellgrün mit braunen Flecken, junges Blatt unterseits dunkelbraun und insgesamt kräftiger marmoriert, 10 cm Durchmesser, auseinanderstehende Basallappen. Blattstiel hellgelb bis grün. Nicht sehr reichblühend, aber auffallende Blattzeichnung. Schwacher Wuchs, daher für kleine Gefäße geeignet. In der Blütenfarbe 'Aurora' ähnlich, ist im Verblühen aber nicht rot. Auch hat 'Aurora' vergrünende Blätter. WT 20–40 cm.

'Colonel A. J. Welch' (Marliac 1929)
Blüte kanariengelb, hellgelbe Staubblätter, sternförmig, 28–30 schmale, oft etwas verdrehte Blütenblätter, 18–20 cm Durchmesser, schwach duftend. Narbe hellgelb. Kelchblätter hellgrün, innen weiß, grünlich gestreift. Blütenstiel bronzefarben, gerippt. Blüten stehen bis 20 cm über der Wasseroberfläche. Nicht sehr blühwillig. Bildet an den Fruchtständen Jungpflanzen aus, was typisch für diese Sorte ist. Blatt fast rund, im Jugendstadium rotbraun gefleckt, unterseits intensiver, im Alter vergrünend und unterseits nicht mehr so intensiv gefleckt, 25–30 cm Durchmesser, weit auseinanderstehende Basallappen. Blattstiel bronzefarben, gerippt. Die Sorte ist sehr wuchskräftig, bei zu flachem Stand wachsen die Blätter aus dem Wasser heraus. WT 80–100 cm.

Es gibt inzwischen bessere gelbe Sorten.

'Colossea' (Marliac 1901)
Blüte zart fleischfarben, fast weiß, gelbliche Staubblätter, tassen- bis sternförmig, 24–26 breite Blütenblätter, 20 cm Durchmesser, nach Anis duftend. Narbe gelb. Kelchblätter grünlichbraun, innen hellrosa mit dunkelrosa Adern. Blütenstiel bräunlichgrün, rund. Blatt breit elliptisch, grün, unterseits etwas heller, bis 38 cm Durchmesser. Blattstiel grün, rund.

Im Aufblühen ist die Sorte 'Marliacea Rosea' ähnlich, die Blüten sind allerdings größer als diese und die Blütenblätter an den Spitzen abgerundet.

'Colossea' ist sehr wüchsig. WT 80–100 cm.

'Comanche' (Marliac 1910)
Blüte gelblichorange aufblühend, im Verblühen über Orange zu Tiefrot ändernd, orangerote Staubblätter, sternförmig, 20 Blütenblätter mit schlanker Spitze, 9 cm Durchmesser, schwach duftend. Narbe hellgelb. Blüten stehen einige Zentimeter über der Wasseroberfläche. Kelchblätter hell- bis dunkelbraun, grünlichrosa gestreift, innen cremeweiß mit zartrosa Streifen. Blatt oval, hell- bis dunkelgrün, im Jugendstadium strichartig rot-braun gefleckt, später vergrünend, unterseits rötlichbraun, stark gefleckt, 20 cm Durchmesser, auseinanderstehende Basallappen, gewellter Blattrand. 'Comanche' blüht bei kühlem Wetter schlecht. WT 20–40 cm.

'Comte de Bouchaud' (Lagrange 1904)
Blüte hellgelb mit Rosa, im Verblühen kupfrigorange, Staubblätter gelb mit Hellrot, tassenförmig, 16 Blütenblätter, 5–7 cm Durchmesser (Größe nimmt mit dem Alter der Blüte zu), schwacher süßlicher Duft. Narbe gelb. Kelchblätter grün und hellrosa gestreift, innen hellgelb mit Rosa. Blütenstiel rot mit roten Streifen. Blatt rund, gelbgrün, ineinanderfließend dunkelbraun gefleckt, unterseits rötlichbraun und ebenfalls gefleckt, 10 cm Durchmesser. Blattstiel rotbraun mit roten Streifen. WT 20–40 cm.

'Conqueror' (Marliac 1910)
Blüte dunkelweinrot, nach außen heller werdend, purpurfarbene Staubblätter, tassenförmig, 24–27 Blütenblätter, 16 cm Durchmesser, schwach süßlicher Duft. Narbe gelb. Kelchblätter grasgrün, hell gerandet, innen silbrigweiß, hellrosa gestreift. Blütenstiel bronzerot, schwache schorfartige Auswüchse. Blatt rund, dunkelgrün, braun gerandet, unterseits orangebraun, auf der Mittelrippe ein 'V' erkennbar, 25 cm Durchmesser, überlappende Basallappen. Blattstiel grauorange. WT 60–100 cm.

'Darwin' (Marliac 1909)
(syn. 'Hollandia')
Blüte hellrosarot, nach außen heller werdend, gelbe Staubblätter, tassenförmig, dicht gefüllt, 34–35 breite Blütenblätter, 20 cm Durchmesser, manchmal noch größer, angenehm duftend. Narbe gelb. Kelchblätter glänzend grün, innen weiß, rosa gestreift. Blütenstiel bräunlich, gestreift, rund. Blatt rund, grün, unterseits rötlich gerandet, 28 cm Durchmesser, manchmal noch größer, überlappende Basallappen. Blattstiel

gelblichgrün, braun gestreift, rund. 'Darwin' hat einen kräftigen Wuchs und ist reichblütig. Blüten eignen sich gut zum Schnitt, werden manchmal sehr groß. Die Sorte ist nur für große Teiche geeignet. WT 80–150 cm.

'David' (Marliac 1985)
Blüte kupfrigorange, orangerote Staubblätter, tassenförmig, 20 Blütenblätter, die äußeren hell panaschiert, 10 cm Durchmesser, schwach duftend. Narbe gelb. Kelchblätter dunkelbraun, innen weißlichgrün, rosarot geadert. Blütenstiel dunkelbraun, rund. Blatt oval, dunkelgrün, im Jugendstadium rötlich und strichartig dunkelbraun gefleckt, unterseits orangerot, dunkelbraun gefleckt. Blattstiel orangerot, rund. WT 40–80 cm.

'Ellisiana' (Marliac 1896)
Blüte granatrot, im Verblühen nachdunkelnd, kupfrigbraune Staubblätter, tulpen- bis strahlenförmig, 20 Blütenblätter, mit stumpfer Spitze, 7–8 cm Durchmesser. Narbe gelb. Kelchblätter hell- bis dunkelgrün, nach innen gebogene Spitzen, innen grünlichweiß, rosa gestreift. Blütenstiel gelblichbronzefarben, rund. Blatt rund bis leicht oval, dunkelgrün, im Jugendstadium einige dunkelbraune Streifen und Flecken, unterseits rötlich, 14 cm Durchmesser, auf der Mittelrippe ein 'V' erkennbar, leicht auseinanderstehende Basallappen. Blattstiel bronzefarben, rund. Eine früh- und reichblühende Zwergseerose. WT 20–40 cm.

'Ernst Epple Sen.' (Epple 1970)
Blüte weiß, dicht gefüllt, Staubblätter hellgelb, 15 cm Durchmesser. Blatt oval, beiderseits hellgrün, 30 cm Durchmesser. Blüten bleiben ab 2. Tag auch nachts geöffnet. Schwierige Vermehrung. Kräftiges Wachstum, wenn einmal angewachsen. WT 60–100 cm.

'Escarboucle' (Marliac 1909)
Blüte leuchtend rubinrot, gelbe Staubblätter, tassenförmig, 26–28 Blütenblätter, 18 cm Durchmesser, schwach duftend. Narbe goldgelb. Kelchblätter braun, am Rand heller bis rötlich, innen kirschrot. Blütenstiel gelblichgrün. Blatt rund, grasgrün, unterseits heller, 32 cm Durchmesser, etwas überlappende Basallappen. Blattstiel gelblichgrün. Die Sorte ist nicht sehr reichblütig. Die Blütenfarbe ist nach längerem trüben Wetter verwaschen, nicht so leuchtend. WT 60–100 cm.

'Esmeralda' (Marliac 1912)
Blüte leuchtend purpurrot, hell panaschiert, Staubblätter gelborange, schalenförmig, 18–20 Blütenblätter, 11 cm Durchmesser, schwach duftend. Narbe goldgelb. Kelchblätter grünlich, innen silbergrau. Blütenstiel gelblich braun. Blatt oval, dunkelgrün, unterseits bräunlich, 17 cm Durchmesser. Blattstiel gelblichgrün, braun gestreift WT 40–80 cm.

'Exquisita' (Marliac 1878)
(syn. *odorata* 'Exquisita')
Blüte rosa- bis karminrot, gelbe Staubblätter, schalenförmig, 28 Blütenblätter, 14 cm Durchmesser, schwach süßlich duftend. Narbe hellgelb. Kelchblätter grün, rot gerandet, innen rosarot, grünlich überlagert. Blütenstiel gelbgrün mit dunklen Streifen. Blatt fast rund, dunkelgrün, unterseits rotbraun, purpurrot gerandet, 15 cm Durchmesser. Blattstiel gelbgrün mit bronzefarbenen Streifen, rund. WT 40–80 cm.

'Fabiola' (Marliac 1913)
Blüte intensiv rosa, silbrigweiß gesprenkelt, gelbe Staubblätter, tassenförmig, 23–25 Blütenblätter, 12 cm Durchmesser, schwach süßlich duftend. Narbe hellgelb. Kelchblätter grün mit Dunkelbraun, innen silbergrau, lilarosa gerandet. Blütenstiel bronzefarben, behaart. Blatt rund, dunkelgrün, unterseits heller, 23 cm Durchmesser, auseinandergehende Basallappen, Blattrand gewellt. Blattstiel bräunlichbronzefarben, fast rund. Reich und früh blühende Sorte. WT 40–80 cm.

'Firecrest' (aus den USA um 1930)
(syn. *odorata* 'Firecrest')
Blüte einheitlich pfirsichrosa, Staubblätter gelb, sternförmig, 32 löffelartige Blütenblätter, 12 cm Durchmesser, süßlich duftend. Narbe zitronengelb. Kelchblätter olivgrün, nach dem Aufblühen auch nachts nach unten gebogen. Blütenstiel gelbgrün, rund. Blatt rund, grün, am Rand rötlich, unterseits stumpf rosarot, stark gerippt, 25 cm Durchmesser, leicht auseinandergehende Basallappen. Blattstiel grün, fast halbrund. WT 40–80 cm.

'Formosa' (Marliac 1909)
Blüte einheitlich pfirsichrosa, nach innen dunkler, hellrosa Staubblätter, schalenförmig, 21–23 spitze Blütenblätter, 12–14 cm Durchmesser, schwach süßlich duftend. Narbe hellgelb. Kelchblätter stumpfgrün, innen silbrigweiß,

grün gestreift. Blatt fast rund, hellgrün, unterseits etwas heller, 20 cm Durchmesser, auseinanderstehende Basallappen. WT 40 80 cm.

'Fritz Junge' (Junge 1975)
Blüte pfirsichrosa, in der Mitte dunkler, gelbe Staubblätter, sternförmig, 30–32 spitze Blütenblätter, 18 cm Durchmesser, duftend. Narbe hellgelb. Kelchblätter grasgrün, innen weißlichgrün. Kelchblätter und 4 äußere Blütenblätter bei geöffneter Blüte waagerecht abstehend bis leicht nach unten gebogen. Blütenstiel bräunlich, oval. Blatt fast rund, dunkelgrün, unterseits bräunlich, Nerven stark hervortretend, gewellter Rand, 22–25 cm Durchmesser, weit auseinanderstehende Basallappen. Blattstiel rötlichbraun. Reichblühend, Blüten lange geöffnet. WT 60–100 cm.

'Froebeli' (Froebel 1898)
Blüte karminrot, rote Staubblätter, kelchförmig, 17–20 Blütenblätter, 8–10 cm Durchmesser, Blüte öffnet sich nicht ganz, bleibt bis abends im halboffenen Zustand, steht immer einige Zentimeter über dem Wasser. Narbe gelb. Kelchblätter bräunlich, metallisch schimmernd, innen purpurrosa, rötlich gestreift. Blütenstiel olivgrün. Blatt fast rund, dunkelgrün, rötlich gerandet, im Jugendstadium rötlich mit dunklen Flecken, unterseits bräunlich, 14 cm Durchmesser, weit auseinandergehende Basallappen. Diese Sorte blüht auch noch bei kühler Witterung zuverlässig. WT 50–60 cm.

'Fulva' (Marliac 1894)
Blüte lachsrosa panaschiert, in der Mitte zinnoberrot, im Verblühen kupferrot, gelbe Staubblätter, tassenförmig, 16 Blütenblätter mit kapuzenförmig zusammengezogenen Spitzen, 12–13 cm Durchmesser, süßlich duftend. Narbe gelb. Kelchblätter rötlichbraun, innen heller mit rosa Schimmer, Spitzen ebenfalls kapuzenförmig zusammengezogen. Blütenstiel grün. Blatt fast rund, rotbraun, dunkel gefleckt, später vergrünend mit Flecken, unterseits hellpurpurrosa, bräunlich gerandet, dort rotbraun gefleckt, 10 cm Durchmesser. Blattstiel grün. Die Sorte bevorzugt einen warmen Standort, auch dann nicht immer leicht zu kultivieren. WT 40–80 cm.

'Galatée' (Marliac 1909)
Blüte weißlichrosa, im Verblühen hellpurpurrot, gelbe Staubblätter, schalenförmig, 20–24 Blütenblätter, 6 cm Durchmesser im Aufblühen, im Verblühen bis 10 cm . Narbe gelb. Kelchblätter grün, manchmal mit Rosa, innen mattweiß, hellrosa und grün gestreift. Blütenstiel rotbronzefarben. Blatt oval, grün, ineinanderfließend braun gefleckt, unterseits purpurrot mit Grün, 13 cm Durchmesser. Blattstiel bronzegrün. WT 20–40 cm.

'Gladstoniana' (Richardson 1897)
(syn. 'Gladstone', 'Pöstlingberg')
Blüte reinweiß, goldgelbe Staubblätter, tassenförmig, 23–24 löffelartig vertiefte Blütenblätter, die äußeren etwas nach innen gebogen, 16–18 cm Durchmesser, bei günstigem Standort auch über 20 cm, schwach duftend. Narbe hellgelb. Kelchblätter hell- bis dunkelgrün, innen weiß bis zartgrün, rötlich gestreift, kahnförmig eingebogene Spitzen, löffelartig. Blütenstiel gelblichgrün. Blatt rund, dunkelgrün, unterseits etwas heller, bis 50 cm Durchmesser, gewellter Rand, geschlossene oder übereinanderliegende Basallappen. Blattstiel streifig braun, rund. Blüten stehen manchmal über der Wasseroberfläche, auch die Blätter bei zu flachem Wasserstand. Eine gute Sorte für tiefe Teiche, die aber viel Platz benötigt. WT 80–150 cm (ausgewachsen bis 200 cm).

'Gloire du Temple-sur-Lot' (Marliac 1913)
Blüte zartrosa, Staubblätter gelb, chrysanthemenähnlich stark gefüllt, 90–100 (manchmal auch mehr) Blütenblätter, nach innen gebogen, kahnförmig zusammengezogene Spitzen, 15–17 cm Durchmesser, süßlich duftend. Narbe gelblich. Kelchblätter grün, innen zartrosa, mit den 4 äußeren Blütenblättern fast waagerecht abstehend, umschließen die geschlossene Blüte nicht mehr ganz. Blütenstiel olivgrün, längs gerippt, oval. Blatt rund, stumpfgrün, unterseits rot, auf der Mittelrippe ein 'V' erkennbar, 25–30 cm Durchmesser. Blattstiel gelblichgrün, oval. Wegen der stark gefüllten Blüten eine auffallende Sorte. WT 60–100 cm.

'Gloriosa' (Marliac 1896)
Blüte im Aufblühen rosakarminrot, im Verblühen dunkelpurpurrot, orangerote Staubblätter, tassenförmig, 30–32 löffelartige Blütenblätter, 10–12 cm Durchmesser, nach Äpfeln duftend. Narbe dunkelgelb. Kelchblätter grün, innen silbergrau mit rosa Streifen, 5 Kelchblätter vorhanden. Blatt oval, rötlichdunkelgrün, 16 cm Durchmesser, überdeckende Basallappen. WT 40–80 cm.

'Goliath' (Marliac 1912)
Blüte orangerot, weiß panaschiert, orangegelbe Staubblätter, tulpenförmig, 26–28 löffelartige Blütenblätter, 13,5 cm Durchmesser, duftend. Narbe gelb. Kelchblätter grün, weiß und hellrosa gestreift, innen grünlichweiß, grün und rosa gestreift, Blüten stehen 15–20 cm über der Wasseroberfläche. Blütenstiel rötlichbraun, oval. Blatt oval, dunkelgrün, unterseits etwas heller, leicht gewellter Rand, 17 cm Durchmesser. Blattstiel grün, oval, sehr kräftig. WT 40–80 cm.

'Gonnère' (Marliac 1914)
(syn. 'Crystal White', Snowball')
Blüte weiß, hellgelbe Staubblätter, chrysanthemenähnlich dicht gefüllt, 60–65 Blütenblätter, 12–14 cm Durchmesser, schwach duftend. Narbe dunkelgelb. Kelchblätter grün, innen zartgrün, stark löffelartig, können Blüte nicht vollkommen umschließen. Blütenstiel bronzefarben bis grün, oval. Blatt fast rund, dunkelgrün, unterseits hellgrün, 20 cm Durchmesser, weit auseinanderstehende Basallappen. Wüchsige Sorte mit tagsüber lange geöffneten Blüten. Wegen der dicht gefüllten Blüten auffallend. WT 40–80 cm.

'Grésilias' (Marliac um 1940)
(syn. 'Gresillas')
Blüte leuchtend orangerot, orangerote Staubblätter, schalenförmig, 28 Blütenblätter, 8 cm Durchmesser. Narbe hellgelb. Kelchblätter hell- bis dunkelgrün mit Zartrosa, innen gelblichweiß, teilweise grün gerandet. Blütenstiel grün. Blatt oval, grün, vereinzelt dunkelbraun gefleckt und gerandet, unterseits braun, 13 cm Durchmesser. Blattstiel rötlichbraun, oval. WT 20–40 cm.

'Hal Miller' (Miller 1940)
Blüte reinweiß, in der Mitte hellgelb angehaucht, goldgelbe Staubblätter, sternförmig, 27 Blütenblätter, schiffchenartig gefaltet, wirken leicht zerknittert, 16 cm Durchmesser, schwach süßlich duftend. Narbe hellgelb. Kelchblätter hellgrün, weiß gestreift, innen weiß, schiffchenartig zusammengezogene Spitzen. Blütenstiel hellgrün, rund. Blatt oval, grasgrün, unterseits purpurrot, auf der Mittelrippe ein 'V' erkennbar, 29 cm Durchmesser, auseinanderstehende Basallappen. Blattstiel gelblichgrün, rund. Die Sorte wächst nicht stark, bevorzugt warmes Wetter. WT 60–100 cm.

'Helen Fowler' (Shaw um 1900)
(syn. 'Irene')
Blüte pfirschrosa, in der Mitte mit Weiß, im Alter nachdunkelnd, gelbe Staubblätter, zwischen Stern- und Tassenform, 22–24 Blütenblätter, die äußeren bei geöffneter Blüte bis zum Stiel umgebogen, Blüte steht einige Zentimeter über dem Wasser, stark süßlich duftend. Narbe dunkelgelb. Kelchblätter dunkelgrün mit kapuzenförmig zusammengezogenen Spitzen, verkümmern im Alter und werden von den Blütenblättern verdeckt. Blatt fast rund, etwas breiter als lang, tannengrün, unterseits hellgrün, blutrot gerandet, leicht gewellter Rand, Nerven deutlich ausgebildet, 24 cm Durchmesser, auseinanderstehende Basallappen. Blattstiel hellgrün, oval. Im Frühjahr später Austrieb, auch später Blühbeginn (Mitte Juli). WT 40–80 cm.

'Helvola' (Marliac 1879)
(syn. *pygmaea* 'Helvola')
Blüte schwefelgelb, goldgelbe Staubblätter, sternförmig, 16–19 Blütenblätter, 3–4 cm Durchmesser. Kelchblätter grün, rosa gestreift und gerandet, innen hellgelb, hellrosa gestreift. Blütenstiel grün bis bronzefarben, dunkelrot gefleckt. Blatt oval, olivgrün, dunkelbraun marmoriert, 5 cm Durchmesser. Blattstiel hellbronzegrün. Ist eine dankbare Sorte für den Miniwassergarten. Darf im Winter nicht total einfrieren. WT 20–40 cm.

'Hermine' (Marliac 1910)
Blüte weiß, hellgelbe Staubblätter, tulpenförmig, 18–19 Blütenblätter, 12 cm Durchmesser, schwach duftend. Narbe hellgelb. Kelchblätter grasgrün, innen grünlichweiß, lanzettlich mit scharfer Spitze. Blütenstiel gelblichgrün, rund. Blatt fast rund, glänzend grün, deutlich geadert, unterseits etwas heller, 20 cm Durchmesser, auseinanderstehende Basallappen. Blattstiel gelbgrün, rund. Sorte ist reichblühend, aber nicht sehr wüchsig. WT 40–80 cm.

'Hever White' (Astor 1937)
Blüte reinweiß, Staubblätter hellgelb, sternförmig, 20–21 schmallanzettliche Blütenblätter, löffelartig, 13,5 cm Durchmesser, schwach duftend. Narbe hellgelb. Kelchblätter grasgrün, glänzend, innen weiß, hellgrün gestreift. Schlanke, spitze Blütenknospen. Blütenstiel bräunlichgrün mit rotbraunen Linien, oval. Blatt oval, grasgrün, unterseits etwas heller, gewellter Rand, 25,5 cm Durchmesser, auseinanderste-

hende Basallappen. Blattstiel dunkelgelbgrün. Blüht als eine der frühesten Sorten manchmal schon ab Mai. Bei zu flachem Wasser wachsen die Blätter aus dem Wasser heraus. Diese Sorte war viele Jahre als 'Hermine' im Handel. WT 60–100 cm.

'Indiana' (Marliac 1912)
Blüte im Aufblühen gelborange, im Verblühen purpurrot, Staubblätter gelborange, tulpenförmig, im Verblühen mehr sternförmig, 15–16 Blütenblätter, 5 cm Durchmesser, im Verblühen bis 8 cm. Narbe gelb. Kelchblätter hell- bis dunkelbraun, hellrosa gestreift, innen grünlichrosa. Blütenstiel gelbgrün. Blatt fast rund, olivgrün, dunkelbraun gefleckt, im Jugendstadium intensiver, unterseits bronzerosa, rotbraun gefleckt, 8–10 cm Durchmesser. Blattstiel grün, rund. Die Sorte hat Ähnlichkeit mit 'Chrysantha' und 'Aurora'. Liebt warmes Wetter. Blüte beginnt erst im Frühsommer. WT 20–40 cm.

'James Brydon' (Dreer 1899)
Blüte kirschrot, Staubblätter orangegelb, kugelförmig, 28 Blütenblätter, 12–14 cm Durchmesser. Narbe hellgelb. Kelchblätter kastanienbraun, purpurrosa gestreift, innen purpurrot mit Gelbgrün. Blütenstiel bräunlich. Blatt oval,dunkelgrün, im Jugendstadium rötlichgrün, rötlich gefleckt, unterseits dunkelpurpur, 20 cm Durchmesser, wenig auseinanderstehende Basallappen. Bewährte Sorte, reichblühend, wegen markanter Form und Farbe nicht schwierig zu bestimmen. Verträgt auch leichten Schatten. WT 40–70 cm.

'James Hudson' (Marliac 1912)
Blüte orangerot, hell panaschiert, gelbe Staubblätter, 19–20 Blütenblätter, 12–14 cm Durchmesser. Narbe hellgelb. Kelchblätter grün, innen weiß, grünlich und hellrosa gestreift. Blütenstiel rotbraun. Blatt rund, grün, unterseits bräunlichpurpur, auf der Mittelrippe ein 'V' erkennbar, 20–25 cm Durchmesser, auseinanderstehende Basallappen. WT 60–70 cm.

'Jean Laydeker' (Marliac 1892)
Blüte weiß, teilweise hellrosa überdeckt, gelbe Staubblätter, sternförmig, 20 Blütenblätter, 16 cm Durchmesser, schwach duftend. Narbe hellgelb. Kelchblätter grün, teils rosa überdeckt, innen weißgrau. Blütenstiel bronzegrün, vereinzelt rot gestreift. Blatt oval, grün, mit dunkelbraunen länglichen Flecken, unterseits gelblichgrün, 19 cm Durchmesser, weit auseinanderstehende Basallappen. Blattstiel hellbronzegrün, rund.

'Joanne Pring' (Pring 1942)
Blüte purpurrot, außen hell panaschiert, ockerbraune Staubblätter, schalenförmig, 15–16 Blütenblätter, 8 cm Durchmesser. Orangegelbe Narbe. Kelchblätter grün, braun gefleckt, innen weiß, rosarot gestreift und grün gefleckt, kahnförmig zusammengezogene Spitzen. Blütenstiel rotbraun. Blatt oval, dunkelgrün, rotbraun gefleckt, unterseits braunrot, auf der Mittelrippe ein 'V' erkennbar, 10 cm Durchmesser, weit auseinanderstehende Basallappen. Blattstiel hellrot, rund. Reichblühende Zwergseerose für Miniteiche. WT 20–40 cm.

'Karl Epple' (Epple 1972)
Blüte einheitlich rosarot, gelbe Staubblätter, tassenförmig, 27 schmale Blütenblätter, 8 cm Durchmesser, Blüten stehen bis 20 cm über der Wasseroberfläche, stark süßlich duftend. Narbe goldgelb. Kelchblätter dunkelgrün, innen blutrot, waagerecht abstehend. Blütenstiel bräunlichgrün, oval. Blatt fast rund, grasgrün, rötlich gerandet, 32 cm Durchmesser, wenig auseinandergehende Basallappen. Blattstiel bräunlich, rot gestreift. WT 40–80 cm.

'Lactaea' (Marliac 1907)
Blüte weiß mit leicht rosa Hauch, im Verblühen elfenbeinweiß, hellgelbe Staubblätter, schalenförmig, 20–22 Blütenblätter, tief löffelartig, 10 cm Durchmesser, Blüten stehen einige Zentimeter über der Wasseroberfläche, stark duftend. Narbe goldgelb. Kelchblätter grün, teils rosa gestreift, stark ausgemuldet, innen weißlichgrün, rot gestreift. Blütenstiel grün, rund. Blatt oval, grasgrün, rötlich gerandet, dunkler, unregelmäßiger Fleck oberhalb des Stielansatzes, unterseits grün, rot gerandet, 17–22 cm Durchmesser, leicht welliger Rand, auseinandergehende Basallappen. WT 30–60 cm.

'Laydekeri Fulgens' (Marliac 1895)
Blüte purpurfarben bis karminrot, in der Mitte dunkler, goldgelbe Staubblätter, tulpenförmig aufblühend, später tassenförmig, 18–22 Blütenblätter, 10 cm Durchmesser. Narbe goldgelb. Kelchblätter dunkelgrün mit Braun, innen weiß mit Hellgrün, rosa Adern, löffelartig vertieft, waagerecht abstehend. Blütenstiel braunrot. Blatt oval, grasgrün, nicht gefleckt, unterseits

bräunlich mit Grün, an der Mittelrippe ein 'V' erkennbar, 18 cm Durchmesser. Blattstiel hellbronzefarben, rund. Blüten dieser Sorte sind auffallend leuchtend. WT 20–40 cm.

'Laydekeri Lilacea' (Marliac 1893)
Blüte lilarosa, karmin gepunktet und hell panaschiert, orangegelbe Staubblätter, schalenförmig, 13–14 Blütenblätter, die äußeren beim Aufblühen fast weiß, 4 cm Durchmesser, im Verblühen bis 7,5 cm, süßlich duftend. Blüten stehen einige Zentimeter über der Wasseroberfläche. Narbe gelb. Kelchblätter grün, braun gerandet, weiß gestreift, innen weiß, lilarosa gestreift. Blütenstiel gelblichgrün mit Braun. Blatt oval, dunkelgrün, schwarzbraun gefleckt, unterseits hellgrün, rötlichbraun gerandet, 10 cm Durchmesser, weit auseinanderstehende Basallappen. Blattstiel bronzegelb bis grün. WT 20–40 cm.

'Laydekeri Purpurata' (Marliac 1895)
Blüte karminrosa, nach außen weiß panaschiert, in der Mitte dunkler, Staubblätter dunkelorange, schalenförmig, 17–18 spitze Blütenblätter, 6–8 cm Durchmesser, schwach duftend. Narbe hellgelb. Kelchblätter hell- bis dunkelgrün, innen silbriggrau mit rosa Linien. Blüten stehen immer einige Zentimeter über der Wasseroberfläche. Blütenstiel kupfrigbraun, rund. Blatt oval, kräftiggrün, mit dunkelbraunen länglichen Flecken, im Jugendstadium besonders kräftig, unterseits purpurfarben, auf der Mittelrippe ein 'V' erkennbar, 14 cm Durchmesser. Blattstiel kupferfarben, rund. Sorte ist nicht sehr blühfreudig. WT 30–60 cm.

'Laydekeri Rosea' (Marliac 1893)
Blüte lilarosa, weiß panaschiert, zur Mitte dunkler, Staubblätter orangegelb, schalenförmig, 20 Blütenblätter, die äußeren mit einem grünen Strich bis zur Spitze, 5–6 cm Durchmesser. Narbe hellgelb. Kelchblätter grün, weißrosa gerandet, innen weiß, grünlich bis rötlich geadert, lanzettlich mit scharfer Spitze, manchmal 5 Kelchblätter. Blatt oval, grün, rötlich oder schwarzbraun marmoriert, unterseits braun, an der Mittelrippe ein 'V' erkennbar, weit auseinanderstehende Basallappen. Die Sorte ist schwachwachsend und schwierig zu vermehren. WT 40–50 cm.

'Laydekeri Rosea Prolifera' (Marliac um 1900)
Blüte hellrosa aufblühend, später über Pfirsichrosa und Weinrot zu einem kräftigen Dunkelrot ändernd, gelbe Staubblätter, tassenförmig bis fast kugelförmig, 16–19 Blütenblätter, die äußeren hell panaschiert, 10 cm Durchmesser wenn voll erblüht, anfangs etwas kleiner, schwach duftend. Narbe hellgelb. Kelchblätter olivgrün, glänzend, innen grünlichweiß, rötlich geadert. Blütenstiel olivgrün. Blatt oval, grün, rot gerandet, dunkelbraune längliche Flecken, im Herbst rötliche Blattfärbung, unterseits heller grün, graubraun gefleckt, 20 cm Durchmesser, weit auseinanderstehende Basallappen. Blattstiel gelbgrün, rund. Eine reich- und lange blühende Sorte mit schlechter Vermehrungsrate. WT 40–50 cm.

Alle Laydekeri-Sorten sind Zwergseerosen, die sich gut für kleine und kleinste Wasserbecken eignen.

'Leviathan' (Marliac 1910)
Blüte rosa, hell panaschiert, im Verblühen dunkelpurpurrosa, hellgelbe Staubblätter, schalenförmig, 20 Blütenblätter, die äußeren fast weiß mit karminrosa Punkten, 12 cm Durchmesser, schwach duftend. Narbe hellgelb. Kelchblätter hellgrün mit Braun, innen weißlichrosa, hellgrün gestreift. Blüten stehen einige Zentimeter über der Wasseroberfläche. Blütenstiel rot, oval. Blatt oval, dunkelgrün, grünlichbraun gerandet, unterseits rotbraun, auf der Mittelrippe ein 'V' erkennbar, 17,5 cm Durchmesser (manchmal auch größer), überdeckende Basallappen. WT 40–80 cm.

'Livingstone' (Marliac 1909)
Blüte purpurrot, hell panaschiert, goldgelbe Staubblätter, tulpenförmig, 21 spitze Blütenblätter, auf den Außenseiten mit weißem Strich, 12 cm Durchmesser. Narbe orangegelb. Kelchblätter grün, orangebraun gefleckt, rosarot gestreift, innen grauweiß, purpurrot gestreift. Blatt oval, dunkelgrün, unterseits purpurbraun, 18 cm Durchmesser, wenig auseinanderstehende Basallappen. Blattstiel rotbraun. WT 60–100 cm.

'Lucida' (Marliac 1894)
Blüte purpurrot mit Hellrosa, im Verblühen dunkler, Staubblätter orange, im Verblühen karminrot, sternförmig, 24–26 sehr spitze Blütenblätter, 19–23 cm Durchmesser. gelbe Narbe. Kelchblätter hell- bis dunkelgrün, hellrosa gerandet, innen grauweiß, hellrosa und lilarosa

gestreift, schlank und spitz. Blütenstiel orangebraun. Blatt rund, grasgrün mit schwarzbraunen länglichen Flecken, im Alter dunkelbraun mit schwarzbraunen Flecken, unterseits hellgrün mit vielen rotbraunen Flecken, vor allem am Rand, auf der Mittelrippe ein 'V' erkennbar, 22 cm Durchmesser, dicht nebeneinanderliegende Basallappen. Blattstiel bronzegelb bis grün. Sehr frühe Blütezeit, manchmal ab Ende April. WT 40–80 cm.

'Lusitania' (Marliac 1912)
Blüte purpurrot, nach außen hell panaschiert, fast weiß, Staubblätter karmin- bis rosarot, schalen- bis tassenförmig, 24 Blütenblätter, 12–14 cm Durchmesser. Narbe goldgelb. Kelchblätter dunkelgrün bis bräunlich, löffelartig, innen weißlichrosa. Blütenstiel bronzefarben. Blatt oval, grün, unterseits braunorange, leicht gewellter Rand, auf der Mittelrippe ein 'V' erkennbar, 16 cm Durchmesser, leicht überlappende Basallappen. Blattstiel gelb bis bronzefarben, rund. WT 40–80 cm.

'Lustrous' (unbekannter Züchter in den USA)
Blüte zartrosa, in der Mitte zinnoberrosa, hell panaschiert, Staubblätter gelb, tassenförmig, 20–22 Blütenblätter, 10 cm Durchmesser. Narbe gelb. Kelchblätter grün, braun gestreift, innen weiß mit Zartrosa. Blütenstiel bronzefarben. Blatt oval, dunkelgrün, rotbraun gerandet, unterseits orangebraun, mit grünlichen Adern, 17,5 cm Durchmesser, auseinanderstehende Blattlappen. Blattstiel hellgelbgrün, rund. WT 40–80 cm.

'Madame Bory Latour-Marliac' (Marliac 1936)
Blüte weiß, in der Mitte hellrosa, Staubblätter dunkelgelb, schalenförmig, 23–24 tief löffelartige Blütenblätter, 14–16 cm Durchmesser, süßlicher Duft. Narbe hellgelb. Kelchblätter grünbraun, rosa gerandet, innen weißlichrosa, grün geadert. Blütenstiel gelbgrün, rund. Blatt oval, grün, unterseits gelblichgrün, bräunlichrot gerandet, 20 cm Durchmesser. Blattstiel gelbgrün, oval. WT 40–80 cm.

'Madame de Bonseigneur' (Marliac 1935)
Blüte rosarot, Staubblätter goldbronzefarben, schalenförmig, 18–20 Blütenblätter mit scharfen Spitzen, die äußeren hell panaschiert, 10 cm Durchmesser. Narbe goldgelb. Kelchblätter grün mit Weiß, rot gerandet, innen grauweiß, rot gestreift. Blütenstiel rotbraun, rund. Blatt kreisrund, dunkelgrün, mit vereinzelten dunkelbraunen Flecken und rotbraun gerandet, unterseits bräunlich, 16 cm Durchmesser, auseinanderstehende Basallappen. Blattstiel purpurrot, oval. WT 30–60 cm.

'Madame Julien Chifflot' (Marliac 1921)
Blüte rosarot, Staubblätter rot, tassenförmig, 33–34 Blütenblätter, die äußeren weiß gestreift, 15 cm Durchmesser. Narbe glänzend gelb. Kelchblätter grün mit dunkler Spitze, hellgrün gestreift und gerandet, innen weiß, rötlichpurpur gestreift und gerandet. Blütenstiel braun. Blatt rund, grün, rotbraun gerandet, braune längliche Flecken, unterseits grün, auf der Mittelrippe ein 'V' erkennbar, 30 cm Durchmesser, überlappende Basallappen. Blattstiel bronzefarben bis grün, oval. Reichblühende Sorte. WT 60–100 cm.

'Madame Maurice Laydeker' (Marliac 1936)
Blüte in der Mitte kirschrot, nach außen weiß panaschiert, Staubblätter gelborange, tassenförmig, 16 Blütenblätter, 9,5 cm Durchmesser. Narbe dottergelb. Kelchblätter hell- bis dunkelgrün, breit mit abgerundeter Spitze, innen grünlich silbergrau, grün und rosa geadert. Blütenstiel hellgrün. Blatt fast rund, grün, ledrig, mit vereinzelten dunkelbraunen Flecken, unterseits orangebraun, im Alter vergrünend, bräunlich gerandet, auf der Mittelrippe ein 'V' erkennbar, 20,5 cm Durchmesser, auseinanderstehende Basallappen. Blattstiel gelblich grün. Wegen ähnlicher Namen oft mit 'Maurice Laydeker' verwechselt. WT 30–60 cm.

'Madame Wilfron Gonnère' ´(Marliac 1924)
Blüte rosa, in der Mitte etwas dunkler, Staubblätter kupfriggelb, kugelig, chrysanthemenähnlich, 30–40 Blütenblätter, dadurch gut gefüllt wirkend, 12–14 cm Durchmesser, schwach duftend. Narbe zitronengelb. Kelchblätter olivgrün, innen weiß, am Rand grünlich, rosa gestreift, löffelartig. Blütenstiel gelbgrün. Blatt rund, grün, unterseits ebenfalls grün, 24 cm Durchmesser, nicht geöffnete Basallappen. Blattstiel gelbgrün. WT 40–80 cm.

'Marguerite Laplace' (Marliac 1913)
Blüte tiefrosa, weiß panaschiert, in der Mitte dunkler, Staubblätter hellgelb, tassenförmig, 25 Blütenblätter, 16 cm Durchmesser. Narbe hellgelb. Kelchblätter hell- bis dunkelgrün mit Hellbraun, innen weißgrau, rosalila gestreift, kahn-

förmig zusammengezogene Spitzen. Blütenstiel orangebraun. Blatt oval, dunkelgrün, unterseits bräunlich rot, auf der Mittelrippe ein 'V' erkennbar, 23 cm Durchmesser, überdeckende Basallappen. Blattstiel bronzefarben, oval. WT 40–80 cm.

'Marliacea Albida' (Marliac 1880)
Blüte leuchtend weiß, gelbe Staubblätter, schalenförmig, 22–24 Blütenblätter, die äußeren beim Aufblühen zartrosa, 12–15 cm Durchmesser, schwach duftend. Narbe hellgelb. Kelchblätter grün mit Braun, zum Rand heller, innen milchweiß mit Braun. Blüten stehen einige Zentimeter über der Wasseroberfläche. Blütenstiel grün, braun gefleckt. Blatt oval, dunkelgrün, im Jugendstadium rosa angehaucht, unterseits hellgrün, stark genervt, 24 cm Durchmesser, auseinanderstehende Basallappen. Blattstiel bronzefarben, rund, manchmal behaart. Starker Wachser. WT 60–100 cm.

'Marliacea Carnea' (Marliac 1887)
Blüte weiß, im Aufblühen zartrosa, in der Mitte dunkler, gelbe Staubblätter, tassenförmig, 25–27 auffallend breite Blütenblätter, 15–18 cm Durchmesser, schwach duftend. Narbe gelb. Kelchblätter hellgrün mit Braun, rosa gerandet, innen weißgrau, kahnartige Spitze. Blütenstiel gelblich grün. Blatt fast rund, glänzend dunkelgrün, unterseits hell- bis dunkelbraun, auf der Mittelrippe ein 'V' erkennbar, 25 cm Durchmesser, auseinanderstehende Basallappen. Blattstiel gelblich grün, rundlich bis oval. Eine wüchsige und reichblühende Sorte mit gut zum Schnitt geeigneten Blüten. WT 60–100 cm.

'Marliacea Chromatella' (Marliac 1887)
Blüte hellgelb, hellgelbe Staubblätter, schalenförmig, 23–24 schlanke Blütenblätter, die äußeren an der Basis rot gefleckt, 10–12 cm Durchmesser, schwach duftend. Narbe hellgelb bis orange. Kelchblätter gelblich grün mit Braun, hellrosa gestreift, innen hellgelb, hellrosa gestreift. Blatt oval, grün, im Jugendstadium mit deutlichen braunen, länglichen Flecken, die der Blattmitte zustreben, unterseits grün, mit orangebraunen Flecken, welliger Rand, 18 cm Durchmesser, auseinanderstehende Basallappen. Diese Sorte wächst an zusagenden Standorten stark. WT 60–100 cm.

'Marleacea Flammea' (Marliac 1894)
Blüte dunkel bordeauxrot, in der Mitte dunkler, nach außen hell panaschiert, hellgelbe Staubblätter, 19–22 Blütenblätter, Spitzen kahnförmig zusammengezogen, 12–14 cm Durchmesser. Narbe gelb. Kelchblätter hell- bis dunkelgrün, innen weißlichrosa, Spitzen auffällig nach innen gebogen. Blütenstiel hell bronzefarben. Blatt oval, grasgrün, mit schwarzbraunen, länglichen Flecken, die der Blattmitte zustreben, im Jugendstadium intensiver, unterseits dunkelpurpur, mit grünen Nerven, 18,5 cm Durchmesser, wenig auseinanderstehende Basallappen. Blattstiel grünlichgelb. WT 40–80 cm.

'Marliacea Ignea' (Marliac 1893)
Blüte hellpurpur, im Verblühen dunkelpurpur, in der Mitte dunkler, gelbe Staubblätter, sternförmig, im Verblühen tulpenförmig, 20 Blütenblätter, die äußeren hell gestreift, 12–14 cm Durchmesser. Narbe gelb. Kelchblätter matt- bis hellgrün, rötlich gerandet, innen grauweiß, rosarot gestreift. Blütenstiel olivgrün, manchmal rötlich gefleckt. Blatt oval, grasgrün, im Jugendstadium rotbraun gefleckt, unterseits gelblichgrün, rotbraun gerandet, 11 cm Durchmesser, sehr weit auseinanderstehende Basallappen. Blattstiel bronzefarben bis grün, oval. WT 40–80 cm.

'Marliacea Rosea' (Marliac 1887)
Blüte weißrosa, in der Mitte etwas dunkler, Staubblätter gelb, schalenförmig, 24–25 löffelartige Blütenblätter, bei günstigem Standort bis 20 cm Durchmesser, nach Vanille duftend. Narbe gelb. Kelchblätter grün mit Rotbraun, innen weißlichrosa, rötlich gestreift, kahnförmige Spitzen. Blütenstiel gelborange, kräftig. Blatt fast rund, grasgrün, manchmal dunkelgrün, unterseits grün bis dunkelbraun, auf der Mittelrippe ein 'V' erkennbar, 25 cm Durchmesser (bei günstigem Standort bis 35 cm), weit auseinanderstehende Basallappen. Eine sehr wüchsige und weit verbreitete Sorte. Geschnittene Blüten halten bis 10 Tage in einer flachen Schale. WT 60–100 cm.

'Marliacea Rubra Punctata' (Marliac 1889)
Blüte purpurrot mit Lachston, außen hell panaschiert, Staubblätter dunkelrosa bis purpur, schalenförmig, 24 Blütenblätter, 8 cm Durchmesser. Narbe gelb. Kelchblätter grasgrün, gelblichgrün gestreift und lilarosa gerandet, innen silbrigweiß, hellgrün und violettrosa gestreift. Blütenstiel dunkelgrün. Blatt oval, dunkelmattgrün, verein-

zelt schwarzbraun gefleckt, unterseits orangebraun, grün geadert, 11,5 cm Durchmesser. Blattstiel braun, rund. WT 40–80 cm.

'Mary Patricia' (Johnson 1930)
Blüte pfirsichrosa, an den Spitzen weiß, in der Mitte dunkler, Staubblätter hell- bis dunkelgelb, tassenförmig, 18 Blütenblätter, 7–8 cm Durchmesser, schwach duftend. Narbe gelb. Kelchblätter hell- bis dunkelgrün, braun gefleckt, innen weißlichrosa, schwach grünlich gestreift, Spitzen nach oben gebogen. Blatt rund, dunkelgrün, mit rotbraunen länglichen Flecken, rotbraun gerandet, unterseits rotbraun, auf der Mittelrippe ein 'V' erkennbar, 16 cm Durchmesser, weit auseinanderstehende Basallappen. Schwach wachsend. WT 40–80 cm.

'Masaniello' (Marliac 1908)
Blüte tiefrosa, karmin gesprenkelt, in der Mitte dunkler, am Rand hell panaschiert, hellgelbe Staubblätter, tassenförmig, 26–28 Blütenblätter, mit scharfer Spitze, 15–16 cm Durchmesser, duftend. Narbe dunkelgelb. Kelchblätter hell- bis dunkelgrün mit Rotbraun, innen weiß, rosa gestreift, 4 oder 5 Kelchblätter, nach oben gebogene Spitzen. Blütenstiel gelbgrün, bräunlich gestreift, rund. Blatt rund, grasgrün, metallisch schimmernd, unterseits ebenfalls grasgrün, alte Blätter am Rand gewellt, 25 cm Durchmesser, kaum auseinanderstehende Basallappen. Die Sorte wird manchmal mit 'Gloriosa' verwechselt. WT 40–80 cm.

'Maurice Laydeker' (Marliac 1927)
Blüte rosa, im Verblühen rot, am Rand weiß panaschiert, Staubblätter gelb, tassenförmig, 20 sehr breite Blütenblätter, 11 cm Durchmesser. Narbe hellgelb. Kelchblätter hell- bis dunkelgrün, innen weiß mit Rosa. Blütenstiel rötlichbraun, mit schwachen roten Linien. Blatt rund, hell- bis dunkelgrün, schmal rötlich gerandet, vereinzelt bräunlich gefleckt, unterseits hell- bis dunkelgrün, auf der Mittelrippe ein schwaches 'V' erkennbar, 17 cm Durchmesser, auseinanderstehende Basallappen. Blattstiel grünlich bis rötlichbraun, oval. Die Sorte blüht auffälliger und reicher als 'Madame Maurice Laydeker'. WT 40 cm.

'Maxima' (Richardson um 1880)
(syn. *tuberosa* 'Maxima')
Blüte weiß, hellgelbe Staubblätter, kugelig, 34–37 Blütenblätter, 12 cm Durchmesser, duftend. Narbe goldgelb. Kelchblätter grün, weiß gerandet, innen grünlichweiß, grün gestreift, Spitzen kapuzenförmig. Blütenstiel hellgrün, fast rund. Blatt rund, grasgrün, wachsartig, unterseits hellgrün, stark geadert, 20–25 cm Durchmesser, nicht auseinanderstehende Basallappen. Blattstiel olivgrün, hellgrün gestreift, abgeflacht. Die Sorte ist blühfaul, aufgrund der starken Vermehrung aber weit verbreitet. Im Handel fälschlicherweise als *N. tuberosa* 'Richardsonii' angeboten. WT 60–100 cm.

'Meteor' (Marliac 1909)
(syn. 'Rembrandt')
Blüte kirschrot, dunkelgelbe Staubblätter, tassenförmig, 24–28 Blütenblätter, 14–16 cm Durchmesser. Narbe hellgelb bis orange. Kelchblätter grün, mahagonibraun gerandet, innen weiß mit Hellgrün, Spitzen kahnförmig zusammengezogen. Blütenstiel bräunlich, fast rund. Blatt rund, dunkelgrün, unterseits rot, 30 cm Durchmesser, überlappende Basallappen. Blattstiel bräunlich, fast rund. Die Sorte setzt Samen an und ist deshalb vielfach ein Kreuzungspartner. WT 80–100 cm.

'Moorei' (Adelaide Botanic Gardens um 1900)
Blüte hell- bis kanariengelb, gelbe Staubblätter, tassen- bis sternförig, 20–22 Blütenblätter, 12–15 cm Durchmesser, schwach süßlich duftend. Narbe orangegelb. Blüten stehen einige Zentimeter über der Wasseroberfläche. Kelchblätter orangebraun, gelbgrün gestreift, lachsrot gerandet, innen zartgelb und weißlichrosa, schmal und spitz, fast ganz flach. Blütenstiel gelblichgrün. Blatt oval, grün, im Jugendstadium unregelmäßig purpurfarben gefleckt (rundliche Flecke), unterseits hellgrün, dunkelbraun bis purpurfarben gefleckt, 22 cm Durchmesser, wenig auseinanderstehende Basallappen. Blattstiel gelbgrün, oval. Die Sorte vermehrt sich nicht so stark wie 'Marliacea Chromatella', mit der sie oft verwechselt wird. Sie ist aber dafür weniger anfällig für Knollenfäule als 'Marliacea Chromatella'. WT 40–80 cm.

'Mrs. Richmond' (Marliac 1910)
Blüte rosa, zum Rand heller, in der Mitte dunkler, karminrot gesprenkelt, im Alter tiefrosa, Staubblätter orangegelb, schalenförmig, 23–24 Blütenblätter, 16–18 cm Durchmesser, duftend. Narbe schwefelgelb. Kelchblätter dunkelgrün, rosa gestreift, innen weißliches Rosa, bei voll geöffneten Blüten nach unten geneigt. Blüten

schließen sich in Schlafstellung nicht ganz. Blütenstiel rot bis bronzefarben, behaart. Blatt oval, dunkelgrün, unterseits hellgrün, gewellter Rand, 28 cm Durchmesser, auseinanderstehende Basallappen. Blattstiel gelbgrün, behaart. Sorte wächst kräftig. Blüten sind gut zum Schnitt geeignet, stehen einige Zentimeter über der Wasseroberfläche. Im Handel manchmal als 'Masaniello' oder 'Fabiola' geführt. WT 60–100 cm.

'Murillo' (Marliac 1910)
Blüte tiefrosa, in der Mitte karminrot, außen hell panaschiert, im Verblühen verblassend, gelbe Staubblätter, tassenförmig, 25–26 Blütenblätter, 10–12 cm Durchmesser, süßlich duftend. Narbe gelb. Kelchblätter grün mit Rot, spitz lanzettlich, innen grauweiß, grün gestreift und rot gefleckt. Blütenstiel grün oder bronzefarben, rund. Blatt oval, grasgrün, unterseits rotbraun, im Alter vergrünend, auf der Mittelrippe ein 'V' erkennbar, 21 cm Durchmesser, weit auseinanderstehende Basallappen. Blattstiel grün, oval. Eine reich- und lange blühende Sorte. Gewisse Ähnlichkeit mit 'René Gérard', diese aber mit unterseits grünen Blättern. WT 40–80 cm.

'Neptune' (Marliac 1914)
(syn. 'Larroque')
Blüte karmesinrosa, nach außen fast weiß und rosa panaschiert, kupferrote Staubblätter, schalenförmig, 26–27 Blütenblätter, die äußeren außen mit grünem Streifen, 14 cm Durchmesser, schwach duftend. Narbe gelborange. Kelchblätter grünlichgelb, hellrosa gerandet, purpurrot gefleckt, innen weißlichrosa, bei geöffneten Blüten nach unten gebogen. Blütenstiel braun. Blatt fast rund, grün, unterseits rotbraun, gewellter Rand, auf der Mittelrippe ein 'V' erkennbar, 31 cm Durchmesser, leicht auseinanderstehende Basallappen, zum Blattstiel etwas überdeckend. Blattstiel bronzefarben bis rotbraun, rot gestreift. WT 40–80 cm.

'Newton' (Marliac 1914)
Blüte zinnoberrot, orangegelbe Staubblätter, strahlenförmig, 25–26 schmale Blütenblätter, an den Spitzen kahnförmig zusammengezogen, 13–15 cm Durchmesser, Blüten stehen hoch über der Wasseroberfläche. Narbe hellgelb. Kelchblätter olivgrün, zur Basis heller, innen weiß mit Rot, flach, wie die äußeren Blütenblätter waagerecht abstehend. Blütenstiel bronzegelb bis grün. Blatt oval, grasgrün, rötlich gerandet, unterseits hellgrün, deutliche Nervatur, 22 cm Durchmesser, auseinanderstehende Basallappen. Blattstiel gelblichgrün, rund. Die Blüten sehen denen tropischer Seerosen ähnlich. WT 40–80 cm.

'Nobilissima' (Marliac 1912)
Blüte purpurrot, weiß panaschiert, hellgelbe Staubblätter, tassenförmig, 21–25 Blütenblätter, 10–12 cm Durchmesser, duftend. Narbe gelb. Kelchblätter grün, dunkelbraun gefleckt, rosa gerandet, innen grünlichweiß, grün geadert, schmal. Blütenstiel purpurrot. Blatt oval, grasgrün, unterseits orangbraun mit grün, auf der Mittelrippe ein 'V' erkennbar, 14,5 cm Durchmesser. Blattstiel bronzefarben, oval. WT 40–80 cm.

'Norma Gedye' (Gedye 1972)
Blüte lachsrosa, hellgelbe Staubblätter, tassenförmig, 23–26 löffelartige Blütenblätter, 16–18 cm Durchmesser. Narbe gelb. Kelchblätter dunkelbraun mit Grün, rosa gerandet, innen hellrosa. Blütenstiel gelbgrün, grün bis bronzefarben gestreift, oval. Blatt oval, dunkelgrün, unterseits grün mit Rotbraun, gewellter Rand, auf der Mittelrippe ein 'V' erkennbar, 33,5 cm Durchmesser, auseinanderstehende Basallappen. Blattstiel gelblich grün, bräunlich gestreift. WT 80–100 cm.

'Odalisque' (Marliac 1908)
(syn. 'Brackleyi Rosea', *odorata* var. *rosea*)
Blüte hellrosa, in der Mitte dunkler, gelbe Staubblätter, sternförmig, 26–32 sehr schmale Blütenblätter, 14 cm Durchmesser, duftend. Narbe gelb. Kelchblätter grün, innen hellgrün, rosa gerandet., waagerecht abstehend bis nach unten umgebogen. Blatt fast rund, grün, unterseits purpurrot, im Alter vergrünend, im Jugendstadium mit einem 'V' auf der Mittelrippe, 23 cm Durchmesser. Die Sorte wächst unter ungünstigen Bedingungen manchmal schlecht an. WT 40–80 cm.

'Pam Bennett' (Marliac 1993)
Blüte orangegelb, im Verblühen orangerot, in der Mitte dunkler, goldgelbe Staubblätter, sternförmig, 17 Blütenblätter, krallenartig nach innen gebogene Spitzen, 12 cm Durchmesser, schwach duftend. Narbe hellgelb. Kelchblätter grün, rosa gerandet, innen milchig weiß, rosarot gestreift. Blütenstiel grün. Blatt oval, dunkelgrün, unterseits heller, dunkelrotbraun gefleckt, im Alter rotbraun gerandet, 14 cm Durchmesser. Blattstiel grün. WT 30–40 cm.

'Paul Hariot' (Marliac 1905)
Blüte hellgelb mit lachsrosa Mitte aufblühend, im Verblühen Mitte orange bis tiefrot nachdunkelnd, hellgelbe Staubblätter, tassenförmig, 18 Blütenblätter, auf den äußeren mit grünen Linien, 7 cm Durchmesser, bis zum Verblühen 10–11 cm Durchmesser, schwach süßlich duftend. Narbe dunkelgelb. Kelchblätter grün mit Dunkelbraun, rosarot geadert, innen hellgelb bis hellgrün, rosa geadert, schmal und spitz . Blüten stehen einige Zentimer über der Wasseroberfläche. Blütenstiel rotbraun. Blatt oval, mittelgrün, im Jugendstadium dunkelbraun gestrichelt, unterseits hellgrün, mit kleinen braunroten Flecken, Farbe zum Rand intensiver, gewellter Rand, 11,5 cm Durchmesser, auseinanderstehende Basallappen, gelegentlich teilweise überlappend. Blattstiel hellgrün, rund. WT 40–60 cm.

'Pearl of the Pool' (Slocum 1946)
Blüte seidigrosa, Staubblätter gelb, sternförmig, 32 Blütenblätter, schmallanzettlich, 12–14 cm Durchmesser, schwach duftend. Narbe hellgelb. Kelchblätter grün, dunkelbraun gefleckt, rosa gerandet, innen hellgrün, rosa gefleckt und gestreift. Blatt oval, dunkelgrün, unterseits hellgrün, 20 cm Durchmesser. Blattstiel hellgrün, oval. WT 40–80 cm.

'Philippe Laydeker' (Marliac 1992)
(syn. 'Weiße Laydeker', *N.* × *laydekeri* 'Alba')
Blüte weiß, Staubblätter goldgelb, tassenförmig, 17–18 Blütenblätter, löffelartig mit stumpfer Spitze, 6–8 cm Durchmesser. Narbe schwefelgelb. Kelchblätter hell- bis dunkelgrün, innen grünlichweiß, rosa geadert, leicht nach oben gebogene Spitzen. Blütenstiel hellgrün, rund. Blatt fast rund, grün, im Jugendstadium rot mit länglich braunen Strichen, unterseits orangebraun, auf der Mittelrippe ein 'V' erkennbar, 19 cm Durchmesser, überlappende Basallappen, im Alter leicht auseinanderstehend. Blattstiel hellgrün. Die Sorte läßt sich schwer vermehren. WT 30–40 cm.

'Phoebus' (Marliac 1909)
Blüte orangegelb, im Verblühen kupferfarben, Staubblätter orange, 15–18 Blütenblätter, 8 cm Durchmesser. Narbe gelb. Kelchblätter gelblichgrün, rotbraun gefleckt, innen gelb, rot geadert. Blütenstiel hellbronzegrün. Blatt oval, grün, dunkelbraun marmoriert, unterseits grün, mit vielen kleinen braunen Flecken, zum Rand hin dunkler. Blattstiel hellbronzefarben, rund. WT 40–50 cm.

'Picciola' (Marliac 1913)
Blüte purpurrot, nach außen weiß panaschiert, Staubblätter gelb, sternförmig, 24–25 Blütenblätter, 16 cm Durchmesser, schwach duftend. Narbe hellgelb. Kelchblätter gelbgrün, innen mattweiß, rosarot geadert, grün gerandet. Blatt rund, rötlichgrün, rot gefleckt, unterseits rot, auffallend geadert, 26 cm Durchmesser, teilweise überlappende Basallappen. Blattstiel orangebraun, rund. WT 60–100 cm.

'Pink Opal' (Fowler 1915)
Blüte korallenrosa, hellgelbe Staubblätter, tassenförmig, 25 Blütenblätter, löffelartig, 7–9 cm Durchmesser, gefüllt wirkend. Narbe gelb. Kelchblätter grün, rosa gerandet, innen streifig grün. Blüten stehen 10 cm über der Wasseroberfläche. Blatt oval, dunkelgrün, unterseits etwas heller, rotbraun gerandet, 18 cm Durchmesser, wenig auseinanderstehende Basallappen. Blattstiel gelbgrün, oval. Blütenfarbe ist schon an der ungeöffneten Knospe zu erkennen. WT 30–60 cm.

'Pink Sensation' (Slocum 1947)
Blüte hellrosa, in der Mitte dunkler, goldgelbe Staubblätter, sternförmig, 17–19 Blütenblätter, 12–14 cm Durchmesser, Blüten stehen über der Wasseroberfläche, schwach duftend. Narbe gelb. Kelchblätter grün mit Dunkelbraun, hellrosa gerandet, innen hellrosa, purpurrot gestreift und gefleckt. Blatt rund, dunkelgrün, Mittelnerv erkennbar, unterseits rotbraun, auf der Mittelrippe ein 'V' erkennbar, 15 cm Durchmesser. Blattstiel hellgrün, oval. Blüten sind abends sehr lange geöffnet. WT 40–80 cm.

'Pink Starlet' (Landon 1970)
Blüte weiß bis zartrosa, Staubblätter gelb, sternförmig, 25–27 Blütenblätter, schmal und spitz, 14 cm Durchmesser, nach Zitrone duftend. Narbe gelb. Kelchblätter grün, teils rosa gerandet, innen hellgrün mit Rosa. Blütenstiel bräunlich, rund. Blatt rund, dunkelgrün, unterseits rot, 18 cm Durchmesser. WT 60–100 cm.

'President Viger' (Lagrange um 1900)
Blüte silberrosa, nach außen dunkler, Staubblätter gelb mit Zartrosa, schalenförmig, 26 Blütenblätter, 15 cm Durchmesser. Narbe hellgelb. Kelchblätter grün mit Braun, rosa gerandet, in-

nen weißlichrosa. Blütenstiel rotbraun, braun gestreift. Blatt fast rund, grün, unterseits rotbraun, auf der Mittelrippe ein 'V' erkennbar, 20 cm Durchmesser, auseinanderstehende Basallappen. Blattstiel bronzefarben, rund. WT 40–80 cm.

'Princess Elizabeth' (Marliac 1939)
Blüte reinrosa, im Verblühen heller, Staubblätter gelb, sternförmig, 30 Blütenblätter, 14 cm Durchmesser, stark süßlich duftend. Narbe hellgelb. Kelchblätter grün, hellrosa gerandet, innen hellrosa, rot gefleckt und gestreift. Blütenstiel grün, nach oben bronzefarben. Blatt rund, dunkelgrün, im Jugendstadium rotbraun, unterseits dunkelpurpurrot, 13,5 cm Durchmesser, auseinanderstehende Basallappen. Blattstiel grün, braun gefleckt, oval. Fälschlicherweise wird 'Helen Fowler' oft als 'Princess Elizabeth' angeboten. WT 40–80 cm.

'Queen of Whites' (Gedye 1970)
Blüte rahmweiß, in der Mitte leicht rosa, Staubblätter gelb, tassen- bis sternförmig, 24–25 Blütenblätter, 14–16 cm Durchmesser, duftend. Narbe gelb. Kelchblätter grün, innen weiß, rosa gefleckt. Blütenstiel grün. Blatt oval, grün, unterseits rot oder bronzefarben, 22 cm Durchmesser, weit auseinanderstehende Basallappen. Blattstiel grün. WT 40–80 cm.

'René Gérard' (Marliac 1914)
Blüte leuchtend lachsrot, gelbe Staubblätter, sternförmig, 25–27 Blütenblätter, 18 cm Durchmesser. Narbe hellgelb. Kelchblätter braun, hellrosa gerandet, innen hellbraun, rosa geadert, spitz. Blütenstiel gelblichgrün, oval. Blatt oval, dunkelgrün, unterseits heller, auf der Mittelrippe ein 'V' erkennbar, Rand leicht gewellt, 27 cm Durchmesser, weit auseinanderstehende Basallappen. Blattstiel gelbgrün, oval. Eine sehr verbreitete Sorte. Oft als 'Murillo' falsch im Handel. WT 60–80 cm.

'Richardsonii' (Richardson 1894)
(syn. *tuberosa* 'Richardsonii')
Blüte weiß, Staubblätter hellgelb, kugelig, dicht gefüllt, 48–50 Blütenblätter, 15 cm Durchmesser, süßlich duftend. Narbe hellgelb. Kelchblätter grasgrün, grauweiß an der Basis, innen grünlichweiß, grün geadert. Blütenstiel grün, rotbraun gestreift. Blatt rund, grasgrün, unterseits etwas heller, gewellter Rand, 25,5 cm Durchmesser, auseinanderstehende Basallappen. Blattstiel grün. Was als 'Richardsonii' im Handel ist, ist meist die Sorte 'Maxima'. 'Richardsonii' hat aber größere Blüten mit mehr Blütenblättern. WT 60–100 cm.

'Robinsoniana' (Marliac 1895)
Blüte orangerosa bis zinnoberrot, im Verblühen mehr orange, nach außen hell panaschiert, Staubblätter orange, tassenförmig, 23 Blütenblätter, 8 cm Durchmesser. Narbe gelb. Kelchblätter grün, grau und rosarot durchsetzt, innen hellgelb mit Rosa, schmal und spitz. Blütenstiel bronzefarben. Blatt oval, dunkelgrün, dunkelbraun gerandet, heller Fleck beim Stielansatz, dunkelbraune längliche Flecken, die zur Mitte zeigen, unterseits orangebraun, viele kleine dunkelbraune Flecken, 13 cm Durchmesser. Blattstiel bronzefarben, oval. WT 20–40 cm.

'Rosanna Supreme' (Randing 1957)
(syn. *odorata* 'Rosanna Supreme')
Blüte zartrosa, im Verblühen fast weiß, gelbe Staubblätter, ballähnlich, paeonienblütig, 36–38 Blütenblätter, die äußeren waagerecht abstehend oder leicht nach unten gebogen, 10–12 cm Durchmesser. Narbe hellgelb. Kelchblätter grün, innen hellrosa mit Grün, teils rosa gerandet, kapuzenförmige Spitze. Blütenstiel gelblichgrün, oval. Blatt fast rund, mittelgrün, unterseits blutrot bis bräunlichrosa, auf der Mittelrippe ein 'V' erkennbar, 21 cm Durchmesser, überlappende Basallappen. Blattstiel gelblichgrün, rund. WT 40–80 cm.

'Rose Arey' (Fowler 1913)
(syn. 'Maréchal Pétain')
Blüte lachsrosa, gelbe Staubblätter, sternförmig, 34–39 Blütenblätter, die äußeren auf der Rückseite grün oder braun gestreift, 16 cm Durchmesser, süßlich duftend. Narbe gelb. Kelchblätter grün, rosa gerandet, innen grauweiß mit Rosa. Blütenstiel grün mit schwachen roten Streifen, rund. Blatt rund, grün mit rötlichem Anflug, unterseits bräunlich, gewellter Rand, auf der Mittelrippe ein 'V' erkennbar, 20 cm Durchmesser, auseinanderstehende Basallappen. Blattstiel olivgrün, rotbraun gefleckt, einseitig abgeflacht. Eine wüchsige und reichblühende Sorte. WT 40–80 cm.

'Rose Magnolia' (Züchter unbekannt, seit 1925)
Blüte silbrigviolett- bis purpurrosa, in der Mitte dunkler, hellrosa Staubblätter, tassenförmig, 26 Blütenblätter, die äußeren auf dem Rücken grün

gestreift, 10–12 cm Durchmesser, schwach duftend. Narbe gelb. Kelchblätter grün, purpurfarben gerandet, innen grauweiß mit Hellrosa. Blütenstiel mattgrün, rot gestreift. Blatt rund, dunkel- bis hellgrün, unterseits frischgrün, am Rand bräunlich, 15 cm Durchmesser, weit auseinanderstehende Basallappen. Blattstiel grün, rund. WT 40–80 cm.

'Rosennymphe' (Junge 1911)
Blüte lachsrosa, im Verblühen fast weiß, gelbe Staubblätter, sternförmig, 26–28 Blütenblätter, 12 cm Durchmesser, Blüten stehen einige Zentimeter über der Wasseroberfläche. Narbe zitronengelb. Kelchblätter grün mit Bronze, rosa gerandet, innen grünlichweiß, lanzettlich spitz. Blütenstiel bronzefarben. Blatt oval, grasgrün, unterseits hellgrün mit stumpfem Rot, auf der Mittelrippe ein 'V' erkennbar, 20–26 cm Durchmesser, auseinanderstehende Basallappen. Blattstiel gelblichgrün. Eine reichblühende, weit verbreitete Sorte. WT 40–80 cm.

'Rosita' (Marliac 1908)
Blüte purpurrot, hell panaschiert, Staubblätter gelb, tassenförmig, 15 Blütenblätter, 15 cm Durchmesser, schwach duftend. Narbe gelb. Kelchblätter gelblichgrün mit schwach Rosa, innen grauweiß, grün und zartrosa gestreift, 5 Kelchblätter. Blütenstiel dunkelpurpurrot. Blatt oval, grün, unterseits dunkelbraun, auf der Mittelrippe ein 'V' erkennbar, 15,5 cm Durchmesser. Blattstiel grün. WT 40–80 cm.

'Rubis' (Marliac 1925)
(syn. *pygmaea* 'Rubis')
Blüte purpurrot, Staubblätter rötlich purpur, sternförmig, 13 lanzettliche Blütenblätter, 6,5 cm Durchmesser. Narbe gelb. Kelchblätter hellgrün, rosa gestreift, innen silberweiß mit Rosa. Blütenstiel bronzefarben. Blatt oval, grün, mit dunkelbraunen länglichen Flecken, unterseits rotbraun, auf der Mittelrippe ein 'V' erkennbar, 11 cm Durchmesser, überlappende Basallappen. Blattstiel bronzefarben, rund. WT 20–40 cm.

'Rubra' (Züchter und Jahr unbekannt)
(syn. *pygmaea* 'Rubra')
Blüte blaßrosa, im Verblühen dunkelpurpurrot, gelbe Staubblätter, schalenförmig, 15–17 Blütenblätter, die äußeren hell panaschiert, 3,5 cm Durchmesser, im Alter bis 4,5 cm. Narbe hellgelb. Kelchblätter dunkelgrün, dunkelbraun gefleckt, innen grünlichweiß, rot gestreift. Blütenstiel bronzefarben. Blatt oval, grün, am Rand dunkel marmoriert, unterseits orangebraun, auf der Mittelrippe ein 'V' erkennbar, 11 cm Durchmesser. Blattstiel bronzefarben, rund. WT 20–40 cm.

'Sanguinea' (Marliac 1894)
Blüte purpurrot, in der Mitte dunkler, am Rand hell panaschiert, Staubblätter hellgelb mit Orangerot, tassenförmig, 24 Blütenblätter, 8–9 cm Durchmesser. Narbe hellgelb. Kelchblätter grün, weiß und rosa gestreift, innen weißlichrosa, rosa gestreift. Blütenstiel bronzefarben. Blatt oval, grün, mit dunkelbraunen länglichen Flecken, dunkelbraun gerandet, unterseits rötlichbraun, leicht gewellter Rand, auf der Mittelrippe ein schwaches 'V' erkennbar, 20 cm Durchmesser,teilweise überlappende Basallappen. Blattstiel bronzefarben. WT 40–80 cm.

'Seignouretti' (Marliac 1893)
(syn. *laydekeri* 'Seignouretti')
Blüte orangerot, cremegelb panaschiert, Staubblätter hellgelb, tassenförmig, 13–14 Blütenblätter, 7–8 cm Durchmesser. Narbe hellgelb. Kelchblätter braun bis rotbraun, purpur durchsetzt, innen hellgelb, rot gestreift und gerandet. Blüten stehen 15 cm über der Wasseroberfläche. Blütenstiel rotbraun. Blatt oval, grün, dunkelbraun gefleckt und gerandet, unterseits rotbraun, dunkelbraun gefleckt, intensiver am Rand, 11 cm Durchmesser. Blattstiel rotbraun, rund. WT 20–40 cm.

'Senegal' (Marliac 1965)
Blüte blutrot, in der Mitte und am Rand hell panaschiert, rosarote Staubblätter, schalenförmig, 20 Blütenblätter, 10 cm Durchmesser. Narbe gelb. Kelchblätter grün, innen weißlichrosa, rosa gerandet. Blütenstiel bronzefarben, kräftig. Blatt oval, grün, unterseits hellgrün, rötlich gerandet. Blattstiel rot bis bronzefarben, oval. WT 60–100 cm.

'Sioux' (Marliac 1908)
Blüte kupfrigrosa mit Chromgelb, in der Mitte dunkler, im Verblühen rötlich, Staubblätter gelb mit Orange, sternförmig, 14–15 Blütenblätter, 10–12 cm Durchmesser. Narbe hellgelb. Kelchblätter grünlichrosa, innen grünlichweiß, kapuzenförmige Spitze. Blütenstiel bronzefarben bis grün. Blatt oval, dunkelgrün, im Jugendstadium rotbraune Striche zur Blattmitte hin, unterseits

blutrot, schwarzbraun gepunktet, 24 cm Durchmesser. Blattstiel bräunlich, oval. WT 40–80 cm.

'Sirius' (Marliac 1913)
Blüte dunkelkarminrot, im Jugendstadium weiß panaschiert, Staubblätter orange bis purpur, sternförmig, 27–28 Blütenblätter, 14–15 cm Durchmesser, schwach süßlich duftend. Narbe gelb. Kelchblätter nußbraun mit Orange, grün gerandet, innen weiß, karminrot gestreift, im Alter rosa und purpur gestreift, 4–5 Kelchblätter, nach unten gebogen. Blütenstiel rotbraun. Blatt oval, dunkelgrün, dunkelbraun marmoriert, unterseits grün, 21 cm Durchmesser. Blattstiel rötlich, rund. WT 60–100 cm.

'Solfatare' (Marliac 1906)
Blüte gelblichweiß im Aufblühen, später chromgelb, im Verblühen kupfrigrosa, in der Mitte intensiver, Staubblätter hellgelb bis goldgelb, sternförmig, 22–23 Blütenblätter, 5 cm Durchmesser, im Verblühen bis 8 cm. Narbe goldgelb. Kelchblätter grasgrün mit Bronze, weißlichrosa gerandet, glänzend, innen grünlichweiß mit Rosa. Blütenstiel gelblichgrün. Blatt fast rund, dunkelgrün, unterseits hellgrün, mit sehr kleinen braunen Punkten,14 cm Durchmesser. Blattstiel hellgrün, fast rund. Die Sorte ist nicht sehr reichblütig. WT 30–50 cm.

'Somptuosa' (Marliac 1909)
Blüte purpurrot in der Mitte, zum Rand weißlich, Staubblätter gelb mit Rot, paeonienblütig, 34 Blütenblätter, 13 cm Durchmesser. Narbe gelb. Kelchblätter grün, innen weiß, hellgrün geadert, kahnförmig. Blatt rund, dunkelgrün, mit dunkelbraunroten länglichen Flecken, rotbraun gerandet, unterseits rotbraun, auf der Mittelrippe ein 'V' erkennbar, 16–18 cm Durchmesser. WT 40–80 cm.

'Speciosa' (Marliac 1899)
Blüte lachsrosa mit Purpur, weiß panaschiert, Staubblätter orange, tassenförmig, 22 Blütenblätter, 8–10 cm Durchmesser. Narbe gelb. Kelchblätter dunkelbraun bis grün, rosa gerandet, innen mattweiß, grün gestreift und gerandet. Blütenstiel nußbraun. Blatt rund, grün, unterseits rotbraun, auf der Mittelrippe teilweise ein 'V' erkennbar, 18 cm Durchmesser. Blattstiel rotbraun, oval. WT 40–80 cm.

'Splendida' (Marliac 1909)
Blüte dunkelkarminrot, nach außen hell panaschiert, Staubblätter gelb mit Orange, tassenförmig, 19–21 Blütenblätter, 12 cm Durchmesser. Narbe dunkelgelb. Kelchblätter grün, weiß gefleckt, innen grauweiß, rot geadert. Blütenstiel rotbronzefarben. Blatt oval, grasgrün, unterseits grün, zum Rand hin rötlich braun, 22 cm Durchmesser, im Jugendstadium überlappende Basallappen. Blattstiel rot mit Bronze, rund. WT 40–80 cm.

'Suavissima' (Marliac 1899)
Blüte hellrosa, nach außen rosarot, gelbe Staubblätter, strahlenförmig, 27–30 Blütenblätter, 14 cm Durchmesser. Narbe hellgelb. Kelchblätter grün, rosa gerandet, innen lachsrosa, grün gefleckt. Blüten stehen einige Zentimeter über der Wasseroberfläche. Blütenstiel hellgrün. Blatt oval, grün, unterseits rötlich, 24 cm Durchmesser, Basallappen an der Basis etwas überlappend. Blattstiel rötlich, oval. WT 40–80 cm.

'Sulphurea' (Marliac 1879)
(syn. *odorata* 'Sulphurea')
Blüte kanariengelb, hellgelbe Staubblätter, strahlenförmig, 20 Blütenblätter, 10 cm Durchmesser, modrig duftend, Blüten stehen deutlich über der Wasseroberfläche. Narbe gelb. Kelchblätter grün, hellrosa gestreift und gerandet, innen gelblich. Blütenstiel gelbgrün. Blatt rund, grün, im Jugendstadium deutlich rotbraun gefleckt, unterseits rosabraun, zum Rand dunkler, mit kleinen rotbraunen Punkten, auf der Mittelrippe ein 'V' erkennbar, 18 cm Durchmesser. Blattstiel bronzefarben, rund. Die Sorte bevorzugt einen warmen Standort. WT 40–80 cm.

'Sulphurea Grandiflora' (Marliac 1880)
(syn. *odorata* 'Sulphurea Grandiflora', 'Sunrise')
Blüte kanariengelb, hellgelbe Staubblätter, sternförmig, 25–26 Blütenblätter, 16–20 cm Durchmesser, Blüten stehen über der Wasseroberfläche. Narbe hellgelb bis orange. Kelchblätter hell- bis dunkelgrün, teils hellgelb oder hellrosa gerandet, innen gelblichgrün, schmal lanzettlich mit scharfer Spitze. Blütenstiel gelblichgrün. Blatt oval, dunkelgrün, im Jugendstadium mit kleinen dunkelbrauen Flecken, besonders im Randbereich, unterseits blutrot, im Randbereich dunkler und dort gefleckt, gewellter Blattrand, auf der Mittelrippe ein 'V' erkennbar, 22 cm Durchmesser. Blattstiel gelblichgrün, behaart, rund. Die Sorte bevorzugt einen warmen Standort. WT 60–100 cm.

'Sultan' (Marliac 1910)
Blüte purpurrot, nach außen weiß panaschiert, gelbe Staubblätter, schalenförmig, 27–30 kahnförmige Blütenblätter, 13 cm Durchmesser, duftend. Narbe gelb. Kelchblätter grasgrün, innen hellgrau, hellrosa gefleckt und gestreift. Blütenstiel rötlich braun. Blatt oval, dunkelgrün, unterseits heller, gewellter Rand, 21 cm Durchmesser, auseinanderstehende Basallappen. Blattstiel rötlichbraun, oval. WT 40–80 cm.

'Superba' (Richardson um 1900)
Blüte weiß, Staubblätter gelb, tassenförmig, 23 –25 Blütenblätter, 14 cm Durchmesser, stark duftend. Narbe hellgelb. Kelchblätter grün, innen hellgrün, lanzettlich mit scharfer Spitze. Blüten stehen über der Wasseroberfläche. Blütenstiel olivgrün. Blatt oval, dunkelgrün, unterseits heller, 25 cm Durchmesser. Blattstiel hellgrün, rund. WT 40–80 cm.

'Temple Fire' (Marliac 1993)
Blüte feurig dunkelrot, Staubblätter orangerot, sternförmig, 22 spitze Blütenblätter, 14 cm Durchmesser. Narbe gelb. Kelchblätter gelblichgrün, orangebraun und rosa gerandet, innen grasgrün, hellrosa gerandet. Blütenstiel rotbraun, etwas behaart. Blatt oval, grün, mit großen rotbraunen Flecken, unterseits rotbraun, auf der Mittelrippe ein 'V' erkennbar, 15 cm Durchmesser. Blattstiel rot, oval. WT 40–80 cm.

'Turicensis' (Züchter und Jahr unbekannt)
(syn. *odorata* 'Turicensis')
Blüte weißlich lachsrosa, hellgelbe Staubblätter, schalenförmig, 28–29 Blütenblätter, 10 cm Durchmesser, stark duftend. Narbe gelb. Kelchblätter grün, lederartig, hellrosa gerandet, innen grauweiß, rosa gefleckt, Blüten– und Kelchblätter ab 2. oder 3. Tag nach unten gebogen. Blütenstiel gelblicholivgrün. Blatt fast rund, dunkelgrün, unterseits rotbraun, auf der Mittelrippe ein 'V' erkennbar, 25 cm Durchmesser, auseinanderstehende Basallappen. Die Sorte ist sehr wüchsig. Sie hat gewisse Ähnlichkeit mit 'Odalisque'. Im Vergleich zu dieser sind die Blüten kleiner und Farbe verblaßt nicht. WT 40–80 cm.

'Venusta' (Marliac 1910)
Blüte einheitlich hellpurpurrosa, Staubblätter gelb, tassenförmig, 28 Blütenblätter, 12 cm Durchmesser. Narbe gelb. Kelchblätter grün, rosarot gerandet, innen hellrosa mit Purpur, rosarot geadert. Blüten stehen einige Zentimeter über der Wasseroberfläche. Blütenstiel grün. Blatt oval, grasgrün, unterseits braun bis orange, auf der Mittelrippe ein 'V' erkennbar, 27 cm Durchmesser, leicht auseinanderstehende Basallappen. Blattstiel grün, rund. WT 40–80 cm.

'Vesuve' (Marliac 1906)
Blüte leuchtend purpurrot, nach außen etwas heller, Staubblätter purpurrot, sternförmig, 20–22 Blütenblätter, 16 cm Durchmesser, duftend. Narbe hellgelb. Kelchblätter grün, innen mattweiß, purpurrosa gestreift, lanzettlich. Blütenstiel bronzefarben. Blatt oval, grün, unterseits etwas heller, rotbraun gerandet, gewellter Rand, 20 cm Durchmesser, teilweise überlappende Basallappen. Blattstiel bronzefarben bis gelbgrün, rund. Eine sehr reichblühende Sorte. WT 40–60 cm.

'Virginalis' (Marliac 1910)
Blüte weiß, goldgelbe Staubblätter, schalenförmig, 25–27 Blütenblätter, 14 cm Durchmesser, duftend. Narbe gelb. Kelchblätter grün mit Braun, innen silbrigweiß, grün geadert. Blütenstiel olivgrün, oval, behaart. Blatt fast rund, grün, unterseits rötlichgrün, gewellter Rand, 20 cm Durchmesser, geschlossene Basallappen. Blattstiel gelbgrün, behaart. Die Sorte hat gewisse Ähnlichkeit mit 'Gladstoniana', deren Blüten duften aber kaum und die Blüten- und Blattstiele sind nicht behaart. 'Virginalis' braucht ebenfalls viel Platz, um sich entwickeln zu können. WT 80–150 cm.

'Virginia' (Thomas 1962)
Blüte rahmweiß, hellgelbe Staubblätter, sternförmig, 28–32 leicht zerknitterte Blütenblätter, 22 cm Durchmesser, schwach duftend. Narbe hellgelb. Kelchblätter hell- und dunkelgrün, innen cremeweiß, spitz lanzettlich. Blütenstiel hellgelb bis grün. Blatt oval, grün, unterseits grün mit Rotbraun, braun gefleckt, 29 cm Durchmesser. Blattstiel hellgelb bis grün, rund. WT 60–100 cm.

'W. B. Shaw' (Shaw um 1900)
Blüte zartrosa, zur Mitte dunkler, hellgelbe Staubblätter, tassen- bis sternförmig, 26–29 spitz zulaufende Blütenblätter, 12 cm Durchmesser, Zitronenduft. Narbe hellgelb. Kelchblätter gelblichgrün, rosarot gerandet und gefleckt, innen hellgrün, rosa gestreift, biegen sich zum Stiel um.

Blüten stehen über der Wasseroberfläche. Blütenstiel gelbgrün. Blatt rund, dunkelgrün, unterseits dunkelbraun, auf der Mittelrippe ein 'V' erkennbar, 30 cm Durchmesser. Eine reichblühende Sorte. WT 40–80 cm.

'William Falconer' (Dreer 1899)
(syn. 'Granat')
Blüte dunkelrubinrot, nach außen etwas heller, Staubblätter orange mit Kupfergelb, schalenförmig, 20–22 Blütenblätter, 12–14 cm Durchmesser, nicht duftend. Narbe gelb. Kelchblätter dunkelbraun, an der Basis grün, innen purpurrot. Blütenstiel braun. Blatt oval, dunkelgrün bis rötlich, mit großen, länglichen dunkelbraunen Flecken, dunkelbraun gerandet, unterseits rotviolett, im Alter heller, auf der Mittelrippe ein 'V' erkennbar, 24 cm Durchmesser. Blattstiel gelbgrün. Aufgrund der sehr dunklen Blüten auffallende Sorte. WT 50–60 cm.

Die neuen amerikanischen Seerosensorten

Bei den in den letzten Jahren in den Handel gebrachten Sorten sind viele dabei, die eine interessante, vor allem auffallende Blütenfarbe haben. Auch sind einige Sorten stark gefüllt. Das in Deutschland erhältliche Sortiment dieser Neuheiten ist schon sehr umfangreich. Jedes Jahr kommen weitere hinzu. Einige haben eine große Zukunft vor sich. Auch ist damit zu rechnen, daß sie die eine oder andere ältere Sorte in den nächsten Jahren ersetzen werden. Der Zeitraum, in dem die Neuheiten unter deutschen Klimaverhältnissen getestet werden konnten, ist noch nicht lang. Es wird noch einige Zeit dauern, bis abschließende Empfehlungen gegeben werden können, was z. B. auch die Vermehrungsrate anbetrifft. Bisherige Erfahrungen zeigen, daß Sorten, die in den USA sehr erfolgreich sind, auch bei uns problemlos kultiviert werden können. 'Colorado', 'Joey Tomocik' und 'Perry's Dwarf Red' gehören z. B. dazu. Ihre guten Eigenschaften zeigen sie auch in unserem Klima.

Die folgende Übersicht erhebt keinen Anspruch auf Vollständigkeit. In den letzten Jahren sind in den USA etwa 100 neue Sorten in den Handel gekommen.

'American Star' (Slocum 1985)
Blüte hell- bis dunkelrosa, gelbe Staubblätter, sternförmig, 28–30 Blütenblätter, schlank und zugespitzt, waagerecht abstehend, 14 cm Durchmesser, duftend. Narbe hellgelb. Kelchblätter grün, zartrosa gerandet, innen gelblich rosa, pfeilartig spitz. Blütenstiel bräunlich. Blatt rund, grün, unterseits rotbraun, 25 cm Durchmesser. Blattstiel bräunlich. Aufgrund der Blütenform eine sehr auffallende Sorte. WT 40–80 cm.

'Apple Blossom Pink' (Slocum 1988)
Blüte hellrosa, in der Mitte etwas dunkler, dunkelgelbe Staubblätter, paeonienähnlich, 40 Blütenblätter, 14–18 cm Durchmesser, duftend. Narbe gelb. Kelchblätter grün, innen rosa. Blatt rund, hellgrün, unterseits rötlich bis dunkelbraun, gewellter Rand, 24 cm Durchmesser, auseinanderstehende Basallappen. Blattstiel rotbraun. WT 80–100 cm.

'Barbara Dobbins' (Strawn 1996)
Blüte hellgelborange, in der Mitte und im Verblühen dunkler, dunkelgelbe Staubblätter, schalenförmig, 38 Blütenblätter mit scharfer Spitze, 12–14 cm Durchmesser, schwach duftend. Narbe gelb. Kelchblätter dunkelgrün, gelbgrün gerandet, orangerot gefleckt, innen gelborange. Blüten stehen über der Wasseroberfläche. Auffallend lange Knospenform. Blütenstiel grün, kräftig. Blatt oval, dunkelgrün, dunkelbraun gefleckt, unterseits orangebraun. Blattstiel grün, oval. WT 60–100 cm.

'Berit Strawn' (Strawn 1993)
Blüte kupfrigorange, orangerote Staubblätter, tulpenförmig, 19 Blütenblätter, die äußeren mit grüner Spitze, 6–8 cm Durchmesser, schwach duftend. Narbe goldgelb. Kelchblätter dunkelgrün, innen grünlichweiß, rosarot geadert, löf-

Abb. 2 'American Star'

Abb. 3 'Barbara Dobbins'

felartig, abgestumpft. Blütenstiel dunkelbraun, rillenähnliche Vertiefungen, rund. Blatt fast rund, dunkelgrün, dunkelrotbraun gefleckt, im Jugendstadium besonders attraktiv, unterseits purpurrosa, schwarzbraun gefleckt, leicht gewellter Rand, 12 cm Durchmesser. Blattstiel dunkelbraun. WT 30–50 cm.

'Burgundy Princess' (Strawn 1988)
Blüte kirschrot, hellrote Staubblätter, tassenförmig, 22 Blütenblätter, 6–7 cm Durchmesser, schwach duftend. Narbe orange. Kelchblätter hell- bis dunkelgrün, innen rosarot, rot geadert. Blütenstiel rötlichbraun. Blatt rund, dunkelgrün, unterseits bräunlichrosa, grüne Blattadern, 14 cm Durchmesser, auseinanderstehende Basallappen. Blattstiel bräunlichrosa. WT 30–50 cm.

'Carolina Sunset' (Slocum 1991)
Blüte hellgelb, in der Mitte dunkelgelb, pfirsichfarben überhaucht, gelbe Staubblätter, tassenförmig. 29–32 Blütenblätter, 16–18 cm Durchmesser, duftend. Narbe gelb. Kelchblätter grün, an Spitze dunkler, innen hellgelb mit Orange. Blatt fast rund, dunkelgrün, im Jugendstadium purpurbraun gefleckt, unterseits grün, rosa gefleckt, 26 cm Durchmesser, weit auseinanderstehende Basallappen. Blattstiel purpurbraun. WT 60–100 cm.

'Celebration' (Strawn 1994)
Blüte einheitlich rosa, bernsteingelbe Staubblätter, kugelförmig, stark gefüllt, 37 Blütenblätter, 12 cm Durchmesser, stark nach Mandelöl duftend, Blüten stehen bis 15 cm über der Wasseroberfläche. Hellgelbe Narbe. Kelchblätter dunkelgrün, teils rosarot gerandet, innen rosarot. Blütenstiel rotbraun, vertiefte Längslinien, rund. Blatt oval, dunkelgrün, unterseits rosarot, hervortretende Adern, 21 cm Durchmesser. Blattstiel rotbraun, rund. WT 40–80 cm.

'Charlene Strawn' (Strawn 1981)
Blüte kanariengelb, hellgelbe Staubblätter, sternförmig, 26–30 Blütenblätter, schmal und spitz, 10–12 cm Durchmesser. Narbe hellgelb. Kelchblätter grün, rosa gerandet, innen grauweiß mit Zartrosa, hellrosa gerandet. Blüten stehen einige Zentimeter über der Wasseroberfläche. Blütenstiel bronzefarben, behaart. Blatt oval, grün, dunkelbraun gefleckt, im Jugendstadium intensiver, unterseits braun bis orange, dunkelbraun gefleckt, Rand leicht gewellt, 16 cm Durchmesser, teilweise überlappende Basallappen. Blattstiel bronzefarben, oval, behaart. Eine reichblühende Sorte. Es ist die erste Züchtung, die Kirk Strawn in den Handel gebracht hat. WT 50–60 cm.

'Cherokee' (Slocum 1989)
Blüte orangerot mit rotbraunen Flecken, im Verblühen am Rand tiefrot, Staubblätter hellorange, tassenförmig, 21 Blütenblätter, 8–12 cm Durchmesser, schwacher Zitronenduft. Narbe gelb. Kelchblätter grünbraun, innen cremeweiß. Blatt rund, grün, im Jugendstadium auffallend dunkelrotbraun gefleckt, unterseits purpur. Blattstiel kastanienbraun. Die Sorte entwickelt an günstigen Standorten Jungpflanzen an den Fruchtständen. Sie vermehrt sich nur langsam. WT 30–50 cm.

'Chubby' (Strawn 1993)
Blüte cremerosa, tassenförmig, 28–30 Blütenblätter, auffallend fest, wachsartig, 12 cm Durchmesser. Narbe gelb. Blatt rund, grün, unterseits rosa, 20–25 cm Durchmesser. Blattstiel braun. Eine reichblühende Sorte. WT 40–80 cm.

'Colorado' (Strawn 1994)
Blüte kupferfarbenes Rosa, leuchtend, schalen- bis sternförmig, 35 Blütenblätter, 12–15 cm Durchmesser, Kelchblätter grünlich rosa, innen rosa. Blüten stehen 10–15 cm über der Wasseroberfläche. Blütenstiel grün. Blatt grün, mit vereinzelten bräunlichen Flecken, unterseits rosa, 20 cm Durchmesser, Basallappen nach oben umgeschlagen. Blattstiel grün. Spitzensorte. WT 40–80 cm.

'Dallas' (Strawn 1991)
Blüte dunkelrosa, tassenförmig, 23 Blütenblätter, 8 cm Durchmesser. Blütenstiel dunkelgrün mit Braun, behaart. Blatt rund, grün, vereinzelt rötlich gefleckt, im Jugendstadium intensiver, auch zum Rand hin, unterseits blutrot, grün geadert, 20 cm Durchmesser. Blattstiel grün. WT 40–60 cm.

'Doll House' (Strawn 1995)
Blüte karminrot in der Mitte, zum Rand weiß, dadurch zweifarbig wirkend, bronzefarbene Staubblätter, kugelförmig, 23 Blütenblätter, 10 cm Durchmesser, schwach duftend. Narbe hellgelb. Kelchblätter grünlich, dunkel geadert. Blütenstiel rotbraun, kantig. Blatt rund, dunkelgrün, im Jugendstadium mit Braun überdeckt,

Abb. 4 'Doll House'

unterseits heller, leicht gewellter Rand, auf der Mittelrippe ein 'V' erkennbar. Blattstiel rotbraun, oval. WT 40–80 cm

'Fantastic Pink' (Slocum 1987)
Blüte rosa, in der Mitte heller, gelbe Staubblätter, sternförmig, 24–28 Blütenblätter, 15–18 cm Durchmesser. Narbe gelb. Kelchblätter grün, innen rosa. Blütenstiel gelblichgrün. Blatt fast rund, olivgrün, unterseits rötlichpurpur, 28 cm Durchmesser, teilweise überlappende Basallappen. Blattstiel gelblichgrün. WT 60–100 cm.

Abb. 5 'Highlight'

'Gold Medal' (Slocum 1991)
Blüte hellgelb, dunkelgelbe Staubblätter, tassenförmig, 30–35 Blütenblätter, 15 cm Durchmesser, Blüten stehen einige Zentimeter über der Wasseroberfläche, schwach duftend. Narbe gelb. Kelchblätter olivgrün, rötlich gerandet, innen hellgrün. Blütenstiel bräunlichpurpur, behaart. Blatt rund, olivgrün, im Jugendstadium rotbraun gefleckt, unterseits rötlich, 25–30 cm Durchmesser, teilweise überlappende Basallappen. Blattstiel rötlich braun, leicht behaart. WT 60–100 cm.

'Highlight' (Strawn 1998)
Blüte cremeweiß mit pfirsichfarbenem Hauch, Staubblätter gelb, schalenförmig, 27 schiffchenartige Blütenblätter, 13 cm Durchmesser, Blüten stehen sehr hoch über der Wasseroberfläche. Narbe gelb. Kelchblätter grün, kupferfarben gefleckt, innen hellgrün, grün geadert, rosa gerandet. Blütenstiel dunkelgrün, gerippt, sechskantig. Blatt oval, dunkelgrün, mit großen dunkelbraunen Flecken, unterseits rötlichgrün. Blattstiel grün, gerippt, kantig. WT 60–100 cm.

'Irene Heritage' (Slocum 1988)
Blüte glühend zinnoberrot, Staubblätter orange, sternförmig, 29–32 Blütenblätter, 13–15 cm Durchmesser, Blüten stehen über der Wasseroberfläche, schwach duftend. Narbe gelb. Kelchblätter grün, innen hellrosa. Blütenstiel bräunlich, oval, behaart. Blatt oval, dunkelgrün, unterseits grün mit rosa Hauch, auf der Mittelrippe ein 'V' erkennbar, 18–20 cm Durchmesser, überlappende Basallappen. Blattstiel rotbraun, behaart. WT 60–100 cm.

'Joey Tomocik' (Strawn 1993)
Blüte goldgelb, goldgelbe Staubblätter, schalenförmig, 26–28 Blütenblätter, 9–10 cm Durchmesser, schwach duftend. Narbe ocker-

Abb. 6 'Gold Medal'

Abb. 7 'Joey Tomocik'

gelb. Kelchblätter hell– bis dunkelgrün, innen hellgrün. Blüten stehen ca. 10 cm über der Wasseroberfläche. Blütenstiel hellgrün, rund, behaart. Blatt rund, dunkelgrün, im Jugendstadium am Rand mit kleinen dunklen Flecken, unterseits blutrot, dunkelbraun bis rot gefleckt, 14 cm Durchmesser, auseinanderstehende Basallappen. Blattstiel hellgrün, rund, behaart. 'Joey Tomocik' ist die zur Zeit dunkelste gelbe Seerosensorte. WT 50–80 cm.

'Laura Strawn' (Strawn 1997)
Blüte weiß, Staubblätter leuchtendgelb, schalenförmig, 26 sehr breite Blütenblätter, 12–14 cm Durchmesser, nicht duftend. Narbe goldgelb. Kelchblätter olivgrün, rotbraun gepunktet, rötlich gerandet, innen hellgrün. Blütenstiel olivgrün, rund, sehr kräftig. Blatt rund, dunkelgrün, unterseits rosarot, gewellter Rand, 25 cm Durchmesser, geschlossene Basallappen. Blattstiel olivgrün, einseitig abgeflacht. WT 80–100 cm.

'Lemon Chiffon' (Strawn 1993)
Blüte gelb, ockergelbe Staubblätter, kugelförmig, chrysanthemenähnlich gefüllt, 27 Blütenblätter, 12 cm Durchmeser, schwach duftend. Narbe gelb. Kelchblätter grün, innen hellgrün mit Rosa, 5 Kelchblätter. Blütenstiel rotbraun, oval. Blatt oval, dunkelgrün, dunkelbraun gefleckt, unterseits bräunlich, mit kleinen, punktähnlichen, dunkelbraunen Flecken, 14 cm Durchmesser, überdeckende Basallappen. WT 40–80 cm.

'Little Sue' (Strawn 1993)
Blüte gelblich mit zinnoberroten Streifen, im Verblühen orangerot, Staubblätter gelblichkupferrot, kelchförmig, im Verblühen sternförmig, 25–27 schmale Blütenblätter, 8–9 cm Durchmesser, schwach duftend. Narbe gelb. Kelchblätter olivbraun, rosa gerandet, innen grünlichweiß, schmal und spitz. Blatt oval, dunkel-

Abb. 8 'Little Sue'

Abb. 9 'Louise Villemarette'

Abb. 10 'Mayla'

grün, rotbraun gefleckt, unterseits rotbraun, schwarzbraun gefleckt, 10 cm Durchmesser, weit auseinanderstehende Basallappen. Blattstiel olivgrün, rund. Eine reichblühende Sorte. WT 30–50 cm.

'Liou' (Strawn 1989)
Blüte dunkelrot, nach außen heller, Staubblätter rot, tassenförmig, 23 Blütenblätter, 10–11 cm Durchmesser. Kelchblätter grün, innen hellrosa. Blütenstiel rot. Blatt dunkelgrün, unterseits grün, 10–12 cm Durchmesser. Blattstiel braun. WT 30–40 cm.

'Louise Villemarette' (Strawn 1993)
Blüte lachsrosa, zum Rand heller, ockerfarbene Staubblätter, tassenförmig, gut gefüllt, 37 Blütenblätter, 13–14 cm Durchmesser, stark süßlich duftend. Narbe gelb. Kelchblätter grün, teils mit Rosa, innen lachsrosa. Blütenstiel gelbgrün, oval. Blatt oval, grasgrün, unterseits blutrot, auffallende Aderung, leicht gewellter Rand, 22 cm Durchmesser, überlappende Basallappen. Blattstiel gelbgrün, oval. WT 40–80 cm.

'Martha' (Strawn 1993)
Blüte hellrosa, im Verblühen nach außen heller werdend, gelbe Staubblätter, tassenförmig, 22 Blütenblätter, die 4 äußeren waagerecht abstehend, 12–15 cm Durchmesser, Narbe gelb. Kelchblätter innen rosa. Blatt rund, dunkelgrün, unterseits blutrot, 18 cm Durchmesser, auseinanderstehende Basallappen. Blattstiel hellgrün, rund, behaart. WT 60–100 cm.

'Mary' (Strawn 1984)
Blüte karminrot, nach außen rosa, Staubblätter gelborange, tassenförmig, 29–31 Blütenblätter, 12 cm Durchmesser, schwach duftend. Narbe gelb. Kelchblätter olivgrün, innen hellrosa, rosa gefleckt. Blütenstiel rötlichbraun. Blatt oval, dunkelgrün, gelegentlich rot gerandet, unterseits hellrot, gewellter Blattrand, 28 cm Durchmesser, weit auseinanderstehende Basallappen. Blattstiel olivgrün, bräunlich gefleckt, oval. Die Blüten wirken durch die Farbkombination zweifarbig und dadurch auffällig. WT 60–100 cm.

'Mayla' (Strawn 1993)
Blüte einheitlich fuchsienrosa, Staubblätter gelb, schalenförmig, gut gefüllt, 38–41 Blütenblätter, 17 cm Durchmesser, duftend. Narbe hellgelb. Kelchblätter grün, rosa gerandet, innen rosarot, waagerecht abstehend. Blütenstiel olivgrün, oval, behaart. Blatt rund, dunkelgrün, unterseits blutrot, hervortretende Adern, 35 cm Durchmesser. Blattstiel hellbraun, oval, behaart. Die Blütenfarbe ist sehr auffallend. Die Sorte ist stark wachsend und braucht Platz, um gut wirken zu können. WT 80–120 cm.

'M. Evelyn Stetson' (Stetson 1986)
Blüte weiß, in der Mitte gelb, ockergelbe Staubblätter, sternförmig, 30 Blütenblätter, die 4 äußeren waagerecht abstehend und mit einem

Abb. 11 'Mary'

Abb. 12 'Nigel'

Abb. 13 'Perry's Black Opal'

grünen Streifen auf der Außenseite, 10–12 cm Durchmesser, die gefüllten Blüten stehen einige Zentimeter über der Wasseroberfläche, duftend. Narbe gelb. Kelchblätter grün, innen grünlichweiß. Blütenstiel schokoladenbraun, rund, behaart. Blatt fast rund, grün, unterseits rosarot, grüne Nervatur, 18 cm Durchmesser. Blattstiel braun, dunkel gestreift, oval. WT 60–100 cm.

'Nigel' (Strawn 1993)
Blüte hellrosa, hellgelbe Staubblätter, chrysanthemenförmig gefüllt, 40 Blütenblätter, löffelartig, 10 cm Durchmesser, stark duftend. Narbe hellgelb. Kelchblätter hell- bis dunkelgrün, innen grünlichweiß, 5 Kelchblätter, bis zum Stengel umgebogen. Blütenstiel bronzegrün. Blatt fast rund, dunkelgrün, unterseits etwas heller, mit Rosa überdeckt, 16–18 cm Durchmesser. Blattstiel dunkel- bis gelbgrün, rund. WT 40–60 cm.

'Perry's Baby Red' (Slocum 1989)
Blüte glühend dunkelrot, Staubblätter gelborange, kugelförmig, 24–31 Blütenblätter, 8–9 cm Durchmesser. Narbe gelborange. Kelchblätter

Abb. 14 'Perry's Baby Red'

grün, rosa geadert und gerandet, innen rosa, rot gestreift. Blütenstiel orange. Blatt fast rund, grün, unterseits braun, 18 cm Durchmesser, weit auseinanderlappende Basallappen. Blattstiel rotbraun. WT 40–50 cm.

'Perry's Black Opal' (Slocum 1990)
Blüte tief dunkelrot, im Verblühen fast schwarzrot, rotbraune Staubblätter, sternförmig, 22–24 Blütenblätter, 7–8 cm Durchmesser, schwach duftend. Narbe gelb. Kelchblätter dunkelolivgrün, rötlich gerandet, braun gepunktet, innen weißlichrosa, grün gerandet. Blütenstiel bronzebraun, rund. Blatt rund, grasgrün, dunkelrot gefleckt, unterseits olivgrün, dunkel gerandet, auf der Mittelrippe ein 'V' erkennbar, 15 cm Durchmesser. Blattstiel bräunlichgrün, oval. WT 40–70 cm.

'Perry's Cactus Pink' (Slocum 1990)
Blüte lachsrosa, in der Mitte dunkler, Staubblätter gelborange, strahlenförmig, 28 Blütenblätter, lang und schmal, nach unten geneigte Spitzen,13–15 cm Durchmesser. Kelchblätter grün, innen hellrosa, lang und spitz. Blüten stehen einige Zentimeter über der Wasseroberfläche. Blatt rund, grasgrün, unterseits rötlich, 23 cm Durchmesser, weit auseinanderstehende Basallappen. Blattstiel purpur. WT 60–80 cm.

'Perry's Crinkled Pink' (Slocum 1989)
Blüte muschelrosa, Staubblätter gelb, sternförmig, 27–33 Blütenblätter, schiffchenartig zusammengedrückt, 11–14 cm Durchmesser, schwach duftend. Narbe gelb. Kelchblätter olivgrün, innen hellrosa. Blatt rund, grün, im Jugendstadium rötlichbraun, unterseits rötlich, auffallend grüne Nervatur, 20–23 cm Durchmesser, weit auseinanderstehende Basallappen. Blattstiel braun. WT 40–60 cm.

'Perry's Deepest Red' (Slocum 1990)
Blüte sehr dunkelrot, orangerote Staubblätter, tassenförmig, 33–36 Blütenblätter, 10 cm Durchmesser, schwach duftend. Narbe gelb. Kelchblätter dunkelgrün, teils mit Braun, innen orangerot, dunkel geadert. Blütenstiel braun, rund, behaart. Blatt rund, dunkelgrün, im Jugendstadium purpurrot, unterseits rosarot, auf der Mittelrippe ein 'V' erkennbar, 25–30 cm Durchmesser, überlappende Basallappen. Blattstiel olivgrün, oval, leicht behaart. Die sehr großen Blätter wirken etwas unproportioniert. WT 60–80 cm.

'Perry's Double White' (Slocum 1990)
Blüte weiß, Blütenblätter hellzitronengelb, sternförmig, gut gefüllt, 40–46 Blütenblätter, pfeilförmig, 13–15 cm Durchmesser, duftend. Narbe hellgelb. Kelchblätter dunkelgrün, innen hellgrün, waagerecht abstehend oder etwas nach unten geneigt. Blütenstiel olivgrün, oval. Blatt fast rund, dunkelgrün, im Jugendstadium bronzefarben, unterseits hellgrün, 16 cm Durchmesser. Blattstiel hellgrün, rund. WT 60–100 cm.

'Perry's Dwarf Red' (Slocum 1989)
Blüte dunkelrot, nach außen hell panaschiert, Staubblätter dunkelrot, schalenförmig, 32–35 Blütenblätter, 8–10 cm Durchmesser, schwach duftend. Narbe gelb. Kelchblätter bräunlichgrün, innen rosa, rot geadert. Blütenstiel hellbraun, rund. Blatt rund, dunkelgrün, im Jugendstadium purpurfarben, unterseits rötlich, auf der Mittelrippe ein 'V' erkennbar, 18 cm Durchmesser. Blattstiel braun, oval. Diese Sorte ist die reichblühendste aller Seerosen. WT 40–60 cm.

'Perry's Fire Opal' (Slocum 1987)
Blüte glühend dunkelrosa, gelbe Staubblätter, chrysanthemenähnlich gefüllt, 40–45 Blüten-

Abb. 15 'Perry's Fire Opal'

Abb. 16 'Perry's Dwarf Red'

Abb. 17 'Perry's Magnificent'

Abb. 18 'Perry's Red Beauty'

blätter, 10–12 cm Durchmesser, duftend. Narbe gelb. Kelchblätter braun, innen heller, rosa gefleckt. Blütenstiel hellgrün, rund. Blatt rund, dunkelgrün, im Jugendstadium purpurrot, unterseits rotbraun, auf der Mittelrippe ein 'V' erkennbar, 22–24 cm Durchmesser, Basallappen dicht nebeneinanderliegend. Blattstiel dunkelgrün, rund. Die Blüten haben eine starke Leuchtkraft. WT 60–100 cm.

'Perry's Magnificent' (Slocum 1990)
Blüte einheitlich rosarot, gelbe Staubblätter, sternförmig, 33–38 Blütenblätter, 13–15 cm Durchmesser, duftend. Narbe orange. Kelchblätter grasgrün, innen rosarot. Blüten stehen einige Zentimeter über der Wasseroberfläche. Blatt rund, grün, im Jugendstadium bronzefarben, unterseits blutrot, 25 cm Durchmesser. Blattstiel braun, rot gestreift. WT 40–80 cm.

'Perry's Pink' (Slocum 1984)
Blüte einheitlich sehr dunkelrosa, gelbe Staubblätter, schalenförmig, 35–39 Blütenblätter, 12–14 cm Durchmesser, duftend. Narbe gelb. Kelchblätter grün, rosa gerandet, innen rosa. Blütenstiel bronzefarben, rot geadert. Blatt rund, grün, im Jugendstadium purpurrot, unterseits rotbraun, im Jugendstadium rot, auf der Mittelrippe ein 'V' erkennbar, 28 cm Durchmesser. Blattstiel grünlichbraun, rötlich gestreift. WT 40–80 cm.

'Perry's Pink Beauty' (Slocum 1989)
Blüte mittelrosa, zitronengelbe Staubblätter, tassenförmig, 23 Blütenblätter, 10–12 cm Durchmesser, vor allem die jungen Blüten duftend. Narbe gelb. Kelchblätter grün, innen grünlichrosa. Blatt rund, grasgrün, im Jugendstadium rötlich braun, unterseits rot, 18–20 cm Durchmesser, überlappende Basallappen. Blattstiel olivgrün. WT 40–80 cm.

'Perry's Pink Bicolor' (Slocum 1989)
Blüte dunkelrosa, nach außen weißlichrosa mit rosa Adern, Staubblätter gelb, sternförmig, 20–21 Blütenblätter, 12–14 cm Durchmesser, schwach duftend. Narbe gelb. Kelchblätter bräunlichgrün, innen weiß, rosa geadert. Blatt oval, grasgrün, unterseits rotbraun, auf der Mittelrippe ein 'V' erkennbar, 25 cm Durchmesser, auseinanderstehende Basallappen. Blattstiel bräunlich, kantig. WT 60–100 cm.

'Perry's Pink Delight' (Slocum 1990)
Blüte rosarot, in der Mitte mit fast weißen Spitzen, rosa Staubblätter, sternförmig, 28 Blütenblätter, 12–14 cm Durchmesser, nicht duftend. Narbe gelb. Kelchblätter bräunlichgrün, rosa gerandet, innen rosa. Blüten stehen einige Zentimeter über der Wasseroberfläche. Blütenstiel hellbraun, mit rötlichen Linien, oval. Blatt fast rund, dunkelgrün, unterseits rötlich, 20–25 cm Durchmesser, auseinanderstehende Basallappen. Blattstiel rötlich, mit dunkleren Linien. WT 60–100 cm.

'Perry's Pink Heaven' (Slocum 1990)
Blüte zartrosa, in der Mitte etwas dunkler, gelbe Staubblätter, sternförmig, 44–45 Blütenblätter, 15–18 cm Durchmesser, schwach duftend. Narbe orange. Kelchblätter grün, innen dunkelrosa, geadert. Blüten stehen einige Zentimeter über der Wasseroberfläche. Blatt fast rund, grün, im Jugendstadium bronzefarben, unterseits rot, 18 cm Durchmesser, teilweise überlappende Basallappen. Blattstiel grün. WT 60–100 cm.

'Perry's Red Beauty' (Slocum 1989)
Blüte dunkelrot, orangerote Staubblätter, sternförmig, 24–28 Blütenblätter, 14–16 cm Durchmesser, schwach duftend. Narbe hellgelb. Kelchblätter hell- bis dunkelgrün, innen weiß, rosa gefleckt, mit grünen Spitzen. Blatt oval,

Abb. 19 'Perry's Red Glow'

grün, im Jugendstadium rötlichbraun, unterseits rötlich, 22 cm Durchmesser, etwas überlappende Basallappen. Blattstiel rötlichbraun. In der Blütenform der Sorte 'Newton' ähnlich, nur in einem viel dunkleren Rot. WT 40–80 cm.

'Perry's Red Bicolor' (Slocum 1989)
Blüte in der Mitte dunkelrot, nach außen rosa panaschiert, Staubblätter gelb, sternförmig, 16–19 Blütenblätter, 12–14 cm Durchmesser, duftend. Narbe gelb. Kelchblätter dunkelgrün, innen grünlichweiß. Blütenstiel dunkelbraun, rund. Blatt fast rund, grün, unterseits rötlich, auf der Mittelrippe ein 'V' erkennbar, 19 cm Durchmesser, auseinanderstehende Basallappen. Blattstiel olivgrün, oval. WT 40–80 cm.

'Perry's Red Blaze' (Slocum 1989)
Blüte kirschrot, Staubblätter dunkelgelb, sternförmig, 33 Blütenblätter, 12–15 cm Durchmesser, duftend. Narbe gelb. Kelchblätter dunkelgrün, innen hellrosa, dunkelrosa geadert. Blatt fast rund, grün, unterseits bronzerot, 20 cm Durchmesser, weit auseinanderstehende Basallappen. Blattstiel rot. WT 60–100 cm.

'Perry's Red Glow' (Slocum 1989)
Blüte leuchtend dunkelrot, orangerote Staubblätter, sternförmig, 23–30 Blütenblätter, 9–10 cm Durchmesser, schwach duftend. Narbe gelb. Kelchblätter grün, innen hellgrün, rot geadert. Blütenstiel olivgrün. Blatt herzförmig, dunkelgrün, unterseits dunkelrot, 15–18 cm Durchmesser, weit auseinanderstehende Basallappen. Blattstiel rotbraun. Die leuchtende Blütenfarbe ist von weitem auffallend. WT 30–60 cm.

'Perry's Red Star' (Slocum 1989)
Blüte dunkelrot, orangerote Staubblätter, sternförmig, 23 spitze Blütenblätter, 13–15 cm Durchmesser, schwach duftend. Narbe goldgelb. Kelchblätter rötlichdunkelbraun, rosa gerandet, innen rosa. Blüten stehen einige Zentimeter über der Wasseroberfläche. Blatt rund, grün, teils mit Rotbraun überdeckt, unterseits rot, auf der Mittelrippe ein 'V' erkennbar, 18 cm Durchmesser, auseinanderstehende Basallappen. Blattstiel rotbraun, kantig. An den Fruchtständen der ersten Blüten werden gelegentlich Jungpflanzen ausgebildet (wie bei der Sorte 'Colonel A. J. Welch'), später im Sommer nicht mehr. Es ist die erste rote Sorte mit dieser Eigenschaft. WT 40–80 cm.

'Perry's Red Wonder' (Slocum 1989)
(syn. 'Perry's Red Volunteer')
Blüte blutrot, rotbraune Staubblätter, sternförmig, 20–22 Blütenblätter, schmal und spitz, 12–14 cm Durchmesser, schwach duftend. Narbe hellgelb. Kelchblätter bräunlichgrün, rosa gerandet, innen hellrosa, mit roten Flecken und Linien. Blütenstiel braun, flach. Blatt rund, dunkelgrün, im Jugendstadium rötlich, unterseits rotbraun, auf der Mittelrippe ein 'V' erkennbar,

Abb. 20 'Perry's Red Star'

Abb. 21 'Perry's Red Wonder'

14 cm Durchmesser, auseinanderstehende Basallappen. Blattstiel rotbraun, flach. Eine reichblühende Sorte, deren Blätter etwa so groß wie die Blüten sind. WT 30–50 cm.

'Perry's Rich Rose' (Slocum 1990)
Blüte einheitlich lachsrosa, gelbe Staubblätter, schalenförmig, 29–30 Blütenblätter, 12–15 cm Durchmesser, schwach duftend. Narbe gelb. Kelchblätter grün, innen rosa. Blütenstiel rotbraun, kantig. Blatt rund, grün, unterseits rot, 20 cm Durchmesser, auseinanderstehende Basallappen. Blattstiel gelbgrün, rot gestreift. WT 40–80 cm.

'Perry's Stellar Red' (Slocum 1989)
Blüte in der Mitte dunkelrot, nach außen rosa panaschiert, gelbe Staubblätter, sternförmig, 24 schmallanzettliche Blütenblätter, 15 cm Durchmesser, schwach duftend. Narbe orange. Kelchblätter grün, innen weiß mit Rosa, schiffchenartig, mit scharfer Spitze. Blütenstiel hell- bis dunkelbraun, rund. Blatt fast rund, grün, unterseits bronzefarben, bei jungen Blättern auf der Mittelrippe ein 'V' erkennbar, 23 cm Durchmesser. Blattstiel rotbraun, rund. WT 60–100 cm.

'Perry's Strawberry Pink' (Slocum 1989)
Blüte erdbeerrosa, nach außen etwas heller, gelbe Staubblätter, tassenförmig, 28–30 Blütenblätter, 13–14 cm Durchmesser, schwach duftend. Narbe gelb. Kelchblätter olivgrün, innen hellgrün, zur Basis rosa, waagerecht abstehend. Blütenstiel olivgrün. Blatt rund, dunkelgrün, unterseits bronzefarben, 18 cm Durchmesser. Blattstiel rotbraun. WT 60–100 cm.

'Perry's Super Red' (Slocum 1989)
Blüte orangerot, in der Mitte dunkler, rotbraune Staubblätter, chrysanthemenähnlich gefüllt, 38–43 Blütenblätter, 13–15 cm Durchmesser, schwach duftend. Narbe gelb. Kelchblätter braun mit Grün, innen grünlichweiß, rosa geadert. Blütenstiel rotbraun, rund, behaart. Blatt rund, grün, unterseits blutrot, 20 cm Durchmesser. Die gefüllten Blüten sind auffallend. WT 80–150 cm.

'Perry's Super Rose' (Slocum 1990)
Blüte einheitlich rosarot, Staubblätter goldorange, sternförmig, 37–38 lanzettliche Blütenblätter, 16 cm Durchmesser, stark duftend. Narbe gelb. Kelchblätter grün, rosa gerandet, innen dunkellachsrosa. Blatt oval, grasgrün, im Jugendstadium rötlichbraun, unterseits rötlich, 26 cm Durchmesser, Basallappen bei jungen Blättern geöffnet, bei ausgewachsenen überlappend. Blattstiel olivgrün, purpurfarben gestreift. WT 60–100 cm.

'Perry's Vivid Rose' (Slocum 1990)
Blüte lachsrosa, Staubblätter orange, tassenförmig, gefüllt, 38–39 Blütenblätter, die inneren mit schmalem gelben Rand, 12–14 cm Durchmesser, stark duftend. Narbe gelb. Kelchblätter grün, innen rosarot. Blütenstiel gelblichbraun mit rillenartigen Vertiefungen, abgeflacht. Blatt rund, grasgrün, unterseits hellbraun, im Jugendstadium rosa, 18–20 cm Durchmesser, auseinanderstehende Basallappen. Blattstiel hellbraun mit Rillen, beidseitig abgeflacht. WT 60–100 cm.

'Perry's Viviparous Pink' (Slocum 1990)
Blüte einheitlich dunkelrosa, gelbe Staubblätter, sternförmig, 43–45 Blütenblätter, schmallanzettlich, 15 cm Durchmesser, nicht duftend. Narbe gelb. Kelchblätter olivgrün, innen dunkelrosa, bei geöffneten Blüten zum Stiel umge-

Abb. 22 'Perry's Strawberry Pink'

Abb. 23 'Perry's Super Red'

bogen. Blatt rund, grün, im Jugendstadium auffallend rot mit orangefarbenem Fleck am Stielansatz, unterseits rot, auf der Mittelrippe ein 'V' erkennbar, 25 cm Durchmesser, nebeneinanderliegende Basallappen. Blattstiel rotbraun, rund. In seltenen Fällen (weniger als 5 %) entwickeln sich an den Fruchtständen Jungpflanzen. WT 60–100 cm.

'Perry's White Star' (Slocum 1990)
Blüte weiß, hellgelbe Staubblätter, sternförmig. 32–34 Blütenblätter, lanzettlich mit scharfer Spitze, 15 cm Durchmesser, stark duftend. Narbe gelb. Kelchblätter grün, innen weißlichgrün. Blüten stehen 10–15 cm über der Wasseroberfläche. Blütenstiel braun, oval, kräftig. Blatt oval, grün, im Jugendstadium bronzefarben, unterseits rötlich, 23 cm Durchmesser, auseinanderstehende Basallappen. Blattstiel rotbraun. WT 60–100 cm.

'Perry's White Wonder' (Slocum 1990)
Blüte weiß, Staubblätter gelb, tassenförmig, 27–31 Blütenblätter, löffelartig, 10–12 cm Durchmesser, schwach duftend. Narbe gelb. Kelchblätter grün, innen weiß, sehr breit. Blatt fast rund, mittelgrün, im Jugendstadium bronzefarben, unterseits rötlich, auf der Mittelrippe ein 'V' erkennbar, 20 cm Durchmesser, Basallappen teilweise überlappend. Blattstiel olivgrün, oval, kräftig. WT 40–80 cm.

'Perry's Wildfire' (Slocum 1990)
Blüte leuchtend purpurrot, orangegelbe Staubblätter, sternförmig, 28–29 Blütenblätter, tief löffelartig, 14–16 cm Durchmesser, duftend. Narbe gelb. Kelchblätter dunkelgrün, rosarot gerandet, innen leuchtend purpurrot. Blüten stehen einige Zentimeter über der Wasseroberfläche. Blatt oval, dunkelgrün, unterseits rosarot, 23 cm Durchmesser, weit auseinanderstehende Basallappen. Blattstiel orange. WT 60–100 cm.

'Peter Slocum' (Slocum 1984)
Blüte erdbeerrosa, kupferfarbene Staubblätter, chrysanthemenähnlich gefüllt, 40–41 Blütenblätter, 15–17 cm Durchmesser, stark duftend. Narbe gelb. Kelchblätter grün, innen rosa. Blütenstiel hellgrün. Blatt rund, grün, unterseits rot, im Alter auch grün, auf der Mittelrippe ein 'V' erkennbar, 25 cm Durchmesser, auseinanderstehende Basallappen. Blattstiel hellgrün, beidseitig abgeflacht. WT 60–100 cm.

'Pink Peony' (Strawn 1993)
Blüte seidig lilarosa, innen heller, gelbe Staubblätter, paeonienförmig, 29 Blütenblätter, nach innen gekrümmt, 14 cm Durchmesser, duftend. Narbe gelb. Kelchblätter olivgrün, teils rosa gerandet, innen rosa. Blütenstiel grasgrün, rund. Blatt fast rund, grasgrün, unterseits dunkelrosa, dunkler gerandet, auf der Mittelrippe ein 'V' erkennbar, 24 cm Durchmesser. Blattstiel grün, rund. WT 60–100 cm.

'Pink Pumpkin' (Strawn 1994)
Blüte einheitlich lachsrosa, im Verblühen heller, gelbe Staubblätter, paeonienförmig, 29 sehr breite und stark gebogene Blütenblätter, 15–18 cm Durchmesser, duftend. Narbe gelb. Kelchblätter rotbraun, innen rosarot. Blütenstiel grünlich, rund, behaart und kräftig. Blatt oval, dunkelgrün, unterseits dunkelrot, gewellter Rand, auf der Mittelrippe ein 'V' erkennbar, 20 cm Durchmesser, nebeneinanderliegende Basallappen. Blattstiel hellgrün, oval, leicht behaart. WT 40–80 cm.

Abb. 24 'Pink Peony'

Abb. 25 'Pink Sunrise'

'Pink Sunrise' (Strawn 1993)
Blüte einheitlich rosa, gelbe Staubblätter, sternförmig, 33 schmale und spitze Blütenblätter, 12 cm Durchmesser, schwach duftend. Narbe gelb. Kelchblätter grün, bräunlich gerandet, innen rosa. Blütenstiel braun, oval. Blatt rund, grün, rötlich gerandet, im Jugendstadium purpurrot, unterseits blutrot, 18 cm Durchmesser. Blattstiel braun, oval. WT 40–60 cm.

'Radiant Red' (Strawn 1994)
Blüte leuchtend rot, nach außen heller panaschiert, bronzefarbene Staubblätter, 23–25 Blütenblätter, 10 cm Durchmesser, schwach duftend. Narbe hellgelb. Kelchblätter grün, innen hellgrün, dunkelgrün oder rosarot geadert. Blütenstiel braun, rund, leicht behaart. Blatt fast rund, grasgrün, unterseits grün mit Braun, auf der Mittelrippe ein 'V' erkennbar', 16 cm Durchmesser. Blattstiel braun, oval. WT 40–60 cm.

'Ray Davies' (Slocum 1985)
Blüte zartrosa, gelbe Staubblätter, paeonienartig gefüllt, 53–55 leicht nach innen gebogene Blütenblätter, 13–15 cm Durchmesser, schwach duftend. Narbe gelb. Kelchblätter grün, innen hellrosa, dunkler gestreift, waagerecht abstehend, im Alter nach unten umgebogen. Blatt rund, dunkelgrün, unterseits rötlichbraun, auf der Mittelrippe ein 'V' erkennbar, 23–25 cm Durchmesser, Basallappen leicht überlappend. Blattstiel grün, rötlich gestreift. WT 40–80 cm.

'Red Sensation' (Slocum 1991)
Blüte dunkelrot, nach außen heller panaschiert, Staubblätter bronzegelb, paeonienartig gefüllt, schwach duftend. Narbe gelb. Kelchblätter grün, innen hellgrün, zur Basis rosarot. Blütenstiel braun, mit dunkelbraunen Linien, rund. Blatt rund, dunkelgrün, unterseits heller, im Jugendstadium grünlichrosa, 20 cm Durchmesser. Blattstiel bräunlich, rund. WT 60–100 cm.

'Red Spider' (Strawn 1993)
Blüte rosarot, nach außen heller, von der Mitte bis zum Rand hell panaschiert, Staubblätter gelb, strahlenförmig, 26–28 gekräuselte Blütenblätter, 8–10 cm Durchmesser, duftend. Narbe gelb. Kelchblätter grün, innen hellgrün, rosa geadert, schmal und spitz. Blatt rund, dunkelgrün, im Jugendstadium am Rand rotbraun gefleckt, unterseits purpurrot, 18–20 cm Durchmesser, auseinanderstehende Basallappen. Blattstiel rötlich, flach. Die Blüten haben eine für Seerosen ungewöhnliche Form. WT 40–80 cm.

'Steven Strawn' (Strawn 1995)
Blüte leuchtend dunkelrot, Staubblätter kupferfarben, tassenförmig, 26 Blütenblätter, die 4 äußeren weiß panaschiert, 11 cm Durchmesser, schwach duftend. Narbe gelb. Kelchblätter grün, rosa gerandet, innen grünlich, rosa gerandet. Blütenstiel dunkelbraun, oval, leicht behaart. Blatt fast rund, dunkelgrün, im Jugendstadium gefleckt, unterseits hellgrün, rotbraun gefleckt, 18–20 cm Durchmesser, teilweise überdeckende Basallappen. Blattstiel rotbraun, oval, behaart. WT 40–80 cm.

'Texas Dawn' (Landon 1990)
Blüte gelb, hellgelbe Staubblätter, sternförmig, 30–31 Blütenblätter, die Innenseiten der äußeren rosa angehaucht, 15–17 cm Durchmesser, Zitronenduft. Narbe gelb. Kelchblätter grün, zartrosa gerandet, innen grünlichgelb, rosa geadert. Blüten stehen bis 25 cm über der Wasseroberfläche. Blütenstiel dunkelbraun, behaart. Blatt oval, grün, im Jugendstadium schwach

Abb. 26 'Ray Davies'

Abb. 27 'Red Spider'

dunkelbraun gefleckt, unterseits orangebraun, schwarzbraun gefleckt, 25 cm Durchmesser, auseinanderstehende Basallappen. Blattstiel rotbraun, behaart. WT 70–90 cm.

'Venus' (Slocum 1991)
Blüte weiß, schwach rosa angehaucht, gelbe Staubblätter, sternförmig, 29–32 Blütenblätter, 15 cm Durchmesser, junge Blüten schwach duftend. Narbe gelb. Kelchblätter grün, teils mit Braun, innen rosaweiß, rosarot geadert, grüne Spitzen. Blüten stehen bis 15 cm über der Wasseroberfläche. Blütenstiel rotbraun, rund. Blatt fast rund, olivgrün, unterseits rötlich, auf der Mittelrippe ein 'V' erkennbar, 22–25 cm Durchmesser. Blattstiel rotbraun, oval. WT 60–100 cm.

'Walter Pagels' (Strawn 1993)
Blüte cremeweiß, in der Mitte zartrosa, Staubblätter gelb, schalenförmig, 27–31 Blütenblätter, 8–10 cm Durchmesser. Narbe hellgelb. Kelchblätter rosa mit Grün, innen weiß, hellgrün gerandet. Blütenstiel hellolivgrün, rund. Blatt oval, grasgrün, unterseits grün, rötlich gerandet, Rand gewellt, 15 cm Durchmesser, auseinanderstehende Basallappen. Blattstiel olivgrün, rund. Eine für flaches Wasser wertvolle weiße Sorte. WT 30–50 cm.

'White Cup' (Slocum 1986)
Blüte weiß, gelbe Staubblätter, tassenförmig, 19–20 Blütenblätter, 8–10 cm Durchmesser, schwach duftend. Narbe gelb. Kelchblätter grün, innen weiß, gelbgrün gerandet. Blatt rund, grün, unterseits rötlichgrün, 20 cm Durchmesser. Blattstiel gelbgrün. WT 60–80 cm.

'Wow' (Slocum 1990)
Blüte leuchtend purpurrot, gelborange Staubblätter, tassenförmig, 31–35 löffelartige Blütenblätter, 12–13 cm Durchmesser, duftend. Narbe orange. Kelchblätter grün, innen purpurrot. Blütenstiel braun mit dunkelbraunen Linien, rund. Blatt rund, grün, unterseits braun, im Jugendstadium rötlich, gewellter Rand, auf der Mittelrippe ein 'V' erkennbar, 25 cm Durchmesser. Blattstiel braun mit dunkelbrauen Linien. Die Blütenfarbe ist sehr auffallend. WT 40–80 cm.

'Yellow Princess' (Slocum 1991)
Blüte mittelgelb, nach außen heller, gelbe Staubblätter, sternförmig, 24–28 Blütenblätter, 15 cm Durchmesser, duftend. Narbe gelb. Kelchblätter grün, innen gelbgrün. Blüten stehen über der Wasseroberfläche. Blatt fast rund, olivgrün, im Jugendstadium rotbraun gefleckt, unterseits gelbgrün, rotbraun gefleckt, 25 cm Durchmesser, weit auseinanderstehende Basallappen. Blattstiel bräunlich, rund. WT 60–100 cm.

'Yellow Queen' (Slocum 1991)
Blüte mittelgelb, nach außen heller, Staubblätter gelb, sternförmig, 30–32 Blütenblätter, Spitzen nach oben gekrümmt, 18–20 cm Durchmesser, duftend. Narbe gelb. Kelchblätter grün, innen gelbgrün. Blatt fast rund, olivgrün, purpurrot strichartig gefleckt, im Alter heller werdend, unterseits rötlich, purpurrot gefleckt, gewellter Rand, 20–25 cm Durchmesser. Blattstiel rotbraun, rund. Die Blüte sieht in der Form einer tropischen Seerose ähnlich. WT 60–100 cm.

'Yellow Sensation' (Slocum 1991)
Blüte mittelgelb, Staubblätter dunkelgelb, tassenförmig, 33–36 Blütenblätter, Spitzen nach oben gekrümmt, 15 cm Durchmesser, schwach

Abb. 28 'Texas Dawn'

Abb. 29 'Wow'

Abb. 30 'Yuh Ling'

Abb. 31 'Almost Black'

duftend. Narbe gelb. Kelchblätter grün, innen grünlich gelb, Blüten stehen bis 15 cm über der Wasseroberfläche. Blatt fast rund, olivgrün, rotbraun marmoriert, unterseits gelbgrün, rotbraun gefleckt, 20–22 cm Durchmesser, Basallappen bei jungen Blättern teilweise überlappend, im Alter auseinanderstehend. Blattstiel grünlich braun, purpurrot gestreift. WT 40–80 cm.

'Yogiji' (Strawn 1995)
Blüte rosa, in der Mitte weiß, gelbe Staubblätter, tassenförmig. 23 Blütenblätter, 10–12 cm Durchmesser, schwach duftend. Narbe gelb. Kelchblätter braun, innen rosa, teils mit Grün. Blütenstiel braun, rund. Blatt rund, bräunlich–grün, unterseits rötlich, 15 cm Durchmesser. Blattstiel rotbraun, rund. WT 40–80 cm.

'Yuh Ling' (Strawn 1992)
Blüte einheitlich dunkelrosa, Staubblätter gelborange, tassenförmig, 26 Blütenblätter, 6–8 cm Durchmesser, Pfirsichduft. Narbe gelb. Kelchblätter olivgrün, teils rosa gerandet, innen dunkelrosa. Blütenstiel grünlichbraun, oval. Blatt rund, dunkelgrün, unterseits rötlich, 18 cm Durchmesser, nebeneinanderliegende Basallappen. Blattstiel braun, oval. WT 50–80 cm.

In der folgenden Tabelle werden einige Sorten kurz vorgestellt, die in den USA ganz neu auf dem Markt sind und die in Deutschland zum großen Teil noch nicht geblüht haben, so daß eine ausführlichere Beschreibung noch nicht möglich ist. Hier können nur Angaben aus den Katalogen übernommen werden.

- 'Almost Black' – dunkles Kirschrot, gut gefüllt, großblütig, WT 60–100 cm,
- 'Betsy Sakata' – gelb, großblütig, Blüten über dem Wasser, WT 60–80 cm,
- 'Black Princess' – sehr dunkelrot, fast schwarzrot, junge Blätter dunkelbraun, WT 60–100 cm,
- 'Bleeding Heart' – rosarot, WT 40–60 cm,
- 'Carolina Sunset' – gelb, rosa angehaucht, WT 40–60 cm,
- 'Charlie's Choice' – hellrote Mitte, nach außen weiß, WT 30–50 cm,
- 'Denver' – weiß mit zartrosa Hauch, gut gefüllt, WT 40–80 cm,
- 'Florida Sunset' – orangegelb, WT 40–80 cm,
- 'Helen Hariot' – hellrosa, im Verblühen rötlich, WT 40–60 cm,
- 'Inner Light' – gelb, WT 40–80 cm,
- 'Georgia Peach' – pfirsichrosa, WT 40–80 cm,
- 'Gypsy' – im Aufblühen weißlichrot, später dunkelrot, WT 30–60 cm,
- 'Lemon Mist' – hellgelb, stark gefüllt, WT 40–60 cm,
- 'Lilypons' – dunkelrosa, sehr stark gefüllt, auffallend, WT 60–100 cm,
- 'Little Champion' – dunkelrot, ähnlich 'Perry's Baby Red', nur etwas größer, WT 30–50 cm,
- 'Mt. Shasta' – weiß, sternförmig, gekräuselte Blütenblätter, WT 80–100 cm,

Abb. 32 'Charlie's Choice'

Abb. 33 'Georgia Peach'

Abb. 34 'Gypsy'

- 'Patio Joe' – rosa, aprikosenfarben angehaucht, WT 40–60 cm,
- 'Peace Lily' – pfirsichrosa, WT 40–80 cm,
- 'Peach Glow' – hellorangegelb, WT 40–80 cm,
- 'Peaches & Cream' – orangegelb, auffallend, WT 40–60 cm,
- 'Pink Sparkle' – rosa, in der Mitte dunkler, WT 40–60 cm,
- 'Pink Wonder' – dunkelrosa, reichblütig, WT 60–100 cm,
- 'Red Paradise' – leuchtend dunkelrot, sternförmig, reichblütig, WT 40–80 cm,
- 'Red Queen' – dunkelrot, sternförmig, WT 80–100 cm,
- 'Reflected Flame' – rot, WT 40–60 cm,
- 'Starbright' – weiß, rosa Hauch, dunkelbraune Blätter, WT 40–80 cm,
- 'Starburst' – rosa, braune und grüne Blätter, WT 40–80 cm,
- 'Sultan' – kirschrot, WT 30–60 cm,
- 'Sunny Pink' – gelblichrosa, großblütig, WT 60–100 cm,
- 'Thomas O'Brien' – hellorangegelb, WT 40–80 cm,
- 'White 1000 Petals' – weiß, mit ca.100 Blütenblättern extrem gefüllt, 60–100 cm,
- 'White Sultan' – weiß, WT 40–80 cm.

Abb. 35 'Florida Sunset'

Die Beschreibung der vielen Seerosensorten zeigt, daß dem interessierten Gartenfreund für jede Wassertiefe Seerosen zur Verfügung stehen, wobei nicht jede hier genannte Sorte auch überall im Handel zu finden sein wird.

Da Seerosenpflanzen leider oft nur unter einer Farbbezeichnung zu kaufen sind, also rote, gelbe oder weiße Seerosen, ohne Angabe der Sorte und ihrer Wachstumseigenschaften, kann es vorkommen, daß diese Pflanzen nicht ihre optimalen Wassertiefen erhalten. Starkwüchsige

Abb. 36 'Inner Light'

Abb. 37 'Peace Lily'

Abb. 38 'Pink Sparkle'

Sorten entwickeln dann bei einem zu flachen Wasserstand viel Blattmasse, die sich aus dem Wasser heraushebt, und nur wenige Blüten, die noch vom Laub verdeckt werden. Schwachwüchsige Sorten entwickeln sich bei einem zu tiefen Wasserstand nur kümmerlich und blühen ebenfalls nur selten. In beiden Fällen ist ein Mißerfolg vorprogrammiert und die Enttäuschung ist groß. Es ist deshalb immer ein Risiko, Seerosen nur nach Farben zu kaufen. Man sollte davon Abstand nehmen und lieber auf das Angebot zuverlässiger Staudengärtnereien, die verschiedene Sumpf– und Wasserpflanzen anbieten, zurückgreifen.

Abb. 39 'Sunny Pink'

Abb. 40 'Lilypons'

Verwendung/Ansprüche/Anzucht

Alle Seerosen können hinsichtlich der Wassertiefe in 3 Gruppen eingeteilt werden:

- Zwergseerosen für einen Wasserstand von 20–40 cm,
- mittelstark wachsende Sorten für einen Wasserstand von 40–80 cm,
- stark wachsende Sorten für einen Wasserstand von 80–120 cm, manche Sorten können auch 150 cm und tiefer stehen.

Die Pflanzen aus diesen Gruppen sind unter den Gesichtspunkten im Wasserbecken zu verwenden, daß Zwergseerosen zur vollen Entfaltung 0,5–0,75 m^2 Wasserfläche je Pflanze benötigen, mittelstark wachsende Seerosen etwa 1 m^2 und stark wachsende Sorten 2–4 m^2 je Pflanze. Diese Angaben sind Richtwerte, wieviel Seerosenpflanzen man in seinem Wasserbecken kultivieren kann. Die Seerosenblätter sollten aber nicht mehr als ein Drittel der Wasserfläche einnehmen. Aus gestalterischen Gründen wirkt ein Becken unschön und unnatürlich, wenn die gesamte Fläche mit Seerosenblättern zugewachsen ist, so daß nichts mehr von der spiegelnden Wasseroberfläche zu sehen ist.

Abb. 41 'Peaches & Cream'

Die Seerosenpflanzen haben nach etwa 4–5 Jahren ihre volle Größe erreicht. Kennzeichnend dafür ist, daß die Blätter in der Pflanzenmitte aus dem Wasser herauswachsen und nicht mehr flach auf der Wasseroberfläche liegen. Das ist auch der Zeitpunkt, die Pflanzen zu teilen. Manchmal können aber auch die Pflanzen 10 Jahre und länger ungestört an einer Stelle wachsen.

Seerosen bevorzugen einen warmen, sonnigen, möglichst windgeschützten Standort. Besonders gelbe und kupferfarbene Sorten sind oft blühfaul, wenn sie an einem zu kühlen Platz wachsen oder andere Standorteigenschaften ihnen nicht zusagen. Sobald die Wassertemperatur im Frühjahr ansteigt, beginnen die Seerosen mit ihrem Wachstum. Zuerst werden die Blätter und Blüten zur Wasseroberfläche getrieben, die sich bereits im Herbst des Vorjahres entwickelt haben. Unter günstigen Bedingungen öffnen sich sogar schon Ende April bei einigen Sorten die ersten Blüten. Den größten Zuwachs bringen aber die Pflanzen in den warmen Sommermonaten, während im Herbst wieder das Wachstum nachläßt. Einige Sorten, vor allem gelbe, schließen nicht oder nur schlecht mit dem Wachstum im Herbst ab. Ihre oft üppige Blattmasse wird erst durch den Frost und das damit verbundene Zufrieren des Beckens vernichtet. Gelbe Sorten können deshalb manchmal schlechter überwintern. Die Rhizome von Pflanzen, die im Herbst mit dem Wachstum abgeschlossen haben, sind in der Regel gegen Frost sehr widerstandsfähig, so daß sie bei einem Einfrieren, auch über eine längere Zeit, keinen Schaden erleiden. Die Seerosen sind meist widerstandsfähiger gegen ein Einfrieren, als man vermutet. Wenn das Wasser im Winter aus dem Becken nicht abgelassen wird, erübrigt sich ein zusätzlicher Frostschutz, es sei denn, man kultiviert nut bedingt winterharte Seerosen, wie z. B. *Nymphaea mexicana*. Die vielfach immer noch vertretene Auffassung, Seerosen dürfen auf keinen Fall einfrieren, ist also nur bedingt wahr!

Im Sommer wirken sich plötzliche, größere

Temperaturschwankungen, auf die man in der Regel keinen Einfluß hat, negativ auf das Wachstum der Seerosen aus. Wenn nach einer warmen Periode langanhaltendes, kühles Wetter folgt, kann es vorkommen, daß bereits entwickelte Knospen nicht aufblühen und unter Wasser wieder vergehen und daß sich die Blätter krausartig zusammenziehen. Unter Umständen wachsen sogar kurz vorher gepflanzte Seerosen nicht an und verfaulen, wobei wiederum besonders gelbe und kupferfarbene dazu neigen. Stellt man diese Anwachsschwierigkeiten rechtzeitig fest, können die Pflanzen manchmal noch gerettet werden, indem man sie aus der Erde herausnimmt und alle fauligen und matschigen Stellen herausschneidet. Die Schnittstellen bestreut man vorsichtshalber mit Holzkohlepulver, um ein weiteres Faulen zu verhindern. Das Reststück des Rhizoms wird bei flachem Wasserstand an einer geschützten Stelle, eventuell vorübergehend in einem kleinen Gewächshaus, ausgepflanzt. Schlechtwetterperioden oder größere Temperaturschwankungen können auch bewirken, daß die Blütenfarben verblassen und verwaschen. So blühen dann rote Sorten fast rosa und rosa Sorten fast weiß. Ein typisches Beispiel dafür ist die 'Escarboucle', die nur in einer Schönwetterperiode ihre schönen einfarbigen, rubinroten Blüten hervorbringt.

Besondere Ansprüche an die Erde stellen die winterharten Seerosen kaum. Es kann jede Erde genommen werden, wenn sie keine unverrotteten organischen Bestandteile enthält, dazu zählt auch Torf. Mineralische Erde, wie Lehm oder Ton, der Sand beigemischt werden kann, ist optimal. In den Gartencentern wird sogenannte Wasserpflanzenerde angeboten, die aber meist 60 % Torf enthält. Diese Erde ist für Seerosen nicht geeignet, auch wenn auf den Tüten oft eine Seerosenblüte abgebildet ist. Im guten Fachhandel wird spezielle Seerosenerde angeboten, die nur aus Lehm und Ton zusammengemischt ist. Dieser wird oft noch etwas Dünger beigegeben, der aber nach einem Jahr schon aufgebraucht ist. Es empfiehlt sich, beim Verwenden dieser speziellen Erde, zusätzlich Hornspäne und Mehrnährstoffdünger hinzuzugeben, so daß die Pflanzen für 2 oder 3 Jahre ausreichend Nährstoffe zur Verfügung haben, was besonders bei einer Pflanzung in Körbe, Kübel oder Container wichtig ist. In den Bodengrund ausgepflanzte Seerosen holen sich ihre Nährstoffe dann aus der Schlammschicht, die sich mit der Zeit bildet.

Die beste Pflanzzeit für Seerosen sind die Monate Mai bis Juli. Erhält man in Container kultivierte Pflanzen, so können diese bis September gepflanzt werden. Je wärmer das Wasser ist, um so schneller wachsen die Seerosen an. Als Richtwert kann angegeben werden, daß das Wachstum bei einer Wassertemperatur von etwa 10–15 °C beginnt.

Wenn man eine Seerose kauft, sollte man nicht nach der Größe eines Rhizoms gehen. Große Rhizome bürgen nicht immer für eine gute Qualität. Die Pflanze muß vollkommen gesund sein und darf keine fauligen Stellen aufweisen. Die Anzahl der Blätter und Länge der Wurzeln sind unbedeutend. Die Blätter sterben nach dem Pflanzen ab, vor allem, wenn es sich schon um ältere handelt, die bei einer späten Pflanzung im Juni und Juli immer an der Pflanze vorhanden sind. Ebenfalls sterben die Wurzeln nach dem Pflanzen ab. Ein gesundes Rhizom bringt in kurzer Zeit neue Blätter und Wurzeln. Eine Pflanze von guter Qualität zeichnet sich dadurch aus, daß sie mindestens eine Wachstumsperiode als Einzelpflanze durchlaufen hat. Für eine Seerose im Container, wie man sie im Gartencenter kaufen kann, bedeutet das, daß sie im Jahr vorher getopft sein müßte. Leider entsprechen die gehandelten Pflanzen manchmal nicht den Qualitätsanforderungen. Abgeschnittene Teilstücke oder getopfte Pflanzen mit 2 kleinen Blättchen sind keine Qualitätsware.

Nach dem Kauf ist zu beachten, daß die Rhizome sehr empfindlich gegen Austrocknen sind. Es ist deshalb nicht ratsam, sie längere Zeit außerhalb des Wassers an der trockenen Luft zu lagern, wenn die Pflanzen keinen Schaden erleiden sollen. Falls sich der Pflanzvorgang über längere Zeit, bis mehrere Stunden, hinzieht, sind die Pflanzen an einem schattigen Ort aufzubewahren und zusätzlich noch mit feuchten Tüchern oder feuchtem Papier abzudecken. Das trifft auch für die Lagerung getopfter Pflanzen zu. Pralle Sonne vertragen sie nicht. Vor dem Pflanzen werden an den Rhizomen alle beschädigten Teile entfernt und die Wurzeln auf eine Handbreite zurückgeschnitten. Die Schnittstellen von abgeschnittenen fauligen Rhizomstückchen werden mit Holzkohlepulver bestreut. Diese Arbeit entfällt bei getopften Pflanzen, die gesund sind.

Die walzenförmigen Rhizome der *Nymphaea odorata*– und *Nymphaea tuberosa*–Sorten sind etwa 2 cm tief in horizontaler Lage zu pflanzen, so daß nur die Vegetationsspitze frei bleibt. Bei der Mehrzahl der winterharten Sorten, die flach-

runde Rhizome hat, sind diese schräg, mit der Vegetationsspitze nach oben, zu pflanzen. Die knollenförmigen Rhizome vieler gelber und kupferfarbener Sorten sind senkrecht in die Erde zu setzen. Ein zu tiefes Pflanzen ist in jedem Fall zu vermeiden, da es ein Kümmern der Pflanzen zur Folge hätte. Pflanzen im Container werden so tief gepflanzt, wie sie vorher im Topf standen.

Nach dem Pflanzen sind die Rhizome mit kleinen Steinen oder einem Stück Rasensode zu beschweren, damit sie beim Einlassen des Wassers nicht wieder aufgespült werden. Trockene Pflanzerde ist durch Einlassen von Wasser in einen schlammigen, breiigen Zustand zu bringen. Der breiige Boden hält einerseits die Rhizome besser fest, und andererseits verhindert er deren Austrocknen, da es vor allem bei größeren Becken längere Zeit dauert, bis sich die Erde mit Wasser vollgesaugt hat. Eine andere Möglichkeit ist natürlich auch, das Becken etwa knietief voll Wasser zu lassen und dann in das flache Wasser zu pflanzen.

Empfehlenswerte Pflanzabstände sind für Zwergseerosen 40–60 cm. Alle anderen benötigen einen Abstand von 1–1,5 m, die starkwüchsigen, wie z. B. 'Gladstoniana', sogar 2 m.

Ist die Pflanzung abgeschlossen, kann weiter Wasser eingelassen werden, wobei der Wasserstrahl nicht direkt auf die Pflanzen und, wenn möglich, auch nicht auf die Erde zu halten ist, um ein Aufspülen zu vermeiden. Besser wird er auf einen Stein oder ein Brett gerichtet. Bei schwachen Pflanzen oder tiefen Becken ist es vorteilhaft, das Wasserbecken nicht gleich bis zum Rand zu füllen. Hier sind erst einmal 20–30 cm Wasserstand ausreichend, weil sich flaches Wasser schneller erwärmt und die Pflanzen dann besser anwachsen. Mit einsetzendem Wachstum ist der Wasserstand nach und nach auf die endgültige Höhe zu bringen. Starke Containerpflanzen können gleich auf die endgültige Tiefe gebracht werden. Wenn die Blätter am Anfang völlig unter Wasser sind, macht das nichts. Es dauert einige Tage, bis sich die Blattstiele so lang gestreckt haben, daß die Blätter wieder auf der Wasseroberfläche schwimmen.

Die winterharten Sorten werden durch Rhizomteilung vermehrt, denn nur selten kommt in den verfaulten Blüten ein befruchtetes Samenkorn vor.

Die Vermehrung der Wildarten kann auch durch Samen erfolgen, wobei nicht immer reichlich Samen angesetzt werden.

Will der interessierte Gartenfreund trotz erwartungsgemäß geringer Samenausbeute einige Kreuzungsversuche durchführen, sollten diese erst im August vorgenommen werden, da die zu Beginn der Blüteperiode ausgebildeten Samenkapseln keine Samen enthalten. Wenn überhaupt, setzt die Samenbildung nur im Hochsommer ein. Eine Bestäubung ist nur unmittelbar nach dem Öffnen der Blüte erfolgversprechend. Am ersten Tag ist die Narbe mit einer süßen, wäßrigen Flüssigkeit bedeckt, die für Pollen aufnahmefähig ist. In diesem Narbensekret hat man Borsäure festgestellt, die u. a. zum Keimen der Pollen vorhanden sein muß. Die größte Aussicht, daß die Narbe den Pollen aufnimmt, besteht, wenn vormittags zwischen 10 und 12 Uhr bestäubt wird. Der Pollen ist nicht vor dem 2. Tag nach dem Öffnen der Blüte reif. Man kann ihn vorher nicht von den Staubgefäßen entfernen, so daß die Narbe einer Blüte immer mit dem Pollen einer älteren Blüte bestäubt werden muß. In der Regel blühen Seerosen 3–4 Tage. Es hat sich gezeigt, daß Blütenfarbe und Blütenform durch den Pollenspender, die Wuchseigenschaften durch die Mutterpflanze vererbt werden.

Der Samen ist erntereif, wenn die Fruchtkapseln aufplatzen. Da er feucht und kühl bis zur Aussaat gelagert werden muß, erfolgt die Aufbewahrung am besten in Gläsern mit Wasser, wobei letzteres öfters erneuert werden muß. Im zeitigen Frühjahr sind die Gefäße mit den Samen bei 10–12 °C aufzustellen, und nach 3–4 Wochen setzt die Keimung ein. Evtl. kann der Samen auch ein Jahr überlagern. Sobald das erste Keimblatt erschienen ist, sind die kleinen Pflänzchen in abgelagerte Lehmerde, der etwas Holzkohle beigesetzt werden kann, zu pikieren und bei einer Wassertiefe von 5–8 cm zu kultivieren. Diese Methode bringt höhere Keimergebnisse als die direkte Aussaat in die Erde. Bei den pikierten Pflanzen kann die Temperatur auf etwa 15 °C erhöht werden. Mit der zunehmenden Entwicklung der Pflanzen wird auch der Wasserstand nach und nach erhöht. Ab dem 3. Jahr nach der Aussaat kann man mit den ersten Blüten rechnen.

Sumpf- und Wasserpflanzen

Obwohl die Seerosen eine bevorzugte Stellung unter den Pflanzen für den Wassergarten einnehmen, so ist ein Wasserbecken erst dann gestalterisch gelungen, wenn sich auch andere Sumpf- und Wasserpflanzen harmonisch in die Bepflanzung eingliedern.

Ein Becken, in dem nur Seerosenblätter und -blüten auf der Wasseroberfläche liegen, würde flach wirken, gäbe es nicht Pflanzen, die aus dem Wasser herauswachsen. Eine Bepflanzung gewinnt ohne Zweifel an Ausstrahlungskraft, wenn sich eine farben- und formenreiche Vegetation auf den Wasserfläche spiegelt.

Im folgenden Abschnitt wird eine Vielzahl von Pflanzen beschrieben, die im Sumpfgarten, am Ufer eines Beckens, Baches oder Teiches sowie auf der freien Wasserfläche gemeinsam mit den Seerosen Verwendung finden können. In den letzten Jahren haben etliche neue Arten und Sorten Einzug in die Wassergärten gefunden. Viele dieser aufgeführten Gattungen, Arten oder Sorten gehören zum Standardsortiment einer Staudengärtnerei, die sich auch mit der Vermehrung von Sumpf- und Wasserpflanzen beschäftigt, bzw. eines gut sortierten Gartencenters.

Andere gehen über das Standardsortiment hinaus. Oft sind dies Pflanzen mit nicht immer leicht erfüllbaren Kulturansprüchen, die bei dem einen oder anderen Pflanzenfreund zu finden sind. Unser heutiges im Handel befindliche Sortiment an Sumpf- und Wasserpflanzen ist noch erweiterungsfähig.

Die meisten hier beschriebenen Gattungen und Arten sind winterhart, wenn nicht, werden die abweichenden Kulturansprüche bei den einzelnen Pflanzen erwähnt. Als winterhart werden die Pflanzen bezeichnet, die im Winter ohne jeden Schutz im Freiland verbleiben können. Bei den winterschutzbedürftigen Pflanzen gibt es wiederum solche, die nur durch eine leichte Reisigdecke geschützt werden brauchen (z. B. viele Primel-Arten). Andere verlangen eine stärkere Laubschicht (z. B. *Anemopsis californica*) oder ein Anheben des Wasserstandes, falls dieses möglich ist (z. B. *Aponogeton distachyus*). Die beiden letzten Maßnahmen sollen verhindern, daß die Pflanzen vom Frost eingeschlossen werden können. Einige wenige Arten müssen in einem Kalthaus oder einem anderen, hellen Ort überwintert werden, wie *Thalia dealbata* und *Sagittaria lancifolia*.

Die Pflanzenbeschreibungen sind so gegliedert, daß einleitend die wichtigsten Gattungsmerkmale, die für alle Arten dieser Gattung zutreffen, aufgeführt sind. Daran anschließend werden die Arten beschrieben, die im Sumpf- und Wassergarten kultiviert werden können. Oft sind es nur 1 oder 2 Arten einer artenreichen Gattung (z. B. *Crassula, Rosa*), andere Gattungen wiederum umfassen nur Sumpf- und Wasserpflanzen (z. B. *Nuphar, Aponogeton*).

Die Pflanzennamen wurden nach ENCKE, F., BUCHHEIM, G. und SEYBOLD, S.: *Zander, Handwörterbuch der Pflanzennamen*, überprüft und dort, wo es möglich war, auf den neuesten Stand gebracht. Im Sprachgebrauch ursprünglich verwendete Gattungs- oder Artnamen, die nach der heutigen botanischen Nomenklatur nicht mehr gültig sind, werden als Synonyme genannt. Wo deutsche Namen vorhanden und gebräuchlich sind, werden sie angegeben. Die römischen Ziffern hinter den deutschen oder botanischen Namen geben die Blütezeit (Monate) an. Bei einigen Arten ist es die Hauptblütezeit, so daß sich der gesamte Flor etwas länger hinziehen kann. 'So' bedeutet sonniger, 'hs' halbschattiger und 'sch' schattiger Standort. Alle Gattungs- und Artbeschreibungen sind in alphabetischer Reihenfolge geordnet.

Acorus L.
Kalmus
(Araceae)

Der Name wird von dem verneinenden griechischen Buchstaben '*a*' und dem griechischen Wort *koros* = Sättigung abgeleitet. Der Wurzelstock wurde 'nicht gesättigten' Kranken als Arznei zur Appetitanregung gegeben. Die 2 vorhandenen Arten sind Sumpf- oder Wasserstauden mit kriechendem, verzweigtem Rhizom und schwertförmigen oder grasartigen Blättern. Der Blütenstiel ist blattförmig. Die zwittrigen Blüten sitzen an einem walzenförmigen Kolben. Der Kolben wird von einer schwertförmigen, blattartigen, den Kolben überragenden Spatha geschützt und tritt seitlich aus dem Blattstiel hervor. Die Blütenhülle besteht aus 6 freisstehenden, häutigen, verkehrt-eiförmigen, stumpfen, an der Spitze kapuzenförmigen Perigonblättern, Staubblätter sind ebenfalls vorhanden. Als Frucht wird eine rötliche Beere ausgebildet.

Abb. 42 Acorus calamus

A. calamus L.
Kalmus
VI–VII, so-sch

Kühlere Gebiete Europas, Asiens und Amerikas. Die Rhizome sind bis 3 cm dick und riechen stark aromatisch. Die Blätter sind zweireihig gestellt, bis 100 cm lang, bis 2 cm breit und am Grunde rötlich gefärbt. Der Kolben erreicht eine Länge bis 10 cm. Er ist anfänglich grün oder

Abb. 43 Acorus calamus 'Variegatus'

gelbgrün, später wird er hellbraun. Die Früchte reifen bei uns nicht aus, weil auf Grund des ungünstigen Klimas in Mitteleuropa die Samenanlagen und der Pollen in ihrer Entwicklung frühzeitig gehemmt werden, wodurch die Samenausbildung ausgeschlossen ist.

Die Sorte 'Variegatus' hat weiß-gelb-grün längsgestreifte Blätter.

A. gramineus Soland
Graskalmus
VI–VII, so-sch

Japan, China, Thailand und Indonesien. Es ist eine grasartige Pflanze, die niedrige Büsche bildet. Die Blätter sind bis 25 cm lang und bis 1 cm breit. Der gelbgrüne, kolbenförmige Blütenstand wird bis 2 cm lang.

Die Sorte 'Argenteostriatus' hat weißlich gestreifte, 'Aureovariegatus' gelb gestreifte und 'Ogon' hellgrün-goldgelb gestreifte Blätter. Diese Sorten können durchaus bis 40 cm hoch werden. Die Pflanzen der Sorte 'Pusillus' erreichen nur eine Höhe von 5–10 cm. Alle Blätter sind fächerförmig angeordnet und nur 3–4 mm breit. Gelegentlich werden auch noch andere Sorten angeboten, wie z. B. 'Masamune', 'Oborozuki' und 'Yodo-no-yuki'. Mit diesen liegen aber noch keine Erfahrungen vor.

Verwendung/Ansprüche/Anzucht
Acorus calamus ist sehr wuchsfreudig und eignet sich daher gut für die Bepflanzung von Teichufern und Wasserläufen in Parken, größeren Gärten und extensiv gestalteten Grünanlagen. In kleineren Wasserbecken wird der Bestand schnell zu üppig und bietet gestalterisch keine Vorteile. Die Sorte 'Variegatus' dagegen ist auf Grund des Farbkontrastes der Blätter eine wertvolle Pflanze für den Wassergarten. Der Standort sei sumpfig, wobei die Pflanzen sich auch noch gut im flachen Wasser bis 20 cm Wasserstand entwickeln. Eine Vermehrung ist nur durch Rhizomteilung möglich.

A. gramineus wächst langsam und eignet sich daher für kleine und kleinste Becken.

2–5 cm Wasserstand werden vertragen. Die bunten Sorten sind nicht winterhart und werden deshalb besser im Kalthaus oder einem hellen Raum bei 5–10 °C überwintert. Die Art und die Sorte 'Pusillus' brauchen im Frühjahr oft längere Zeit, bis sie sich nach der Überwinterung wieder zu ansehnlichen Pflanzen entwickelt haben.

Sie sind anfällig für Rostpilze, die die Blätter befallen und fleckig werden lassen. Auch die buntlaubigen Sorten werden nicht davon verschont. Zur Vermehrung von *A. gramineus* und den buntblättrigen Sorten werden die Rhizome in 4–7 cm lange Teilstücke geschnitten und gleich in den Endtopf gesteckt. Als Substrat haben sich Moorerde oder Torf und Komposterde im Verhältnis 3 : 1 bewährt. Die Pflanzen brauchen nur viel Feuchtigkeit und Luft sowie im Winter eine Temperatur von 12–15 °C. Auf Grund der geringen Lichtansprüche ist die Anzucht auch unter Gewächshaustischen möglich. Die Sorte 'Pusillus' wird gelegentlich als Aquariumpflanze submers herangezogen.

Aldrovanda L.
Wasserfalle
(Droseraceae)

Die Gattung ist nach dem italienischen Naturforscher in Bologna Ulysses Aldrovandi (1522 bis 1605) benannt worden. Es kommt nur eine Art vor.

A. vesiculosa L.
Wasserfalle
VII–VIII, so-hs

Europa, Asien, Afrika, Australien. In moorigen, warmen Gewässern kommen diese kleinen, ausdauernden, wurzellosen, im Wasser nahe der Oberfläche frei schwimmenden Wasserpflanzen vor. Sie haben unverzweigte oder gelegentlich wenig verästelte, 10–25 cm lange Sprosse, die fädlich sind und zahlreiche, kurze, 2–16 mm lange Internodien haben. Die Blätter stehen zu 6–10 in dichtgedrängten Quirlen. Der Blattstiel ist flach, am Grunde keilig verbreitert und ist mit vier 6–8 mm langen Wimpern besetzt. Die Spreite ist rundlich-nierenförmig, 5–7 mm lang und 8–10 mm breit, in der Mitte verdickt, ihre Hälften bei Berührung um die Längsrippe in einem spitzen oder fast rechten Winkel zusammenklappend, am Rand fein gezähnelt. Die 4–5 mm langen, grünlichweißen Blüten sind 5zählig, strahlig und stehen einzeln seitenständig in den Blattquirlen an dicken, die Blätter etwas überragenden Stielen.

Verwendung/Ansprüche/Anzucht
Die Wasserfalle ist eine interessante, insektenfangende Unterwasserpflanze. Sie ist konkurrenzschwach und verlangt einen hellen Stand-

ort, kalkarmes, warmes Wasser und das Vorhandensein von ausreichend Kleinlebewesen, von denen sich die Pflanzen ernähren. Die Köpfe der Sprosse schließen sich im Herbst zu kompakten, 4–7 mm langen, einspindeligen Endknospen (Winterknospen) zusammen, die zu Boden sinken und im Frühjahr wieder aufsteigen. Dadurch erfolgt auch die Vermehrung. Die Pflanzen entwickeln bei uns nur sehr selten Blüten. Sie stehen unter Naturschutz.

Alisma L.
Froschlöffel
(Alismataceae)

Alisma war ein Pflanzenname bei DIOSKORIDES, dessen ursprüngliche Bedeutung heute unbekannt ist. Etwa 10 Arten sind bekannt, aufrechte Sumpf- oder Wasserstauden mit knolligem Rhizom und meist grundständigen, gestielten Blättern. Die Pflanzen haben meist elliptische, lanzettliche oder pfeilförmige Blätter. Die dreizähligen, 6–10 mm breiten Blüten stehen in großen quirlig verzweigten, pyramidalen Rispen mit bis zu 10 Stockwerken. Sie haben 6 Staubblätter, die, je 2, vor einem Kronblatt stehen, und zahlreiche freie, in einem Kreis angeordnete Fruchtknoten, aus denen samige Früchtchen entstehen. Froschlöffel blühen weiß oder schwach rosa.

A. gramineum Lej.
Grasblättriger Froschlöffel
VII–VIII, so-hs

Europa, Nordamerika, Nordafrika, Nordasien. Meist ist nur die forma *submersum* Glück mit untergetauchten, im Wasser flutenden, ungestielten, bandartigen, 3–10 mm breiten und 15–100 cm langen Blättern in Kultur. Wenn das Wasser flacher als etwa 50 cm ist, werden auch länglich ovale Überwasserblätter ausgebildet, die einen auffallend gewellten Rand haben. Bei dieser Tiefe blühen die Pflanzen auch.

A. lanceolatum With.
Lanzettblättriger Froschlöffel
VI–VII, so-hs

Europa, Nordafrika, Westasien. Die Blätter sind lanzettlich mit 4–20 cm langer, 2–6 cm breiter und dunkelgrüner Spreite. Der pyramidale Blütenstand kann bis 100 cm hoch werden.

Abb. 44 Alisma gramineum

A. plantago-aquatica L. ssp. *plantago-aquatica*
Gewöhnlicher Froschlöffel
VI–IX, so-hs

Europa, Asien, Nord- und Ostafrika, Australien. Die Blätter sind 20–50 cm langgestielt und haben eine elliptische bis breitovale, hellgrüne Spreite, die an der Basis abgerundet oder schwach herzförmig ist. Die Spreite wird bis 25 cm lang und bis 10 cm breit. Der Blütenstand überragt die Blätter, er kann bis 120 cm hoch werden.

A. subcordatum Raf.
(syn. *A. parviflora* Pursh)
Amerikanischer Froschlöffel
VII–VIII, so-hs

Nordamerika. Die Blattspreite ist 10–20 cm lang und ebenso breit, fast rund und oben zugespitzt, dunkelgrün und deutlich genervt. Der Blütenstand erreicht eine Höhe von ungefähr 60 cm.

Abb. 45 Alisma subcordatum

Verwendung/Ansprüche/Anzucht
Froschlöffel eignen sich für jeden sumpfigen Standort. Ein flacher Wasserstand wird vertragen. Die dekorativen Blütenstände zieren die Pflanzen auch im verblühten, trockenen Zustand im Winter. Die Froschlöffel werden besonders wirksam, wenn sie solitär oder in Gruppen von 3–9 Stück stehen. In Benachbarung eignen sich viele niedrige Sumpfpflanzen, wie *Potentilla palustris, Polygonum amphibium* oder *Veronica beccabunga.* Durch Selbstaussaat können sich alle Arten stark vermehren.

In kleinen Becken empfiehlt es sich daher, die Blütenstände nach der Blüte abzuschneiden, noch bevor die Samen ausfallen. Das geht schneller als die vielen kleinen Sämlinge herauszuziehen. *A. subcordatum* treibt im Frühjahr später aus als die anderen Arten. Alle Froschlöffel bevorzugen einen nährstoffreichen Boden. Bei Nährstoffarmut reagieren die Pflanzen mit einem verstärkten Befall von Blattfleckenpilzen, die die Blätter noch während der Blüte absterben lassen. Die Pflanzen sehen dann unansehnlich aus. Dagegen hilft ein kräftiges Nachdüngen.

Allium L.
Lauch
(Liliaceae)

Allium ist der römische Name des Knoblauchs. Es sind Pflanzen mit Zwiebeln oder Zwiebelstamm und grundständigen, sehr verschieden gestalteten Blättern, die flach, gefaltet, stielrund, solide oder röhrig sein können. Die Blüten stehen in einer endständigen, aufrechten, sehr selten hängenden Dolde. Die ziemlich kleinen bis mittelgroßen Blüten sind meist zahlreich, mit nicht gegliederten Blütenstielen. Hüllblätter 2, gewöhnlich in eins verwachsen. Pflanzen haben arttypischen Lauchgeruch.

280 Arten, in Europa, Nordafrika, Asien und Nordamerika, einige davon wichtige Nutzpflanzen.

A. angulosum L.
Kantiger Lauch
VII–VIII, so-hs

Europa, Westsibirien. Die Pflanzen werden 30–60 cm hoch, haben flache, unterseits scharf gekielte Blätter. Der Grundteil der Blätter ist wenig verdickt, keine eigentliche Zwiebel bildend. Die hellpurpurfarbenen Blüten stehen in einer flachen Scheindolde. Die Staubblätter sind

Abb. 46 Allium angulosum

höchstens so lang wie die Perigonblätter, nicht länger. Der Stengel ist scharf dreikantig und bis zur Mitte beblättert.

A. suaveolens Jacq.
Duftlauch
VII–IX, so-hs

Europa. Die Pflanzen erreichen nur eine Höhe von 20–40 cm und haben unterseits weniger scharf gekielte, flache Blätter. Die Blüten sind fleischfarben, Staubblätter doppelt so lang wie die Perigonblätter und der nur im unteren Drittel beblätterte Stengel ist stielrund.

Verwendung/Ansprüche/Anzucht
Beide Arten kommen auf wechselfeuchten, nährstoffreichen Moor- und Naßwiesen vor. Sie eignen sich im Wassergarten gut für die Ufer- und Randzone, wenn sie nicht von höheren Pflanzen bedrängt werden. Vom Erscheinungsbild ist der Kantige Lauch attraktiver. Vermehrt wird durch Aussaat und Teilung.

Anemopsis Hook. et Arn.
Anemopsis, Scheinanemone
(Saururaceae)

Der Gattungsname setzt sich aus *Anemone* und gr. *opsis* = Aussehen zusammen, da der Blütenstand einer Anemonenblüte ähnlich ist. Es gibt nur eine Art.

A. californica (Nutt.) Hook. et Arn.
Anemopsis
VII–VIII, so-hs

Südliches Nordamerika, Mexiko. Die etwa 30 cm hoch werdende Sumpfstaude bildet auf dem Boden liegende Ranken aus, an denen sich neue Pflanzen entwickeln, die sich auch selbst bewurzeln. Die langgestielten, dicklichen Grundblätter haben eine längliche, verkehrteiförmige, am Grunde herzförmige Spreite von 10–20 cm Länge und 5–10 cm Breite. Die Blütenstengel tragen 3–7 cm breite, stengelumfassende Blätter.

Die nackten Blüten (Kelch und Krone fehlen) werden in ährigen, kegelförmigen Blütenständen vereinigt und stehen in den Achseln unscheinbarer, blumenblattähnlicher, weißer Hochblätter, die im Verblühen rot gefleckt werden. Die Tragblätter der untersten Blüten sind ungewöhnlich stark entwickelt und blütenblattähnlich. Der Blütenstand sieht wie eine Einzelblüte aus.

Verwendung/Ansprüche/Anzucht
Die Anemopsis ist dem Pflanzenfreund seltener und eigenartiger Wasserpflanzen zu empfehlen. Sie verlangt einen sumpfigen Standort und im Winter eine starke Frostschutzdecke aus trockenem Laub oder eine Überwinterung im Kalthaus. Vermehrt wird durch Teilung, Abtrennen der Ranken und durch Aussaat, wobei Samen selten angesetzt wird.

Apios Fabr.
Erdbirne
(Leguminosae)

Der Name leitet sich von dem griechischen Wort *apion* = Birne ab, wegen der Form der Wurzelknollen. Es sind windende Kräuter mit eßbaren Wurzelknollen. Die Blätter sind 3- bis 9fach gefiedert, die rötlich bis braunen Blüten sind büschelig zu 3–6 in blattachselständigen Trauben angeordnet. Die fast 2lappigen Kelche sind glockig, die Kronblätter kurz genagelt, die

Abb. 47 Apios americana

zurückgeschlagene Fahne am Grunde geöhrt. Die 2klappigen Hülsen sind linealisch und flach. Es kommen 2 Arten im östlichen Amerika und 3 Arten in Asien vor.

A. americana Medik.

Erdbirne

VII–IX, so-hs

Östliches Nordamerika, südlich bis Florida und Texas. Die Stengel winden sich bis 3 m hoch, führen Milchsaft und sind zuerst behaart. Je Blatt werden 5–7 eiförmiglanzettliche, spitze, am Grunde abgerundete Blättchen entwickelt. Die verzweigten Blütentrauben sind kürzer als das Blatt. Blüten sind rotbraun und duftend.

Verwendung/Ansprüche/Anzucht

Die Erdbirne wächst an heimatlichen Standorten in Sümpfen und an Ufern von Gewässern. Sie ist eine der wenigen rankenden Pflanzen, die im Sumpfgarten gepflanzt werden können. Im Erscheinungsbild ist sie nicht sehr auffallend, doch die büschelförmigen, braunen Blüten sehen ungewöhnlich aus. Die Pflanzen wachsen auch noch im normalen Gartenboden. Man kann sie in einen Strauch am Ufer oder zwischen andere höhere Pflanzen winden lassen. Vermehrt wird durch Aussaat oder Abtrennen der Wurzelknollen.

Aponogeton L. f.

Wasserähre

(Aponogetonaceae)

Aponogeton ist ein aus dem Gattungsnamen *Potamogeton* umgebildetes Wort. Die Gattung enthält etwa 25 Arten. Wasserähren sind Stauden mit oft knolligem Wurzelstock. Die Blätter sind untergetaucht oder schwimmen auf der Wasseroberfläche. Der Blütenstand bildet eine einfache oder am Grunde gabelartige bis fünfteilige Ähre. Fast alle Arten eignen sich nur für geheizte Aquarien, für das Freiland kommt nur die nachfolgende Art in Betracht.

Abb. 48 Aponogeton distachyos

A. distachyos L. f.

Afrikanische Wasserähre

V–X, so

Südafrika, in Südfrankreich verwildert. Die langgestielten Blätter schwimmen auf der Wasseroberfläche. Die Blattspreite ist lineallänglich, am Grund und an der Spitze abgerundet, hellgrün, bis 20 cm lang und bis 5 cm breit. Der Blütenstand bildet eine zweiteilige Ähre, liegt auf der Wasseroberfläche oder erhebt sich einige Zentimeter über das Wasser. Die Blüten sitzen zweireihig, haben je ein dickes, weißes Blütenblatt, 6 Staubblätter oder mehr und duften angenehm nach Vanille. Die Staubbeutel sind dunkel.

Neben der Art gibt es *A. d.* var. *grandiflorus* mit bis 15 mm langen und 7 mm breiten und *A. d.* var. *roseus* mit rosafarbenen Blütenblättern.

Verwendung/Ansprüche/Anzucht

Die Afrikanische Wasserähre ist auf Grund ihrer langen Blütezeit wertvoll für den Wassergarten. Manchmal blühen die Pflanzen schon Ende April. In den Sommermonaten setzt die Blüte aus, um dann im Herbst erneut einzusetzen. Unser Sommer ist jahreszeitlich in Südafrika Winter. Die Pflanzen gedeihen in jedem Wasserbecken und sind dort winterhart, wo das Wasser im Winter nicht bis auf den Grund durchfriert, etwa ab einem Wasserstand von 50 cm. In flacheren Becken muß sie durch eine starke Laubdecke geschützt werden. Die Wasserähre braucht den gleichen Entwicklungsraum wie die Seerosen. In ihrer südafrikanischen Heimat wird sie als 'Wasserzwiebel' bezeichnet und die Stiele werden gern als Gemüse gegessen, ähnlich wie Spargel zubereitet. Ebenfalls sind die Knospen als Gemüse im Handel. Der Vermehrung erfolgt durch Aussaat, da Samen willig angesetzt wird. Es empfiehlt sich, die jungen Pflanzen bei flachem Wasserstand heranzuziehen. Sie kommen innerhalb einer Vegetationsperiode zur Blüte.

Abb. 49 Asclepias incarnata

Asclepias L.
Seidenpflanze
(Asclepiadaceae)

Es ist ein griechischer Pflanzenname, der von Asclepios, dem Gott der Arzneikunst, abgeleitet ist. Die Blütenkrone ist radförmig oder später zurückgekrümmt und tief 5spaltig. Die Arten sind ausdauernde, aufrechte oder mehrstengelige Kräuter mit gegen-, quirl- oder seltener wechselständigen, meist sommergrünen Blättern. Die Blüten stehen meist in vielblütigen, doldigen Trugdolden, sind weiß, rosa, orangegelb, rot oder grünlich. Es kommen etwa 150 Arten vor, zumeist in Nordamerika und Mexiko, aber auch in Mittel- und Südafrika.

A. incarnata L.
Seidenpflanze
VI–VIII, so-hs

Nordamerika, New Brunswick bis Labrador und Colorado, südlich bis Texas und New Mexico. Die Stauden haben bis 1,5 m hohe, oben verzweigte, etwas rauhhaarige Stengel mit gegenständigen, lanzettlichen, kurz gestielten Blättern. Die Blütendolden stehen zu mehreren, die Blüten sind rosa, bei der Sorte 'Iceballet' weiß.

Abb. 50 Asclepias incarnata 'Iceballet'

Verwendung/Ansprüche/Anzucht
Die Seidenpflanze eignet sich für den Sumpfgarten überall dort, wo aus Platzgründen auf kleinere Solitärpflanzen zurückgegriffen werden muß. Der Flor hält wochenlang an, und die Blüten werden gern von Bienen und Schmetterlingen besucht. Der Boden sollte tiefgründig und nicht zu nährstoffarm sein. Vermehrt wird vorwiegend durch Aussaat, aber auch eine Teilung der Pflanzen ist möglich. Die weiße Sorte fällt aus Samen echt.

Aster L.
Aster
(Compositae)

Der Name *aster* = Stern kommt aus dem Griechischen. Es sind ein- bis zweijährige, überwiegend aber ausdauernde, krautige Pflanzen, sehr selten halbstrauchig oder strauchig, kahl oder behaart. Die wechselständigen Blätter sind ganzrandig oder gesägt. Die Blüten stehen in kleinen, mittelgroßen bis großen Köpfchen, einzeln oder in mehr oder weniger reichblütigen Rispen oder Doldensträußen vereinigt. Die zwitterigen Scheibenblüten sind röhrig. Die Strahlenblüten stehen einreihig, sind zungenförmig, zwitterig und in der Regel fruchtbar. Ihre Farbe ist Blau, Violett, Weiß oder selten Rot. Die Scheibenblüten sind in der Regel gelb. Je nach Fassung des Artbegriffes werden zwischen 300 und 600 Arten unterschieden, von ihnen mehr als die Hälfte in Mittel- und Nordamerika, die übrigen in Südamerika, Asien, Europa und Südafrika. Es gibt eine Vielzahl von Gartensorten.

A. puniceus L.
XI–X, so-hs

Mittlere Staaten der USA. Wächst dort in Sümpfen. Die Pflanzen werden 1–1,20 m hoch und haben längliche, schwach gezähnte, den Stengel umfassende Blätter. Durch diesen Blattansatz ist sie leicht von anderen Arten, die in Nordamerika auch an feuchten Standorten vorkommen, zu unterscheiden. Die Blüten sind hellblau und stehen in reichblütigen Rispen.

Verwendung/Ansprüche/Anzucht
Wegen der späten Blütezeit ist die Aster eine wertvolle Pflanze für den Sumpfgarten und

Abb. 51 Aster puniceus

wächst sogar noch bei einigen Zentimetern Wasserstand. Sie kann in den Uferbereich gepflanzt werden und sollte nur von niedrigeren Pflanzen umgeben sein, damit die Blütenköpfe im Herbst weithin sichtbar sind. Leider ist diese schöne Art noch selten im Angebot. Vermehrt wird durch Aussaat und Teilung.

Azolla Lam.
Moosfarn
(Azollaceae)

Der Name ist aus azola, einer Indianersprache entlehnt. Es gibt wenige, meist in tropischen Gebieten vorkommende Arten. Moosfarne sind moosähnliche Schwimmpflanzen mit sehr kleinen, dicht stehenden, sich oft dachziegelartig deckenden Blättern, die in Ober- und Unterlappen geteilt sind. Die Sprosse sind reich verzweigt und zweizeilig beblättert sowie mit vielen dünnen und langen Wurzeln besetzt. Die Sporokarpien sitzen zu 2 oder 4 an den Unterlappen. Sie sind von unterschiedlicher Größe und Gestalt, die Makrosporangien enthaltenden sind größer und kugelig, die Mikrosporangien enthaltenden kleiner und eiförmig.

A. caroliniana Willd.
Karolinischer Moosfarn, Feenmoos
so-hs

Südliches Nordamerika, Mexiko, Südamerika, in Teilen Europas eingebürgert. Die schuppigen Sprosse sind fast kreisrund, etwa pfenniggroß,

Abb. 52 Azolla caroliniana

von blaßgrüner Farbe, seidig glänzend und bei starker Besonnung rötlich angelaufen. Nach dem ersten Frost wechselt die Färbung in Rötlichbraun.

A. filiculoides Lam.
Gefiederter Moosfarn, Großer Algenfarn
so-hs

Nord-, Mittel-, Südamerika, in Teilen Europas eingebürgert. Die schuppigen Sprosse sind im Umriß unregelmäßig geformt und größer als bei der vorigen Art, meist länglich, 1–9 cm lang. Bei starker Besonnung sind die Pflanzen ebenfalls rötlich angelaufen.

Verwendung/Ansprüche/Anzucht
In nicht zu strengen Wintern sind die Pflanzen bei uns ausdauernd, wobei *A. filiculoides* härter als *A. caroliniana* ist. Ihre Überwinterung erfolgt sonst in flachen Schalen im Kalthaus an einem hellen Standort. Die Moosfarne sind nur bedingt im Wasserbecken verwendbar, da sie durch ihre schnelle vegetative Vermehrung (Sprossung) ähnlich unseren *Lemna*-Arten in kürzester Zeit große Wasserflächen völlig bedecken können und kein Leben unter ihnen möglich ist. Durch nährstoffreiches Wasser und Wärme wird ihre Ausbreitung begünstigt.

Baldellia Parl.
Igelschlauch
(Alismataceae)

Die Gattung ist nach dem italienischen Adligen Bartolomea Bartoloni-Baldelli benannt worden. Es sind einjährige oder ausdauernde Sumpf- und Wasserpflanzen mit langgestielten Blättern, die in einer grundständigen Rosette angeordnet sind. Die Blätter sind 2–4 cm lang, schmallanzettlich bis elliptisch, spitz bis abgerundet. Die zwittrigen Blüten stehen meist in doldenartigen Blütenständen, seltener in 2 einfachen Quirlen oder einzeln. Perianthblätter 6, die inneren kronblattartig und blaßpurpurn. Staubblätter 6. Früchtchen werden zahlreich ausgebildet, etwa 2 mm lang, eiförmig, auf dem Rücken dreirippig, in einem kugeligen Kopf. Es kommen 2 Arten in Südeuropa und Nordafrika vor.

Abb. 53 Baldellia ranunculoides

B. ranunculoides (L.) Parl.
Igelschlauch
VII–X, so-hs

M-, NW-, W- und SW-Europa, NW-Afrika. Die Pflanzen werden etwa 10 cm hoch und haben endständige Blütenstände, die vielblütig und doldenartig sind. Die Blüten sind etwa 1 cm groß. Ihre Stiele sind auch zur Zeit der Fruchtreife aufrecht. Pro Samenstand sind 15–45 Nüßchen. Die lanzettlichen Blätter sind in den Grund verschmälert und nach vorn zugespitzt. Neben der horstig wachsenden Form kommt auch die ssp. *repens* vor, bei der die Stengel an den Knoten wurzeln und zwischen den Blütenstielen Laubblätter treiben.

Verwendung/Ansprüche/Anzucht
Der Igelschlauch ist eine zierliche Pflanze für das flache Wasser (bis 5 cm). In tieferem Wasser werden die Pflanzen länger, kommen aber ab 40 cm Tiefe nicht mehr zum Blühen. Frieren in manchen Wintern aus, erhalten sich aber durch die reichlich ausgebildeten Samen. Vermehrung durch Aussaat oder Teilung.

Butomus L.
Blumenbinse, Schwanenblume
(Butomaceae)

Der Name setzt sich aus den beiden griechischen Wörtern *bous* = Rind und *tomos* = scharf, schneidend zusammen. Es war der griechische Name einer Sumpfpflanze mit schneidenden Blättern, an denen sich die Rinder verletzten. Es ist nur eine Art bekannt. *Butomus* ist eine ausdauernde Sumpfpflanze mit grundständigen, linealänglichen, unten dreikantigen Blättern. Der Blütenschaft ist aufrecht, unbeblättert, länger als die Blätter und stielrund. Die Blütenhülle besteht aus 6 ovaleiförmigen, nach der Blüte nicht abfallenden Perigonblättern, wovon die 3 äußeren kronblattartig, 8 mm breit, 10–12 mm

Abb. 54 Butomus umbellatus 'Rosenrot'

lang, dunkelrot oder violett mit hellem Rand sind. Die um ein Viertel längeren inneren Kronblätter sind rosa und weiß, mit dunkelroten Adern. Es sind 9 Staubblätter vorhanden.

B. umbellatus L.

Doldige Schwanenblume

VI–VIII, so-hs

Europa, Nordafrika, Asien. Die Blätter sind 50–150 cm lang und etwa 1 cm breit. Der doldenähnliche Blütenstand trägt ansehnliche, rötlichweiße, dunkelgrün geaderte, 6blättrige Einzelblüten, die an 5–10 cm langen Stielen stehen. Jeder Blütenstiel schließt mit einer Endblüte ab. Die Sorte 'Rosenrot' hat rötliche und die Sorte 'Schneeweißchen' reinweiße Blüten. Die weißen Blüten sind etwa 1/3 größer als die der Wildart oder der Sorte 'Rosenrot'.

Verwendung/Ansprüche/Anzucht

Die Schwanenblume ist eine anpassungsfähige Sumpfpflanzen, die auch noch bei 20 cm Wasserstand und mehr wachsen kann. Für den Wassergarten ist sie eine wertvolle Uferpflanze. Nur an ausgedehnten Gewässern wie an See- und Kanalufern oder in Parkanlagen sollte die Schwanenblume in größeren Mengen angesiedelt werden. Im kleineren Wassergarten bilden die Pflanzen mit ihren Blütenständen ein form- und farbenschönes Solitär zur Betonung der Vertikalen für Seerosen und Schwimmblattpflanzen geringer Wassertiefen (bis etwa 40 cm). Vermehrt wird durch Teilung oder Aussaat im Frühjahr. *Butomus* ist stark zehrend. Falls in Container gepflanzt werden soll, ist darauf zu achten, nährstoffreiche Erde zu nehmen und regelmäßig nachzudüngen. Ansonsten blühen die Pflanzen nicht oder nur sehr spärlich.

Abb. 55 Butomus umbellatus 'Schneeweißchen'

Caldesia Parl.

Herzlöffel

(Alismataceae)

Die Gattung ist nach dem italienischen Botaniker Ludovico Caldesi (1821–1884) benannt worden. Es kommen 3 Arten vor, davon 2 in Australien. Sie sind ausdauernde Sumpfpflanzen und im Aussehen *Alisma* ähnlich. Von diesen unterscheiden sie sich durch die am Grunde tief herzförmigen, ovalen Schwimm- oder Überwasserblätter sowie trocken-steinfruchtartigen Früchtchen.

C. parnassiifolia (Bassi) Parl.

Herzlöffel

V–VIII, so-hs

Frankreich, Mittel- und Osteuropa, Ägypten, wärmere Gebiete Asiens, Nordostaustralien, Madagaskar. Die Pflanzen sind einjährig bis mehrjährig, aufrecht, mit grundständigen Blättern. Die Primärblätter sind untergetaucht, bandförmig, 3–30 cm lang, 1–5 mm breit und hinfällig. Die ersten Folgeblätter sind langgestielt, 3–9 cm lang, 1,5–6 cm breit und oval. Die ausgewachsenen Folgeblätter (Schwimmblätter) sind oval, am Grunde tief herzförmig, 3–8 cm lang, 2–6 cm breit, mit 5–15 parallelen, bogig verlaufenden Nerven. Der 20–90 cm hohe Blütenstand steht über der Wasseroberfläche, ist langgestielt, reichblütig mit 3–6 Stockwerken von Rispenästen und trägt 5–7 mm große, weiße Blüten, die 1–2,5 cm lang gestielt sind. Neben den Blütenständen trägt jede Achse 1–3 knospentragende, aufrechte oder horizontal gestreckte Stengel von 5–50 cm Länge, die im oberen Teil in 1–8 Internodien gegliedert sind. An den Knoten sitzen je 3 quirlig

gestellte, spindelförmige Turonien (vegetative Vermehrungsorgane), mit denen die Pflanzen überwintern.

Verwendung/Ansprüche/Anzucht
Der Herzlöffel ist für den Liebhaber seltener Sumpf- und Wasserpflanzen. Man pflanzt sie am besten einzeln oder in kleinen Gruppen ins flache Wasser (etwa 20–30 cm tief). Der Boden sollte basen- und nährstoffreich sein. Die Pflanzen sind wärmeliebend und blühen nur bei hohen Sommertemperaturen. Die Vermehrung erfolgt durch die reichlich gebildeten Winterknospen, die im Herbst von den Pflanzen abfallen.

Calla L. Kalla
Drachenwurz
(Araceae)

Der Name kommt vom griechischen *kallos* = körperliche Schönheit. Es kommt nur eine Art vor. Die Pflanzen haben ein kriechendes, verzweigtes, bis 1 m langes Rhizom, aus dem die gestielten, rundlichherzförmigen, zugespitzten Blätter treiben. Die Spatha ist eiförmig, flach, völlig offen bleibend, der Kolben kurz, zylindrisch und bis zur Spitze dichtblütig. Die nackten Blüten sind zwittrig, wobei gelegentlich an der Spitze nur männliche Blüten mit 6 oder mehr Staubblättern vorhanden sein können.

Abb. 56 Caldesia parnassiifolia

C. palustris L.
Sumpfkalla, Sumpfdrachenwurz, Schlangenwurz
V–VII, hs-sch

Nord- und Mitteleuropa, Nordasien, Japan, Nordamerika. Die Pflanzen werden 15–30 cm hoch und haben 5–10 cm breite Blätter. Die Spatha ist innen weiß, außen grün, 6–7 cm lang und in eine schwanzartige Spitze verlängert. Im Verblühen färbt sich die ganze Spatha grünlich. Der 2–3 cm lange, grünlichgelbe Kolben trägt im Herbst leuchtendrote, giftige Beeren. Zuweilen blühen die Pflanzen nochmals im August und September. Überwinterung mittels Rhizom.

Verwendung/Ansprüche/Anzucht
Die Sumpfkalla eignet sich für die Bepflanzung der Uferregion, da ihre Rhizome zur Wasserfläche hinwachsen und somit am Rand des Teiches einen geschlossenen Pflanzenwuchs bilden. Bei flachem Wasserstand können auch in der Mitte des Teiches inselartige Pflanzenansammlungen entstehen. Da die Sumpfkalla breitflächig wächst, kann man ihre Rhizome zwischen hoch aufragende *Iris pseudacorus, Ranunculus lingua* oder dank ihrer Schattenverträglichkeit auch zwischen einzelne Sträucher von *Clethra* oder *Cephalanthus* wandern lassen. Die Vermehrung erfolgt durch Teilung der Rhizome und Aussaat gleich nach der Reife.

Callitriche L.
Wasserstern
(Callitrichaceae)

Callitriche leitet sich aus den griechischen Wörtern *kallos* = schön und *thrix, trichos* = Haar ab. Es kommen 26 Arten vor, die fast über die ganze Erde verbreitet sind. Wassersterngewächse sind untergetauchte oder schwimmende, zarte Wasserpflanzen mit 1–2 cm langen, gegenständigen, schmalen oder spatelförmigen, hellgrünen Blättern. Die Blüten sind achselständig, einhäusig und meist unscheinbar. Die männlichen Blüten bestehen aus einem Staubblatt, die weiblichen aus einem Fruchtknoten. Die Narben fallen frühzeitig ab. Die Früchte sind flach, kreisrund und breit geflügelt. Eine genaue Bestimmung

Abb. 57 Callitriche palustris

der Arten ist nur auf Grund der Früchte möglich. Der Sproß ist 15–50 cm lang, kahl und wurzelt im schlammigen Boden. Wenn die Triebe die Wasseroberfläche erreichen, bilden sich dort schwimmende Blattrosetten. Unter Wasser haben die Pflanzen einen polsterförmigen Wuchs. Die Arten sind in der Form sehr veränderlich. Sie können auch Landformen entwickeln, die im Wuchs gedrungener sind. Manche Arten sind oft ganz zum Landleben übergegangen.

Die wichtigsten Arten, die sich im Aussehen alle ähnlich sind, sind *C. hamulata* Kütz. ex W. D. J. Koch (Haken-Wasserstern), *C. hermaphroditica* L. (Herbst-Wasserstern, diese Arte bildet keine Schwimmblätter aus), *C. palustris* L. emend. Schotsman (Frühlings-Wasserstern) und *C. stagnalis* Scop. (Großblütiger Wasserstern).

Verwendung/Ansprüche/Anzucht
Obwohl die Wassersternarten alle keinen großen Zierwert besitzen, sind sie jedoch wichtige Unterwasserpflanzen, die auch im Winter im Wachstum bleiben und, selbst vom Eis eingeschlossen, assimilieren und damit das Wasser mit Sauerstoff versorgen.

Blütezeit VI–IX. Sie wachsen sowohl in der Sonne als auch im Schatten. Vermehrung durch Teilung.

Caltha L.
Dotterblume
(Ranunculaceae)

Caltha war bei den Römern der Name einer gelben Blume. Die Gattung umfaßt etwa 20 Arten, alle Sumpf- oder Wasserstauden. Ihre Blätter sind meist grundständig, lang gestielt, herzeiförmig bis nierenförmig, ganzrandig oder gekerbt und oft glänzend. Der Blütenstengel ist aufrecht, niederliegend oder schwimmend, hohl, ein- bis mehrblütig, mit stengelständigen, gestielten, nach oben allmählich sitzenden Blättern, die kleiner als die grundständigen Blätter sind. Die Blüten haben 5 und mehr blütenblattartige Kelchblätter, die gelb oder weiß gefärbt sind, zahlreiche Staubgefäße und 5–8 freie Fruchtknoten. Aus ihnen entwickeln sich mehrsamige, sternförmig ausgebreitete Balgfrüchte. Die Blütenblätter sind in Honigblätter umgewandelt.

C. howellii Greene
VI–VII, so-hs

Westliche USA, Oregon, Kalifornien. Die 15–20 cm hoch werdenden Pflanzen haben länglichherzförmige, spitz gezähnte, am Rand gewellte, etwa 4 cm breite und 5 cm lange Blätter. Die Blütenstengel sind einblütig, aufrecht und ohne Blatt und tragen 2,5–3 cm große, weiße Blüten, die aus 6–9 Hüllblättern bestehen.

C. leptosepala DC.
Herzblättrige Sumpfdotterblume
VI–VII, so-hs

Westliches Nordamerika. Diese Art wird 10–20 cm hoch und hat herzförmige, bis 6 cm große Blätter. Die 2,5–3 cm großen, weißen Blüten haben 6–12 Hüllblätter und stehen an ein- bis zweiblütigen, aufrechten Stengeln, die nur bei Zweiblütigkeit ein kleines, stengelständiges Blatt tragen.

C. natans Pall.
Schwimmende Sumpfdotterblume
V–IX, so-hs

Arktisches Nordamerika, Nordasien. Die Schwimmende Sumpfdotterblume hat im Gegensatz zu den anderen beschriebenen Arten

Abb. 58 Caltha natans

Abb. 59 Caltha palustris 'Auenwald'

Abb. 60 Caltha palustris 'Goldschale'

schlanke, verzweigte, bis 45 cm lange, auf der Wasseroberfläche schwimmende oder im Schlamm kriechende, an den Knoten wurzelnde Triebe. Die unteren Blätter sind 10–15 cm langgestielt und 2–4 cm groß, die oberen kurzgestielt und kleiner. Sie sind dünn und nehmen im Frühjahr und Spätherbst eine leuchtend rötliche Färbung an. Die weißen bis zartrosafarbenen, 8–12 mm großen Blüten setzen sich aus 5–6 Hüllblättern zusammen und erheben sich an einblütigen Stengeln 3–5 cm über die Wasseroberfläche.

C. palustris L.
(syn. C. holubyi Beck., C. polypetala Hochst. ex Lorent)
Sumpfdotterblume
IV–VI, so-hs

Europa, Mittel-, Nord- und Ostasien, nördliches Nordamerika. Die Pflanzen werden 15–50 cm hoch. Ihr Wuchs ist breit ausladend bis hoch aufrecht, die Blütenfarbe dotter- oder goldgelb. Von *C. palustris* gibt es eine Reihe von Sorten, die im Wuchs, in der Blütenfarbe und Blütenform voneinander abweichen. Es sind:

- 'Alba' – Kaschmir-Dotterblume, weiße, 2–3 cm große Blüten, Blüte setzt sehr früh ein und ist deshalb spätfrostgefährdet, nur 10–20 cm hoch,
- 'Auenwald' – goldgelbe, bis 7 cm große Blüten, starkwüchsig, 60–80 cm hoch, sehr schön für größere Teiche,
- 'Erlenbruch' – gelbe Blüten, niederliegende, an den Knoten wurzelnde Blütentriebe, 20–30 cm hoch,
- 'Goldschale' – orangegelbe Blüten, rötliche Blütenstiele, 20–30 cm hoch,
- 'Honeydew' – zitronengelbe Blüten, 20–30 cm hoch,
- 'Marylin' – gelbe Blüten mit zweireihig angeordneten Blütenblättern, im inneren Kranz kürzer als im äußeren (einer Halskrausdahlie ähnlich), kräftiger Wuchs, 30–50 cm hoch, auffallend,
- 'Minor' – in allen Teilen kleiner als dieArt, Blüten etwa 2 cm groß, 10–20 cm hoch,
- 'Multiplex' – sattgoldgelb, gefüllt, Staubblätter sind in Blütenblätter umgewandelt, blüht

Abb. 61 Caltha palustris 'Marylin'

Abb. 62 Caltha palustris 'Minor'

1–2 Wochen früher als die Art, 20–30 cm hoch,

- 'Polypetala' – hellgelbe Blüten, kaum gezähnte Blätter, 50–60 cm hoch,
- 'Prof. Maatsch' – zitronengelbe Blüten, 20 bis30 cm hoch,
- 'Semiplena' – halbgefüllte, gelbe Blüten, 20–30 cm hoch,
- 'Tyermannii' – gelbe Blüten, kräftiger Wuchs, an den Knoten wurzelnde Blütentriebe, 60–80 cm hoch.

Die ehemals selbständigen Arten *C. holubyi* und *C. polypetala* werden jetzt *C. palustris* zugeordnet. Sie ist eine außerordentlich polymorphe Art, d. h., Wuchsform, Blattform und Form der Balgfrüchte variiren sehr stark, ohne daß die Formen als jeweils selbständige Arten geführt werden könnten. Deshalb werden 'Polypetala' und 'Tyermannii' als Sorten in der Übersicht geführt.

Verwendung/Ansprüche/Anzucht

Caltha palustris und deren Sorten sind wertvolle Frühjahrsblüher. Sie entwickeln ihre Blüten oft vor der vollen Blattentfaltung. Man kann sie einzeln oder in Gruppen zusammen mit *Myosotis palustris* oder Primelarten in der feuchten Uferzone anordnen. Die anderen Arten sind Sommerblüher, blühen aber nicht so reichlich. Alle verlangen einen feuchten, sumpfigen Standort bis etwa 10 cm Wassertiefe und nährstoffreichen Boden. Man kann sie deshalb im Sumpfgarten oder als Uferpflanzen verwenden. *C. natans* wächst am besten bei etwa 10 cm Wassertiefe. Vermehrt wird durch Teilung oder Aussaat, wobei die Sorte 'Multiplex' nur durch Teilung zu vermehren ist.

Abb. 63 Caltha palustris 'Semiplena'

Canna L.
Blumenrohr
(Cannaceae)

Kanna ist eine griechisches Wort und heißt Rohr, es bezieht sich auf die röhrenförmigen Blüten. Die krautigen Pflanzen haben meist knollig verdickte, kriechende Wurzelstöcke, große, aufrechtstehende, schmale, lanzenförmige, fiedernervige Blätter und unregelmäßige, zwittrige Blüten in endständiger Ähre, Traube oder Rispe. Kelch und Krone sind dreiblättrig, die Krone ist am Grunde zu einer gedrehten Röhre verwachsen. Von den 1–5 Staubblättern ist nur eins einseitig fruchtbar, die andere Hälfte ist wie die übrigen Staubblätter blumenblattartig entwickelt. Das eine ist zurückgebogen. Es kommen etwa 50 Arten im tropischen Amerika an sonnigen Standorten in Sümpfen und an Flußufern vor. Einige sind als Kulturpflanzen in Afrika und Asien verbreitet.

C. flaccida Salisb.
Florida Wassercanna
VI–VIII, so

Südatlantische Staaten der USA. Die Pflanzen sind immergrün und haben plötzlich abwärts gerichtete Rhizome, sie werden 1,80–2 m hoch. Die 20–45 cm langen und 11 cm breiten Blätter sind grün, eilanzettförmig und spitz mit fadenartiger Spitze. Die hellschwefelgelben, 6–8 cm langen Blüten haben sehr breite, schlaffe Kronblätter.

C. glauca L.
Wassercanna

VI–IX, so

Westindien, Südamerika. Die Pflanzen werden 1,50–1,80 m hoch und haben graugüne, bis 60 cm lange und 15 cm breite Blätter. Die Blüten sind blaßgelb. In Kultur sind auch andersfarbige Sorten, die als Longwood-Hybriden angeboten werden. Einige sind:

- 'Endeavor' – hellrot,
- 'Erebus' – lachsfarben,
- 'Ra' – gelb,
- 'Tanny' – leuchtend orange.

Mit verschiedenen anderen Arten sind Hybriden entstanden, die als Canna-Indica-Hybriden wichtige Beetpflanzen sind. Einige davon tolerieren auch sumpfigen Boden, sogar flaches Wasser im

Abb. 64 Canna 'Florence Vaughn'

Sommer. Schöne Hybriden für einen solchen Standort sind

- 'Florence Vaughn' – orange mit gelbem Rand,
- 'Intrigue' – rosaorange, purpurfarbene Blätter,
- 'Panache' – cremegelb, in der Mitte rötlich,
- 'Phasion' ('Durban') – orange, Blätter grüngelb gestreift mit Rot unterlegt, dekorativ,
- 'Pretoria' – orange, rot gestreift, Blätter gelb gestreift.

Abb. 65 Canna 'Phasion'

Verwendung/Ansprüche/Anzucht
Die Canna geben dem Wassergarten ein tropisches Aussehen und sind wegen der langen Blütezeit zu empfehlen. Der Boden sollte nährstoffreich sein, auch während der Vegetation sind die Pflanzen über zusätzliche Düngergaben dankbar. Gut lassen sie sich in großen Kübeln kultivieren, die im flachen Wasser ausgestellt werden können. In einem warmen Sommer entwickeln sich die Pflanzen zu ihrer vollen Schönheit. Die Containerkultur ermöglicht eine relativ problemlose frostfreie Überwinterung, da die Pflanzen nicht winterhart sind. Unter 10 °C sollte die Temperatur nicht absinken. Das Laub der nicht immergrünen Hybriden kann nach den ersten Nachtfrösten abgeschnitten werden. Im Frühjahr werden die Rhizome in neue, nährstoffreiche Erde getopft. Ab Ende Mai können sie dann wieder in das Freiland ausgestellt werden. Vermehrt wird vorwiegend durch Teilung der Rhizome.

Carex L.
Segge
(Cyperaceae)

Carex ist ein alter römischer Pflanzenname, dessen Bedeutung unbekannt ist. Bei den etwa 800–900 bekannten Arten handelt es sich meist um ausdauernde Gräser. Eine sichere Bestimmung der einzelnen Arten aus dieser vielgestaltigen Gattung ist oft schwierig. Die Blüten sind eingeschlechtig, einhäusig und schraubig angeordnet. Jedes Ährchen wird von einem Deckblatt gestützt. Die männlichen Blüten bestehen aus 2–3 Staubblättern, ohne Vorblatt und Perigon, die weiblichen aus einem Fruchtknoten. Die Blütenstände bilden Ähren oder Rispen. Einige Arten wachsen auch im oder am Wasser, doch haben nicht alle einen so großen Zierwert, daß es sich lohnt, sie in den Wassergarten zu pflanzen. Manche werden für die Uferbefestigung oder Rekultivierung von Gewässern eingesetzt.

C. acutiformis Ehrh.
Sumpfsegge
V–VI, so-hs

Europa, Mittelmeergebiet, Nord- und Südafrika, Kleinasien. Die 50–100 cm hohen, ausläuferbildenden Pflanzen haben 4–10 mm breite, flache, am Rand zurückgerollte, steife, blaugrüne, scharf rauhe, den Blütenstand kaum überragende Blätter. Die Stengel sind scharf dreikantig,

rauh, straff aufrecht. Der Blütenstand ist 10–25 cm lang und setzt sich aus 2–6 zylindrischen, 2–6 cm langen, 7–8 mm dicken, aufrechten, weiblichen Ährchen und an der Spitze mit 2–6 männlichen Ährchen zusammen.

C. aurea Nutt.
Goldfruchtsegge
VI–VII, so-hs

Mittlere und westliche Staaten der USA. Die Pflanzen werden 15–25 cm hoch und breiten sich durch kurze Ausläufer aus, ohne zu wuchern. Die hellgrünen Blätter sind etwa 2 mm breit und meist länger als der Blütenstand, der sich aus 2 oder 3 weiblichen und 1 männlichen Ährchen zusammensetzt. Die Samen sind kugelförmig und goldgelb (daher auch der Name), im Alter bräunlich.

C. elata All.
Steife Segge
IV–V, so-hs

Europa. Die Pflanzen bilden dichte Bulte aus grasartigen, bis 100 cm langen und 8 mm breiten, steifen, graugrünen Blättern. Die Blütenstengel werden 20–100 cm hoch, sind 1–3 mm dick, steif aufrecht, scharf dreikantig und nur am Grund beblättert. Die Blätter sind 2–3,5 mm breit, allmählich zugespitzt, gekielt, steif, graugrün und kürzer als der Blütenstand. Der Blütenstand ist 10–20 cm lang und setzt sich aus 4–6 walzigen, 2–6 cm langen, 5–7 mm dicken, aufrechten, weiblichen Ährchen und 1–3 männlichen Ährchen zusammen. Die Sorte 'Bowles Golden' wird nur 60 cm hoch und hat gelbgrün gestreifte Blätter. Sie will halbschattig und nicht zu naß stehen.

C. flava L.
Gelbsegge

Europa, NW-Afrika, Kaschmir, Nordamerika. Die Pflanzen werden 30–40 cm hoch und haben gelbgrüne, 2–5 mm breite, flache oder rinnige Blätter, die etwa so lang wie der meist glatte Stengel sind. Die weiblichen Ährchen sind kugelig bis kurzwalzig, die stacheligen Fruchtstände sehen einer kleinen Morgensternsegge ähnlich.

C. gracilis Curtis
Zierliche Segge
V–VI, so-hs

Europa, Sibirien. Es ist eine lockerhorstige Art mit unterirdisch kriechenden Ausläufern, 40 bis 100 cm hoch, steif aufrechten, scharf dreikantigen Stengeln.

Die Blätter sind 4–8 mm breit, allmählich zugespitzt, flach, oberseits grün und glänzend und erreichen meist den Blütenstand. Dieser ist bis 30 cm lang und zur Fruchtzeit nickend, aus 2–6 zylindrischen, 2–10 cm langen, weiblichen Ährchen und 1–4, bis 5 cm langen, männlichen.

C. hystericina Muhl
Flaschenbürstensegge
VI–VIII, so-hs

USA, Oklahoma, Texas, Arizona, Kalifornien. Die Pflanzen werden 30–40 cm hoch und sind horstbildend. Sie haben hellgrüne, unbehaarte, spitz zulaufende, am Rand rauhe Blätter, 0,5–1 cm breit, die oberen länger als der Blütenstand. Die Blütenstände stehen zwischen den Blättern und bestehen aus je 1–4 zylindrischen, 3–5 cm langen und 0,5 cm dicken, kurzgestielten, schräg nach oben stehenden Wal-

Abb. 66 Carex aurea

Abb. 67 Carex hystericina

zen, die einer Flaschenbürste oder stacheligen Gurke ähnlich sehen. Diese Art wurde als *C. fascicularis* eingeführt, was sich als falscher Artname herausgestellt hat.

C. paniculata L.
Rispensegge
V–VI, so-hs

Europa, NW-Afrika. Die Pflanzen bilden 0,40–1 m hohe, kräftige Horste mit sehr rauhen, dreikantigen Stengeln und 3–7 mm breiten, graugrünen, sehr scharfen, glänzenden Blättern, den Blütenstand meist überragend. Der Blütenstand ist eine 2–10 cm lange Rispe, mit zahlreichen, meist locker stehenden Ährchen. Alle Ährchen sind unten weiblich und oben männlich.

C. pseudocyperus L.
Scheinzypersegge
VI–VII, so-hs

Europa, Asien, Nordamerika, Nordafrika. Die 40–80 cm hohen Pflanzen haben hellgrünes, zuletzt gelblichgrünes, locker überfallendes Laub.

Abb. 68 Carex riparia 'Aureola'

Die Blütenstengel sind scharfdreikantig, meist schräg aufsteigend und an der Spitze überhängend. Sie tragen 3–6 weibliche und ein endständiges, männliches Ährchen, die alle lang und dünn gestielt, etwa 5 cm lang sind und eine schmalzylindrische Form haben. Die weiblichen Ährchen sind überhängend.

C. riparia Curt.
Ufersegge
V–VI, so-hs

Eurasien, NW-Afrika, Kleinasien. Es sind 80–120 cm hohe Pflanzen mit langen, unterirdischen Ausläufern. Die Blätter werden 8–15 mm breit, sind flach, meist stark rauh, jung auffällig graugrün und überragen den Blütenstand kaum. Der Blütenstand setzt sich aus 3–4 weiblichen und 3–5 männlichen Ährchen zusammen.

Die Sorte 'Aureola' wird nur 40–60 cm hoch und fällt durch den weißgelben Austrieb im Frühjahr auf, die schwarzbraunen Blütenstände sind ein guter Kontrast dazu.

Verwendung/Ansprüche/Anzucht
Die genannten Arten kommen in der Natur in nassen, teilweise überfluteten Feuchtgebieten vor und sind ein wertvoller Bestandteil der Röhrichtzone. Unter diesen Bedingungen wollen sie auch im Wassergarten verwendet werden. Sie passen gut in naturhaft gestaltete Teiche. Kleinere Arten, die nicht wuchern, können in die Uferzone eines Gartenteiches gepflanzt werden. Die stark ausläufertreibenden Seggen (*C. acutiformis*, *C. gracilis*, *C. riparia*) sind im Wassergarten mit Vorsicht zu pflanzen. Sie finden in Pflanzenkläranlagen oder in der Rekultivierung, wo ein rasches Ausbreiten erwünscht ist, Verwendung. Die meisten Arten verlangen nährstoffreichen Boden, um ihre volle Schönheit zu erreichen und wachsen bis etwa 10 cm Wassertiefe. Bei den horstigbleibenden Arten sollten die Samenstände vor der Reife abgeschnitten werden, wenn keine Versamung erwünscht ist. Manche sehen durch ihre Samenstände dekorativ aus. Vermehrt wird durch Aussaat oder Teilung.

Cephalanthus L.
Knopfbusch
(Rubiaceae)

Der Name setzt sich aus den griechischen Wörtern *kephale* = Kopf und *anthos* = Blüte zusammen, was auf kugelförmige Blütenstände hin-

deutet. Es gibt 5 Arten, sommer- oder immergrüne Sträucher oder kleine Bäume. Die Blätter sind meist gegenständig, manchmal aber auch quirlig zu 3–4 angeordnet, kurz gestielt und eiförmig bis lanzettlich geformt. Die kleinen Blüten stehen in kugeligen Köpfen.

C. occidentalis L.
Knopfbusch
VII–VIII, so-hs

Nord- und Mittelamerika. Der bis 2 m hohe, sommergrüne, buschige Strauch trägt 6–15 cm lange, glänzend grüne Blätter. Die Blüten sind gelblichweiß, klein, mit röhriger Krone, weit vorragendem Griffel und stehen in etwa 2 cm breiten Köpfen, die 3–6 cm lang gestielt sind, einzeln oder in einer Traube aus bis zu 10 Köpfen.

Verwendung/Ansprüche/Anzucht
Der Knopfbusch ist ein bisher viel zu wenig angepflanzter Strauch, der einen feuchten, sumpfigen Standort verlangt und sogar noch bei einigen Zentimetern Wasserstand wächst. In den Sümpfen Louisianas findet man die Sträucher selbst in 50 cm tiefem Wasser stehen. Ebenso gut gedeiht der Knopfbusch auch im normalen Gartenboden, bleibt dann allerdings kleiner. Er verlangt Einzelstellung, um seine volle Blütenwirkung zu entfalten, und gehört dann an den Uferrand oder in den Sumpfgarten. Die Blütenkopfgröße kann durch leichtes Auslichten im Winter gefördert werden. Die Vermehrung erfolgt durch Sommerstecklinge, die leicht anwachsen, oder Aussaat im Herbst sofort nach der Reife. Das einheimische Saatgut ist jedoch nicht keimfähig.

Abb. 69 Cephalanthus occidentalis

Ceratophyllum L.
Hornblatt
(Ceratophyllaceae)

Ceratophyllum ist aus den griechischen Wörtern *keras, keratos* = Horn und *phyllon* = Blatt abgeleitet. In stehenden oder langsam fließenden Gewässern aller Erdteile kommen 3 Arten vor, untergetauchte, wurzellose Unterwasserpflanzen, deren doppelt oder mehrfach gegabelten Blätter quirlartig am Stiel angeordnet sind. Die einhäusigen, in den Blattachseln stehenden Blüten sind unscheinbar und werden submers ausgebildet. Sie werden unter Wasser bestäubt, wobei sich die reifen Staubbeutel lösen, aufsteigen und dabei den Pollen entleeren.

C. demersum L.
Rauhes Hornblatt, Gemeines Hornblatt
so-hs

Kosmopolit. Die reich verzweigten, 50–200 cm langen Sprosse bilden dunkelgrüne, ein- bis zweimal gabelspaltige, mit 2–4 stachelig-gezähnten, borstlichen Zipfeln versehene Blätter aus. Der Durchmesser der Blattquirle beträgt 2–4 cm.

C. submersum L.
Glattes Hornblatt, Zartes Hornblatt
so-hs

Mit Ausnahme der kalten Zonen Kosmopolit. Die Sprosse sind bis 130 cm lang, die Blätter hellgrün, 3 mal gabelspaltig, weich und 8zipfelig. Die Blattquirle erreichen einen Durchmesser von 7 cm.

Verwendung/Ansprüche/Anzucht
Das Hornblatt ist als Sauerstofflieferant eine für den Wassergarten nützliche Unterwasserpflan-

ze, die sich mit dem unteren Sproßteil im Boden verankern kann.

Die unscheinbaren, grünlichen Blüten werden nur selten ausgebildet. Die Pflanzen bilden im Herbst dickfleischige Winterblätter, die zu Boden sinken und dort überwintern. Sie sind etwa 5 cm lang. Die restlichen Pflanzenteile sterben ab. Eine Vermehrung erfolgt durch Teilung der langen Triebe.

Cladium P. Br.
Schneide
(Cyperaceae)

Der Name kommt aus dem griechischen Wort *kladion* = kleiner Zweig, Ästchen und bezieht sich auf den Blütenstand. Die Gattung umfaßt 14 Arten, 2 davon auch in Europa. Es sind ausläufertreibende Sumpfgräser, deren Gesamtblütenstand aus Köpfchen besteht, die endständige und seitenständige Spirren bilden. Die Ährchen sind 2blütig, die Blüten zwittrig oder eine von ihnen (die unterste der obersten) männlich oder funktionell männlich. Die Perigonborsten fehlen. Der Stiel ist hohl, beblättert und rund oder stumpf-dreikantig.

C. mariscus (L.) Pohl
Binsen-Schneide
VI–VII, so-hs

Fast Kosmopolit. Die Pflanzen werden 80–200 cm hoch und haben flache, graugrüne, 1,5 cm breite und am Rand und Rückenkiel durch derbe, nach vorwärts gerichtete Stachelchen rauhe Blätter. Je 3–10, 3–4 mm lange und mit gelbbraunen Hochblättern versehene Scheinährchen sind zu einem Köpfchen vereinigt.

Verwendung/Ansprüche/Anzucht
Die Binsen-Schneide ist entsprechend ihres natürlichen Vorkommens als Verlandungspflanze gut geeignet, an Ufer oder im Sumpfgarten gepflanzt zu werden, wo sie sich zu einer stattlichen Pflanze entwickeln kann. Sie liebt kalkreichen Boden und kann auf ihr zusagenden Standorten durch Wuchern lästig werden.

Clethra L.
Scheineller, Zimterle
(Clethraceae)

Der Gattungsname ist griechischen Ursprungs *klethra* = Erle, da einige Arten erlenähnliche Blätter ausbilden. Zur Gattung zählen etwa 25 Arten, die meist im tropischen Amerika vorkommen, einige in Nordamerika und Asien. Es sind in den Tropen immergrüne, im gemäßigten Klima sommergrüne Sträucher oder kleine Bäume mit sternhaarigen Zweigen und wechselständigen, einfachen, gesägten Blättern. Die weißen bis gelblichweißen, aus unverwachsenen Kronblättern, 10–12 Staubblättern und einem gefächerten Fruchtknoten bestehenden Blüten bilden endständige Rispen oder Trauben.

C. alnifolia L.
Erlenblättrige Scheineller
VII–IX, so-hs

Östliche USA in feuchten Wäldern und Sümpfen. Die Sträucher werden bis 3 m hoch und haben aufrecht wachsende, im Jugendstadium weich behaarte Zweige, an denen die 4–10 cm langen, verkehrt schmaleiförmigen, kurz gespitzten, beiderseits kahlen, scharf gesägten Blätter sitzen. Die weißlichgelben, duftenden Blüten stehen in 5–15 cm langen, aufrechten, behaarten Trauben. Seltener ist die Sorte 'Rosea' mit hellrosa Blüten in Kultur.

Verwendung/Ansprüche/Anzucht
Die Scheineller ist zur Blüte ein dekorativer Strauch und eignet sich zur Uferbepflanzung oder für einen größeren Sumpfgarten. Sie gedeiht noch gut unter hochkronigen Bäumen und ist besonders wegen ihrer späten Blüte und der auffallenden gelben Herbstfärbung ein wertvoller Strauch. Der Standort sollte geschützt liegen und der Boden nährstoffreich sein. Vermehrt wird durch Frühjahrsaussaat des sehr feinen Samens, Sommerstecklinge oder Abnehmen der Grundsprosse.

Colocasia Schott
Colocasie, Taro
(Araceae)

Der Name ist vom griechischen *kolocasia* abgeleitet, der Ursprung ist unbekannt. Es handelt sich um hohe Knollenkräuter mit stärkereichen, eßbaren Sproßknollen, die oft Ausläufer, sehr selten einen kleinen Stamm bilden. Die großen schildherzförmigen oder pfeilförmigen Blätter sind langgestielt, von manchen Arten eßbar. Blüten an einem Kolben mit Fortsatz, getrenntgeschlechtig, männliche mit 3–5 in einen dicken, verkehrtpyramidalen Körper verwachsenen

Staubblättern, weibliche mit verkehrteiförmigen oder länglichen Fruchtknoten. Die Spatharöhre ist eiförmig oder länglich, dick, fortwachsend und bleibend, später aufreißend, am Schlund zusammengeschnürt. Der Kolben ist kürzer als die Scheide. 7 Arten in Ostindien und China.

C. esculenta (L.) Schott
C. esculenta var. antiquorum (Schott) Hubb. et Rehd.
Imperial Taro
VI–VIII, so-hs

Indien, in Nordafrika eingebürgert. Die Blätter sind smaragdgrün, dunkelbraun und schwarzviolett gefleckt, 60–70 cm lang, bis 50 cm breit, dünnlederig, am Grund breit dreieckig und an den Rändern wellig. Die dicken Blattstiele werden bis 1 m hoch. Der aronstabähnliche, unangenehm riechende, 15–35 cm lange, hellgelbe Blütenstand hat eine grüne, längliche Röhre.

Abb. 70 Colocasia esculenta var. esculenta

C. esculenta var. *esculenta*
Taro, Yam, Elefantenohr
VI–VIII, so-hs

Hawaii. Die Pflanzen werden bis 1,80 m hoch und haben graugrüne, bis 90 cm lange und ebenso breite, gerippte Blätter. Die Knollen werden bis 40 cm lang und 20 cm dick, sie sind wie bei der obigen Varietät auch eßbar. Es werden einige Sorten kultiviert, z. B. 'Black Magic' mit schwarzvioletten Blättern und Stengeln, 'Chicago Harlequin' mit grünen Blättern und weißpurpur gefleckten Stengeln sowie 'Metallica' mit samtgrünen Blättern und dunkelpurpur gefärbten Stengeln.

C. esculenta var. *fontanesii* (Schott) A. F. Hill

Ceylon oder Indien. Diese Form ist nicht oder fast nicht knollig, mit fleischfarbenen Rhizomen. Blattstiel mit Ausnahme des Grundes rotviolett, 90 cm lang und länger.

Blätter 30–40 cm lang, 20–30 cm breit, oben dunkelgrün, unterseits heller.

Pflanzen vermehren sich durch Ausläufer.

Verwendung/Ansprüche/Anzucht
Taro sind dekorative Zierpflanzen für den Wassergarten und haben ähnliche Kulturansprüche wie Canna. Mit ihnen kann man tropische Erscheinungsbilder schaffen.

Sie brauchen viel Wärme, viele Nährstoffe und viel Wasser. Am besten gedeihen sie in großen Containern im flachen Wasser. In tropischen und subtropischen Gebieten ist Taro ein wichtiges Nahrungsmittel. Die Blätter und Stengel werden in Westindien ähnlich wie Spinat zubereitet, dort heißen sie Callaloo. Die Knollen werden gekocht oder geröstet gegessen. Roh sind sie auf Grund des hohen Gehalts an Kalziumoxalat, das in kleinen Kristallnadeln auskristalliert ist, ungenießbar, ebenso die Blätter und Blattstiele. Es gibt auch kalziumoxalatfreie Sorten. Die Überwinterung erfolgt wie bei Canna bei 10–12 °C. Vermehrt wird durch Teilung.

Cotula L.
Laugenblume
(Compositae)

Cotula, latein. *cotyle* = Napf, Schüssel, Nabel wegen der Form der Blüten, die kurz vor dem Erblühen etwas eingenabelt sind. Die etwa 50–60 Arten sind rasenbildende, niedrige, einjährige

Pflanzen oder Stauden mit meist gefiederten Blättern. Die Blüten stehen in kleinen gelben Köpfen.

C. coronopifolia L.
Krähenfuß-Laugenblume
VI–VIII, so-hs

Südafrika, eingeschleppt nach Europa, Australien und Amerika. Die 10–15 cm hohen, kriechenden, einjährigen Pflanzen, deren Triebe bis 30 cm lang werden, bilden dichte Polster. Die Blätter sind 3–5 cm lang, etwa 1 cm breit, dick, tief gezähnt und im Umriß einem Krähenfuß ähnlich, daher auch der Name. Die zahlreichen gelben Blüten erscheinen den ganzen Sommer über und stehen auf langen Stielen.

Verwendung/Ansprüche/Anzucht
Durch ihre rasenbildende Eigenschaft ist die Krähenfuß-Laugenblume eine wertvolle kleine Pflanze, die den ganzen Sommer über blüht. Einmal im Sumpfbecken oder an den Wasserrand gepflanzt, erhält sie sich durch Selbstaussaat und kommt jedes Jahr zum Blühen, auch an den Stellen, wo sie nicht gepflanzt wurde. Als Bodendecker kann man sie auch nur dort empfehlen, wo man sich der Mühe unterzieht, in jedem Frühjahr durch Verpflanzen der ungleichmäßig auflaufenden Sämlinge wieder einen dichten *Cotula*-Teppich herzustellen, noch bevor Unkräuter, besonders Gräser, die offene Bodenfläche erobert haben. Es ist auch möglich, einige Pflanzen im Kalthaus oder an einem hellen Fenster zu überwintern. Feuchter bis sumpfiger, nährstoffreicher, wenn möglich salzhaltiger Boden sagt ihnen am meisten zu.

Crassula L.
Dickblatt
(Crassulaceae)

Der Name stammt aus dem Lateinischen *crassus* = dick, fleischig und bezieht sich auf die dickfleischigen Blätter. Von den etwa 300 bekannten Arten sind die meisten sukkulent. Die Gattung ist sehr vielgestaltig, sie umfaßt einjährige oder staudige Kräuter, Sträucher, Unterwasserpflanzen und Pflanzen für extrem trockene Standorte. Die Blätter sind dick, fleischig, meist ganzrandig, gegenständig. Die kleinen, 3- bis 5zähligen Blüten stehen meist in trugdoldigen Blütenständen, manchmal auch einzeln in den Blattachseln.

C. aquatica (L.) Schönland
Wasser-Dickblatt
VII–IX, so-hs

Europa, Nordasien, Nordamerika. Die 3–5 cm hohen, ein- bis mehrjährigen, aufrecht oder niederliegend wachsenden, reichästigen Unterwasserpflanzen entwickeln bis 6 mm lange, linealische Blätter, die kreuzweise gegenständig stehen. Die kleinen, unscheinbaren, weißen Blüten, unter Wasser nur selten gebildet, sitzen einzeln in den Blattwinkeln.

C. recurva (N. E. Br.)
Nadelkraut
VII–IX, so-hs

Australien. Die Art ist ausdauernd. Die Pflanzen werden unter Wasser bis 40 cm lang und haben paarweise gekreuzte, nadelförmige Blätter, die 5–15 mm lang und 1 mm dick sind. Bei emerser Kultur werden die Blätter nur bis 5 mm lang, die Pflanzen bleiben wesentlich kleiner, es werden aber Blüten ausgebildet. Diese sind 2–3 mm groß, rötlichweiß und stehen einzeln in den Blattachseln.

Verwendung/Ansprüche/Anzucht
Das Wasser-Dickblatt und das Nadelkraut sind sauerstoffspendende Unterwasserpflanzen, deren Wuchs rasenförmig ist. Sie lieben kalkfreies Wasser. Die Vermehrung erfolgt durch Pflanzenteilung.

Crinum L.
Hakenlilie
(Amaryllidaceae)

Krinon ist das griechische Wort für Lilie. Es sind ansehnliche Pflanzen mit meist großer Zwiebel, deren Hals oft stammartig verlängert ist. Die Blätter sind meist zahlreich, lang, schmal oder ziemlich breit. Die großen, sitzenden oder seltener kurzgestielten Blüten sind in einer mehrblütigen Dolde. Sie sind trichter- oder fast tellerförmig, mit langer, gerader oder gekrümmter, zylindrischer oder in einem Schlund erweiteter Röhre. Die einzelnen Blütenabschnitte sind linealischlanzettlich oder linealisch zurückgekrümmt, abstehend oder zusammenneigend. Mehr als 100 Arten in den Küstenländern tropischer und subtropischer Gebiete.

C. americanum L.
Südliche Sumpflilie
VII–VIII, so

Südliche Staaten der USA. Die Zwiebeln erreichen 5–12 cm im Durchmesser und der Schaft kann bis 90 cm lang werden. Die schmalen, zungenförmigen Blätter werden etwa 1 m lang und 5 cm breit. Die weißen, manchmal rosa angehauchten Blüten stehen in einer gewöhnlich 4blütigen Dolde, duften, sind tellerförmig und haben sechs 5–9 cm lange, lanzettliche Abschnitte.

C. campanulatum Herb.
VII–VIII, so

Südafrika, am Kap. Die Zwiebeln sind klein und eiförmig, der Schaft wird etwa 30 cm lang. Die 90–120 cm langen Blätter sind scharfrandig, linealisch, etwas gedreht, mit tiefer Längsrinne. Der schlanke, grüne Blütenschaft trägt eine vier- bis achtblütige Dolde. An etwa 2 cm langen Stielen stehen trichterförmige Blüten mit 4–6 cm langen, roten, grün gestreiften, schlanken, gekrümmten, zylindrischen Röhren. Der glockige Saum ist fast ebenso lang, anfangs weiß und rot gestreift, später dunkelrosa. Die Griffel sind so lang wie die Blüte.

Abb. 71 Crinum campanulatum

Verwendung/Ansprüche/Anzucht
Beide Arten sind für den Liebhaber seltener Wasserpflanzen, die entsprechend ihrer heimatlichen Standorte, bei etwa 5–10 cm Wassertiefe kultiviert werden können. Durch ihre Blüten sind sie auffallend. Leider sind sie nicht winterhart. Man kultiviert sie am besten in Containern mit nährstoffreicher Erde, stellt sie über Sommer in das flache Wasser und überwintert sie in nicht zu dunklen, frostfreien Räumen. Vermehrt wird durch Teilung der Zwiebeln und Aussaat.

Cyperus L.
Zypergras
(Cyperaceae)

Der Name ist aus dem griechische Wort *kypeiron* = eine Wasserpflanze mit aromatischen Wurzeln entnommen. Die Gattung umfaßt etwa 600 Arten, meist staudige, seltener einjährige Gräser. Die ährigen köpfchenförmigen oder doldigen Blütenstände stehen meist auf dreikantigen Stielen. Die Ährchen sind 1- bis vielblütig, wobei die obersten oft männlich oder steril sind. Perigonborsten fehlen. Unterhalb des Blütenstandes sind laubartige Hüllblätter ausgebildet.

C. longus L.
Langes Zypergras
VII–IX, so-hs

Europa, Afrika, Asien. Es ist ein ausdauerndes, 40–100 cm hohes Gras mit etwas knollig verdicktem Wurzelstock. Die Blätter sind 4–7 mm

Abb. 72 Cyperus longus

breit und meist kürzer als der zusammengedrückte Stiel des Blütenstandes. Der Blütenstand selbst besteht aus bis zu 10 Spirrenästen, die bis 30 cm lang sind. Die Ährchen sind bis über 2 cm lang und sehen rotbraun aus. Unterhalb des Blütenstandes sind 3–5 Hüllblätter, das unterste ist bis 60 cm lang.

C. papyrus L.
Papyrusstaude
VII–IX, so-hs

Tropisches Zentralafrika, in Ägypten, Israel und Sizilien eingebürgert. Das staudige Gras wird 2–3 m hoch und hat aufrechte, blattlose, dreikantige, kräftige Halme, die mit einem Schopf feiner, langer, hängender Blätter und einer großen, 100- und mehrstrahligen Blütendolde abschließen. Die Ährchen sitzen zu 3 zusammen. Unterhalb des Blütenstandes sind 8 quirlig angeordnete Hüllblätter. Der Wurzelstock ist fleischig und eßbar.

Verwendung/Ansprüche/Anzucht
Cyperus longus ist ein dekoratives Gras für den Wassergarten, dem eine Solitärstellung gegeben werden sollte. Der Standort sei sumpfig, es werden aber auch bis 30 cm Wasserstand vertragen. Bei nährstoffreichem Boden entwickeln sich die Pflanzen zu kräftigen Exemplaren. *Cyperus papyrus* muß frostfrei überwintert werden, kann aber ab Ende Mai bis Mitte September im Freiland bei 0–40 cm Wasserstand gehalten werden. Wenn der Sommer warm und sonnenscheinreich ist, können die Pflanzen durchaus eine Höhe von 1,5–2 m erreichen und somit im Wassergarten ein wenig den Eindruck tropischer Vegetation vermitteln. Im Gewächshaus wird die Pflanze allerdings größer und stattlicher. Als Substrat wird nährstoffreiche Erde benötigt. Der Standort sollte windgeschützt sein, damit die langen Halme nicht so leicht brechen, und auch recht warm, etwa an einer zur Südseite liegenden Hauswand. Prächtig entwickelte Pflanzen sind eine große Zierde.

Die Papyrusstauden können, wenn sie gut durchwurzelt sind, hell, bei etwa 11 °C und nicht zu trockener Luft im Zimmer oder Gewächshaus überwintert werden. Die Pflanzen werden jedes Frühjahr in nährstoffreiches Substrat verpflanzt. Dabei sind alle abgestorbenen Teile des Wurzelstocks zu entfernen. Die Vermehrung erfolgt durch Teilung des Wurzelstocks oder Aussaat. Unter Gewächshausbedingungen kommen die Sämlinge noch im gleichen Jahr zur Blüte.

Gelegentlich wird auch der als Zimmerpflanze bekannte *Cyperus involucratus* Rottb. (syn. *C. alternifolius* ssp. *flabelliformis*) im Wassergarten verwendet. Diese Art ist wesentlich härter als *C. papyrus*, muß aber auch frostfrei überwintert werden.

Darmera Voss
Schildblatt
(Saxifragaceae)

Der Gattungsname ist aus den griechischen Wörtern *pelte* = Schild und *phyllon* = Blatt abgeleitet und bezieht sich auf die schildförmigen Blätter. Die Gattung umfaßt nur eine Art.

D. peltata (Torr. ex Benth.) Voss *(syn. Peltiphyllum peltatum (Torr. ex Benth.) Engl.)*
Schildblatt
IV–V, so-hs

USA von Oregon bis Kalifornien. Die 40–60 cm hohen Pflanzen haben dicke, fleischige, horizontal kriechende Wurzelrhizome, die später oft auf dem Boden liegen. Die Rhizome sind mit breiten, rundlichen Schuppenblättern bedeckt, die Blätter recht groß, etwa 20–40 cm im Durchmesser und am Rand etwas gefaltet oder eingebuchtet. Der Blütenstand, eine leicht überhängende Trugdolde, steht auf einem blattlosen, rauhhaarigen, braunroten, etwa 40 cm hohen Schaft und erscheint vor den Blättern. Er trägt rosarote Doldentrauben mit Steinbrechblüten.

Verwendung/Ansprüche/Anzucht
Die Art wächst an den heimatlichen Standorten an Bach- und Uferrändern, und so sollte sie auch im Wassergarten verwendet werden. Die Pflanzen eignen sich also gut zur Uferbepflanzung vor allem größerer Anlagen und Teiche, wo sie mit ihren riesigen Blättern hinpassen. Um ihre großen Schilden ähnelnden Blätter voll entfalten zu können, sollten sie solitär gepflanzt werden. Die Pflanzen fallen im Frühjahr durch ihre hohen Blütenschäfte auf, zu einer Zeit, wo ihre Blätter noch völlig fehlen. Der Boden sollte nährstoffreich und sehr feucht bis sumpfig sein. Die Pflanzen wachsen auch noch im normalen Gartenboden, wo sie allerdings kleiner bleiben und bei Trockenheit schnell erschlaffen, sich

aber nach durchdringendem Wässern rasch wieder erholen. Der Standort sei halbschattig, bei reichlich Feuchtigkeit wird aber auch Sonne vertragen. Die Vermehrung erfolgt durch Rhizomteilung im Frühjahr und durch Aussaat. Beim Einpflanzen sind die Wurzeln 2–3 cm tief in den Boden zu bringen.

Dianthus L.
Nelke
(Caryophyllaceae)

Im Namen stecken die griechischen Worte Zeus, *Dios* = des oder von Zeus und *anthos* = Blüte. Die Gattung umfaßt etwa 300 Arten, meist ausdauernde Kräuter, weniger einjährige oder halbstrauchige Pflanzen, mit endständigen roten und weißen Blüten. Gartensorten wurden in vielen Farben gezüchtet. Die Blüten bestehen aus einem röhrigen, vielrippigen, von Hochblättern (Kelchschuppen) gestützten Kelch und ganzrandigen, gezähnten oder gefransten, in einen Nagel verschmälerten Kronblättern. Die Griffel sind nicht verwachsen.

D. superbus L.
Prachtnelke
VII–VIII, so-hs

Europa, gemäßigtes Asien. Die Pflanzen werden 30–60 cm hoch und haben 2- bis vielblütige Stengel. Alle Blätter sind grasgrün, lineallanzettlich, etwa 5 cm lang und 3–5 mm breit, als Grundblätter stumpf, als Stengelblätter zugespitzt. Die Kelchschuppen sind eirund, grannig zugespitzt und 3- bis 4mal kürzer als die Kelchröhre. Die großen, duftenden, rosa, dunkelvioletten oder weißen Blüten bestehen aus fiederigvielspaltigen, mit Haaren gebärteten Kronblättern. Die Sorte 'Primadonna' blüht rosalila und kommt schon im Jahr der Aussaat zum Blühen.

Abb. 73 Dianthus superbus 'Primadonna'

Verwendung/Ansprüche/Anzucht
Die Prachtnelke ist zur Blütezeit eine auffallende Pflanze für den Sumpfgarten oder die feuchte Randzone des Wasserbeckens. Sie ist für naturnahe Pflanzungen geeignet. Damit ihre grazile Wirkung nicht verloren geht, sollten stark wuchende Nachbarn vermieden werden. Der Boden sollte reichlich mit Humus versorgt und sauer sein. Ein zu nasser Standort wird nicht gut vertragen, ebenfalls sagt ihr ein etwas halbschattiger Platz besser zu als volle Sonne. Vermehrt wird vorwiegend durch Aussaat. Diese Art steht unter Naturschutz.

Drosera L.
Sonnentau
(Droseraceae)

Griechisch *droseros* = betaut, weil die Blattdrüsen im Sonnenschein Tautropfen ähneln. Es sind meist ausdauernde, drüsig behaarte Kräuter mit grundständigen und rosettig angeordneten oder stengelständigen und abwechselnd angeordneten Blättern, mit zahlreichen, rot gefärbten Tentakeln, die in Tropfen ein klebriges Sekret ausscheiden. Die Blüten sind klein oder ansehnlich, weiß oder rosarot und stehen in einem wickeligen, einfachen und ästigen Blütenstand, der manchmal auf nur 1 Blüte reduziert ist. Es kommen 85 Arten vor, hauptsächlich auf der Südhalbkugel, 3 Arten in Europa.

D. anglica Huds.
(syn. *D. longifolia* L.)
Großer Sonnentau
VII–VIII, so

Europa und in den höheren Breiten der nördlichen Halbkugel. Die Blätter sind aufrecht, linealkeilförmig, 1,5–4 cm lang und 2–5 mm breit. Der aufrechte Blütenschaft ist doppelt so lang wie die Blätter. Die Blüten sind weiß.

D. rotundifolia L.
Rundblättriger Sonnentau
VII–VIII, so

Europa, Nordasien, Kaukasus, Japan, Nordamerika. Die in heimischen Mooren am häufigsten vorkommende Art. Die Blätter sind fast kreisrund, 1 cm groß, auf der Oberseite stark mit ro-

ten, klebrigen Drüsenhaaren besetzt. Der Blattstiel ist unbehaart. An einem schlanken, aufrechten Blütenschaft sind bis 12 weiße Blüten.

Verwendung/Ansprüche/Anzucht
Die beiden Sonnentauarten sind für den Liebhaber seltener Moorpflanzen, sie stehen in Deutschland unter Naturschutz. Sie wachsen in Hoch- und Zwischenmooren auf sauren Torfböden, meist in Sphagnum-Polstern. Ähnliche Bedingungen müssen die Pflanzen auch im Garten erhalten. Sie eignen sich auch zum Bepflanzen kleiner Tröge und Schalen. Gegossen werden sollte mit Regenwasser. Für eine erfolgreiche Kultur ist auch wichtig, daß der Wurzelhals nicht im staunassen Bereich steht. Kalkhaltiger Boden und kalkhaltiges Wasser sind für die Pflanzen schädlich. Die Vermehrung erfolgt hauptsächlich durch Aussaat. Der sehr feine Samen wird auf Torfmoos ausgesät, darf nicht abgedeckt werden.

Dulichium L. C. Richard
(Cyperaceae)

Dulichium war ein lateinischer Name für ein Riedgras. Es ist nur eine Art bekannt.

Abb. 74 Dulichium arundinaceum

D. arundinaceum (L.) Britt.
Dulichium, Wasserbambus
VIII–X, so-hs

Östliches Nordamerika. Die staudigen Pflanzen werden 30–60 cm hoch und haben aufrechte, hohle, gegliederte Halme, die bis oben beblättert sind. Die Blätter sind 3–8 cm lang, 4–8 mm breit und stehen seitwärts gespreizt oder schräg nach oben am Halm. Die gestielten, bräunlichen Ährchen sitzen in den Blattachseln und sind kürzer als die Blätter, nur die obersten Ährchen können über die Blätter hinausragen.

Die zwittrigen Teilblütenstände sind stark reduziert. Sie bestehen nur noch aus 2 Blüten, deren Tragblätter in Borsten umgebildet sind. Die noch sehr seltene Sorte 'Variegata' hat gelblichgrün längsgestreifte Blätter.

Verwendung/Ansprüche/Anzucht
Dulichium ist wegen ihres eigenartigen Blütenstandes eine interessant wirkende Sumpfpflanze, die auch noch im flachen Wasser gedeiht. Außerdem hat sie eine auffallende gelblichbraune Herbstfärbung. Damit die Pflanzen ihre volle Wirkung entfalten können, empfiehlt es sich, diese solitär zu pflanzen und nur niedrige Nachbarpflanzen, wie z. B. *Cotula coronopifolia*, zu verwenden. Die Vermehrung erfolgt vorwiegend durch Rhizomteilung.

Egeria Planch.
Wasserpest
(Hydrocharitaceae)

Die Gattung wurde nach einer römischen Quellnymphe benannt. Es kommen 2 Arten von Unterwasserpflanzen vor, die im Aussehen der Kanadischen Wasserpest (*Elodea canadensis*) sehr ähnlich sind.

Abb. 75 Egeria densa

E. densa Planch.
Dickblättrige Wasserpest
VI–VII, so-hs

Süd- und Mittelamerika. Die Pflanzen bilden bis 2 m lange Triebe, an denen dichte Blattquirle aus 3–5, bis 3 cm langen und 5 mm breiten Blättern sitzen, die leicht gebogen und am Rand gezähnt sind. Männliche Blüten mit auffälliger, weißer Krone und 9 keulenförmig verdickten Staubblättern. Sie trennen sich nicht von der Pflanze.

Sind größer als die 10–12 mm großen weiblichen Blüten.

Verwendung/Ansprüche/Anzucht
Die Pflanzen sind wertvolle Sauerstoffspender und entwickeln sich im Teich zu ziemlich kräftigen Exemplaren. Sie wachsen eingepflanzt oder freischwimmend.

Ab 50 cm Wassertiefe sind sie winterhart, auch wenn sie manche Winter im flacheren Wasser überleben. Die Vermehrung ist durch Abtrennen der Seitensprosse einfach.

Eichhornia Kunth
Wasserhyazinthe
(Pontederiaceae)

Die Gattung *Eichhornia* wurde nach dem preußischen Minister Johann Albert Friedrich Eichhorn (1779–1856) benannt. Die 6 bekannten Arten zählen alle zu den Sumpf- und Wasserpflanzen. Sie haben entweder ein im Boden wurzelndes Rhizom oder flutende bzw. freischwimmende, krautige Sproßachsen. Der Blütenstand ist scheinährig. Es sind 6 Staubblätter vorhanden. Die Blüten haben ein blaues, röhriges, 6lappiges Perigon, wobei der obere Lappen etwas größer ist und einen gelben Fleck hat.

E. crassipes (Mart.) Solms
Wasserhyazinthe
VIII–IX, so

Tropisches und subtropisches Amerika, sonst verschleppt. Die im Schlamm wurzelnden oder freischwimmenden, ausläufertreibenden Pflanzen haben rosettig angeordnete, rundliche, hellgrüne Blätter mit einem Durchmesser von 10–15 cm. Die Blattstiele sind am Grund blasenartig angeschwollen und ermöglichen das Schwimmen der Pflanzen. Die Blätter werden mit Stiel bis 35 cm lang. Der 20–30 cm hohe Blütenstand trägt große, hellviolette Blüten, deren oberstes Blütenblatt einen gelben Fleck hat.

Verwendung/Ansprüche/Anzucht
Die Wasserhyazinthe kann in den Sommermonaten (ab Mitte Mai) im Freien stehen und bildet dort bei warmer Witterung bald einen üppigen Bestand, der auch reichlich blüht. Unter 21 °C unterbleibt die Blütenbildung. Man muß also damit rechnen, daß die Pflanzen in einem 'normalen' Sommer wenig oder gar nicht blühen. Das Wachstum und der Habitus der Blätter sind von bestimmten Umweltfaktoren abhängig. So werden die Schwimmkörper an den Blattstielen vor allem bei freischwimmenden Pflanzen ausgebildet, im Gegensatz zu den im Schlamm wurzelnden. Hohe Lichtintensität und niedrige Temperaturen bewirken ebenfalls ein Verdicken der Blattstiele. Bei höheren Temperaturen der Luft und des Wassers, Beschattung und dichtem Bestand werden geringe oder gar keine Schwimmkörper ausgebildet. Diese Pflanzenumwandlungen sind reversibel.

Da die Pflanzen viele lange Wurzeln bilden, sind die freischwimmenden Rosetten eine Konkurrenz zu den Algen, d. h., sie nehmen den Algen die Nährstoffe weg. In Kalifornien werden sie in Pflanzenkläranlagen eingesetzt, um das Wasser zu reinigen. Auch wenn sie auf unseren Teichen nur selten blühen, haben sie jedoch eine wichtige Funktion.

Die Überwinterung ist schwierig und meist mit großen Verlusten verbunden, wenn ihre besonderen Ansprüche nicht berücksichtigt werden. Sie erfolgt am besten in flachen Schalen mit lehmiger Gartenerde und etwa 1 cm Wasserstand bei 15–20 °C an einem sehr hellen Standort (dicht unter dem Glas eines Gewächshauses oder bei Zusatzbelichtung im Zimmer).

Abb. 76 Eichhornia crassipes

Abb. 77 Eleocharis acicularis

Abb. 78 Eleocharis obtusa

Man kann auch im Herbst einige kräftige Pflanzen in mit Torfmoos und lehmiger Erde gefüllte Töpfe setzen und diese etwa 4 Wochen lang naß bis schlammig halten, damit die Pflanzen einwurzeln können. Danach werden sie an einem hellen Standort bei 15–20 °C immer gleichmäßig feucht gehalten. Fehlt es an Licht, faulen die Pflanzen schnell, ebenso wie bei Nichtbeachtung der anderen optimalen Wachstumsbedingungen. Diese Hinweise machen deutlich, daß es für einen Gartenliebhaber in der Regel preiswerter ist, sich im Frühjahr wieder eine neue Pflanze zu kaufen, und daß sich eine Überwinterung nicht lohnt.

Die Vermehrung erfolgt durch Teilung oder Aussaat, wobei die generative Vermehrung meist von untergeordneter Bedeutung ist. Die Mutterpflanzen bilden zahlreiche Tochterpflanzen, die nach 5–7 Tagen bereits die Größe der Mutterpflanzen erreichen. Sie werden zur Vermehrung abgetrennt. Unter optimalen Bedingungen kann sich deshalb die Wasserhyazinthe sehr schnell ausbreiten. So hat sie z. B. innerhalb von 20 Jahren das mehr als 3200 km lange Flußsystem des Weißen Nils in Afrika besiedelt und verursacht nun dort Schäden durch Behinderungen, die trotz gezielter Bekämpfungsmaßnahmen jährlich mehrere Millionen Mark betragen.

Im Gewächshaus ist es möglich, die Wasserhyazinthe auch generativ zu vermehren. Nach dem Welken aller Blüten krümmt sich der Blütenstengel S-förmig, so daß die Fruchtkapsel in das Wasser gelangt, wo sie in etwa 20 Tagen ausreift und bis zu 450 Samen je Kapsel in das Wasser entläßt. Der Samen keimt im flachen Wasser oder auf feuchtem Boden innerhalb von 2 Wochen ohne richtige Keimruhe. Er bleibt bis zu 15 Jahren keimfähig. Wenn die Entwicklung unter Wasser stattfindet, trennt sich das Pflänzchen 60 Tage nach der Keimung vom Primärwurzelsystem und schwimmt zur Wasseroberfläche, wo neue Wurzeln gebildet werden. Nach weiteren 30 Tagen können Pflanzen die ersten Ausläufer bilden.

Eleocharis R. Br.
Sumpfried, Sumpfsimse
(Cyperaceae)

Im Namen *Eleocharis* stecken die griechischen Worte *helos* = Sumpf und *charis* = Freude, Zierde. Mit dem Namen werden die Sümpfe bewohnenden, durch zierliches Wachstum auffallenden Arten bezeichnet. Bekannt sind 80 Arten, binsenartige, niedrige Pflanzen, die meist ausdauernd sind und mehr- bis vielblütige, endständige Ährchen mit zwittrigen, schraubig angeordneten Blüten tragen. Perigonborsten sind fast immer vorhanden.

E. acicularis (L.) Roem. et Schult.
Nadelsimse
V–VIII, so-hs

Weltweite Verbreitung außerhalb der Tropen. Von Interesse ist meist nur die unter Wasser wachsende f. *submersa* Glück, deren Pflanzen dünne, bis 25 cm lange Rhizome haben. Die Blätter sind hellgrün, nadelförmig, 0,2–0,6 mm im Durchmeser, 2–20 cm lang und sitzen einzeln oder in Büscheln auf dem Rhizom. In der Randzone wachsen die Pflanzen auch emers und blühen mit braunen, bis 4 mm langen Ährchen.

E. obtusa (Willd.) Schult.
Stumpfe Simse
VII–IX, so-hs

Mittlere Staaten und Westküste der USA. Eine horstbildende Art mit etwa 30–50 cm langen,

0,3–1,6 mm dicken, runden, hellgrünen Blättern, die mit einer 5–10 mm langen Ähre abschließen. Die eiförmigen Nüßchen (Samen) haben 6 oder 7 Borsten, von denen 3 so lang oder länger als die Nuß sind.

E. palustris (L.) Roem. et Schult.
Gemeine Sumpfsimse
V–VIII, so-hs

Fast auf der ganzen Erde heimisch. Die ausläufertreibenden Pflanzen haben mattgraugrüne, 20–30 cm hohe, binsenartige Blätter und braune 5–20 mm lange Ährchen. Die submers wachsende Form, die auch ausgebildet wird, ist weniger verbreitet als die Landform.

Verwendung/Ansprüche/Anzucht
Alle 3 Arten sind anspruchslos und recht wüchsig. *Eleocharis palustris* besitzt im Wassergarten nur Liebhaberwert. Diese Art wuchert sehr stark und verdrängt in kurzer Zeit alle benachbarten Pflanzen. Die Nadelsimse bewährt sich erfolgreich gegen Algenbewuchs und sorgt somit für klares Wasser. Sie ist auch ein wichtiger Sauerstoffproduzent. Diese Unterwasserpflanze breitet sich rasenartig auf dem Bodengrund aus, oft schneller und üppiger als erwünscht. Einmal ansässig geworden, sind die Pflanzen nur schwer wieder aus dem Becken zu entfernen. Beide Arten sollten deshalb besser in Pflanzgefäßen kultiviert werden, wenn der Teich nicht sehr groß und das Wuchern nicht erwünscht ist. *E. obtusa* ist eine auffallende Erscheinung im Wassergarten. Durch den horstigen Wuchs sieht sie einem zusammengerollten Igel ähnlich. Sie sollte bei etwa 5 cm Wassertiefe frei stehen, damit sie richtig wirken kann. Diese Art wird in den USA fälschlicherweise als *E. montevidensis* angeboten. Die Vermehrung erfolgt durch Teilung und Aussaat.

Elodea Michx.
Wasserpest
(Hyrocharitaceae)

Elodea ist aus dem griechischen Wort *helodes* = sumpfig abgeleitet. Die etwa 10 Arten sind ausdauernde Unterwasserpflanzen mit eingeschlechtigen Blüten. Die aus 9 Staubblättern bestehenden männlichen Blüten sind sitzend, die weiblichen, aus 3 Fruchtblättern bestehenden Blüten, langgestielt und befinden sich in einer dünnen, schlauchartigen Blütenhülle. Die männlichen Blüten lösen sich zur Befruchtungszeit von der Pflanze, steigen zur Wasseroberfläche empor und bestäuben die weiblichen Blüten durch Ausstreuen ihrer Pollen.

E. canadensis Michx.
Kanadische Wasserpest
V–VII, so-hs

Nordamerika, weltweit verschleppt und eingebürgert. Die Pflanzen werden 30–60 cm hoch, haben bis 1 cm lange und 3–4 mm breite, lineale, schwach gezähnte Blätter, die in dichten, 3- bis 4zähligen Quirlen stehen. Bei uns kommen nur weibliche Pflanzen vor.

Verwendung/Ansprüche/Anzucht
Die Wasserpest ist eine sehr wuchsfreudige Unterwasserpflanze, was ihr Name auch besagt. Jedes kleine Stengelstück bewurzelt sich leicht und bildet bald eine neue Pflanze. Da in unseren Breiten männliche Pflanzen fehlen, vermehrt sie sich nur vegetativ. Die erste weibliche Pflanze wurde 1836 nach Irland eingeführt, von wo aus sie sich schnell über ganz Europa verbreitete. So wurde sie bereits 1840 in Holland und 1854 in Deutschland gefunden. Die Pflanzen lieben nährstoffreichen Boden und kalkhaltiges Wasser. Sie sind wintergrün und durch starke Assimilation ein guter Sauerstoffproduzent, eine Eigenschaft, die sie auch für die Fischzucht wertvoll werden lassen. Die Wasserpest kann in kleinen Anlagen schnell lästig werden, vor allem im flachen Wasser, wo sie andere Pflanzen bedrängt. Es ist dann schwierig, sie zu entfernen. Die am leichtesten zu handhabende Methode der Eindämmung ist das Absenken des pH-Wertes des Wassers. Auch dichte Polster des Hornkrautes (*Ceratophyllum*) über der Wasserpest können die Pflanzen unter sich mit der Zeit eindämmen.

Equisetum L.
Schachtelhalm
(Equisetaceae)

Der Name setzt sich aus den lateinischen Wörtern *equus* = Pferd und *seta* = Borste zusammen. Die 24 Arten sind ausdauernde Stauden mit oft sehr tief im Boden kriechenden Rhizomen. Die oberirdischen Sprosse sind einjährig oder mehrjährig. Bei einigen Arten sind die sporentragenden und unfruchtbaren Sprosse gleich gestaltet, bei anderen unterscheiden sich diese. Außerdem erscheinen sie bei einigen Arten gleichzeitig, bei anderen erscheinen die fertilen Sprosse

früher. Die 5–12 sackartigen, ungestielten Sporangien entwickeln sich an der Unterseite schildförmiger Träger in endständigen 'Ähren'. Sie enthalten kugelige, grüne Sporen, mit 4 in feuchtem Zustand um die Spore gerollten, in trockenem Zustand ausgebreiteten Bändern.

E. fluviatile L. em. Ehrh.
Teichschachtelhalm
V–VI, so-hs

Europa, Nordasien, Nordamerika. Die 30–150 cm hohen Pflanzen haben gleichgestaltete sowie gleichzeitig erscheinende fruchtbare und unfruchtbare Sprosse. Die Sprosse sind bis 8 mm im Durchmesser, grün, von hervortretenden Rippen weißlich gestreift, stark verästelt. Die Asthüllen sind glänzend rotbraun.

E. hyemale var. robustum (A. Braun) Eaton
Winterschachtelhalm
VI–VII, so-hs

USA, Mexiko. Die wintergrünen, 1 cm dicken, runden, knotigen und rinnigen, bis 1,5 m hohen Stengel sind blattlos und steril. Die jungen Stengelglieder sind verschiedenfarbig beringt, weißlich, hellgrün bis bräunlich.

Abb. 79 Equisetum hyemale var. robustum

E. palustre L.
Sumpfschachtelhalm, Duwock
VI–IX, so-hs

Europa, gemäßigtes Asien, Nordamerika. Die Pflanzen werden im Gegensatz zum Teichschachtelhalm nur 15–50 cm hoch. Sie haben ebenfalls gleichgestaltete und gleichzeitig erscheinende Sprosse, die bis 3 mm dick und 6- bis 10rippig sind. Die meist unverzweigten Äste stehen aufrecht vom Sproß ab und haben glänzend schwarze Asthüllen. Alle Pflanzenteile sind giftig.

E. scirpoides Michx.
Simsenschachtelhalm
VI–VII, so-hs

Zirkumpolar. Es ist eine dichte rasenbildende, nur 10–15 cm hohe, wintergrüne Art mit dünnen Halmen. Die Quirle sind dreiblättrig.

E. variegatum Schleich. ex F. Web. et Mohr
Buntschachtelhalm
IV–VIII, so-hs

Europa, Noramerika. *E. variegatum* wird etwa 10–30 cm hoch und hat 1–2 mm starke Triebe, die nur am Grund etwas verzweigt sind. Fruchtbare und unfruchtbare Sprosse sind gleichgestaltet und erscheinen gleichzeitig. Ihre Asthüllen haben schwarz-weiße Querbinden. Die wintergrünen Pflanzen bilden mehr oder weniger dichte Rasen.

Verwendung/Ansprüche/Anzucht
Die aufgeführten Schachtelhalme eignen sich als Sumpfpflanzen zum Verwildern am Ufer größerer Teiche, die anderen Arten sind als Unkräuter wegen ihrer Zählebigkeit und der schlechten Bekämpfungsmöglichkeiten gefürchtet. In einem kleinen Wassergarten sollte man das Wachstum der Pflanzen unter Kontrolle halten, da sie sich schnell ausbreiten und leicht lästig werden können. *Equisetum fluviatile* wächst im flachen Wasser besser. Am Naturstandort findet man diese Art selbst noch bei 1 m Wassertiefe. *Equisetum variegatum* und *E. scirpoides* sind als wintergrüne Pflanzen für kleine Becken zu empfehlen. Der Winterschachtelhalm kann als wintergrüne Art auf feuchten bis nassen Standorten in größeren Anlagen gepflanzt werden, da sich die Pflanzen

Abb. 80 Eriophorum latifolium

Abb. 81 Eriophorum russeolum

durch Ausläufer stark ausbreiten. Er wächst auch im flachen Wasser. Als Sporenpflanzen sind die Schachtelhalme für den kleinen Wassergarten interessante, aber gestalterisch weniger attraktive Gewächse. Der Standort für *E. palustre* und *E. variegatum* sollte feuchtmoorig sein. Die Vermehrung erfolgt durch Teilung der Rhizome.

Eriophorum L.
Wollgras
(Cyperaceae)

In *Eriophorum* stecken die griechischen Worte *erion* = Wolle und *phoreein* = tragen, sie beziehen sich auf die Wollknäulen gleichenden Fruchtstände. Die etwa 10 vorkommenden Arten sind alle ausdauernde Sumpfgräser. Der Blütenstand ist eine endständige Ähre oder eine aus mehreren Ähren zusammengesetzte Dolde. Nach der Blüte erscheinen viele silbrig oder weiß verfärbte, selten orange, einem Wollschopf gleichende Fäden.

E. angustifolium Honck.
Schmalblättriges Wollgras, Torfwollgras
IV–V, so-hs

Europa, Asien, Nordamerika, Südafrika. Die Ausläufer bildenden Pflanzen werden 30-60 cm hoch. Ihre Blätter sind schmal, linealisch und rinnig. Die drehrunden Blütenstengel tragen an der Spitze 3–5 langgestielte, eiförmige, etwa 2 cm lange Ährchen.

E. latifolium Hoppe
Breitblättriges Wollgras, Moorwollgras
IV–VI, so-hs

Europa, Asien. Die Pflanzen erreichen die gleiche Wuchshöhe wie *E. angustifolium*, unterscheiden sich jedoch von diesen durch fehlende Ausläufer und breitere Blätter. Die Blätter sind schmallanzettlich und flach, die dreikantigen Blütenstengel tragen 5–12 langgestielte, längliche, etwa 1 cm lange Ährchen.

E. russeolum
Sibirisches Wollgras
V–VI, so-hs

Sibirien. Die Pflanzen bilden kurze Ausläufer, ohne andere Nachbarpflanzen zu verdrängen, da die nadelförmigen, 0,5–1 mm dicken Blätter nur sehr dünn sind.

Samenstände sind auffallend kupferfarben, stehen einzeln auf 30–40 cm hohen Stielen und sind etwa gleich hoch wie die Blätter. Manchmal setzt ab Ende Juli eine Nachblüte ein.

E. vaginatum L.
Scheidiges Wollgras
III–IV, so-hs

Gemäßigte Zone der Nordhalbkugel. Die Pflanzen werden 30–40 cm hoch und wachsen dicht rasen- oder polsterförmig. Die Blätter sind am

Abb. 82 Eriophorum vaginatum 'Goldrausch'

Rande rauh. Die rundlichen Blütenstengel werden nach oben hin dreikantig und sind beblättert. Sie tragen jeweils nur ein endständiges, ovales bis längliches, etwa 2 cm langes Ährchen.

Die Sorte 'Heidelicht' ist eine reichblühendere Auslese, die auch trockener stehen kann. Orangefarbene Fruchtstände hat die Sorte 'Goldrausch'. Sie ist eine wertvolle Neueinführung.

Verwendung/Ansprüche/Anzucht
Die Wirkung der Wollgräser im Sumpfgarten beruht auf ihren silbrigen bzw. orangefarbenen, wolligen Fruchtständen. Sie verlangen möglichst kalkfreies Wasser und einen moorigen, torfhaltigen Boden. Damit ist ihre Verwendung im Garten oder Park eingeschränkt und nur dort möglich, wo hochmoorähnliche Standorte von der Natur vorgegeben sind bzw. durch entsprechende Bodenvorbereitungen künstlich geschaffen wurden. *Eriophorum* gehört in die Nachbarschaft mit anderen Torfpflanzen, wie *Ledum palustre, Vaccinium uliginosum* und *Vaccinium ocycoccos.* Zusammen mit farbenprächtigen Sumpfpflanzen normaler Standorte wirken sie unpassend. Vermehrt wird das Wollgras durch Teilung oder durch Aussaat.

Eryngium L.
Edeldistel, Mannstreu
(Umbelliferae)

Eryngium kommt aus dem griechischen Wort *erryngion* = Ziegenbart, wahrscheinlich deutet dieser Name auf die Wurzelfasern der Pflanze hin, die einem Ziegenbart ähneln sollen. Die Gattung umfaßt etwa 220 Arten. Meist sind es ausdauernde Kräuter mit dornig gezähnten, gelappten oder zerschlitzten, oft gräulich oder blaugrün gefärbten Blättern. Der Blütenstand ist von einer dornigen, meist sternförmig-strahligen Hülle umgeben. Die weiß, bläulichweiß bis violett gefärbten Blüten sitzen in Köpfen oder Ähren, die von Hüllblättern umgeben sind.

E. aquaticum L.
VI–IX, so

USA. Diese Art wird 60–180 cm hoch und hat gefurchte Stengel, die sich in der oberen Hälfte verzweigen. Die Blätter sind spitzlinealisch, stengelumfassend, netzadrig und entfernt gezähnt, wobei die Grundblätter bis 90 cm lang und 4 cm breit, die Stengelblätter kleiner sind. Die weißen bis hellblauen Blütenköpfe sitzen auf kräftigen Stielen, sind kugelförmig bis eiförmig und 1–2 cm lang. Eine gleiche oder wenig größere Länge erreichen die zurückgeschlagenen Hüllblätter.

E. pandanifolium Cham. et Schlechtend.
VII–VIII, so

Südbrasilien, Argentinien. Diese Art wird 2,5 m hoch, mit 1 m langen, grasartigen, schwertförmigen, an den Spitzen dornigen Grundblättern. Die Stengelblätter werden bis 50 cm lang. Wie bei *E. aquaticum* verzweigen sich die Stengel im oberen Teil. Die Blütenköpfe sind eiförmig, haben eiförmig-spitze Hüllblätter und bestehen aus dunkelroten Blüten.

Verwendung/Ansprüche/Anzucht
Die genannten Arten sind für Freunde seltener Sumpfpflanzen zu empfehlen und gestalterisch wie Solitärpflanzen zu behandeln. An ihren heimatlichen Standorten kommen sie an feuchten Stellen und in Sümpfen vor. Ist der Boden nährstoffreich und der Standort geschützt, entwickeln sich stattliche Pflanzen. Auf Grund ihrer Größe sind sie für kleine Anlagen nicht zu empfehlen. Die beiden Arten sind frostfrei, am besten im Kalthaus, zu überwintern, wo sie den ganzen Winter über ihre Blätter behalten. Man kann sie auch in Drahtkörbe pflanzen, die im Herbst leicht aus der Erde herausgenommen werden können. Der Winterschutz muß vor allem gegen Nässe schützen. Die im Kalthaus überwinterten Pflanzen sind deshalb nur mäßig feucht zu halten. Vermehrt wird durch Aussaat.

Eupatorium L.
Wasserdost
(Compositae)

Eupatorium kommt aus dem Lateinischen, *eupatoria* ist der Name für Kunigundenkraut. Wahrscheinlich ist er von Mithriadates VI. Eupator, König von Pontus (132–63 v. Chr.), abgeleitet, der die Pflanze gegen Leberleiden verwendet haben soll. Die etwa 600 vorkommenden Arten sind meist ausdauernde, seltener einjährige Kräuter, aber auch Sträucher, die bisweilen baumartig sein können. Die Blätter sind gegen- oder quirlständig. Die kleinen purpurroten, blauen oder weißen, zwittrigen Röhrenblüten stehen in lockeren oder dichten Schirmrispen.

E. cannabinum L.
Gemeiner Wasserdost, Kunigundenkraut
VII–IX, so

Europa, Nordafrika, Syrien, Kleinasien, Iran, Kaukasus, Westsibirien. Die Pflanzen werden 50–150 cm hoch und haben stielrunde, bis zum Blütenstand unverzweigte, kurz behaarte, beblätterte Stengel. Die Blätter sind ebenfalls kurz behaart, gegenständig, gestielt und handförmig 3- bis 5 teilig gelappt. Die Blattlappen sind lanzettlich und grobgesägt. Der Blütenstand bildet eine lockere Schirmrispe. Die kleinen, walzenförmigen, gestielten Blütenkörbchen bestehen aus 4–6 Blüten von schmutzigrosa bis kupferroter Farbe. Die Sorte 'Plenum' hat purpurrosa, gefüllte Blüten.

E. coelestinum L.
VIII–X, so

USA. Die Pflanzen werden bis 1 m hoch und bilden Ausläufer. Stengel und Blätter sind fein behaart. Die Blätter sind gegenständig, breitlanzettlich, gestielt und ungleich gesägt und etwa 10 cm lang. Die Köpfchen bestehen aus 35–70 leuchtend blau oder violett gefärbten Blüten, die sich im Verblühen purpurn färben.

E. maculatum L.
VII–IX, so-hs

Atlantisches Nordamerika. Bis 2 m hohe Stauden mit meist rötlich gefleckten, selten blaugrünen, im oberen Teil oft drüsig behaarten Stengeln. 4–5, lanzettliche oder lanzettlichovale, ungleich gesägte, kurz gestielte Blätter stehen in einem Quirl am Stengel. Der Blütenstand ist eine flache, meist 2etagige Doldentraube und hat 9–30 purpurrosa Blüten in einem Köpfchen.

E. perfoliatum L.
VII–X, so-hs

Nordamerika. Die bis 1,5 m hohen Stengel sind deutlich gekraust behaart und tragen gegenständige, am Grunde vollständig miteinander verwachsene, sehr spitzlanzettliche, bis 20 cm lange, gleichmäßig gesägte und schwach behaarte Blätter. In einem Köpfchen sind 10–20 weiße Blüten. Der Blütenstand ist eine verzweigte Doldentraube.

E. rugosum Houtt.
VII–IX, so-hs

Nordamerika. Die Stengel werden 120–150 cm hoch, sind verzweigt, kahl oder flaumig behaart. Die langgestielten, ovalen, ziemlich dünnen, kahlen oder vor allem auf den Adern der Unterseite behaarten Blätter sind gegenständig, scharf grob gesägt und meist zugespitzt. Ein Köpfchen setzt sich aus 12–24 weißen Blüten zusammen.

Verwendung/Ansprüche/Anzucht
Alle Eupatorien eignen sich als große Wildstauden nur für Uferbepflanzungen größerer Anlagen und Teiche. Durch ihr wochenlang anhaltendes Blühen bis in den Oktober hinein beleben sie den Wassergarten lange mit ihren Farben und werden gern von Schmetterlingen besucht. Die Arten verlangen einen feuchten bis sumpfigen Boden, wachsen aber auch noch im normalen Gartenboden befriedigend. Vermehrt wird durch Teilung, Stecklinge oder Aussaat.

Abb. 83 Eupatorium maculatum

Abb. 84 Eupatorium perfoliatum

Euphorbia L.
Wolfsmilch
(Euphorbiaceae)

Die Gattung *Euphorbia* ist nach Euphorbus, einem Leibarzt des Königs Juba von Mauretanien (um 54 v. Chr.) benannt worden. Er soll zuerst den Saft der Pflanzen zu Heilungszwecken verwendet haben. Die Gattung umfaßt etwa 1600 Arten, Kräuter, Halbsträucher oder Sträucher, die immer giftigen Milchsaft führen. Manche Arten sind kaktusartig und fast blattlos. Die Blätter sind meist wechselständig. Die eingeschlechtigen, unscheinbaren Blüten bilden ein sogenanntes 'Cyathium', eine röhrig verwachsene Hülle von 5 Hochblättern, die wie Blütenblätter gefärbt sind. In deren Achseln befindet sich in 5 Wickeln eine Reihe männlicher, nur aus einem Staubblatt bestehender Blüten. Das Ende der Achse nimmt eine weibliche Blüte ein, die auf einem längeren Stiel steht und nur aus dem dreifächrigen Fruchtknoten zusammengesetzt ist. Als Sumpfpflanze ist die folgende Art zu verwenden.

Abb. 85 Euphorbia palustris

E. palustris L.
Sumpfwolfsmilch
V–VI, so-hs

Europa, Sibirien. Es sind 50–150 cm hohe, buschig-aufrechte Stauden mit kräftigem Wurzelstock und dicken, hohlen, nur oben ästigen Stengeln. Die Blätter sind weidenblattartig, wechselständig und sitzend. Die gelbgrünen Hochblätter der Blüten stehen in einer vielstrahligen Scheindolde. Nach der Blüte wird der Blütenstand von verlängerten, unfruchtbaren Ästen weit überragt. Die ganze Pflanze färbt sich im Herbst hellpurpurrot. Sie steht bei uns unter Naturschutz.

Verwendung/Ansprüche/Anzucht
Die Sumpfwolfsmilch ist eine dekorative Staude für die Uferzone oder den Sumpfgarten, die im Frühjahr durch ihre gelbgrünen Blüten und Hochblätter und im Herbst durch die hellpurpurrote Färbung auffällt. Man pflanzt sie am besten einzeln, benachbart mit niedrigen Sumpfpflanzen, wie *Myosotis palustris* und *Lysimachia nummularia.* Die Sumpfwolfsmilch verlangt einen nährstoffreichen Boden. Vermehrt wird durch Stecklinge, Teilung der kräftigen Wurzelstöcke oder durch Aussaat. Die Stecklinge müssen vor dem Stecken 'ausbluten'. Will man den Samen selbst ernten, empfiehlt es sich, die Samenkapseln nicht länger als unbedingt notwendig an der Pflanze zu belassen, da sie bei der Reife aufplatzen und den Samen fortschleudern. Eventuell kann man sie bis zur Vollreife durch Einbinden schützen oder man erntet die Samenkapseln sobald sie gelblich gefärbt sind.

Filipendula Mill. emend. Adans.
Mädesüß
(Rosaceae)

Der Name ist aus den lateinischen Worten *filium* = Faden und *pendulus* = hängend abgeleitet, wegen der Knollen, die an Wurzelfäden hängen. Es kommen 10 Arten vor, alle in der nördlichen gemäßigten Zone als ausdauernde Pflanzen. Sie haben einen kurzen Erdstamm, unterbrochen fiederteilige oder gelappte Blätter mit Nebenblättern und große, spirrenartige Blütenstände, die aus weißen oder purpurfarbenen Blüten, bestehend aus 5 Kronblättern und 20–40 Staubblättern, zusammengesetzt sind.

F. rubra (Hill) Robins.
Rotes Mädesüß
VI–VII, so-hs

USA. Die 1,5 m hohen Pflanzen haben einen kriechenden, wohlriechenden Erdstamm und fiederteilige Blätter, wobei die Seitenteile handförmig 3- bis 5teilig sind. Das Endblättchen ist sehr groß, 7- bis 9teilig, dessen Teile sind länglich und beiderseits schwach flaumhaarig. Die sehr zahlreich erscheinenden Blüten sind zartrose bis fleischfarben, bei der Sorte 'Venusta' purpurrosa gefärbt.

F. ulmaria (L.) Maxim.
Mädesüß
VI–VII, so-hs

Europa, Nord- und Westasien. Die etwa 2 m hohen Pflanzen haben wenigpaarig gefiederte Blätter, die aus großen, eirunden, beiderseits grünen, ungeteilten Blättern bestehen. Nur das Endblättchen ist größer und handförmig 3- bis 5spaltig. Alle Blättchen sind ungleich gesägt. Die cremefarbenen Blüten erscheinen sehr zahlreich und duften. Die Sorte 'Flore Pleno' ist gefülltblühend, 'Variegata' hat dekorativ gelb-grün gefleckte Blätter und 'Aurea' gelbgefärbte Blätter. Die Sorten werden nur etwa 80 cm hoch.

Verwendung/Ansprüche/Anzucht
Die beiden Arten eignen sich wegen ihrer Höhe nur für einen größeren Garten, wo sie auf feuchtem bis sumpfigem, nährstoffreichem Boden stehen wollen. Im Sumpfgarten oder zur Uferbepflanzung in größeren Gruppen gepflanzt, ergeben sie zur Blütezeit ein ansehnliches Bild. Ihr Laub ist zu jeder Zeit ein dekorativer Schmuck. Mädesüß wachsen auch noch in jedem nomalen Gartenboden, wenn er nicht zu trocken ist, erreichen aber nur im feuchten Boden ihre volle Größe. Die Blätter der Sorte 'Aurea' verbrennen an einem sonnigen Standort. Sie möchte deshalb schattig gepflanzt werden. Dort kommt auch die gelbe Blattfärbung besser zur Wirkung. Vermehrt wird durch Teilung und Aussaat, wobei die Sorten nur durch Teilung vermehrt werden können.

Fontinalis L.
Quellmoos
(Fontinalaceae)

Der Gattungsname ist vom lateinischen Wort *fontanus* = quellenliebend abgeleitet und weist auf ihr Vorkommen in fließenden Gewässern hin. Diese flutenden Unterwassermoose, die mehr oder weniger stark verzweigt sind, haben runde oder drei- bis fünfkantige Stengel. Die Pflanzen haften mit Rhizoiden (Haarbildungen) am Boden. Die Blätter sind eiförmig oder lanzettlich und dunkel- bis gelbgrün. Die Sporenkapsel steht fast völlig eingesenkt auf kurzen Seitentrieben. In fließenden Gewässern, aber auch in kleinen Tümpeln, ist die folgende Art anzutreffen.

F. antipyretica L.
Gewöhnliches Quellmoos
so-sch

Europa, Nordasien, Nordafrika, Nordamerika. Die Stengel sind rundlich oder dreikantig, reich verzweigt und werden bis zu 70 cm lang. Die Art ist damit das längste Laubmoos. Die Blätter sind in 3 Reihen am Stengel angeordnet und haben eine dunkel- oder olivgrüne Farbe. Die zweihäusigen Pflanzen fruchten nur sehr selten. In der Natur wird keine Landform ausgebildet.

Abb. 86 Filipendula ulmaria 'Variegata'

Abb. 87 Filipendula ulmaria 'Aurea'

Verwendung/Ansprüche/Anzucht
Das Quellmoos wird als guter Sauerstofflieferant und gute Ablaichpflanze geschätzt. Es ist wintergrün und läßt sich in einer Tiefe von etwa 30 cm mit Erfolg kultivieren. Vegetativ vermehrt wird durch abgerissene Haupt- und Seitensprosse. Die Pflanzen fanden früher zum Löschen von Bränden Verwendung, worauf sich auch der Artname *antipyretica* = gegen Feuer bezieht.

Geranium L.
Storchschnabel
(Geraniaceae)

Der Name leitet sich von dem griechischen Wort *geranos* = Kranich ab und bezieht sich auf die Form der Frucht. Es kommen etwa 300 Arten vor, besonders in der gemäßigten Zone, meist Kräuter, selten Halbsträucher, mit gegen- oder wechselständigen, gezähnten, fingerförmig gelappten oder zerschlitzten, meist mit Nebenblättchen versehenen Blättern. Die Blüten sind regelmäßig, Kelch ist dachziegelartig und fünfblättrig. Krone ist ebenfalls fünfblättrig. Die Früchtchen sind lang, nach der Spitze hin bogig zurückrollend. Für den Sumpfgarten eignet sich

G. palustre L.
Sumpfstorchschnabel
VI–VIII, hs

Mittel-, Ost- und Südeuropa, Kaukasus. Die Pflanzen werden etwa 40 cm hoch und haben nierenförmige, gestielte, bis 12 cm große, rosettig angeordnete Bodenblätter, die 5- bis 7teilig sind mit unregelmäßig eingeschnittenen oder gezähnten Abschnitten.

Der Blütenstand ist meist zweiblütig und trägt 30–35 mm große, dunkelmagentarote Blüten mit gerundeten Kronblättern.

Verwendung/Ansprüche/Anzucht
Wegen der roten Blütenfarbe ist der Sumpfstorchschnabel eine interessante Pflanze für den Sumpfgarten, die sogar noch bei einigen Zentimetern Wasserstand wächst.

Trockenere Böden werden auch toleriert. Ein halbschattiger Standort wird besser vertragen als volle Sonne. Vermehrt wird durch Teilung oder Aussaat.

Geum L.
Nelkenwurz
(Rosaceae)

Die Ableitung des Namens ist unbekannt, bei Plinius wurde eine Heilpflanze so benannt. Evtl. leitet er sich aus dem gr. *geuein* = schmecken ab, weil der Wurzelstock das früher sehr beliebte Nelkenöl enthält. Es sind ausdauernde, zum Teil ausläuferbildende Kräuter. Die gehäuften, ungleich-unpaarig gefiederten Blätter stehen grundständig. Ihre Endblättchen sind am größten. Die meist dreiblättrigen oder deckblattartigen Stengelblätter sind weniger geteilt. Die Blüten sind ansehnlich, weiß, gelb oder rot, einzeln oder meist doldentraubig, mit 5 bleibenden, fünflappigen Kelchblättern und 5 Kronblättern. In der gemäßigten Zone kommen mehr als 50 Arten vor. Für den Wassergarten ist folgende geeignet.

G. rivale L.
Bachnelkenwurz
V–VI, so-hs

Gemäßigtes Eurasien, Nordamerika. Die Pflanzen werden 30–40 cm hoch und haben flaumhaarige Stengel. Die Rosettenblätter sind unterbrochen gefiedert, das letzte Paar und das endständige Blättchen sind größer als die anderen. Die nickenden Blüten haben blaßgelbe Kronblätter, die so lang oder kürzer als der braunrote Kelch sind. Die Sorte 'Alba' hat weiße Kronblätter, bei der Sorte 'Leonard' sind sie kupferfarben und größer und bei 'Lionel Cox' cremegelb.

Verwendung/Ansprüche/Anzucht
Der Bachnelkenwurz ist eine Wiesenpflanze und eignet sich daher für feuchte Standorte in einem Wildgarten oder für den Uferbereich im Wassergarten. Nach der Blüte sind auch die haarigen Samenstände zierend. Wenn die Versamung nicht erwünscht ist, sollten sie vor der Reife abgeschnitten werden. Vermehrt wird durch Aussaat und Teilung.

Gladiolus L.
Gladiole, Siegwurz
(Iridaceae)

Der Name stammt vom lateinischen Wort *gladiolus* = kleines Schwert und bezieht sich auf die meist schwertförmigen oder linealischen Blätter. Die Gattung umfaßt etwa 250 Arten, die alle

Knollen mit einer sie umgebenden häutigen oder faserigen, meist braunen Schale ausbilden. Die Stengel sind beblättert. Die Blüten haben eine schieftrichterförmige Röhre und ungleiche Abschnitte, wobei der obere größer als der untere ist. Sie stehen in einer lockeren, meist einseitswendigen Ähre, deren lanzettliche Blütenscheiden jeweils nur eine Blüte tragen. Für den Sumpfgarten kommen nur die beiden folgenden seltenen Wildarten in Betracht, die in Deutschland unter Naturschutz stehen.

G. imbricatus L.
Wiesensiegwurz
VII, so-hs

Mittel-, Ost- und Südosteuropa, Westsibirien. Die 30–60 cm hohen Pflanzen besitzen Knollen mit parallelnervigen Faserhüllen, die nur oberwärts netzartig sind.

Die Blätter sind spitz schwertförmig und 10–15 mm breit. Die Blütenähren sind 5- bis 12 blütig und mehr oder weniger einseitswendig. Die Vorblätter der Blüten decken sich dachziegelartig. Die kleinen, bis 2 cm langen Blüten sind purpurrot, mit einem weißlich-purpurrot eingefaßten Streifen auf den 3 unteren Blütenblättern.

G. palustris Gaud.
Sumpfsiegwurz
VI–VII, so-hs

Mittel- und Osteuropa. Die 30–60 cm hohen Pflanzen besitzen Knollen mit einer stark netzigen Faserhaut aus oval bis eirunden Maschen. Die Blätter sind spitz schwertförmig und 4–9 mm breit. Auf schlanken Stielen sitzen 2- bis 6blütige, allseitswendige und im Jugendstadium stark zickzackförmige Ähren. Die Vorblätter der Blüten decken sich nicht. Die im Gegensatz zu den Gartensorten unscheinbaren, aber nicht weniger reizvollen Blüten sind purpurrot gefärbt, wobei die 3 unteren Blütenblätter einen weißlichpurpurrot eingefaßten Streifen aufweisen.

Verwendung/Ansprüche/Anzucht
Die beiden Siegwurzarten sind völlig winterhart und eignen sich im Sumpfgarten für naturhafte Pflanzungen. Mehrere Knollen, als Trupp gepflanzt, können von guter Wirkung sein, wenn sie aus einem Teppich von *Cotula coronopifolia* oder *Lysimachia nummularia* emporwachsen, nehmen sich aber auch neben einfarbig gelben *Mimulus luteus* und *Mimulus guttatus* gut aus. Die Pflanzen verlangen feuchte, kalkreiche Moorerde, wachsen aber auch in normaler Gartenerde. Je trockener der Boden ist, um so kleiner bleiben die Pflanzen und um so mehr Blüten haben sie. Nach einigen Jahren ungestörter Entwicklung entstehen kräftige Gruppen. Die Knollen pflanzt man am günstigsten im August, nachdem die Pflanzen eingezogen sind, 10 cm tief und untereinander im Abstand von etwa 12–15 cm. Die Vermehrung erfolgt durch Brutzwiebeln oder Aussaat.

Glyceria R. Br.
Schwaden, Süßgras
(Gramineae)

Im Namen steckt das griechische Wort *glykeros* = süß, wegen der süß schmeckenden Samen einiger Arten. Bekannt sind 16 ausdauernde Arten mit stielrunden, hohlen und gegliederten Halmen. Diese tragen zweizeilig angeordnete Blätter, welche aus einer röhrigen Blattscheide

Abb. 88 Gladiolus palustris

und der Blattspreite bestehen. Die am Grund knotig verdickten Blattscheiden („Halmknoten“) besitzen am Übergang zur Spreite ein häutiges Anhängsel (Blatthäutchen oder Ligula). Zur Blütezeit tragen die Stengel mehrblütige Ährchen, die zu einem rispigen Gesamtblütenstand vereinigt sind.

G. maxima (Hartm.) Holmberg
Wasserschwaden, Riesensüßgras
VII–VIII, so-hs

Europa, Sibirien, Kleinasien, Nordamerika. Das ausläuferbildende, 0,90–2,00 m hohe Gras hat aufrechte dicke Halme. Die Blätter sind frischgrün, 5–15 mm breit, oberseits und am Rand rauh und bandartig. Die Blatthäutchen sind 1–3 mm lang und abgerundet. Die 20–40 cm großen Rispen verzweigen sich stark und breiten sich nach allen Seiten weit aus. Die bis über 10 cm langen Rispenäste tragen Ährchen, die 5–8 mm lang, 5- bis 8blütig, erst hellgrün, zur Reife bräunlich sind. Für kleinere Wasserbecken eignet sich besser die Sorte 'Variegata', die nur 40–50 cm hoch wird. Im Austrieb sind die Pflanzen rötlich, die Blätter weisen eine bemerkenswerte weiß-grüne längsgestreifte Färbung auf.

Verwendung/Ansprüche/Anzucht
Die wuchskräftige Art eignet sich zur Uferbepflanzung größerer Anlagen. Schnell zu stattlichen Pflanzen heranwachsend, kann das Wasserschwadengras in kurzer Zeit größere Flächen bedecken und jeden Rahmen sprengen, wenn nicht genügend Platz zur Verfügung steht. Es wächst im flachen Wasser ebenso wie im nomalen Gartenboden. Die schwächer wachsende und auch niedriger bleibende Sorte 'Variegata' ist wegen der Blattzeichnung ein empfehlenswertes Gras für kleinere Anlagen, sollte aber vorsichtshalber in geschlossene Behälter gepflanzt werden. Der Ausbreitungsdrang dieser Sorte könnte unter Umständen auch zu groß werden. Die Vermehrung ist einfach wegen der starken Ausläuferbildung, es wird geteilt.

Gratiola L.
Gnadenkraut
(Scrophulariaceae)

Der Name leitet sich von dem griechischen Wort *gratis* = Gnade ab, wegen der Heilwirkung. Es sind einjährige oder staudige Kräuter mit aufsteigenden oder niederliegenden, stielrunden oder vierkantigen, mehr oder weniger gestreckten Stengeln. Die Blätter sind sitzend, eilänglich bis lanzettlich, zugespitzt bis abgerundet, manchmal halbstengelumfassend, am Rand gekerbt, gesägt oder glatt. Der lockertraubige, kreuzgegenständig beblätterte Blütenstand ist wenig- bis vielblütig. Die Blüten sind mittelgroß bis groß und meist aufgerichtet, einzeln in den Blattachseln sitzend, Kelch fünfzählig, Kelchblätter ziemlich lang und schmal, Krone zweilippig mit relativ langer Röhre. Die Gattung umfaßt rund 20 Arten.

G. officinalis L.
Gottesgnadenkraut
VI–VIII, so-hs

Europa, Asien, Nordamerika. Die aufrechten, bis 40 cm hohen Stengel sind 3 mm dick, leicht vierkantig, schwach rötlich, hohl und entspringen einem kriechenden Wurzelstock. Sie tragen gegenständige, ungestielte, die Basis umfassende, lanzettliche, bis 3 cm lange und 8 mm breite, am Rand gezackte Blätter. Die bis 1 cm breiten Blüten sind blaßrosa oder weiß mit rötlichen Adern. Alle Pflanzenteile sind giftig.

Verwendung/Ansprüche/Anzucht
Das Gottesgnadenkraut entwickelt im Sumpf und im flachen Wasser dichte Polster. Die Blüten erscheinen über einen langen Zeitraum. Es ist mehr eine Liebhaberpflanze für den Sumpfgarten oder die Uferzone, wächst aber auch im normalen Gartenboden. In 30–60 cm Wassertiefe werden sterile, unverzweigte Unterwasserformen mit 10–20 Blattquirlen ausgebildet. Der Boden sollte nicht zu nährstoffarm sein. Vermehrt wird vorwiegend durch Teilung oder Stecklinge, auch Aussaat ist möglich.

Gunnera L.
Gunnera
(Haloragaceae)

Die Pflanze wurde nach dem norwegischen Bischof und Botaniker Johann Ernst Gunner (1718–1773) benannt. Die Gattung umfaßt etwa 40 Arten, alle Stauden, von denen einige eine stattliche, imposante Größe von mehreren Metern erreichen, andere von nur wenigen Zentimetern. Die Pflanzen haben einen kriechenden Wurzelstock und grundständige Blätter. Die Blüten sind klein, grünlich, meist ohne Kronblätter,

Abb. 89 Gunnera magellanica

Abb. 90 Helonias bullata

zweihäusig und stehen in großen, kolbenförmigen Rispen. Die folgende Art ist eine ausgesprochene Sumpfpflanze.

G. magellanica Lam.
VIII–X, so

Südchile, Falklandinseln. Diese Art bleibt ziemlich klein, sie erreicht nur eine Höhe von 10–15 cm. Die Blätter sind rundlich oder nierenförmig, mit einem welligen, gekerbten Rand, und 6–10 cm im Durchmesser. Die männlichen Blütenstände überragen die Blätter, die weiblichen bleiben kürzer.

Verwendung/Ansprüche/Anzucht
Gunnera magellanica ist eine Pflanze für den Liebhaber seltener Sumpfpflanzen. Sie verlangt einen schlammigen Boden und, nur bedingt winterhart, einen guten Schutz aus trockenem Laub oder Reisig, wenn sie überdauern soll. Die Vermehrung geschieht durch Teilung der Wurzelstöcke, wobei jedes Rhizomstück möglichst schon bewurzelt sein sollte. Die Anzucht aus Samen ist möglich, aber langwierig.

Helonias L.
Helonie
(Liliaceae)

Der Name ist vom griechischen Wort *helos* = Sumpf abgeleitet und weist auf den Standort hin. Die Gattung umfaßt nur eine Art.

H. bullata L.
Helonie
V–VI, so-hs

Atlantisches Nordamerika. Es sind Pflanzen mit dickem, knolligem Wurzelstock und grundständigen, 20–40 cm langen, 1–5 cm breiten, dunkelgrünen, dünnen Blättern. Der 30–60 cm hohe, hohle Blütenschaft trägt bis zu 30 rosaviolette Blüten mit blauen Staubblättern.

Verwendung/Ansprüche/Anzucht
Die Helonie ist eine Pflanze für den Freund seltener Sumpfpflanzen. Am heimatlichen Standort kommt sie in Sphagnumsümpfen vor, dementsprechend gedeiht sie im Garten auch nur in sauer reagierenden torfhaltigen Böden. Vermehrt wird durch Abtrennen der Seitenknollen und durch Aussaat. Die Aussaat muß gleich nach der Reife erfolgen. Gute Keimergebnisse hat man auf kleingeschnittenem Sphagnum.

Hibiscus L.
Eibisch
(Malvaceae)

Hibiscus ist ein römischer Pflanzenname, das Wort bezeichnet eine dem Gott Ibis geweihte Pflanze. Bei den etwa 200 Arten handelt es sich um einjährige oder ausdauernde Kräuter, Sträucher oder Bäume. Alle Arten haben ansehnliche Blüten, die meist einzeln stehen und achselständig sind. Die Fruchtblätter sind strahlig angeordnet, die in scheibenförmigen Narben abschließenden Griffeläste frei und meist ausgebreitet.

H. moscheutos L.
Sumpfeibisch
VIII–X, so

Östliche Vereinigte Staaten. Die Pflanzen werden 1–1,5 m hoch und haben kräftige, aufrechte Sprosse, die nicht oder nur wenig verästelt sind. Die Blätter sind eirund, lang zugespitzt und gesägt, unterseits mit einem grauweißen

Abb. 91 Hibiscus moscheutos

Filzbelag. Die rosa, im Schlund purpurrosa gefärbten Blüten erreichen etwa 10–12 cm Durchmesser. Die Art kommt aber auch mit roten oder weißen Blüten vor. Von der japanischen Firma Sakata wurde 1971 eine F1-Hybride von *H. moscheutos* mit dem Namen 'Southern Belle' auf den Markt gebracht, in den Farben Dunkelrot, Rosarot, Rosa, Weiß mit rotem Auge und Weiß mit rosa Rand. Die Blüten dieser Hybride erreichen einen Durchmesser von 25–30 cm. Die Pflanzen werden 80–100 cm hoch. Inzwischen wurde das Sortiment um die F1-Hybride 'Disco Belle' erweitert, die buschiger und um 1/3 niedriger als 'Southern Belle' wächst. Die Blüten bleiben mit 22 cm Durchmesser ebenfalls kleiner.

Verwendung/Ansprüche/Anzucht
Dort, wo sich der Sumpfeibisch an ihm zusagenden Standorten zu stattlichen Exemplaren entwickelt hat, bildet er während der Blütezeit einen Höhepunkt im Sumpfgarten. Er eignet sich sowohl für den Sumpfgarten als auch zum Bepflanzen von Uferrändern. Wertvoll für die Gestaltung wird er wegen seiner ansehnlichen Blüten, vor allem aber wegen seiner späten Blütezeit, denn erst Bodenreif oder leichter Nachtfrost im Herbst setzen der Blütezeit ein Ende. Es ist deshalb bedauerlich, daß er bisher so wenig Beachtung fand. Im Winter frieren die oberirdischen Triebe bis auf den Grund zurück, um dann im nächsten Frühjahr wieder neu auszutreiben, aber erst spät, etwa Anfang bis Mitte Mai. Obwohl der Sumpfeibisch relativ frosthart ist, sollten die Pflanzen an ungünstigen Standorten einen leichten Winterschutz aus Reisig erhalten. Die Pflanzen entfalten leider nicht jedes Jahr ihre volle Schönheit. Durch ungünstige Herbstwitterung kann die Entwicklung der Blüten gehemmt werden, und die Blüte setzt dann zu spät ein, um sich noch vor den ersten Nachtfrösten voll entwickeln zu können. Die geöffneten Blüten werden auch durch lang anhaltenden Regen geschädigt. In einem Jahr mit einem trockenen und warmen Herbst wird man aber für eventuelle Mißerfolge aus vorangegangenen Jahren voll entschädigt.

Sumpfeibisch stehen am besten solitär oder vor anderen hohen Stauden bzw. Gehölzen, die zur Hibiscusblüte im Herbst schon verblüht sind.

Die F1-Hybriden 'Southern Belle' und 'Disco Belle' stellen etwas andere Ansprüche als die Art. Wegen ihrer enorm großen Blüten sind sie auffallende und dekorative Kübelpflanzen. Da sie nicht frosthart sind, müssen sie frostfrei überwintert werden. Entweder werden deshalb die ausgepflanzten Exemplare aus dem Boden herausgenommen oder hoch mit trockenem Laub und Reisig abgedeckt, so daß kein Frost an die Pflanzen kommen kann. Die Hybriden wollen nicht so feucht stehen wie die Art, sie bevorzugen normalen Gartenboden.

Die Vermehrung der Art erfolgt durch Aussaat, Sommerstecklinge oder Teilung der Pflanzen im Frühjahr. Die F1-Hybriden werden durch Aussaat vermehrt, wobei das Saatgut aus einem Spezialbetrieb bezogen werden muß. Ausgesät wird im Januar/Februar bei etwa 20 °C. Die Sämlinge werden einzeln in Töpfe pikiert und bei entsprechender Größe umgetopft, bis sie Mitte Mai ins Freiland oder in Kübel gepflanzt werden können. Im Herbst des gleichen Jahres setzt dann schon die Blüte ein. Die großen Blüten der Hybriden sind noch empfindlicher als die der Art.

Hippuris L.
Tannenwedel
(Hippuridaceae)

Der Name ist aus den griechischen Worten *hippos* = Pferd und *oura* = Schwanz abgeleitet und verweist auf die Gestalt der Sprosse. Es kommt nur eine staudig wachsende Art vor.

H. vulgaris L.
Tannenwedel
VI–VIII, so-hs

Europa, Westasien, Nordamerika, antarktisches Südamerika, Australien. Es ist eine 10–50 cm hohe Wasserpflanze mit kriechendem, verzweigtem Wurzelstock, röhrigem Stengel und quirlig angeordneten, waagerecht abstehenden, linealischen, bis 2 cm langen und bis 3 mm

breiten, dunkelgrünen Blättern. Je Blattquirl stehen 6–12 Blätter. Die zwittrigen, nur aus einem Staubblatt und einem Fruchtknoten bestehenden Blüten sind klein, unscheinbar und sitzen einzeln in den Blattachseln der Luftblätter. Sie sind grün gefärbt.

Verwendung/Ansprüche/Anzucht
Durch die nadelartigen Blätter und ihr tannenwedelartiges Aussehen ist *Hippuris* eine dekorative Pflanze für den Sumpf- und Wassergarten. Ein Standort in flachem Wasser (bis 20 cm) ist am günstigsten, doch erreichen die Pflanzen selbst aus einer Tiefe von 1 m die Wasseroberfläche. In kalkhaltigem Wasser und nährstoffreichem Boden entwickeln sie sich besonders üppig. Ihre Eigenschaft, stark zu wuchern, läßt es ratsam erscheinen, das Wachstum der Pflanzen immer unter Kontrolle zu halten. Besser pflanzt man aber gleich in gesonderte Behälter, die ein unerwünschtes Ausdehnen verhindern. Sie passen gut zwischen die verschiedenen Schwimmblattpflanzen in der Flachwasserzone, wie *Hydrocharis*, *Nymphoides* oder *Polygonum amphibium*. Die Vermehrung erfolgt durch Abtrennen der Ausläufer oder Stecklinge.

Abb. 92 Hippuris vulgaris

Hottonia L.
Wasserfeder
(Primulaceae)

Die Gattung wurde nach den holländischen Botaniker Peter Hotton (1648–1709) benannt. Bekannt sind 2 Arten, beide Schwimmpflanzen, die untergetauchte, kammförmig gefiederte Blätter haben. Die weißen bis schwach rosa gefärbten Blüten stehen quirlständig an einem aufrechten Schaft. Nach der Blüte krümmen sich die Blütenstände nach unten, wobei die Samen unter Wasser ausreifen.

H. inflata Ell.
Amerikanische Wasserfeder
VI–VIII, so-hs

Atlantisches Nordamerika. Die ausdauernden Pflanzen haben bis 60 cm lange, im Schlamm wurzelnde Sprosse, die untergetaucht, dicht beblättert und verzweigt sind. Die Blätter sind ungestielt, eiförmig und in 1–5 cm lange und 1–2 mm breite Fieder geteilt. An den Enden der Triebe stehen mehrere Blütenschäfte, die, büschelförmig angeordnet, sich teilweise aus dem Wasser erheben. Diese sind hohl, gegliedert, an den Knoten auffallend eingeengt und 7–20 cm hoch. Die weißen Blüten erscheinen in 2- bis 10blütigen Quirlen. Ihre 0,5–2,5 cm langen Stiele stehen waagerecht vom Blütenschaft ab.

H. palustris L.
Wasserfeder, Wasserprimel
V–VI, so-hs

Europa, Kleinasien, Sibirien. Die einheimische Art unterscheidet sich von der oben beschriebenen durch längere Sprosse, die bis zu 1 m lang werden können. Ihre Blätter sind 7–12 cm lang, 3–9 cm breit, grob kammförmig gefiedert und an den Sproßenden rosettenförmig angeordnet. Kurz unter der Wasseroberfläche teilen sich die Sprosse in quirlig stehende Äste. Die Blütenschäfte sind 15–40 cm hoch und in 3- bis 6blütige, entfernt stehende Quirle untergliedert. Die Blüten sind schwachrosa mit gelbem Schlund. Sie steht unter Naturschutz.

Verwendung/Ansprüche/Anzucht
Die Wasserfeder gedeiht überall dort, wo sie sich mit ihren Wurzeln im Bodengrund verankern kann, deshalb ist ein flacher Wasserstand am günstigsten. Zu kalkhaltiges Wasser ist ungeeig-

net. Diese zarte Pflanze besitzt nicht die Verdrängungskraft wie andere Flachwasserpflanzen, von denen man sie freihalten muß, damit sie sich zu einem Bestand entwickeln kann. Ihre primelähnlichen Blüten kommen zu mehreren auch noch besser zur Wirkung und sind in ihrer Form und Mehrfarbigkeit so schön, daß sie keine weiteren Partner nötig haben. Die Vermehrung dieser Unterwasserpflanze erfolgt durch Teilung der Sprosse und durch Aussaat.

Houttuynia Thunb. corr. Thunb.

Houttuynie

(Saururaceae)

Die Gattung ist nach dem holländischen Arzt und Naturwissenschaftler Martin Houttuyn (1720–1794) benannt. Sie umfaßt nur eine Art.

H. cordata Thunb.

Herzblättrige Houttuynie

VI–VIII, so-hs

Japan, China, Himalaya, Java. *H. cordata* ist eine Sumpfstaude, die 30–70 cm hoch wird und Ausläufer bildet. Ihre Stengel sind verzweigt und tragen 6–10 cm lange und ebenso breite, herzförmige, gestielte, unterseits oft rötlich gefärbte, wechselständig angeordnete Blätter. Die kleinen Blüten stehen in 2–2,5 cm langen, zylindrischen Ähren. Vier weiße, rundliche, blumenblattähnliche Hochblätter schützen die Blütenstände. Es sind auch die beiden Sorten 'Flore Pleno' mit gefüllten Blüten und 'Chamäleon' mit gelb-grün-rot dreifarbig gefleckten Blättern im Handel.

Abb. 93 Hottonia palustris

Abb. 94 Houttuynia cordata 'Chamäleon'

Verwendung/Ansprüche/Anzucht

Die herzblättrige Houttuynie ist eine Sumpfpflanze, die im Winter eine Laub- oder Reisigdecke als Frostschutz braucht, wenn auch eingewurzelte Pflanzen manchen Winter ohne Schutz überleben. In England ist die buntlaubige Sorte ein gern gepflanzter Bodendecker für nicht zu trockenen Boden. Man kann auch einige Pflanzen im Herbst eintopfen und bei 5–10 °C hell und mäßig feucht überwintern. Ab Mai können sie dann wieder in das Freiland gepflanzt werden. Es wird auch flacher Wasserstand von etwa 5–10 cm vertragen. Ein kühler Sommer sagt den Pflanzen nicht besonders zu. Sie entwickeln sich dann nur zu schwach blühenden Exemplaren. Die Vermehrung erfolgt durch Teilung der kriechenden Wurzelstöcke.

Hydrocharis L.

Froschbiß

(Hydrocharitaceae)

Der Name ist aus den griechischen Worten *hydor* = Wasser und *charis* = Freude, Zierde zusammengesetzt, bezeichnet also wasserzierende Pflanzen. Die 2 vorkommenden Arten sind zweihäusige, ausdauernde, ausläuferbildende Schwimmpflanzen, die rosettig angeordnete, langgestielte, herzförmig-runde Blätter haben.

H. morsus-ranae L.
Froschbiß
VI–VIII, so-hs

Europa, Sibirien, Nordafrika. Die Pflanzen entwickeln dünne Ausläufer, an deren Enden neue Rosetten gebildet werden. Die Blätter werden mit Stiel bis 15 cm lang, erreichen einen Durchmesser von 2,5–6 cm und schwimmen auf der Wasseroberfläche. Die Wurzeln, die sich im flachen Wasser im Boden verankern können, entspringen der Basis einer Blattrosette. Im Herbst entwickeln sich 5–10 mm lange, eiförmige, feste Winterknospen, die zuletzt abfallen und auf den Boden sinken, um dort zu überwintern. Im Frühjahr Ende April bis Anfang Mai entstehen daraus neue Blattrosetten, die an die Wasseroberfläche steigen, anfangs sehr klein sind aber schnell an Größe gewinnen. Die männlichen Blüten sitzen zu dritt in einer zweiblättrigen Scheide, die 1–6 cm langgestielt ist. Sie haben je 3 runde Kelchblätter und weiße, am Grunde gelbe, 1,5 cm lange Kronblätter. Die weiblichen Blüten befinden sich einzeln in einer einblättrigen Scheide, die 3–8 cm langgetsielt ist, mit ebenfalls je 3 Kelchblättern und weißen Kronblättern. Die Kronblätter haben am Grunde eine Honigdrüse und sind mit 10–12 mm Länge etwas kleiner als die männlichen Blüten. Sie gleichen winzigen Seerosen.

Verwendung/Ansprüche/Anzucht
Der Froschbiß ist eine Schwimmpflanze, die in jedem Wasserbecken gedeiht, wenn das Wasser nicht zu kalkhaltig ist. Seinen Nährstoffbedarf deckt er zum überwiegenden Teil direkt aus dem Wasser mit Hilfe der langen Wurzeln. Da er am natürlichen Standort z. B. zwischen Röhricht vorkommt, setzt man ihn auch im Wassergarten am besten zwischen Binsen, Rohrkolben oder Hechtkraut oder läßt ihn auf der Wasseroberfläche umherschwimmen und durch den Wind umhertreiben. Die feinen Haarwurzeln haben eine große Filterwirkung, so daß ein größerer Bestand für klares Wasser sorgt. Auch halten sich gern kleine Fische in den Wurzelbüschen auf.

Die Vermehrung erfolgt durch Abtrennen der Adventivpflanzen.

Abb. 95 Hydrocharis morsus-ranae

Hydrocleys, L. C. Rich.
Wassermohn
(Butomaceae)

Der Gattungsname ist aus den griechischen Worten *hydor* = Wasser und *kleis* = Schlüssel abgeleitet. Von diesen ausläuferbildenden Schwimmpflanzen gibt es drei Arten, die alle Milchsaft führen. Ihre Stengel sind von langen Blattscheiden eingehüllt und bilden an den Knoten Wurzeln, die sich im Boden verankern können. Die Blätter sind rund oder herzförmig und haben deutlich erkennbare, an der Spitze zusammenlaufende Blattnerven. Die großen Blüten stehen einzeln auf langen Stielen.

H. nymphoides (Humb. et Bonpl. ex Willd.) Buchenau
Wassermohn, Wasserschlüssel
VI–X, so

Tropisches Südamerika. Die Pflanzen bilden bis 1 m lange Ausläufer, die im flachen Wasser im Boden wurzeln, kriechen oder im Wasser frei schwimmen. Ihre Blätter liegen auf der Wasseroberfläche. Sie sind glänzendgrün, oberseits mit unregelmäßig verstreuten, rötlichen oder bräunlichen Flecken, dick, lederartig, oval und am Grunde herzförmig ausgerandet. Die im Durchmesser 4–5 cm großen Blüten stehen etwa 10 cm über der Wasseroberfläche. Sie bestehen aus 3 gelben, am Grunde rotbraun gefärbten Blütenblättern und violetten bis purpurroten Staubgefäßen.

Verwendung/Ansprüche/Anzucht
Der Wassermohn ist eine reichblühende Schwimmpflanze. Die Blüten sind nur einen Tag geöffnet, sie werden aber täglich durch neuerblühende ersetzt. Zusammen mit weiß- und rotblühenden Zwergseerosen kann man mit dem Wassermohn prächtige Vegetationsbilder schaffen. Da seine Heimat das tropische Südamerika ist, sind die Pflanzen unter unseren Bedingun-

gen nicht winterhart. Sie können aber ohne Bedenken in den Sommermonaten (nicht vor Ende Mai!), wenn die Wassertemperatur etwa 18 °C beträgt, im Freiland gehalten werden, wo sie sich bei zusagender warmer Witterung üppig entwickeln und reichlich blühen. Es werden bis etwa 30 cm Wasserstand vertragen. Wie bei allen tropischen Wasserpflanzen wird weiches Wasser bevorzugt. Die Pflanzen werden in flachen Schalen mit Erde und bei etwa 1 cm Wasserstand überwintert. Die Schalen sind hell und bei 8–12 °C aufzustellen.

Gelegentliches und kurzzeitiges Absinken der Temperatur auf etwa 5 °C wird ohne Schaden vertragen. Die Vermehrung erfolgt durch Abtrennen der Adventivsprosse, wobei auch eine Aussaat möglich ist.

Hydrocotyle L.
Wassernabel
(Umbelliferae)

Im Namen stecken die beiden griechischen Worte *hydor* = Wasser und *cotyle* = Napf, Schüsselchen, Nabel, weil die Blätter oberseits etwas vertieft sind. Die Gattung umfaßt etwa 50–60 Arten, einjährige oder ausdauernde Kräuter mit kriechenden oder aufrecht wachsenden Stengeln. Die Blüten sind fünfzählig, strahlig, klein, unscheinbar, haben einen stark zurückgebildeten Kelch und stehen in achselständigen Dolden.

H. bonariensis Com. ex Lam.
VII–VIII, so-hs

Südliches Nordamerika, Mittel- und Südamerika. Die Art ist ausdauernd und hat kriechende Stengel, aufrechte, bis 7 cm lange Blattstiele und schildförmige, eirunde, am Rand unregelmäßig gekerbte oder ganz entfernt gelappte, 15- bis 20nervige Blätter, die 1–2,5 cm lang und 1,3–3,5 cm breit sind. Die quirlig verzweigten Blütenstände tragen je Quirl 6 Blüten, sie sind gleich hoch oder doppelt so hoch wie die Blätter und etwa 5 cm breit.

Abb. 96 Hydrocotyle bonariensis

H. vulgaris L.
Gemeiner Wassernabel
VII–VIII, so-hs

Europa, Nordafrika. Die ausdauernden Pflanzen werden 10–15 cm hoch. Sie haben kriechende, fadenförmige Stengel, die an den Knoten Wurzeln bilden. Die Blätter sind langgestielt, schildförmig, kreisrund, etwa 2 cm groß, 6- bis 10nervig, schwach gekerbt und wechselständig. Die Blüten stehen in kopfigen Dolden, einzeln oder zu mehreren in den Blattachseln. Ihre Kronblätter sind sehr klein, weiß bis rötlich.

Verwendung/Ansprüche/Anzucht
Der Gemeine Wassernabel ist eine bescheidene, niedrige Pflanze für den Sumpfgarten, der sauren Boden liebt. Er gehört deshalb in kleine Anlagen. Durch die Ausläufer können aber mit der Zeit größere Polster entstehen. *H. bonariensis* ist in allen Teilen größer und wirkt dadurch ansprechender. Auch sind bei dieser Art die Blütenstände auffallender. Im Gegensatz zum Gemeinen Wassernabel ist diese Art in strengen Wintern nicht immer hart. Es empfiehlt sich, immer eine kleine Gruppe frostfrei und hell zu überwintern, damit der eventuelle Ausfall im Frühjahr ersetzt werden kann. Beide Arten ertragen auch flachen Wasserstand. Bei tieferem Wasser, d. h., wenn die Blätter auf der Wasseroberfläche schwimmen oder untergetaucht sind, blühen die Pflanzen nicht. Die Vermehrung erfolgt durch Teilung der kriechenden Stengel.

Hymenocallis Salisb.
Schönhäutchen
(Amaryllidaceae)

Der Gattungsname leitet sich aus den griechischen Wörtern *hymen, hymenos* = Haut, *kallos* = schön ab. Es sind Pflanzen mit Zwiebeln oder Zwiebelstamm und einem nicht hohlen Stamm. Die Blätter sind riemenförmig oder ziemlich breit und umschließen scheidenartig den Unterteil des Blütenschaftes. Die zwei äußeren Hüllblätter sind fast trockenhäutig. Die weißen, selten hellgelben Blüten haben durch lange und schmale äußere Segmente eine spinnenähnliche Form,

Abb. 101 Iris laevigata 'Variegata'

Abb. 102 Iris laevigata 'Yaguruma'

- 'Usugumo' – weiß, vereinzelt kleine violette Punkte, gefüllt,
- 'Variegata' – blauviolett, weiß-grün gestreifte Blätter, sehr dekorativ,
- 'Violet Parasol' – violettblau, gefüllt,
- 'Weymouth Blue' – blauviolett,
- 'Weymouth Midnight' – dunkelblauviolett, gefüllt,
- 'Yaguruma' – weiß, blau gepunktet, gelbe Mittellinien, gefüllt,
- 'Yoiyami' – blauviolett,
- 'Yume-no-izumi' – weiß, breite Blütenblätter,
- 'Zambesi' – hellblau.

I. pseudacorus L.
Sumpfschwertlilie, Wasserschwertlilie
V–VI, so

Europa, Westasien, Nordafrika. Die 80–100 cm hohen und bei uns unter Naturschutz stehenden Pflanzen haben 2–3 cm breite, grasgrüne Blätter. Der Blütenstengel ist verzweigt, mehrblütig und trägt hellgelbe, zur Mitte dunkelgelb werdende Blüten. Ihre Domblätter sind schmal, aufrecht, etwa 2 cm lang, die Hängeblätter größer und rotbraun geadert. Oft stehen die Blüten zwischen den Blättern. In Kultur sind neben der Art noch folgende Sorten:

Abb. 103 Iris laevigata 'Satuki-no-sora'

Abb. 104 Iris laevigata 'Unjo-no-tsuki'

Abb. 105 Iris 'Chance Beauty'

Abb. 106 Iris 'Holden Clough'

- 'Alba' – cremeweiß,
- 'Beuron' – goldgelb, bis 1,20 m hoch, leicht überhängende Blätter, tetraploid,
- 'Blackleg' – gelb, Stengel violett gefärbt,
- 'Donau' – goldgelb, tetraploid,
- 'Double' (syn. 'Flore Pleno') – gelb, gefüllt blühend, sieht mehr eigenartig aus als schön,
- 'E. Turnipseed' – cremeweiß,
- 'Golden Queen' – sattgelb, ohne Adern auf den Hängeblättern,
- 'Ilgengold' – sattgelb, 1 m hoch, Blätter steif aufrecht, tetraploid,
- 'Ivory' – hellgelb,
- 'Linda West' – cremeweiß, im Herbst manchmal Nachblüte,
- 'Nanus' – gelb, nur 50–70 cm hoch,
- 'Nearest to White' – fast weiß, aus Japan,
- 'Primrose Monarch' – gelb, 150–200 cm hoch,
- 'Roccapina' – goldgelb, blüht, wenn alle anderen Sorten bereits verblüht sind,
- 'Sulphur Queen' – schwefelgelb, fahlbraune Zeichnung auf den Hängeblättern, Blüten stehen über dem Laub, diese Naturform wurde in Nordwales gefunden,
- 'Sun Cascade' – gefüllt, aber nicht so stark wie bei 'Double',

Abb. 107 Iris pseudacorus 'Sun Cascade'

Abb. 108 Iris 'Berlin Tiger'

- 'Tiggah' – gelb, runde Hängeblätter,
- 'Variegata' – gelb, Blätter im Frühjahr gelbgrün längsgestreift, nach der Blüte vergrünend,
- 'Wychwood Multifloral' – gelb, 14–18 Blüten je Stengel.

Die tetraploiden Sorten wurden von Eckard Berlin gezüchtet. Ihre Blüten haben wesentlich bessere Eigenschaften als die der Art, sie sind größer, die Blütenblätter stehen fast waagerecht ab und haben eine festere Substanz.

Durch Einkreuzung mit anderen Arten sind sogenannte Iris-Pseudacorus-Hybriden entstanden, von denen manche sehr schöne Blüten haben. Beispiele sind:

- 'Appointer' – ('Berlin Tiger' × 'Mysterious Monique'), blauviolett mit etwas gelber Zeichnung auf den Hängeblättern, reichblütig, wüchsig,
- 'Berlin Tiger' – (Sämling aus 'Holden Clough'), gelb, braun geaderte Blüten, reichblütig,
- 'Chance Beauty' – (*I. pseudacorus* × *I. ensata*), große gelbe, braun geaderte Blüten, bis 120 cm hoch,
- 'Holden Clough' – (*I. pseudacorus* × *I. virginica*?), gelb, braun geadert, halb immergrün,
- 'Holden's Child' – (*I. pseudacorus* × *I. virginica*?), rötlichpurpur,
- 'Phil Edinger' – (Sämling aus 'Holden Clough'), gelb, rotviolett geadert,
- 'Regal Surprise' – (*I. pseudacorus* × *I. versicolor*), blauviolett, gelbes Saftmal,
- 'Roy Davidson' – (Sämling aus 'Holden Clough'), gelb, rotviolett geadert.

I. versicolor L.
Amerikanische Sumpfschwertlilie
VI–VII, so

Östliches Nordamerika. Die Blätter der 60–70 cm hohen Pflanzen weisen keine Mittelrippe auf, sie werden etwa 2 cm breit. Die violettpurpur gefärbten, 6–8 cm großen Blüten haben waagerecht abstehende Hängeblätter mit einem weißgelben, violett geaderten Grund und sehr schmale, schräg stehende Domblätter, die halb so lang wie die Hängeblätter werden. Die Art variiert in der Blütenfarbe, so daß etliche Sorten ausgelesen worden sind. Im Handel sind folgende:

- 'Between the Lines' – weißer Grund mit blauvioletten Adern,

Abb. 109 Iris versicolor 'Mint Fresh'

- 'Candystriper' – rosarot,
- 'Cat Mousam' – violettpurpur, reichblütig, größer als die Art,
- 'China West Lake' – violett, aus dem Hangshou Botanic Garden in China,
- 'Double Pink' – rosa, gefüllt blühend,
- 'Faded Jeans' – weiches Purpur,
- 'Kermesina' – rötlichviolett,
- 'Little Rhyme' – weiß, nur 30 cm hoch,
- 'Mar-Jan' – weinrot,
- 'Mint Fresh' – weißer Grund mit magentaroten Adern,
- 'Murrayana' – weiß, in Neufundland gesammelt,

Abb. 110 Iris 'Regal Surprise'

Abb. 111 Iris versicolor 'Mysterious Monique'

Abb. 112 Iris versicolor 'Shape Up'

- 'Mysterious Monique' – dunkelviolett, fast schwarz, klar begrenztes weißes Signal, auffallend,
- 'Party Line' – rosaviolett mit dunkleren Adern,
- 'Pink Peaks' – dunkelrosa,
- 'Rougette' – samtig rotviolett,
- 'Shape Up' – violett, schräg aufrechtstehende Hochblätter,
- 'Vernal' – orchideenrosa,
- 'Versicle' – weiß, hellblau geadert, kleinblütig, Blütenstengel dreifach verzweigt,
- 'Version' – rosa, kleinblütig,
- 'Whodunit' – weiß mit violetter Aderung,
- 'Wild Hearts' – orchideenrosa.

Durch Kreuzung mit anderen Arten sind ebenfalls Hybriden entstanden. Im Handel sind

- 'Aquatic Alliance' – (*Iris versicolor* × *I. laevigata* = Iris-Versilaev-Hybride) hellviolett,
- 'Berlin Versilaev' – (Iris-Versilaev-Hybride) rotviolett, reichblütig, wüchsig,
- 'Oriental Touch' – (*Iris versicolor* × *I. ensata* = Iris-Versata-Hybride) samtblau.

Abb. 113 Iris 'Aquatic Alliance'

Verwendung/Ansprüche/Anzucht
Alle 3 Arten und ihre Sorten wachsen am besten ganzjährig bei einigen Zentimetern Wasserstand. Sie gehören deshalb in die Uferzone des Wassergartens. Nährstoffreicher Boden fördert das Wachstum, da die Pflanzen stark zehrend sind. Als einzige Art muß *Iris laevigata* ganzjährig im flachen Wasser (bis 10 cm tief) stehen, die anderen beiden Arten wachsen auch im normalen Gartenboden, wenn er nicht zu trocken ist. Die Hybriden mit *laevigata*-Blut können ebenfalls im flachen Wasser stehen, alle anderen Hybriden wollen nur feuchten Boden haben. *I. versicolor* ist das amerikanische Gegenstück zur einheimischen *I. pseudacorus.* Sie wächst dort an gleichen Standorten. Vermehrt wird durch Rhizomteilung im Frühjahr oder Herbst. Die reinen Arten lassen sich auch durch Aussaat vermehren.

Arten, die einen feuchten Boden bevorzugen:

I. brevicaulis Raf.

(syn. *I. foliosa* Mackenz. et Bush, *I. hexagona* Elliott non Walt.)
VI, so

USA. Die kräftig wachsenden, 40–60 cm hohen Pflanzen haben 2–5 cm breite Blätter. Ihre Blütenstengel sind zickzackförmig gebogen und tragen purpurblaue bis hellviolettblaue Blüten mit schmutzigweißem Fleck. Sie kommen oft nicht über das Laub hinaus. Die Hängeblätter sind 7,5–9,5 cm lang und bis 3 cm breit, die Domblätter kürzer und lanzettlich.

I. bulleyana Dykes

VI–VII, so

Westchina, Nordburma. Lange war die Herkunft dieser Art unklar und man vermutete eine Hy-

bride zwischen *I. forrestii* und *I. chrysographes.* Angeblich wurde die Art 1910 in Westchina entdeckt, von späteren Pflanzenexpeditionen aber nicht mehr aufgefunden. Dieser Hybridcharakter wurde auch durch die Tatsache unterstrichen, daß die *Iris* nicht samenecht ist. Neuere Untersuchungen haben ergeben, daß die *Iris bulleyana* der Gärten wirklich eine Naturhybride aus beiden o. g. Arten ist und so auch von Dykes beschrieben wurde. Forschungsreisen nach China in den letzten Jahren konnten die echte *I. bulleyana* ausfindig machen, die am Naturstandort und auch als Sämlinge sehr uniform sind. Die Botaniker sind sich noch nicht darüber einig, ob die von Dykes beschriebene Pflanze eine Hybride zwischen der echten *I. bulleyana* und *I. forrestii* ist und ob die echte Art nun einen neuen botanischen Namen bekommen muß. Dieses bedarf noch einiger Untersuchungen. Die Pflanzen werden 45–60 cm hoch und haben glänzend grüne Blätter, die nach unten graugrün werden. Die Blütenstengel sind nicht verzweigt und tragen 5,5–6,5 cm große, hell- bis mittelviolettblaue Blüten ohne gelben Unterton. Die Hängeblätter sind 4,5–5,5 cm lang, die Domblätter mehr oder weniger aufrecht.

I. chrysographes Dykes
VI, so

Südwestchina. Die Blätter sind schmal, bis etwa 12 mm breit, beidseitig graugrün und 40–60 cm lang. Die Blüten sind dunkelviolett und haben eine goldgelbe, klar abgegrenzte, breite Zeichnung. Der Artname deutet schon darauf hin (griechisch *chryso* = goldig, *graphis* = gezeichnet). Die Blütenfarbe dieser Art variiert sehr. Am heimatlichen Standort ist eine schöne, schokoladenpurpurfarbene Form gefunden worden, die keinen gelben Streifen hat. Sie wird unter dem Namen 'Rubella' gehandelt. 'Black Form' hat fast schwarzviolette Blüten. Aus Kreuzungen von *Iris chrysographes* mit *I. forrestii*, *I. delavayi* und anderen Arten der 40chromosomigen *Iris sibirica*-Gruppe entstanden viele schöne Hybriden, die großblütiger und höher im Wuchs sind, wie 'Margot Holms', purpurrot mit gelber Zeichnung auf den Hängeblättern und 'Mirza Citronella', gelb.

I. clarkei Bak.
VI, so

Osthimalaya. Die Pflanzen werden 50–60 cm hoch und haben 1,5–2 cm breite, oberseits glänzende, unterseits blaugrüne Blätter, die zur Blütezeit gleich hoch mit den Blüten sind. Die Blütenstengel sind 2- bis 3fach verzweigt, nicht hohl und tragen 6,5–7,5 cm große, in der Farbe zwischen Mittelblau und Purpurrot variierend. Auf dem oberen Teil der Hängeblätter befindet sich ein auffallender weißer Fleck. Die Domblätter sind gewellt und fast waagerecht stehend.

I. delavayi Mich.
VI–VII, so

Südwestchina. Diese 1–1,20 m hohen Pflanzen tragen verzweigte Blütenstengel, die hohl sind und weit über die etwa 1 cm breiten, graugrünen Blätter hinausragen.

Die Blüten sind 7–9 cm groß, dunkelviolett mit weißem Fleck und weißer Zeichnung auf den 6–7,5 cm langen Hängeblättern. Die Domblätter sind schmallanzettlich und schräg stehend.

I. dykesii Stapf
VI, so

Über diese Art ist wenig bekannt, sie ist wahrscheinlich eine Hybride, evtl. zwischen *I. chrysographes* und *I. delavayi.* Einen Naturstandort kennt man nicht. Im Wuchs ist sie robuster als *I. chrysographes.* Die graugrünen, etwa 1,8 cm breiten und 80 cm hohen Blätter stehen in gleicher Höhe wie die unverzweigten Blütenstengel. Die Blüten erreichen einen Durchmesser von 6,5–8,5 cm, sind leuchtend dunkelpurpurviolett mit weißgelber Aderung auf den Hängeblättern. Die Domblätter sind etwas nach innen geneigt.

I. ensata Thunb. (syn. I. kaempferi Lem.)
Japanische Prachtiris
VI–VII, so

Japan, Mandschurei, China, Korea. Die 60–80 cm hohen Pflanzen haben schmale, spitz zulaufende, frischgrüne Blätter mit auffallender, elastischer Mittelrippe. Der Blütenstengel ist mehrblütig (bis 3blütig) und hat meist einen Seitenzweig. Die über dem Laub stehenden Blüten besitzen 3 große, rundliche bis breitovale Hängeblätter, die 3 Domblätter sind schmal, kurz und waagerecht abstehend. Die Blütenfarbe ist rötlich- bis bläulichpurpur. Durch Züchtung, vor allem in den USA und Japan, entstand eine kaum übersehbare Anzahl von Sorten. Bei man-

Abb. 114 Iris-Kaempferi-Hybride 'Gracieuse'

Abb. 115 Iris-Kaempferi-Hybride 'Iedo Mishiski'

chen sind die Dom- und Hängeblätter gleichgestaltet, so daß dann scheinbar 6 vorhanden sind (diese werden als gefüllt bezeichnet). Das Farbenspektrum deckt fast alle Farben ab, sogar gelbe Töne kommen bei Hybriden mit *I. pseudacorus* vor. Es gibt Sorten mit kleinen Blüten und solche mit bis zu 20 cm großen. Die Züchtungen werden als Iris-Kaempferi-Hybriden bezeichnet.

Im folgenden sind einige Züchtungen aufgeführt, die einen Einblick in die Farbenvielfalt geben.

- 'Arthur Hazzard' – dunkelrotviolett, dünner weißer Rand,
- 'Ashi-no-Ukifune' – weiß, gerüscht, blauviolett geadert,
- 'Bellender Blue' – dunkelblauviolett,
- 'Blue Pompon' – dunkelblau, gefüllt,
- 'Burbot' – weiß, gefüllt,
- 'Calamari' – weiß mit dünnen violetten Adern,
- 'Capaneus' – samtig weinrot, gefüllt,
- 'Capitol Dandy' – weiches Hell-Lavendel-Pink mit dunklen Adern,
- 'Cascade Spring Dress' – weiß, gerüscht, violett gerandet und gepunktet, gefüllt,
- 'Dace' – weiß, gefüllt,
- 'Dainagon' – hellblau, dunkel geadert, gefüllt,
- 'Dark Intrige' – dunkelweinrot, weißer dünner Rand, gefüllt,
- 'Darling' – zart lilarosa,
- 'Gracieuse' – weiß mit blauem Rand,
- 'Howard D. Brooks' – sattviolett mit weißen Linien,
- 'Iedo Mishiski' – purpurrot,
- 'Joan Trevithick' – lavendelrosa,
- 'Kimono' – weiß mit violett,
- 'Michio' – mittelblau, weiße Mitte und hellblaue Strahlen,
- 'Midnight Stars' – samtig rotpurpur, leuchtend gelbes Signal, gefüllt,
- 'Popular Acclaim' – weiß, Domblätter dunkelviolett mit weißem Rand,
- 'Prairie Peace' – weiß mit hellvioletten Adern, gefüllt,
- 'Purple Plus' – dunkelblaupurpur, 9 Blütenblätter,
- 'Rose Queen' – rosa, kleinblütig,
- 'Ruffled Dimity' – weiß mit dunkelblauen Adern, gefüllt,
- 'Springtime Showers' – weiß, stark rotviolett und purpur gefleckt,
- 'Taffeta and Velvet' – samtig dunkelpurpur, gerüscht,
- 'Variegata' – violett, kleinblütig, Blätter weißgrün längsgestreift,
- 'Velvet Queen' – tiefblau,
- 'Wisteria Shadow' – weiß mit hellblauer Schattierung, gefüllt.

I. foetidissima L.

VI, hs-sch

Mittelmeerländer, Westeuropa. Die Blätter sind dunkelgrün, etwa 2,5 cm breit, wintergrün und 35–55 cm hoch mit deutlich linealer Aderung.

Abb. 116 Iris foetidissima

Der Blütenstengel wird 30–60 cm hoch, zur Blütezeit unverzweigt, zur Samenreife verzweigt auswachsend. Die Blütenfarbe ist gelblich-schmutziglila mit dunkleren Adern. Auffallend sind die orangefarbenen, runden Samen, die wie Perlen aufgereiht in den aufgeplatzten, dreiteiligen Kapseln sitzen. Sie fallen nicht aus. Abgeschnitten können sie für Trockendekorationen verwendet werden. Es gibt auch eine weißbeerige Form sowie einige Sorten. 'Lutea' blüht hellgelb, 'Nant Gwilw' blauviolett und 'Variegata' hat weiß-grün gestreifte Blätter. Die Art und die Formen sind langsamwüchsig.

I. forrestii Dykes
V–VI, so

Südwestchina. Diese Art wird je nach Standort 30–55 cm hoch und bringt schilfartige, etwa 0,5 cm breite, oberseits glänzende, unterseits matte Blätter hervor, die kürzer als die Blütenstengel sind. Die unverzweigten, zweiblütigen Blütenstengel tragen 5–7 cm große, gelbe Blüten. Ihre Hängeblätter sind oval und besitzen einen dunkelgelben, rotbraun geaderten Fleck. Ihre Domblätter stehen aufrecht und etwas geschlossen.

I. fulva Ker-Gawl.
VI, so

USA, Illinois bis Missouri und Louisiana. Die Pflanzen werden 60–80 cm hoch und besitzen 2–3 cm breite Blätter. Ihre bis 90 cm hohen Blütenstengel sind kurz verzweigt und haben 2 übereinanderstehende Blätter. Die fast gleichgroßen, 5–6 cm langen und bis 4 cm breiten Dom- und Hängeblätter hängen schlaff herab. Sie haben für Iris einen ungewöhnlich kupferroten Farbton. Es kommen auch abweichende Farbtöne vor, z. B. gelbe. Die Samen sind auffallend groß. Entgegen mancher Vermutung ist diese Art absolut winterhart. Selbst Herkünfte aus Louisiana haben schon Winter mit –20 °C ohne jeden Schutz überstanden.

Iris fulva ist ein Elternteil vieler moderner Louisiana-Iris-Hybriden, sogenannter LA-Hybriden. Unter diesen Hybriden findet man das roteste Rot und blaueste Blau aller Iris. Einige von ihnen sind auch absolut hart, nur oft sehr blühfaul, weil die Sommer bei uns zu kühl sind. Die Pflanzen bringen dann nur Blattmasse hervor, aber keine Blüten. Zuverlässig blühende Hybriden sind z. B. 'Clyde Redmond', kornblumenblau, und 'Red Dazzler', samtig rotbraun. Die Art und die Hybriden können auch ganzjährig im flachen Wasser kultiviert werden.

Abb. 117 Iris fulva

Abb. 118 Iris LA-Hybride 'Clyde Redmond'

I. latifolia (Mill.) Voss (syn. *I. xiphioides* Ehrh.)
Englische Schwertlilie
VI, so

Pyrenäen, auf Sumpfwiesen. Die Art wird 50–60 cm hoch und hat rinnige, blaugrüne Blätter, die im zeitigen Frühjahr erscheinen. Sie ist die einzige der hier beschriebenen Arten, die keine knolligen Rhizome, sondern Zwiebeln besitzt. Je Blütenstengel erscheinen 2–3 Blüten mit einem Durchmesser von 12–13 cm. Die Hängeblätter sind rundlich, tief violett, haben eine gelbe Mittellinie und einen großen goldgelben Fleck. Die Domblätter bleiben kürzer und stehen aufrecht. Aus der Vielzahl von Sorten in einem großen Farbspiel von Rotpurpur, Violett, malvenfarbig, Hellblau bis Reinweiß kann nur eine Auswahl geboten werden:
- 'Almona' – hellblaue Hängeblätter, purpurblauer Dom, sehr großblütig,

- 'Delft Blue' – hellblaue Hängeblätter, dunkelblauer Dom,
- 'Duchess of York' – purpurviolett,
- 'Isabella' – reinrosa,
- 'Mirabeau' – tiefblau mit weißen Zonen auf den Hängeblättern,
- 'Montblanc' – reinweiß, großblütig,
- 'Prince Albert' – silbrigblau,
- 'The Giant' – tiefblau, großblütig.

I. nelsonii Randolph

VI, so

Louisiana. Die hellgrünen Blätter werden 80–90 cm lang und etwa 2,5 cm breit. Die Blütenstengel werden bis 105 cm hoch und sind 4- bis 6fach verzweigt. Die Hängeblätter sind 6–7 cm lang und 3–4 cm breit, die Domblätter 5–5,5 cm lang und 2 cm breit. Die Domblätter hängen ebenfalls herab. Im Durchmesser erreichen die Blüten 11–12 cm. Die Blütenfarbe ist rötlichpurpur mit einem bläulichen Schein. Es kommen auch abweichende Farben vor, bis hin zu Gelb.

Bei uns ist die Art ohne Schutz nicht ganz winterhart.

I. phragmitetorum Hand.-Mazz.

VI, so

NW Yunnan. Die Pflanzen sind etwa 50 cm hoch und haben 1–1,5 cm breite Blätter. Die unverzweigten Blütenstengel sind etwas höher als die Blätter und tragen 6–8 cm große, dunkelblaue Blüten, mit einem weißen Fleck auf den Hängeblättern.

Über diese Art ist wenig bekannt. In den letzten Jahren konnte in China jedoch wieder Saagut gesammelt werden, so daß bereits Jungpflanzen zur Verfügung stehen. Im Aussehen ist sie einer *I. sanguinea* ähnlich.

I. prismatica Pursh.

V–VI, hs

Östliche USA. Die kleinen, etwa 30–50 cm hohen Pflanzen bilden im Wuchs keine kompakte Pflanzengruppe, sondern treiben hier und dort am Ende von Ausläufern grasähnliche Blattbüschel hervor. Ihre Blütenstiele sind 2- bis 3blütig, lang, drahtig und oft gewunden. Sie tragen hellviolette Blüten mit 5 cm langen und 1,5 cm breiten Hängeblättern sowie bis 4 cm langen Domblättern. Es kommen auch weiße, rosa und plicatafarbene Formen vor.

Abb. 119 Iris setosa 'Arctic Lavender'

I. sanguinea Donn

V–VI, so

Sibirien, östlich des Baikalsees, Nordchina, Korea, Japan. Die Pflanzen werden 30–70 cm hoch. Die Blütenstengel sind gleich hoch wie die 0,5–1,2 cm breiten Blätter und nicht verzweigt. Sie tragen an der Spitze 2 Blüten mit 4–5 cm großen Hängeblättern und aufrechten Domblättern. Die Blütenfarbe ist tiefblauviolett, die Hängeblätter haben eine weißlichgelbe Basis, die blauviolett geadert ist. Die Art ist im Aussehen *I. sibirica* ähnlich. Aus der Kreuzung beider Arten sind etliche Hybriden in Kultur.

I. setosa Pall. ex Link

V–VI, so

Nordasien, China, Japan, Ostküste Nordamerikas. Die 1,5–2,5 cm breiten Blätter werden 30–60 cm lang, sie sind gerippt und an der Basis rötlich. Der Blütenstengel ist verzweigt und 2- bis 3blütig. Die 5–7 cm langen Hängeblätter sind rundlich und auf fahlem Grund tiefviolett oder rotviolett geadert. An der Basis befindet

Abb. 120 Iris setosa 'Kosho-en'

Abb. 121 Iris setosa 'Kirigamine'

Abb. 122 Iris sibirica 'Dream Holiday'

sich ein weißer Fleck. Die verkümmerten Domblätter sind aufrechtstehend. Die birnenförmigen Samen sind glänzend braun. In der Blütenfarbe variiert die Art. Neben verschiedenen Blautönen haben die Sorte 'Arctic Lavender' lavendelfarbene, dunkel geaderte und 'Kosho-en' weiße Blüten. Die Sorte 'Kirigamine' in einem schönen Blauviolett ist die triploide Form von *I. setosa* var. *hondoensis.* Neben zwergigen Formen von nur 20 cm Höhe werden andere bis 1 m hoch, auch ist eine 'Variegata' Form mit gelb-grün gestreiften Blättern bekannt.

I. sibirica L.
Wiesenschwertlilie, Gräseriris
V–VI, so

Europa, Balkan, Kleinasien, Westsibirien. Für *I. sibirica* findet man fälschlicherweise auch manchmal den deutschen Namen 'Sibirische Schwertlilie'. Die Art stößt zwar in östliche Richtung bis ins westliche Sibirien vor, wird dort aber von *I. sanguinea* abgelöst, die in ganz Sibirien vertreten ist und *I. sibirica* sehr ähnlich sieht. Sie steht bei uns unter Naturschutz. Die Pflanzen werden 0,40–1,20 m hoch und bilden schmale, grasartige, leicht bläuliche Blätter aus, die 5–8 mm breit sind. Ihre verzweigten Blütenstengel sind länger als die Blätter und tragen 3–5 Blüten. Die 5,5–7 cm langen, hellvioletten Hängeblätter sind dunkel geadert, die elliptischen Domblätter stehen aufrecht.

Von *I. sibirica* gibt es eine Vielzahl von Sorten. Tetraploide Sorten haben größere Blüten mit einer festeren Substanz und ein weiter gespanntes Farbenspektrum. Die Hängeblätter der modernen Sorten stehen waagerecht ab und sind stark verbreitert, sie haben die typische Sibirica-Form verloren. Bekannte Züchter in den USA sind Varner, McEwen, Hollingworth, Miller und Schafer/Sacks sowie in Deutschland Tamberg.

Von der Vielzahl der Sorten seien nur einige genannt:

- 'ADJ' – violettblau, schmaler Silberrand,
- 'Ann Dasch' – gesprenkelt hellblaupurpur, dunkler Rand,
- 'Belfast' – blaupurpur gesprenkelt,
- 'Berliner Weiße' – weiß, sehr blühfreudig,
- 'Big's Child' – mittelblau, großblütig,
- 'Borbeleta' – klar dunkelblau,

Abb. 123 Iris sibirica 'Ann Dasch'

Abb. 124 Iris sibirica 'Esther C. D. M.'

Abb. 125 Iris sibirica 'Golden Crimping'

Abb. 126 Iris sibirica 'Harpswell Happiness'

Abb. 127 Iris sibirica 'Lavender Stipples'

Abb. 128 Iris sibirica 'Marshmallow Frosting'

Abb. 130 Iris sibirica 'Tri Blue'

Abb. 129 Iris sibirica 'Roaring Jelley'

Abb. 131 Iris sibirica 'Sky Mirror'

- 'Dark Circle' – samtig violettpurpur,
- 'Demure Illini' – dunkelrötlichviolett,
- 'Dream Holiday' – purpurblau,
- 'Dreaming Green' – weiß mit grünen Linien,
- 'Dunkler Wein' – samtiges, sehr dunkles Weinrot,
- 'Esther C. D. M.' – weiß, großblütig,
- 'Fourfold Lavender' – lavendel mit hellerem Rand,
- 'Golden Crimping' – creme mit gelbem Rand,
- 'Harpswell Happiness' – cremeweiß, gute Form,
- 'High Standards' – klar purpurblau, goldfarbene und weiße Linien,
- 'Illini Flirt' – pink-lavendelrosa,
- 'Jewelled Crown' – samtig weinrot, gerüscht,
- 'Lavender Stipples' – weiß mit violetten Adern und Punkten,
- 'Mable Coday' – leuchtend mittelblau,
- 'Marshmallow Frosting' – weiß,
- 'Peg Edwards' – hellviolettblau,
- 'Plissee' – samtig tiefblau, gerüscht,
- 'Roaring Jelly' – gesprenkeltes Purpurrot,
- 'Silberkante' – dunkelblau, weiß gerandet,
- 'Sky Mirror' – blauviolett mit dunklen Adern,
- 'Steve Varner' – lavendelblau, gerüscht,
- 'Tri Blue' – blau, kobaltblaue Narbenäste.

Abb. 133 Iris Sibtosa-Hybride 'Royal Dolly'

Schöne Hybriden zwischen *I. sibirica* × *I. setosa* (Sibtosa-Hybriden) sind 'Northern Pink', lavendelrosa, und 'Royal Dolly', rötlichviolett, gelber Signalfleck.

I. typhifolia Kitagawa

V–VI, so

Nordostchina, Manschurei. Diese Art ist seit wenigen Jahren in Kultur, seit Saatgut am Naturstandort gesammelt wurde. Die Pflanzen werden 60–110 cm hoch. Blätter und Blütenstengel

Abb. 132 Iris Sibtosa-Hybride 'Northern Pink'

Abb. 134 Iris typhifolia

stehen etwa gleich hoch. Die Blätter sind dunkelgrün, grasartig, nur 2–3 mm breit. Die Blütenstengel sind unverzweigt und tragen im Durchmesser 7–8 cm große, blauviolette Blüten, deren Hängeblätter 5–5,5 cm lang sind. Sie sehen *I. sibirica* Blüten ähnlich.

I. virginica L.

VI, so

Ostküste der USA. Die Pflanzen haben 1–4 cm breite und 40–90 cm lange Blätter, die kräftig dunkelgrün und gerippt sind. Wegen der breiten Blätter haben sie ein ziemlich krautiges Erscheinungsbild. Die Blütenstengel werden 50–90 cm hoch, sind meistens unverzweigt und tragen Blüten von 6–8 cm im Durchmesser. Die Blütenfarbe ist lavendel- bis violettblau mit dunkleren Adern. Die Hängeblätter sind 4–5,5 cm lang und 3–4 cm breit und haben einen auffallenden gelben Signalfleck, die Domblätter sind 3–5 cm lang. Die Art braucht sehr sauren Boden. Gartenwürdiger ist die var. *shrevei*, die im Wuchs schwächer ist, nicht so sauren Boden braucht, duftende Blüten mit mehr rundlichen Hängeblättern hat. *I. virginica* var. *shrevei* 'Dotties Double' hat lavendelblaue, doppelte Blüten (6 Blütenblätter).

'Gerald Darby' und 'Dark Aura' sind wahrscheinlich Hybriden mit *I. versicolor*. Sie haben auffallend rötlichpurpur gefärbte Blütenstengel und Blätter, wenn sie austreiben, später nur noch an der Basis gefärbt. 'Dark Aura' ist in allen Teilen wesentlich intensiver gefärbt. Beide können auch im flachen Wasser kultiviert werden. Die Blütenstengel werden bis 1,20 m hoch und wirken sehr elegant.

Die Sorte 'Pond Crown Point' ist blau mit einem goldgelbem Signalfleck, 'Pond Lilac Dream' lavendelrosa.

I. wilsonii C. H. Wright

V–VI, so

Westchina. Die Pflanzen werden 60–70 cm hoch und haben beiderseits mattgrüne Blätter. Ihre hohlen, unverzweigten, zweiblütigen Blütenstengel tragen in der oberen Hälfte ein kleines Blatt und stehen gut über dem Laub. Die Hängeblätter sind oval, gelb, mit rotbraun geadertem Fleck, die Domblätter gelblichweiß und oft rotbraun gefleckt. Im Aussehen ähneln die Blüten denen von *I. forrestii*, sind aber durch die im Winkel von 45 ° nach außen stehenden Domblätter von dieser zu unterscheiden.

Abb. 135 Iris virginica var. shrevei 'Dottie's Double'

Abb. 136 Iris virginica 'Pond Lilac Dream'

Verwendung/Ansprüche/Anzucht
Alle beschriebenen Arten gedeihen am besten auf einem gleichmäßig feuchten Boden. Sie eignen sich deshalb sehr gut für den Rand- oder Uferbereich von Teichen.

Der Boden sollte nährstoffreich und leicht sauer sein. Reiner Sandboden ist ungeeignet. *I. prismatica* und rötliche Sorten von *I. sibirica* reagieren mit chlorotischen Blättern, wenn zu viel Kalk im Boden ist. Die meisten sind auch dankbar für eine regelmäßige Nachdüngung im Frühjahr, entweder mit verrottetem Dung mulchen oder Mineraldünger, da sie stark zehrend sind. Für alle Arten ist ein vollsonniger Standort zu wählen, um so besser blühen sie. Nur *Iris prismatica* bevorzugt Halbschatten. Die Pflanzen brauchen mehrere Jahre ungestörtes Wachstum, wenn sie sich zu stattlichen Horsten entwickeln sollen. Die Pflanzen sind so zu pflanzen, daß sich etwa zweifingerbreit Erde über den Rhizomen befindet, am besten im Frühjahr oder Herbst. Die Zwiebeln von *I. latifolia* sind 10–15 cm tief zu legen.

Viele dieser schönen *Iris*-Arten haben bisher leider zu wenig Einzug in die Gärten gefunden. Da sie einen ausgeprägten Wildpflanzencharakter besitzen, eignen sie sich besonders gut für eine naturhafte Pflanzung am Wasser. Wenn in den Beschreibungen keine abweichenden Hinweise gegeben werden, sind alle Arten winterhart. Die Vermehrung erfolgt durch Teilung der Rhizome oder durch Jungzwiebeln bei *I. latifolia* sowie durch Aussaat. Der Samen ist möglichst gleich nach der Reife auszusäen.

Die Iris-Kaempferi-Hybriden haben einige besondere Kulturansprüche, die sicherlich ein Grund dafür sind, weshalb sich die Sorten bisher wenig verbreitet und nicht die Stellung erlangt haben, die ihnen eigentlich wegen ihrer Schönheit gebührt. Deshalb werden ihre Kulturansprüche hier gesondert herausgestellt.

Die Pflanzen dürfen nur vom Frühjahr bis zum Abschluß der Blüte feucht stehen, danach sind sie trockener zu halten. Keineswegs sind sie ganzjährig im flachen Wasser zu kultivieren, wenn dieses auch im Frühjahr bis zur Blüte vertragen wird.

Da in vielen japanischen Gärten die Pflanzen aus ästhetischen Gründen kurz vor der Blüte überflutet werden, führte diese Methode in Europa wahrscheinlich zu der falschen Schlußfolgerung, daß die Art zu den Wasserpflanzen gerechnet werden und deshalb ständig im Wasser stehen muß. Mißerfolge in der Kultur waren das Ergebnis. Die für gute Anbauerfolge wichtige Wasserregulierung läßt sich leicht durchführen, wenn man die Pflanzen in Container setzt, die nach der Blüte aus dem Wasser herausgenommen und dann im normalen Gartenboden weiter gepflegt werden. Einfacher ist jedoch eine Kultur in der bodenfeuchten Randzone, wo die Pflanzen auch im Winter verbleiben können. Eine weitere Möglichkeit ist die, die Iris ganzjährig im normalen Gartenboden zu kultivieren, der im Frühjahr bis zum Abschluß der Blüte sehr feucht gehalten wird. Je trockener der Standort ist, um so kleiner bleiben die Pflanzen und um so blühfauler sind sie. Sie gedeihen am besten in sauren, nährstoffreichen, lehmighumosen Böden. Eine jährliche Düngung mit verrottetem Stallmist im Spätherbst ergibt kräftige, blühstarke Pflanzen. Frischgepflanzt vertragen sie noch keinen Dünger. Die besten Pflanztermine sind der April und September/Oktober, wobei die Rhizome etwa 5 cm tief zu pflanzen sind. Bei einer Aprilpflanzung können die Pflanzen noch im gleichen Jahr blühen. Die Sorten werden durch Rhizomteilung vermehrt.

Juncus L.
Binse
(Juncaceae)

Juncus ist ein römischer Pflanzenname, der sich vom lateinischen Wort *jungere* = zusammenbinden ableitet und auf die Verwendung verweist. Es kommen, über die ganze Erde verstreut, über 200 Arten vor, alle einjährig oder ausdauernd. Die Blätter sind kahl, rundlich oder rinnig und oft stengelähnlich, die zwittrigen Blüten meist doldig-rispig und bräunlich.

J. conglomeratus L. em. Leers.
Knäuelbinse
V–VII, so-hs

Europa, Kleinasien, Nordafrika. Die 20–75 cm hohen Pflanzen bilden auf nassen Wiesen ausgedehnte Bestände. Die Halme sind etwas graugrün und rauh, wenig glänzend, mit 15–24 Längsrippen. Das Tragblatt über dem Blütenstand erreicht eine Länge von 5–15 cm. Der Blütenstand ist vielblütig, gedrängt, kugelig zusammengeballt.

J. effusus L.
Flatterbinse
VI–VIII, so-hs

Fast kosmopolitisch, fehlt in Australien und Neuseeland. Die Pflanzen haben sehr kurze, dicke Rhizome, fast immergrüne, aufrechte, 60–80 cm lange, rundliche, 2 mm dicke, glänzende, glatte, grasgrüne, stengelförmige Blätter, die rosettig angeordnet sind und in den Jahren einen kräften Horst bilden. Das Tragblatt über dem Blütenstand ist 5–15 cm lang. Der scheinbar seitenständige Blütenstand ist gestreckt, locker ausgebreitet und wird etwa 5–10 cm lang, er setzt sich aus 30–100 Einzelblüten zusammen. Von dieser Art haben vor allem Sorten Gartenwert. Es sind:

- 'Cuckoo' – 30 cm hoch, unregelmäßig gelb längsgestreifte Halme,
- 'Gold Strike' (syn. 'Aureostriatus') – 50–80 cm hoch, konstant gelb längsgestreifte Halme, vor allem das Tragblatt über dem Blütenstand
- 'Spiralis' – Korkenzieherbinse, 30–50 cm hoch, spiralig gedrehte Halme.

Die im Handel unter dem Namen 'Korkenzieherbinse' erhältlichen Pflanzen sind in der Regel die Sorte 'Spiralis' von *Juncus balticus* Willd., der Baltischen Binse. Beide Arten sind sich sehr ähnlich, unterscheiden sich aber dadurch, daß *J. balticus* Ausläufer und keine geschlossenen Horste bildet, wie es die im Handel erhältliche Sorte ebenfalls macht. Der Wuchs ist mehr offen und die Halme stehen schräger, alles Merkmale, die auf die Baltische Binse hindeuten.

J. ensifolius Wiks.
Zwergbinse, Schwertblättrige Binse
VI–IX, so-hs

Westküste der USA. Die Pflanzen bilden kurze Ausläufer und haben 2–5 mm breite, schwertförmige Blätter. Blütenstengel sind beblättert, die oberen Blätter oft mit dem Blütenstand abschließend, der sich aus 1–3 kugelförmigen, dunkelrotbraunen Köpfen zusammensetzt.

Abb. 137 Juncus effusus

Abb. 138 Juncus effusus 'Gold Strike'

J. inflexus L.
(syn. *J. glaucus* Ehrh. ex Sibth.)
Blaubinse
VI-VIII, so-hs

Europa, Asien, Afrika. Die Pflanzen werden 30–60 cm hoch und haben 2 mm dicke, runde, blau bereifte, fast immergrüne Halme, die 12- bis 16rippig sind und durch Querwände gekammertes Mark haben. Der scheinbar seitenständige Blütenstand sitzt in der Achsel eines lang überragenden Tragblattes, er ist eine lockere, bis 5 cm große Spirre, aus etwa 35 Einzelblüten.

Verwendung/Ansprüche/Anzucht
Alle Binsenarten sind nur unter Vorbehalt für den kleinen Wassergarten zu empfehlen. Durch Selbstaussaat und Ausläufer wie bei der Zwergbinse können sie leicht lästig werden. An den Boden sind sie anpassungsfähig und auch anspruchslos. Er sollte feucht bis naß sein, bis 5 cm Wassertiefe werden vertragen. Auf Wiesen und Weiden sind die Arten Anzeiger für vernäßte und teilweise saure Standorte. Der gestalterische Wert ist nicht sehr groß. Da manche Arten kräftige Horste bilden, sollten diese solitär gepflanzt werden. Für große, naturhaft gestaltete Anlagen sind die horstig wachsenden Arten besser zu empfehlen. Die Vermehrung erfolgt durch Teilung oder Aussaat.

Lathyrus L.
Platterbse
(Leguminosae)

Lathyrus ist ein griechischer Pflanzenname. Es sind ein- oder mehrjährige Kräuter mit paarig gefiederten Blättern, oft mit Blattstielranken. Die Teilblätter sind meist deutlich parallelnervig, Nebenblätter krautig. Die Blüten stehen in blattachselständigen Trauben oder einzeln, Flügel haften dem meist stumpfen Schiffchen leicht an oder sind frei. Auf der nördlichen Halbkugel und in Südamerika kommen etwa 100 Arten vor. Für den Sumpfgarten ist die folgende zu empfehlen.

L. palustris L.
Sumpfplatterbse
VII–VIII, so-hs

Europa, Westasien. Die Art ist ausdauernd und hat dünne, unterirdische Ausläufer. Die 50–100 cm langen, unverzweigten oder verzweigten, kahlen bis spärlich behaarten Stengel liegen auf dem Boden oder klettern, sie haben bis 1,5 mm breite Flügel. Die Blätter setzen sich aus 4–6 Teilblättern und einer unverzweigten oder verzweigten Ranke zusammen. Die 1 mm breiten Blattstiele sind kaum geflügelt. Die Teilblätter sind 25–60 mm lang, 3–12 mm breit, linealisch bis länglich oder lanzettlich, meist kahl, mit 5 parallelen Längsnerven. 3–6 purpurblaue Blüten sind in einem Blütenstand, der einen bis 8mal längeren Stiel hat als die Blätter. Die Krone ist 10–20 mm lang. Die Samen sind schwarz gesprenkelt.

Verwendung/Ansprüche/Anzucht
Die Sumpfplatterbse kommt am heimatlichen Standort auf stau- und wechselnassen, zeitweilig überschwemmten, mäßig sauren Humusböden vor. Diese Bedingungen möchte sie auch im Sumpfgarten haben. Sie ist für den Liebhaber seltener Sumpfpflanzen, der am Teichufer eine rankende Pflanze haben möchte, die sich in höheren Gewächsen oder Sträuchern festhalten kann. In einem warmen Sommer wachsen die Pflanzen üppiger. Vermehrt wird hauptsächlich durch Aussaat, aber auch Teilung ist möglich.

Ledum L.
Porst
(Ericaceae)

Im Namen steckt das griechische Wort *ledon* = Wollstoff, auf die wolligfilzigen Blätter der Pflanzen hindeutend. Dieser Name existierte schon als altgriechischer Pflanzenname, Dioskurides bezeichnete damit eine *Cistus*-Art, aus der das Ladanum, eine Harzart, gewonnen wurde. Die Gattung umfaßt 4 Arten, alles kleine Sträucher mit immergrünen Blättern.

L. palustre L.
Sumpfporst, Mottenkraut
V–VII, so-hs

Mittel- und Nordeuropa, Mittel- und Nordasien, Nordamerika. Die Sträucher werden 0,60–1,50 m hoch und haben aufrechtabstehende Zweige. Ihre Blätter sind lineallanzettlich, etwa 3 cm lang, derblederig, ganzrandig mit nach unten eingerollten Rändern, unterseits dicht rotbraun filzig, oberseits glänzend und kahl mit etwa 4 mm langen Blattstielen. Der Blütenstand ist eine endständige, reichblühende Dolde mit etwa 1,5 cm breiten, weißen, sternförmigen

Blüten auf 2–3 cm langen Stielen. Die gesamte Pflanze ist stark widrig duftend und giftig. Sie steht unter Naturschutz.

Verwendung/Ansprüche/Anzucht
Der Sumpfporst gedeiht auf sauren, moorigen Böden. Er gehört in die Pflanzengesellschaften der Hochmoore und sollte im Garten, falls die Standortbedingungen es erlauben, auch nur in diesem Rahmen verwendet werden. Zur Blütezeit ist er zwar ein sehr ansehnlicher Strauch, wird aber besser mit anderen immergrünen niedrigen Gehölzen zusammen verwendet, da er alleinstehend doch recht unscheinbar wirkt. Im Sumpfgarten kommt er auch im Halbschatten noch gut voran. Wegen seiner Giftigkeit ist er allerdings nur mit Vorsicht zu verwenden, eine ausgesprochene Liebhaberpflanze. Vermehrt wird durch Stecklinge oder Aussaat des sehr feien Saatgutes.

Leucojum L.
Knotenblume
(Amaryllidaceae)

Der Name leitet sich aus den griechischen Wörtern *leukos* = weiß und *ion* = Veilchen ab. In Mitteleuropa und im Mittelmeergebiet kommen 9 Arten vor, Zwiebelpflanzen mit wenigen, sehr schmallinealischen oder flachen und riemenförmigen Blättern. Der Blütenschaft ist röhrig und trägt weiße oder rosa Blüten, einzeln oder zu wenigen, doldig, meist hängend. Die Kronblätter haben grüne oder gelbe Spitzen, das Hüllblatt ist scheidig-röhrig, die breitglockige Blütenhülle ohne Röhre. Die 6 Kronblätter sind gleich oder fast gleich lang, eirund oder länglich und sind nur ganz am Grund in einen Ring verwachsen.

L. aestivum L.
Frühlingsknotenblume, Sommertürchen
V–VI, so-hs

Mittel- und Südeuropa, Kleinasien, Kaukasus. Die Pflanzen werden 30–50 cm hoch und ihre Zwiebeln sind eiförmig, 2,5–4 cm im Durchmesser. Die grünen, stumpfen, riemenförmigen Blätter sind 30–45 cm lang und 1,5 cm breit. Die Blüten stehen in vier- bis achtblütiger Dolde an einem zweischneidigen, hohlen Blütenstengel. Die Blütenstielchen sind ungleichlang und nickend, die Blüten weiß mit grünem Spitzenfleck. Ihre breitlänglichen Abschnitte sind 12–20 mm lang. Die in England entstandene Sorte 'Gravetye Giant' blüht etwas früher und ist in allen Teilen etwa 1/3 größer als die Art, daher ansehnlicher.

Verwendung/Ansprüche/Anzucht
Die Pflanzen wachsen in der Natur auf feuchten und nassen Wiesen, selbst an sumpfigen Stellen und stehen unter Naturschutz. Sie eignen sich sehr gut für den feuchten Uferbereich an Bächen und Teichen und vertragen sogar vorübergehende leichte Überschwemmungen. Auf dem Balkan treten die Pflanzen auf feuchten Wiesen so stark auf, daß diese zur Blütezeit weiß schimmern. Man pflanzt am besten in Gruppen und läßt sie einige Jahre ungestört wachsen. Als Bodendecker bietet sich *Lysimachia nummularia* an. Die Zwiebeln sollten im Herbst etwa 15 cm weit auseinander und 10 cm tief gepflanzt werden. Sie verlangen einen tiefgründigen, nährstoffreichen Boden. Über Winter ist ein leichter Schutz aus Reisig oder Laub angebracht. Die Vermehrung erfolgt durch Abtrennen der Tochterzwiebeln und Aussaat der großen, glänzend schwarzen Samen. Manchmal blühen die Jungpflanzen schon im zweiten Jahr nach der Aussaat.

Lilaeopsis Greene
Graspflanze
(Umbelliferae)

Der Name leitet sich von den griechischen Wörtern *Lilaea* = Name einer Pflanzengattung und *opos* = Aussehen ab. In Amerika, Australien und Neuseeland kommen etwa 20 Arten vor, die meisten davon sind Uferpflanzen oder wachsen submers in Flüssen und Seen. Die Pflanzen haben kriechende oder flutende, an den meisten Knoten wurzelnde Stengel. Die aufrechten Blätter sind auf einfache, gegliederte, ganzrandige, pfriemliche, linealische oder spatelige Blattstiele reduziert. Die einfachen, wenigblütigen, achselständigen Blütendolden sind kürzer als die Blätter, die wenigen oder fehlenden Tragblätter klein. Die kleinen Blüten haben weiße, eiförmige, an der Spitze eingerollte Kronblätter.

L. attenuata (Hook. et Arn.) Fern.
VI–VII, so-hs

Südöstliches Nordamerika, gemäßigtes östliches Südamerika. Die Pflanzen sind kahl mit schlanken, niederliegenden, an den Knoten wurzelnden Stengeln. Ihre Blätter sind 1,5–15 cm lang, aufrecht, röhrig-hohl und gegliedert. Die einfa-

Abb. 139 Lilaeopsis attenuata

Abb. 140 Limnobium spongia

chen Dolden haben 8–15 Blüten, die 1–5 cm langgestielt sind.

Verwendung/Ansprüche/Anzucht
Lilaeopsis ist eine Pflanze für den Liebhaber seltener Wasserpflanzen, die am besten im flachen Wasser wächst. Sie wirkt durch ihre flachen, gegliederten Blätter interessant. Am besten pflanzt man sie in einen Container, in dem sie sich ausbreiten kann. Diesen kann man im Winter tiefer stellen, damit die Pflanze nicht einfriert oder woanders an einem frostfreien Ort überwintern, denn die Pflanze ist bei uns nicht winterhart. Wenn sie im Sumpfbeet ausgepflanzt wird, muß sie über Winter dick abgedeckt werden. Vermehrt wird hauptsächlich durch Teilung.

Limnobium L. C. Rich.
Amerikanischer Froschbiß
(Hydrocharitaceae)

Im Namen stecken die beiden griechischen Worte *limne* = Sumpf und *bios* = Leben.

Es sind ausläufertreibende, ein- oder zweihäusige, kleine Pflanzen mit schwimmenden, eirund-elliptischen, unterseits oft schwammig verdickten Blättern.

Die Blütenscheide ist zweiteilig, mit einer einzelnen, gestielten, weiblichen oder mit meist 2–4 männlichen Blüten, je 3 lanzettliche oder lineallanzettliche Kron- und Kelchblätter. Im tropischen und außertropischen Amerika kommen 4 Arten vor.

L. spongia (Bosc) Steud.
Amerikanischer Froschbiß
VI–VIII, so-hs

Südöstliches Nordamerika. Es sind freischwimmende Blattrosetten mit bis 15 cm langgestielten, schräg aufwärts stehenden Blättern und rundlich-ovalen, bis 5 cm langen und 4 cm breiten, 5nervigen, ganzrandigen Blättern. Oberseits sind sie braun gefleckt, unterseits violett und schwammig. Die schwimmenden, behaarten Wurzeln sind ebenfalls violett. In zweiblättrigen Scheiden sitzen eingeschlechtige Blüten, die männlichen haben weißlichgrüne Kronblätter, die weiblichen bestehen meist nur aus 6 gespaltenen Griffeln.

Verwendung/Ansprüche/Anzucht
Der Amerikanische Froschbiß ist eine schöne Schwimmpflanze für den Gartenteich, der sich in einem warmen Sommer reichlich durch Ausläufer vermehrt. Im ganz flachen Wasser können sich die Wurzeln auch im Schlamm verankern. Leider ist die Art nicht winterhart. Man nimmt im Herbst einige Pflanzen heraus und überwintert sie hell und frostfrei in flachen Schalen mit Wasser. Die Vermehrung erfolgt durch Abtrennen der Ausläufer, auch Aussaat ist möglich.

Littorella Bergius
Strandling
(Plantaginaceae)

Im Namen steckt das lateinische Wort *litus* = Küste, *litoreus* = am Strande wachsend.

Es kommen 2 Arten vor, eine in Europa und eine im antarktischen Südamerika, kleine, einhäusige Sumpf- und Wasserpflanzen. Die männlichen Blüten sind langgestielt, einzeln, die weiblichen am Grunde des Blütenstieles der männlichen, meist zu zweit bis viert, sitzend. Die Frucht ist ein hartes Nüßchen mit einem Samen.

L. uniflora (L.) Aschers.
(syn. *Plantago uniflora* L.)

Strandling
V–VI, VIII–IX, so-hs

Nord- bis West- und Mitteleuropa. Die staudigen, 2–12 cm hohen Pflanzen wachsen auf überschwemmten Ufern, an Teichen, Gräben und am Meeresufer. Die Pflanzen bilden langfaserige Ausläufer. Die pfriemlichen, zuweilen rinnigen, ganzrandigen und kahlen Blätter sind in grundständigen Büscheln angeordnet. Die Blüten sind eingeschlechtig und einhäusig, die männlichen stehen auf bis 4 cm langen Blütenstielen in den Achseln der grundständigen Blätter. Die 4 Staubblätter haben bis 2 cm lange, weit aus der Blüte herausragende Staubfäden. Die weiblichen Blüten sitzen zu zweit bis dritt am Grunde des Blütenstieles der männlichen Blüten. Die Krone ist schlauchartig, mit enger, schwach zweilippiger Mündung. Je nach Standort werden Land-, Wasser- und Seichtwasserformen ausgebildet. Die Unterwasserform forma *submersa* Glück bildet 3–14 aufrechte, zylindrische, oben stumpfe, aber plötzlich zugespitzte Wasserblätter aus, die an einem sehr kurzen Stengel stehen. Die Blätter sind 4–12 cm lang, gelegentlich auch länger und 1,2–4,3 mm dick. Mit der Zeit entstehen durch die vielen Ausläufer dichte Rasen.

Verwendung/Ansprüche/Anzucht
Der Strandling ist eine eher unscheinbare Pflanze für das flache Wasser. Sie ist für den Liebhaber seltener Wasserpflanzen. Die Blüten sind klein und kaum auffallend.

An den Boden stellen die Pflanzen keine besonderen Ansprüche. Die Vermehrung durch Abtrennen der Ausläufer ist leicht.

Abb. 141 Littorella uniflora

Lobelia L.
Lobelie
(Campanulaceae)

Die Gattung wurde nach Matthias de l'Obel (1538–1616) benannt, einem flandrischen Botaniker und Arzt von James I. Er gab 1576 in Antwerpen sein Werk „Plantarum seu stirpium historia" heraus. Es kommen etwa 360 Arten vor, meist milchsaftführende, einjährige oder ausdauernde Kräuter, seltener Halbsträucher oder Sträucher, mit wechselständigen oder grundständigen Blättern. Die Blüten stehen achselständig oder in einer endständigen Traube. Ihre Staubbeutel sind zu einer Röhre verwachsen.

L. cardinalis L.
Scharlachrote Lobelie
VII–VIII, so-hs

Nordamerika. Die ausdauernden Pflanzen werden 0,40–1,30 m hoch und haben bis 20 cm lange, 3 cm breite, wechselständige, längliche, gestielte, glatte, unregelmäßig gesägte Blätter. An einem einseitswendigen, traubigen Blüten-

Abb. 142 Lobelia cardinalis 'Alba'

Abb. 143 Lobelia cardinalis

stand sitzen die scharlachroten, zweilappigen, mit einem kleinen, aufrechtstehenden, zweispaltigen Oberteil und einem abstehenden, viel größeren, dreispaltigen Unterteil versehenen Einzelblüten. Es gibt grün- und rotblättrige Formen, wobei die rotblättrigen selten sind. Auch ist eine weiße Form als 'Alba' im Handel. Submers kultiviert, entwickeln der Pflanzen aufsteigende, im Wasser flutende Stengel mit hellgrünen Blättern, die nur bis 6 cm lang und 1,5 cm breit werden. Die Unterwasserform blüht nicht.

Oft wird im Handel *Lobelia fulgens* als Scharlachrote Lobelie für den Wassergarten angeboten, und zwar die rotblättrige Form. Da von beiden Arten rotblättrige Formen existieren, ist im blütenlosen Zustand eine Unterscheidung am Blatt relativ leicht möglich. *L. fulgens* hat am Stengel sitzende Blätter, die von *L. cardinalis* sind gestielt. Wenn die Pflanzen blühen, erkennt man den Unterschied daran, daß der dreispaltige Unterteil der Blüten von *L. fulgens* viel breiter als der von *L. cardinalis* ist.

L. dortmanna L.

Wasserlobelie

VII–VIII, so-hs

Nord- und Mitteleuropa, Nordamerika, Nordafrika, Kleinasien. Die Pflanzen wachsen untergetaucht und bilden Ausläufer. Sie haben rosettenartig angeordnete, grundständige, linealische bis stielrunde, 5–8 cm lange und bis 5 mm breite Blätter, deren Spitzen etwas nach unten gebogen sind. Der unbeblätterte, 40–70 cm hohe Blütenschaft erhebt sich über die Wasseroberfläche und endet in einer endständigen, lockeren, 3- bis 10blütigen Traube mit weißen Einzelblüten. Zur Blütezeit sind die Blätter meist schon abgestorben. Die Pflanzen sind in allen Teilen giftig.

L. puberula Michx.

VIII–IX, so-hs

Oklahoma, Texas. Die Pflanzen werden bis 1 m hoch und haben unverzweigte Stengel mit länglichlanzettlichen Blättern, bis 12 cm lang und 4 cm breit, in weiten Abständen am Stengel sitzend, bis zum Beginn des bis 50 cm langen, einseitigen Blütenstandes. Je Blütenstand sind bis 75 Blüten, der Abstand der unteren zueinander beträgt 2,5 cm. Die Blüten sind 15–24 mm lang und blau bis purpurfarben. Alle Pflanzenteile sind behaart.

L. sessilifolia Lamb.

VI–VII, so-hs

Japan, Kurilen, Sachalin, Taiwan, Korea, Mandschurei, Ostsibirien. Es sind 40–60 cm hohe Pflanzen mit schlanken, unverzweigten, steif aufrechten, beblätterten, runden Stengeln. Die glatten Blätter sind lanzettlich, gezähnt und sitzen am Stengel. Die violetten Blüten stehen einzeln in den Blattachseln.

Abb. 144 Lobelia sessilifolia

L. siphilitica L.
VII–X, so-hs

Nordamerika. Die staudigen Pflanzen werden 50–70 cm hoch und sind weich behaart. Die kräftigen Stengel sind reich beblättert, die Blätter dünn, lanzettlich oder länglich, beiderseits spitz zulaufend, unregelmäßig gesägt oder ausgeschweift gezähnt, hellgrün und 10–15 cm lang. Die lang-ährenförmigen Blütentrauben sind in ihrem unteren Teil beblättert, 15–40 cm lang. Die Kelchabschnitte sind meist behaart oder bewimpert, etwas kürzer als die etwa 1,5 cm lange Kronröhre. Die Krone ist hellblau, bei der Sorte 'Alba' weiß.

Verwendung/Ansprüche/Anzucht
Die Scharlachrote Lobelie ist wegen ihrer auffallenden, leuchtenden Blütenfarbe eine sehr dekorative Pflanze für den Sumpfgarten. Sie gedeiht auch in einem feuchten Gartenboden oder ganzjährig bei 5–10 cm Wassertiefe. An ihrem heimatlichen Standort kommt sie auf nassen Wiesen, an Teichrändern und Flußläufen vor. Sie ist ziemlich frosthart, wenn sie im flachen Wasser kultiviert wird. Auf nassen, sumpfigen Böden können im Winter manchmal Ausfälle auftreten. Vorsorglich sollten die Pflanzen dort etwas Winterschutz durch Reisig oder Laub erhalten. Man setzt sie solitär oder in kleinen Gruppen neben *Lysimachia punctata*, *Ranunculus lingua* oder zwischen niedrige *Mimulus*-Arten.

Lobelia dortmanna wächst mit Erfolg bei einer Wassertiefe von 10–20 cm. Kalkarmer, sandiglehmiger Boden sagt ihr besonders zu. Auch wenn diese Bedingungen stimmen, ist sie trotzdem manchmal heikel zu kultivieren.

Die anderen Arten sind anspruchslos und wachsen auf feuchten bis nassen Böden und im Sumpf. Selbst im normalen Gartenboden gedeihen sie. Die spätblühenden Arten sind wertvoll für den Sumpfgarten, weil um diese Jahreszeit kaum noch andere Pflanzen blühen. Vermehrt wird durch Aussaat und Teilung bzw. Abtrennen der Ausläufer bei *L. dortmanna.*

Abb. 145 Lobelia siphilitica 'Alba'

Ludwigia L.
Heusenkraut
(Onagraceae)

Die Gattung ist nach dem Leipziger Professor für Medizin Christian Gottlieb Ludwig (1709–1773) benannt worden. Die etwa 200 bekannten Arten sind meist krautige, seltener halbstrauchige, ausdauernde Sumpfpflanzen.

L. clavellina L. D. Gomez et Molinet
(syn. *Jussiaea repens*)

Großblütiges Heusenkraut
VI–IX, so-hs

Südliche USA. Am häufigsten ist die var. *grandiflora* L. D. Gomez in Kultur. Die Pflanzen entwickeln bis 2 m lange, kriechende oder im Wasser flutende, an den Knoten wurzelnde, verzweigte Triebe, die an den Spitzen aufsteigen. Die untergetauchten Sproßteile sind oft angeschwollen und schwammig oder haben weiße, schwammige, nach oben gerichtete 'Atemwurzeln'. Die Blätter stehen wechselständig und sind länglichlanzettlich, bis 10 cm lang und 3 cm breit. Die bis 5 cm großen, gelben Schalenblüten haben 5 Kronblätter und stehen einzeln in den Blattachseln.

L. palustris (L.) Elliott
Sumpflöffelchen
VII–VIII, so-hs

Europa, Westasien, Nordafrika, Nordamerika. Die 15–30 cm hohen Pflanzen haben meist kriechende, an den Knoten wurzelnde Stengel, die über die Wasseroberfläche hinauswachsen. Seltener werden flutende Stengel ausgebildet. Die Blätter sind gegenständig, eiförmig, spitz zulaufend, oberseits glänzend, hell- bis olivgrün, unterseits mattgrün und wie der Stengel oft rötlich angelaufen. Die unscheinbaren, grünlichen Blüten stehen einzeln achselständig und werden nur 3–5 mm lang.

Verwendung/Ansprüche/Anzucht
Die einheimische *Ludwigia palustris* verlangt einen nahrhaften Boden, sonst braucht sie keine besonderen Kulturbedingungen. Sie wächst im Schlammboden oder bei einigen Zentimetern Wasserstand, wobei die Triebe über die Wasseroberfläche hinauswachsen. Als forma *submersa* Glück gedeiht sie aber auch unter Wasser. Ihre Vermehrung erfolgt durch Stecklinge.

L. clavellina ist im Kalthaus oder einem hellen, frostfreien Raum zu überwintern. Dazu werden am besten im August von den Pflanzen einige Stecklinge geschnitten, die sich leicht bewurzeln. Mitte Mai pflanzt man wieder ins Freiland aus, bei einem Wasserstand von 10–20 cm. Sie kann auch als einjährige Pflanze verwendet werden, indem jedes Jahr neu durch Aussaat die benötigten Pflanzen herangezogen werden.

Luronium Raf.
Schwimmlöffel
(Alismataceae)

Die Herkunft des Namens ist nicht eindeutig nachgewiesen. Es kommt nur eine Art vor.

L. natans (L.) Raf.
(syn. *Alisma natans* L.)

Schwimmlöffel
VI–VIII, so-hs

Mitteleuropa. Die 10–45 cm langen Pflanzen haben meist im Wasser flutende, seltener am Ufer kriechende, beblätterte Stengel. Sie bilden Ausläufer, die an den Knoten wurzeln. Ihre Blätter sind verschieden gestaltet, die unteren flutenden schmallinealisch, die oberen schwimmenden elliptisch bis rundlich und durchscheinend punktiert. Die weißen, zwittrigen, 1–1,5 cm großen Blüten stehen in der Regel einzeln in den Blattachseln. Sie schwimmen an 5–10 cm langen Stielen auf der Wasseroberfläche. Eine Blüte setzt sich aus 3 grünen, ovalrundlichen Kelchblättern und 3 weißen, fast kreisrunden Kronblättern sowie 6 Staubblättern zusammen.

Abb. 146 Luronium natans

Verwendung/Ansprüche/Anzucht
Der Schwimmlöffel ist eine heimische Wasserpflanze, die gut mit anderen Schwimmblattpflanzen dieser Wuchszone zu kombinieren ist. Sie braucht für ein gutes Wachstum weiches Wasser und einen Wasserstand von etwa 10–30 cm. Die Vermehrung erfolgt durch die reichlich gebildeten Ausläufer.

Lychnis L.
Lichtnelke
(Caryophyllaceae)

Lychnis ist ein griechischer Pflanzenname bei Theophrast und leitet sich von *lichnos* = Lampe ab. In der nördlichen gemäßigten und arktischen Zone kommen etwa 35 Arten ein- oder mehrjähriger Kräuter vor, die meist filzig oder angedrückt behaart sind. Die Blütenkelch ist zehnrippig und die Kronblätter sind vor dem Aufblühen meist gedreht. Im Wassergarten kann folgende Art verwendet werden.

L. flos-cuculi L.
Kuckuckslichtnelke, Kuckucksblume
V–VII, so-hs

Europa, Sibirien. Diese Art wird 30–50 cm hoch und wächst in ihrer Heimat auf feuchten Wiesen. Sie ist staudig. Die Stengel sind etwas behaart, unter den Gelenken schwach klebrig,

Abb. 147 Lychnis flos-cuculi

nebst den kahlen Blättern leuchtend grün. Die unteren, fast rosettig angeordneten Blätter sind spatelig, die oberen lineallanzettlich. Die Blüten stehen in lockeren, gabeligen Trugdolden, haben 5 Kronblätter, die bis über die Mitte der Platte handförmig-vierspaltig sind und linealische Abschnitte haben. Die Blüten sind rosenrot, bei der Sorte 'Alba' weiß. Es ist auch eine rosa gefüllte Form im Handel.

Die Sorte 'Nana' wird nur 10 cm hoch und blüht reich.

Verwendung/Ansprüche/Anzucht
Die Kuckuckslichtnelke eignet sich gut zum Verwildern auf feuchten Wiesen oder an Wasserläufen. Einmal angepflanzt, sät sie sich gern von selbst aus und breitet sich daurch aus. Zur Blütezeit ergibt sie, großflächig gepflanzt, ein schönes Bild. An den Boden ist sie nicht anspruchsvoll. Für einen kleinen Wassergarten ist die Sorte 'Nana' eine reizende Pflanze. Vermehrt wird vorwiegend durch Aussaat, aber auch Teilung ist möglich.

Lycopus L.
Wolfstrapp
(Labiatae)

Der Name leitet sich aus den beiden griechischen Worten *lykos* = Wolf und *pous* = Fuß ab, weil die Zweigspitzen einem Tierfuß ähnlich sein sollen. Es sind ausdauernde Kräuter mit Ausläufern und gezähnten bis fiederschnittigen Blättern. Die kleinen, fast strahligen, sitzenden Blüten sind in dichten, blattachselständigen Scheinquirlen angeordnet. Sie haben einen glockigen Kelch mit kahlem Schlund und 4 oder 5 gleichartigen, meist stechenden Zähnen. Die Blütenkrone ist weißlich, die Röhre nicht vorragend, die Lappen nur wenig ungleich. Die Gattung umfaßt rund 15 Arten von Sumpfpflanzen.

L. exaltatus L. fil.
Hoher Wolfstrapp
VII–VIII, so-hs

Südosteuropa, Westasien, Himalaya. Die Pflanzen werden 90–150 cm hoch und haben aufrechte, vierkantige, ziemlich ästige, flaumig behaarte bis kahle Stengel. Die Blätter sind deutlich

Abb. 148 Lychnis flos-cuculi 'Alba'

Abb. 149 Lychnis flos-cuculi 'Nana'

gestielt, tief fiederspaltig, 6–12 cm lang, 4–6 cm breit, doppelt fiedernervig. Die Fiederlappen sind oft gezähnt und beidseits rauhhaarig.

Die 3–4 mm langen, weißlichen Blüten sitzen quirlig in den Blattachseln, auf den Lappen der Unterlippe ist je ein halbmondförmiger, roter Fleck.

Verwendung/Ansprüche/Anzucht
Obwohl der Wolfstrapp unscheinbare Blüten hat, fallen die Pflanzen durch die stark gefiederten Blätter auf. Man pflanzt ihn solitär im Sumpf oder flachem Wasser und umgibt ihn mit niedrigeren Pflanzen. Der Boden sollte nährstoffreich sein, auch wird kalkhaltiger Boden bevorzugt. Die Art ist mehr eine Pflanze für den Liebhaber ausgefallener Sumpfpflanzen.

Lysichiton Schott
Scheinkalla
(Araceae)

Der Gattungsname ist von den griechischen Worten *lysis* = Trennung und *chiton* = Kleid abgeleitet, was sich auf die vom Kolben abstehende, auffallende Spatha bezieht. Das Hochblatt entsteht weit unterhalb des Blütenstandes, im Gegensatz zu den anderen Aronstabgewächsen, wobei der sterile Teil der Blütenstandachse von dem scheidigen Stiel des Hochblattes umhüllt wird. Es kommen 2 Arten vor.

Abb. 150 Lycopus exaltatus

Abb. 151 Lysichiton americanus

L. americanus Hult. et St. John
Amerikanische Scheinkalla
IV–V, hs

Westliches Nordamerika. Die bis 1 m hohen Pflanzen besitzen einen rhizomartigen Wurzelstock. Ihre Blätter sind grundständig, kurz gestielt, 30–100 cm lang, bis 30 cm breit, an der Spitze rundlich, dunkelgrün. Der 30 cm lange Blütenschaft trägt eine intensiv gelb gefärbte, länglichlanzettliche, muschelförmige, 20–25 cm lange und 4–6 cm breite Spatha sowie einen 10–15 cm langen, gestielten Kolben. Die Blüten erscheinen vor den Blättern.

L. camtschatcensis (L.) Schott
Kamtschatka Scheinkalla
V–VI, hs

Kamtschatka, Japan, Ostsibirien. Ist im Habitus der vorigen Art ähnlich, im Wuchs aber nicht ganz so kräftig und mit mehr gelbgrünen Blättern. Das wesentliche Unterscheidungsmerkmal ist die hier weiß gefärbte Spatha.

Verwendung/Ansprüche/Anzucht
Beide Arten sind dekorative Sumpfstauden, die zur guten Entwicklung einen tiefgründigen, nährstoffreichen Boden und einen halbschattigen Standort verlangen. In voller Sonne ist das Wachstum meist nicht befriedigend, weil die Blätter leicht verbrennen. Tiefgründig heißt, daß die Bodenschicht mindestens 40 cm stark

Abb. 152 Lysichiton camtschatcensis

Abb. 153 Lysimachia nummularia

sein muß. Die Pflanzen sind für eine Containerkultur weniger gut geeignet. Ausgewachsene Pflanzen benötigen einen ziemlich großen Standraum und sind deshalb für kleine Anlagen nicht zu empfehlen. Die Scheinkalla sind interessant, weil die auffälligen Blüten, die einen strengen Geruch ausströmen, vor den Blättern erscheinen. Sie verlangen eine solitäre Stellung. Ihre Anordnung in der Rabatte sollte so erfolgen, daß sie nach der Blüte, wenn sich ihre Blattmassen zu entwickeln beginnen, von anderen höheren Sumpfstauden verdeckt werden oder mit ihrem Habitus selbst dominierend sind. Eine Vermehrung kann durch Aussaat direkt nach der Reife des Samens erfolgen. Einfacher ist es, die Samen ausfallen zu lassen und die Jungpflanzen, die um die Mutterpflanzen herum auflaufen, zu nehmen. Bei Aussaat dauert es etwa 7 Jahre, bis sich blühfähige Pflanzen entwickelt haben. Eine Vermehrung durch Teilung des Wurzelstocks ist auch möglich, man muß beim Ausgraben allerdings sehr tief graben. Von beiden Arten ist auch eine Hybride mit cremegelben Blütenscheiden bekannt, die als 'Ivory Giant' im Handel ist.

Lysimachia L.
Felberich, Gilbweiderich
(Primulaceae)

Die Gattung ist nach dem griechischen Feldherrn Lysimachos, dem Leibwächter Alexander des Großen, nach dessen Tod König von Thrakien und Mazedonien, benannt. Dioskorides bezeichnete als *lysimacheios* wahrscheinlich eine *Lysimachia*-Art. Die Gattung umfaßt etwa 110 Arten, ausdauernde, aufrechte oder kriechende Kräuter. Die Blätter sind ganzrandig und stehen gegen-, quirl- oder wechselständig, die Blüten sind einzeln, traubig oder rispig angeordnet.

L. nummularia L.
Pfennigkraut
V–VII, so-hs

Europa, Kaukasus. Die Pflanzen haben bis 50 cm lange, kriechende, wenig verzweigte, 4kantige Stengel, die an den Knoten wurzeln. Ihre Blätter sind gegenständig, rundlich, kurz gestielt, stumpf und liegen auf dem Boden. In den Blattachseln erscheinen die etwa 1,5 cm großen, gelben, fünfzähligen, 1 cm lang gestielten Einzelblüten. Es ist auch eine Sorte 'Aurea' mit gelbgrünen Blättern im Handel.

L. punctata L.
Drüsiger Gilbweiderich, Tüpfelstern
VI–VIII, so-hs

Süd- und Mitteleuropa. Die 0,50–1 m hohen Pflanzen bilden unterirdische Ausläufer. Sie sind in allen Teilen schwach behaart. An den 4kantigen, kaum verzweigten Stengeln sitzen die quirlig angeordneten, kurz gestielten und spitzeiförmigen Blätter. Die fünfzähligen, zitronengelben Blüten stehen in einer beblätterten Trau-

Abb. 154 Lysimachia thyrsiflora

be zu 2–3 in den Blattachseln. Die Stengel sind fast bis zur Hälfte mit diesen Blüten besetzt.

L. thyrsiflora L.
Strauß-Gilbweiderich, Strauß-Felberich
V–VII, so-hs

Nördliche gemäßigte Zone. Diese Art wird 30–50 cm hoch und bildet wie die vorige unterirdische Ausläufer. Die auf der Unterseite schmallanzettlichen, schwach wolligen Blätter stehen kreuzgegenständig an hohlen, unverzweigten Stengeln. Die 6- bis 7zähligen Blüten bilden dichte, langgestielte, achselständige, goldgelbe Trauben.

L. vulgaris L.
Gemeiner Gilbweiderich
VI–VIII, so-hs

Gemäßigtes Eurasien. Eine bis über 1 m hoch werdende Staude mit unterirdischen Ausläufern. Alle Pflanzenteile sind schwach wollig behaart. 3–4 Blätter sind quirlförmig am Stengel angeordnet, zuweilen auch gegenständig. Sie sind spitzeiförmig, ganzrandig, kaum gestielt und locker rotdrüsig punktiert. Die Blüten sind goldgelb mit rötlicher Mitte und stehen in endständigen, pyramidenförmigen, unten beblätterten Rispen. Kronabschnitte sind kahl, Blütenstiele etwa 1 cm lang.

Verwendung/Ansprüche/Anzucht
Das Pfennigkraut ist eine wuchsfreudige, bodendeckende Staude, die sehr schnell den Boden mit einem dichten grünen Teppich überzieht. Gute Entwicklungsmöglichkeiten findet es auf einem humosen, feuchten bis sumpfigen Boden, wobei es auch im flachen Wasser wächst. Als Unterwasserform blüht es jedoch nicht. Die Landform kann ohne Schwierigkeiten an das Leben im Wasser gewöhnt werden. Das Pfennigkraut eignet sich gut zum Bedecken von Beckenrändern (z. B. von Fertigteichen) in voller Sonne, es kommt aber auch an halbschattigen Standorten als bodenbedeckende Pflanzung unter hohen Stauden noch gut voran. Die Vermehrung nimmt man durch Teilung der auf dem Boden aufliegenden und meist schon bewurzelten Triebe vor.

Die anderen Arten sind Pflanzen für den Sumpfgarten, wobei der Strauß-Gilbweiderich auch bei einigen Zentimetern Wasserstand gedeiht. Sie sind relativ anspruchslos an den Boden, wenn er nur feucht genug ist. Der Strauß-Gilbweiderich ist besser für den unmittelbaren Uferbereich dicht am Wasser geeignet, die anderen beiden mehr für die feuchte Uferzone.

Die Gilbweiderich-Arten sind dank ihrer langen Blütezeit und wirkungsvollen Blüten unentbehrlich für die Ausbildung farbenreicher Pflanzenkombinationen und erscheinen oft bei den Pflanzplanvorschlägen wie auch als Partner für viele Arten (blaue *Iris*, *Lobelia cardinalis*, *Pontederia*, *Lythrum*, *Veronica*). In kleineren Anlagen können die Pflanzen wegen ihrer Wuchsfreudigkeit allerdings manchmal lästig werden. Die Vermehrung erfolgt durch Teilung, wobei auch Aussaat möglich ist.

Lythrum L.
Weiderich
(Lythraceae)

Der Name ist vom griechischen Wort *lythron* = Besudeln mit Mordblut abgeleitet und bezieht sich auf die rote Blütenfarbe. Es kommen etwa 30 Arten vor, meist ausdauernde Kräuter, seltener Halbsträucher, mit vierkantigen Stengeln und sitzenden Blättern. Die Blüten sind achselständig und bilden eine lange Ähre. Sie haben einen becherförmigen Kelch mit am Ende dreieckigen Zähnchen und 6 Außenkelchzähnchen sowie 6 länglichelliptische, stumpfe Blütenblätter.

L. salicaria L.
Blutweiderich
VI–VIII, so

Europa, Asien, Südostaustralien, in Nordamerika eingebürgert. Die straff aufrecht wachsenden, etwa 1 m hohen Pflanzen haben einen umfangreichen, verzweigten, holzigen Wurzelstock. Der Stengel ist im unteren Teil ästig. Die weidenähnlichen Blätter sind gegen- oder wechselständig, lanzettlich und am Grunde abgerundet oder herzförmig. Die purpurroten Blüten stehen quirlig und gehen nach oben in eine lange Ähre über. Standorteinflüsse rufen oft Veränderungnen im gesamten Habitus hervor.

Im Handel befindliche Sorten sind:

- 'Blush' – pfirsichrosa,
- 'Brightness' – rosa,
- 'Feuerkerze' – leuchtend rosarot, bis 1,5 m hoch,
- 'Happy' – dunkelrosa, 45 cm hoch,
- 'Lady Sackville' – leuchtend rosarot,

- 'Nordens Pink' – rosa,
- 'Rakete' – kräftig rot,
- 'Robert' – karminrot, kompakter Wuchs,
- 'Roseum Superbum' – rosarot, großblütig,
- 'The Beacon' – dunkelrot.

L. virgatum L.
Rutenweiderich
VI–VIII, so

Südost- und Osteuropa, Westasien. Diese Art erreicht bis etwa 1,20 m Höhe. Die Blätter sind gegenständig und schmallinealisch. Die Blüten sitzen zu 1–3 in den Blattachseln und bilden schöne, purpurrote Ähren. Der Blütenstand ist im unteren Teil oft verzweigt. Die Gartensorten sind möglicherweise aus Kreuzungen zwischen dem Blutweiderich und dieser Art entstanden, nicht immer einer bestimmten zuzuordnen.

Zu den besten gehören:

- 'Dropmore Purple' – purpurrot,
- 'Rose Queen' – rosarot, nur 60–80 cm hoch, besonders langblühend,
- 'Roseum Superbum' – rosa, großblütig.

Verwendung/Ansprüche/Anzucht
Der Blutweiderich, der Rutenweiderich und ihre Sorten sind zur Blütezeit mit ihren leuchtend rosa bis roten Blüten auffallende Stauden im Sumpfgarten, die wochenlang blühen und eine wichtige Nährpflanze für Schmetterlinge sind. Sie gedeihen am besten auf feuchten Standorten, können dort sogar mit dem Fuß im Wasser stehen, wachsen aber auch noch im normalen Gartenboden, allerdings weniger üppig. Sie eignen sich gut zur Uferbepflanzung und können dafür zusammen mit *Lysimachia punctata* auch großflächig verwendet werden. Im kleineren Wassergarten müssen diese Pflanzen unter Kontrolle gehalten werden oder man greift auf die niedrigen Sorten zurück. Da sie auch starke Farbakzente bilden, wirken sie einzeln gepflanzt am besten. Der Boden sollte nährstoffreich sein. Die günstigste Vermehrung erfolgt durch Stecklinge, da eine Teilung des harten Wurzelstockes oft schwierig, wenn nicht sogar unmöglich ist. Durch Aussaat gewonnene Nachkommen ergeben eine Mischung von in verschiedenen roten und rosa Farbtönen blühenden Pflanzen.

Marsilea L.
Kleefarn
(Marsileaceae)

Die Gattung ist nach dem italienischen Botaniker Giovanni M. Marsili (1727–1794) benannt worden, der sich mit der Pilzflora beschäftigt hat. Sie umfaßt 70 Arten, die alle bodenwurzelnde Sumpfpflanzen mit wechselständigen Blättern sind. Ihre Sporokarpien sind kurz gestielt, behaart oder verkahlend und besitzen 2–24 Fächer. In jedem dieser Fächer befinden sich Makro- und Mikrosporangien. Die einzelnen Arten sind schwierig zu unterscheiden.

M. quadrifolia L.
Vierblättriger Kleefarn
so-hs

Europa, Westasien, Japan. Die Pflanzen haben lange, kriechende Stengel und grundständige, auf 5–15 cm langen Stielen stehende, vierteilige, kleeblattähnliche, dunkelgrüne, mitunter auch leicht rötlich oder bräunlich gefärbte Blätter. Die Sporenbehälter dieser Kleefarngewächse sind bohnenförmig und stehen am Blattstiel nahe dem Grunde.

Verwendung/Ansprüche/Anzucht
Der Kleefarn ist wegen seiner für Farne ungewöhnlichen Blätter für den Freund eigenartiger Sumpf- und Wasserpflanzen eine interessante Art. Bemerkenswert ist außerdem die Tatsache, daß die kleeblattähnlichen Blätter nachts eine Schlafstellung einnehmen, wobei jeweils 2 Blattpaare zusammenklappen. Je nach Standort wachsen die Pflanzen im Sumpf mit aufsteigenden oder mit auf der Wasseroberfläche schwimmenden Blättern. Sie gedeihen auf nährstoffreichem, saurem Boden, treiben allerdings im Frühjahr relativ spät aus. Die Pflanzen sind oft nicht sehr langlebig, besonders wenn sie nur feucht bis sumpfig wachsen. Ab einer Wassertiefe von 20 cm sind sie ziemlich hart und überstehen die Winter. Vermehrt wird vorwiegend durch Rhizomteilung.

Mentha L.
Minze
(Labiatae)

Mentha ist ein griechischer Pflanzenname. In der griechischen Mythologie war es der Name einer Nymphe Minthe. Es sind ausdauernde,

aufrechte oder kriechende Kräuter, die stark aromatisch riechen. Ihre Stengel sind meist ästig, die Blätter kreuz-gegenständig, breiteiförmig bis lanzettlich, gestielt oder sitzend, fieder- oder netznervig. Die Blüten sind gestielt, mit kleinen Vorblättern, in meist vielblütigen, seltener zwei- bis sechsblütigen Blütenquirlen, entweder alle Quirle entfernt und gleichartig, achselständig oder oft kopfige bis ährige Gesamtblütenstände bildend. Die Blüten haben glockige oder röhrige, 10- bis 13nervige, regelmäßig 5zähnige oder 2lippige Kelche und meist violette, kurzröhrige Kronen mit fast regelmäßig 4spaltigem Saum. Es kommen 10–15 Arten in den gemäßigten Gegenden der Erde vor, fast alle davon an feuchten Standorten.

M. aquatica L.
Wasserminze, Bachminze
VII–X, so-hs

Europa, Westasien, Mittelasien, Afrika. Uferpflanzen mit ziemlich dünnen, langgliedrigen, kräftig bewurzelten, unterirdisch beschuppten und oberirdisch beblätterten Ausläufern. Die einfachen oder ästigen, meist aufrechten Stengel sind 20–50 cm hoch, von Luftkanälen durchzogen. Die Blätter sind bis 1,5 cm langgestielt, eiförmig bis elliptisch, 2–8 cm lang und 1–4 cm breit, oft ziemlich derb und etwas glänzend, flach sägezähnig oder gekerbt. Die hellvioletten Blüten sind zu endständigen, eikugeligen, dichten Köpfen vereint, weiter unten stehen sie in blattachselständigen Scheinquirlen am Stengel. Die Sorte 'Blue Mist' hat hellblaue Blüten, die Sorte 'Curly' gekrauste Blätter.

Abb. 155 Mentha aquatica 'Blue Mist'

Verwendung/Ansprüche/Anzucht
Die Wasserminze kommt an Ufern und in Gräben, auf nassen Wiesen und zeitweise überschwemmten, überwiegend nährstoff- und kalkreichen Böden vor. Das sind Bedingungen, die sie im Wassergarten fast universell einsetzen lassen. Sie wächst selbst als dauernd submerse Form. Interessant ist der intensive Minzegeruch, den die Pflanze ausströmt. Die getrockneten Blätter können auch als Tee verwendet werden, der etwas strenger als der normale Pfefferminztee schmeckt. Die Wasserminze hat eine unangenehme Eigenschaft, sie breitet sich durch die Ausläufer stark aus. Für einen kleinen Wassergarten ist sie deshalb nicht zu empfehlen. Man sollte sie besser in größeren, naturhaft gestalteten Anlagen verwenden, wo ihre Ausläufer nicht stören.

Vermehrt wird durch Abtrennen der Ausläufer, Stecklinge oder Aussaat.

Menyanthes L.
Bitterklee, Fieberklee
(Menyanthaceae)

Menyanthes ist ein griechischer Pflanzenname, dessen Ableitung nicht bekannt ist. Es kommt nur eine Art vor.

M. trifoliata L.
Bitterklee, Fieberklee
V–VI, so-hs

Gemäßigte Gebiete der nördlichen Halbkugel. Bei uns steht die Art unter Naturschutz. Die 20–30 cm hohen Pflanzen haben lange, kriechende Rhizome. Die Blätter sind dreiteilig gefiedert und grundständig, ihre Stiele am Grunde scheidenartig. Die Fiederblättchen sitzen und sind von eiförmiger Gestalt. Der aufrechte, unbelaubte Blütenschaft ragt über das Laub und trägt etwa 5–8 weiß bis rosa gefärbte, trichterförmige, fünfteilig gespaltene, auf der Innenseite dichtbärtige Blüten als endständige Traube.

Abb. 156 Menyanthes trifoliata

Verwendung/Ansprüche/Anzucht
Der Fieberklee ist als Sumpfpflanze oder zur Uferbepflanzung zu empfehlen. Die langen Rhizome wachsen von da aus in das Wasser hinein und schwimmen dann an der Oberfläche. Mit ihren Wurzeln können sie sich im Schlamm verankern. Der Boden sollte sauer und humos sein. Der Fieberklee paßt in naturhafte Pflanzungen in unmittelbare Wassernähe zusammen mit *Potentilla palustris.* Die Vermehrung erfolgt durch Rhizomteilung, auch Aussaat ist möglich. In der Volksheilkunde wird Fieberklee als Bitterdroge als verdauungsförderndes Mittel, bei Gelbsucht, Blutarmut und anderen Leiden verwendet.

Mimulus L.
Gauklerblume, Affenblume
(Scrophulariaceae)

Mimulus ist die Verkleinerungsform des lateinischen Wortes *mimus* = Schauspieler, Gaukler. Diese Bezeichnung bezieht sich auf die vielfältige Färbung, Zeichnung und Form der Blüten. Die Gattung umfaßt etwa 60 Arten, meist ausdauernde, niedrige Kräuter, seltener Sträucher mit gegenständigen, ungeteilten, ganzrandigen oder gezähnten Blättern. Die Blüten erscheinen achselständig, gestielt und stehen einzeln oder traubig. Kennzeichnend für die Gattung ist die zweilappige, aufrechte, an den Seiten zurückgebogene Oberlippe und eine dreilappige, abstehende, am Grunde zweihöckerige Unterlippe der Blüten. Die Narbenlappen sind spatelig, ungleich groß und klappen bei leichter Berührung in Sekundenschnelle zusammen.

M. alatus Ait.
VI–VIII, so-hs

Östliche und mittlere Staaten der USA. Die Pflanzen haben einen sich verzweigenden Wurzelstock und aufrechte, bis 70 cm hohe, vierkantige, verästelte Stengel. Im Habitus sehen sie *M.*

Abb. 157 Mimulus alatus

Abb. 158 Mimulus alatus 'Snow Crystal'

ringens ähnlich. Die Blätter sind bis 15 cm lang, bis 6 cm breit, länglich-oval, zugespitzt, am Rand gesägt, im Gegensatz zu *M. ringens* nicht stengelumfassend sondern gestielt. Die Blüten stehen einzeln an sehr kurzen Stielen in den Blattachseln, werden etwa 2 cm groß und sind blau. Seit einigen Jahren ist auch eine weiße Sorte mit dem Namen 'Snow Crystal' im Handel.

M. cardinalis Dougl. ex Benth.

Scharlachrote Gauklerblume
VI–IX, so-hs

USA. Die Pflanzen werden 50–70 cm hoch und haben zottig behaarte Stengel und Blätter. Ihre Stengel sind einfach oder vom Grunde an verästelt und tragen eirunde, gezähnte und stark geaderte Blätter. Die Blütenfarbe ist scharlachrot. Als Sorten werden gehandelt:

- 'Aurantianus' (syn. 'Orange Perfection') – feurig orangerot,
- 'Grandiflorus' – dunkelrot,
- 'Roseus' (syn. 'Rose Queen') – rosenrot, dunkel gepunktet, großblütiger,
- 'Roseus Superbus' – dunkelrosenrot, großblütig.

M. cupreus hort. ex Dombr.

VII–IX, so-hs

Chile. Diese 20–25 cm hohe Art wächst rasenartig. Die Stengel sind niederliegend-aufstrebend und vom Grunde an verästelt. An ihnen sitzen gezähnte Blätter. Je Blütenstengel werden 1–6 Blüten ausgebildet, mit einer Länge von 2–6 cm. Die Blüten sind anfangs kupferrot bis kupferigorange, im Verblühen färben sie sich goldgelb. Bekannte Sorten sind:

- 'Duplex' – mit vergrößertem, kronenartigem Kelch,
- 'Nanus' – leuchtend orange bis goldgelb, im Schlund rot punktiert, nur 10 cm hoch, glänzend dunkelgrüne Blätter,
- 'Roter Kaiser' – karmesin- bis scharlachrot.

M. guttatus Fisch. ex. DC.

Gelbe Gauklerblume
VI–VIII, so-hs

Nordamerika, in Mitteleuropa eingebürgert. Die Pflanzen werden 30–60 cm hoch und bilden durch ihre Ausläufer dichte Rasen. Die Stengel stehen aufrecht und tragen eiförmig-längliche Blätter, von denen die untersten gestielt sind.

Abb. 159 Mimulus guttatus 'Variegata'

Die gelben, 3–4 cm großen Blüten haben eine am Grunde gebärtete, rot gefleckte Unterlippe. Sie stehen einzeln in den Achseln der oberen Blätter und sind zu endständigen Trauben vereint. Es ist auch eine Sorte 'Variegata' im Handel, die weißlich-gelb panaschierte oder gerandete Blätter hat. Bei der Aussaat dieser Sorte treten immer einige Pflanzen mit der Variegata-Zeichnung auf, die meisten sind grünblättrig.

M. lewisii Pursh

VI–VIII, so-hs

Nordamerika. Die in allen Teilen klebrig-flaumhaarigen Pflanzen werden 30–60 cm hoch. Ihre Blätter sind länglich bis lanzettlich und fein gezähnt, ihre rosaroten bis weißen, 5 cm großen Blüten stehen an langen Blütenstielen.

M. luteus L.

VI–VIII, so-hs

Chile, in Schottland eingebürgert. Diese Art wird 30–40 cm hoch, zuweilen auch höher. Die Stengel wachsen aufrecht oder ausgebreitet und tragen ovallängliche, spitz gezähnte Blätter. Die gelben Blüten stehen traubig oder zu 1–6 endständig. Je nach Sorte sind die Blüten 1,5–6 cm lang und 2–6 cm breit. Der Schlund ist offen oder durch die gewölbte Unterlippe, die große rote Flecke aufweist, fast geschlossen. Die meisten der früher angebotenen Sorten zählen heute zu den Mimulus-Hybriden (syn. *M.* × *tigrinus* hort. ex Vilm.). Sie sind vor allem aus Kreuzungen von *M. guttatus* × *M. luteus* entstanden. Die bekannteste ist 'Tigrinus Grandiflorus' mit großen gelben, lebhaft rot getigerten und gefleckten Blüten.

Abb. 160 Mimulus primuloides

Abb. 161 Mimulus ringens

M. moschatus Dougl. ex Lindl.
Moschuskraut
VI–VIII, so-hs

Nordamerika, in Europa stellenweise eingebürgert. Diese Art hat bis 30 cm lange, kriechende, an den Knoten wurzelnde Stengel mit eiförmig-spitzen, 3–6 cm langen Blättern. Die Pflanzen sind in allen Teilen klebrig-flaumhaarig. Sie senden einen durchdringenden Moschusduft aus. Die 2 cm großen gelben Blüten fallen durch ihre rot punktierte, im Schlund gebärtete Unterlippe auf. Sie sind kurz gestielt und stehen einzeln in den Blattachseln.

M. primuloides Benth.
VI–VIII, hs

Westküste der USA. Es sind 5–10 cm hohe Stauden, die sich durch fadenförmige Ausläufer vermehren. Die Blätter sind in rosettigen Büscheln grundständig oder an einem 2,5–8 cm hohen Stengel, in der Jugend weich behaart und am Rande bewimpert, im Alter verkahlend, verkehrt-eirund bis verkehrt-lanzettlich, zerstreut-gesägt oder fast ganzrandig, 1–3,5 cm lang und 8–14 mm breit. Die goldgelben, 6–20 mm langen Blüten haben eine trichterförmige Röhre und zweilippigen Saum, sie stehen in der Regel einzeln auf fadenförmigen Blütenstengeln.

M. ringens L.
Blaue Gauklerblume
VI–VIII, so-hs

USA. Diese Art hat im Vergleich zu den oben beschriebenen Arten einen völlig anderen Habitus, er ist nur mit dem von *M. alatus* vergleichbar. Die 60–80 cm hohen Pflanzen besitzen einen ausdauernden Wurzelstock. Ihre Stengel sind aufrecht, vierkantig und verästelt und tragen längliche, zugespitzte, schwach gesägte, am Grunde stengelumfassende Blätter. Die 2 cm großen Blüten erblühen blauviolett mit weißem Schlund, sie stehen einzeln in den Blattachseln an längeren Stielen als bei *M. alatus*.

Verwendung/Ansprüche/Anzucht
Alle *Mimulus*-Arten sind dekorative Dauerblüher und wegen dieser Eigenschaft besonders wertvoll. An ihren Standort stellen sie keine besonderen Ansprüche. Ist er feucht bis naß, dann fühlen sie sich besonders wohl, selbst wenige Zentimeter Wasserstand werden von *M. alatus*, *M. guttatus*, *M. luteus* und *M. ringens* vertragen.

Diese Arten können auch ständig mit den Füßen im Wasser stehen. *M. alatus* und *M. ringens* sind wegen ihrer blauen Blütenfarbe, die bei Sumpfpflanzen selten vorkommt, für den Wassergarten von besonderem Interesse. Alle Arten eignen sich sehr gut für Uferbepflanzungen im großen und kleinen Wassergarten und sind mit zahlreichen Blütenpflanzen kombinierbar. Einige bilden in kurzer Zeit dichte Teppiche, die das Unkraut unterdrücken, und sind deshalb auch besonders in Verbindung mit hohen Solitärs zu empfehlen. *M. cupreus*, *M. lewisii*, *M. moschatus* und *M. primuloides* sollten einen Winterschutz aus Reisig bekommen. Durch Selbstaussaat erhalten sich die Arten leicht. Zuweilen können sie auch verwildern und dann unter Umständen lästig werden, vor allem *M. guttatus* und *M. luteus*. Die kleine *M. primuloides* eignet sich hervorragend für feuchte Standorte in einem Miniwassergarten. Die Vermehrung aller Arten erfolgt durch Teilung oder Aussaat im März/April. *M. cardinalis* ist erst Mitte Mai auszupflanzen, da sie nicht zuverlässig frosthart ist. Diese Art kann auch im Herbst ausgesät und im Kalthaus überwintert werden. Dadurch ist schon eine Blüte ab Mai möglich.

Abb. 162 Myosotis palustris

Abb. 163 Myosotis palustris 'Pinkie'

Myosotis L.
Vergißmeinnicht
(Boraginaceae)

Der Gattungsname ist aus den griechischen Wörtern *mys* = Maus und *ons* = Ohr abgeleitet und deutet auf die mäuseohrähnliche Blattformen mancher Arten hin. Die Gattung umfaßt etwa 50 Arten, einjährige, zweijährige oder ausdauernde Kräuter, die oft behaart sind. Die Blätter sind wechselständig angeordnet. Die fünfzähligen, strahligen, blauen, rosa oder weißen Blüten stehen in traubenförmigen Wickeln. Am Grunde des Kronsaums werden gewölbte, nebenkronartige, gelbliche Hohlschuppen gebildet.

M. palustris (L.) L.
(syn. *M. scorpioides* L.)
Sumpfvergißmeinnicht
V–IX, so-hs

Europa, Sibirien, in Nordamerika eingebürgert. Die 20–40 cm hohen Pflanzen kriechen oder bilden Ausläufer. Ihre Stengel sind deutlich stumpfkantig und haben waagerecht bis aufwärts-abstehende Haare. Die Blätter sind länglichlanzettlich, zum Blattstiel verschmälert und haben ebenfalls anliegende oder unterseits abstehende Haare. Die blattlosen Blütenstände tragen himmelblaue Blüten mit weißgelber Mitte. Manche Sorten haben auch andersfarbige Blüten. Einige sind:
- 'Alba' – weiße Blüten,
- 'Graf Waldersee' – dunkelblau, frühblühend,
- 'Meernixe', ('Mermaid') – blau, großblütig,
- 'Perle von Ronneberg' – dunkelblau, in allen Teilen größer,
- 'Pinkie' – rosa,
- 'Semperflorens' – lange und reich blühend,
- 'Thüringen' – blau, großblütig,
- 'Variegata' – cremeweiß-grün gefleckte Blätter.

M. rehsteineri Wartm.
Bodensee-Vergißmeinnicht
V–VI, so-hs

Alpen und Vorland, Bodensee. Diese Zwergstaude wird nur 3–5 cm hoch und wächst rasenförmig. Die stumpfen, angedrückten, behaarten Blätter sind länglich. Der Blütenstand ist meist unten beblättert und trägt kleine, himmelblaue, gelb geäugte Blüten.

Verwendung/Ansprüche/Anzucht
Das Sumpfvergißmeinnicht ist eine lange und reich blühende Pflanze für den Sumpfgarten. Es eignet sich auch zum Verwildern auf größeren Flächen. In kleinen Anlagen ist es mit Vorsicht zu verwenden, da es sich oft zu schnell ausbreitet und dann andere Pflanzen überwuchert. Nährstoffreicher Boden sagt ihm besonders zu, hat er zu wenig Nährstoffe, reagieren die Pflanzen leicht mit Blattfleckenpilzen, die die Blätter absterben lassen. Sumpfdotterblumen sind gute Partner.

Das Bodensee-Vergißmeinnicht ist im Garten oft kurzlebig, vor allem bei nährstoffarmem Boden und zu nassen Standorten. Dort wird es leicht von Pilzen befallen, die die Pflanzen absterben lassen. Gut geeignet ist es zum Bepflanzen von Bachläufen in kiesigen Böden. Die Pflanzen sollten alle zwei Jahre aufgenommen, geteilt und in neue Erde gepflanzt werden. Um Winterausfälle vorzubeugen, kann man auch im Herbst eine Gruppe in einen Topf pflanzen und bei etwa 10 cm Wasserstand über den Pflanzen überwintern.

Vermehrt wird durch Teilung oder Stecklinge, die Art auch durch Samen. Leider sind einige Sorten nur noch selten im Handel.

Myriophyllum L.
Tausendblatt
(Haloragaceae)

Der Gattungsname ist aus den griechischen Wörtern *myrios* = unzählig und *phyllon* = Blatt abgeleitet, daher auch der deutsche Name 'Tausendblatt'. Bekannt sind etwa 40 Arten, alles ausdauernde Unterwasserpflanzen stehender Gewässer mit quirständigen, gefiederten Blättern und kleinen weißen bis rötlichen, ährig angeordneten, emers stehenden Blüten. Die unteren, weiblichen Blüten bestehen aus einem vierfächerigen Fruchtknoten mit vierköpfigen, federigen, papillösen Narben, die oberen männlichen aus 8 Staubgefäßen. Bei einigen Arten erheben sich die Triebspitzen über die Wasseroberfläche.

M. alternifolium DC.
Wechselblütiges Tausenblatt
VI–VIII, so-hs

Europa, Nordafrika, Nordamerika. Diese Art hat bis 50 cm lange, zarte Stengel, die bis 2,5 cm lange, aus 6–18 hauchdünnen Fiedern bestehenden Blätter tragen. In der Regel sind 4 Blätter, seltener 3, zu einem Quirl angeordnet. Die wenigblütige Ähre besteht aus oben sitzenden, wechselständigen, männlichen Blüten und am Grunde sitzenden, quirlständigen, weiblichen Blüten.

M. aquaticum (Vell.) Verdc.
(syn. *M. brasiliense* Cambess.)
Papageienfeder
VII–VIII, so-hs

Argentinien, Chile. Die Pflanzen haben kräftige, 0,40–1,50 m lange, 1–5 mm starke Stengel, die anfangs untergetaucht sind und später immer bis etwa 10 cm über die Wasseroberfläche hinauswachsen. Die Unterwasserblätter sind zart, gelblichgrün, bei starker Sonneneinstrahlung wie auch die Stengel leicht rötlich, etwa 3 cm lang, einfach gefiedert und stehen in 4- bis 6zähligen Quirlen. Die Überwasserblätter sind derber und fester, hellgrün, etwa 3 cm lang, kammartig gefiedert und stehen ebenfalls in 4- bis 6zähligen Quirlen. Nachts nehmen diese

Abb. 164 Myriophyllum aquaticum

Blätter eine ausgeprägte Schlafstellung ein, indem sich die Spitzen nach oben zusammenlegen. Die Blütenähren sind vielblütig.

M. spicatum L.
Ährenblütiges Tausendblatt
VII–VIII, so-hs

Europa, Asien, außertropisches Afrika. Die Art hat bis 2 m lange, grüne Stengel, die sich zur Blütezeit rot färben und dann aus dem Wasser herauswachsen können. Die Blattquirle bestehen aus 4 kammartig-gefiederten, etwa 3,5 cm langen Blättern. Die vielblütigen Blütenähren tragen rosafarbene, in 4zähligen Quirlen angeordnete Blüten.

M. verticillatum L.
Quirlblütiges Tausendblatt
VI–VIII, so-hs

Europa, Asien, Nordamerika. Die Pflanzen bestehen aus bis 1 m langen, meist untergetauchten Stengeln, mit 5- bis 6zähligen Blattquirlen. Ihre 4,5 cm langen Blätter sind fein kammartig

Abb. 165 Myriophyllum verticillatum

gefiedert, mit 20–35 borstenartigen, in scharfe Spitzen auslaufenden Abschnitten. An den untergetauchten Sproßspitzen werden im Herbst 5 cm lange und 8 mm breite, keulenförmige Sprosse gebildet, die zu Boden sinken und so den Winter überdauern. Im Frühjahr entwickeln sich aus diesen Winterknospen neue Pflanzen. Die Blüten bilden, in 10–25 Quirlen angeordnet, bis zu 25 cm lange Ähren.

Verwendung/Ansprüche/Anzucht
Alle *Myriophyllum*-Arten bevorzugen weiches Wasser. Wegen ihres fein zerschlitzten Laubes sind sie schöne Unterwasserpflanzen, wobei manche Arten auch Überwasserblattformen ausbilden. Sie werden vor allem als Sauerstoffspender geschätzt. Die Papageienfeder kann in tiefen, am Grunde frostfreien Wasserbecken im Freiland überwintert werden, was ab ca. 50 cm Wassertiefe der Fall ist. In flachen Becken ist eine Freilandkultur nur im Sommer möglich. Hier sind im Herbst einige Überwassertriebe abzuschneiden, bei 1–2 cm Wasserstand zu bewurzeln und anschließend emers bei hoher Luftfeuchtigkeit und 16–25 °C sowie sehr hell (hoher Lichtbedarf!) weiter zu kultivieren. Als Überwinterungsort eignet sich auch ein Aquarium. Im Frühjahr wieder in das Freiland ausgepflanzt, entwickeln sie sich rasch zu kräftigen Pflanzen, die bald über das Wasser hinausragen. Die Vermehrung der Arten erfolgt am besten durch Teilung.

Nelumbo Adans.
Lotosblume
(Nymphaeaceae)

Nelumbo ist der volkstümliche Name, mit dem die Bewohner Ceylons diese Pflanze bezeichneten. Bekannt sind 2 Arten, beide bilden Rhizome und besitzen große, schildförmige, langgestielte Blätter. Die Blüten stehen einzeln auf langen Stielen und duften. Ihre Blütenachse hat die Form einer Gießkannenbrause. Die Früchte sind einsamig, rundlich und etwa haselnußgroß.

N. lutea (Willd.) Pers.
(syn. *N. pentapetala* (Walt.) Fern., *Nelumbium luteum* Willd.)
Amerikanische Lotosblume
VII–VIII, so

Nordamerika, vom 43. Grad nördlicher Breite südwärts, Mexiko, Kolumbien. Die Pflanzen haben hellgrüne, schwach bestachelte, etwa 1 m hohe Blattstiele, an denen dunkelgrüne, sich glatt anfassende, 30–55 cm große Blätter mit einem gelben Fleck am Stielansatz sitzen. Die Mittelrippen der Blattunterseiten sind oft rot punktiert. Die gelblichen, duftenden Blüten erreichen einen Durchmesser von 20–25 cm. Ihre Kelchblätter sind grüngelb mit braunen Streifen auf den Außenseiten. Die dunkelgelben Staubblätter weisen Übergänge zu Blütenblättern auf.

N. nucifera Gaertn.
(syn. *Nelumbium speciosum* Willd., *Nelumbium nelumbo* (L.) Druce)
Indische Lotosblume
IV–VIII, so

Wärmere Teile Asiens, Wolgadelta, Australien. Der Unterschied zur vorigen Art besteht darin, daß die Blattstiele mehr oder weniger stark bestachelt sind. Die blaugrünen Blätter fassen sich rauh an und haben am Stielansatz keinen gelben Fleck. Die rosenroten oder weißen Blüten gehen am Grund in einen gelblichen Farbton über. Von dieser Art sind viele Sorten entstanden, die entweder einfache oder gefüllte Blüten haben, in weißen, gelben, rosa und roten Farben.

Gute Sorten sind:
- 'Alba Grandiflora' – weiß, einfach, duftend, Blütendurchmesser bis über 30 cm,
- 'Angel Wings' – weiß, tulpenförmig, innere Blütenblätter zusammengerollt, 20–25 cm Durchmesser,
- 'Baby Doll' – reinweiß, einfach, 10–15 cm Durchmesser, Blätter bis 25 cm Durch messer, ideal für Container,
- 'Ben Gibson' – rosa mit roten Adern, gefüllt, mitelgroß, Blüten fast 1 Woche haltbar,
- 'Carolina Queen' – rosa mit gelber Mitte, Blüten hoch über dem Laub,
- 'Charles Thomas' – rosa bis bläulichrosa, mittelgroß, Pflanzen niedrig, ideal für Container,
- 'Chawan Basu' – weiß mit rosa Rand, Pflanzen niedrig, ideal für Container,
- 'Debbie Gibson' – cremefarbig, sehr reichblütig, Blüten hoch über dem Laub,
- 'Empress' (syn. alba striata) – weiß mit rosa Rand, kugelförmig, stark wachsend,
- 'Gregg Gibson' – dunkellavendelfarbig, tassenförmig, niedriger Wuchs,
- 'Hindu' – hellrosa mit gelber Mitte, bis 30 cm Blütendurchmesser, großblättrig,
- 'Little Green' – weiß mit grünlicher Mitte,

reichblütig, Blattdurchmesser 20–25 cm, ideal für Container,
- 'Maggie Bell Slocum' – malvenfarbig, innere Blütenblätter zusammengerollt, 25–30 cm Durchmesser,
- 'Momo Botan' – karminrot, dichtgefüllt, Pflanzen niedrig, Blattdurchmesser 30–45 cm, ideal für Container,
- 'Mrs. Perry D. Slocum' – rosa und gelb bicolor, gefüllt, sehr großblütig,
- 'Nikki Gibson' – rosa mit cremeweißer Mitte, im Verblühen heller, tassenförmig,
- 'Patricia Garrett' – rosa und cremefarbig, großblütig, Blüten hoch über dem Laub,
- 'Perry's Giant Sunburst' – cremegelb, 22–25 cm Durchmesser,
- 'Perry's Super Star' – rosa aufblühend, im Verblühen hellrosa mit rosa Rand, gefüllt,
- 'Pink Bowl' – reinrosa, 20–25 cm Durchmesser, ideal für Container,
- 'Red Bowl' – rosarot, 15 cm Durchmesser, nur 20–25 cm hoch, ideal für Container,
- 'Rosea Plena' – rosa, gefüllt, großblütig, sehr reichblütig,
- 'Shiroman' – cremeweiß, im Verblühen reinweiß, bis 30 cm Durchmesser, gefüllt.

Abb. 166 Nelumbo 'Perry's Giant Sunburst'

Verwendung/Ansprüche/Anzucht

Die Kultur der Lotosblume in Wasserbecken sollte dem Liebhaber vorbehalten sein. Sie in unseren Breiten wirkungsvoll in öffentlichen Anlagen zu verwenden, ist meist nur mit einem hohen materiellen Aufwand (Heizungsanlage) und damit hohen Kosten möglich, denn nur die Amerikanische Lotosblume läßt sich mit Erfolg auch im Freiland ohne zusätzliche Beheizung des Wassers verwenden. Dagegen sind die Indische Lotosblume und die vielen Sorten wärmebedürftig und gedeihen in Deutschland nur an klimatisch sehr günstigen Standorten (z. B. Weinbauklima) oder aber vor einer schützenden und Sonnenstrahlen reflektierenden Wand im Freiland ohne zusätzliche Beheizung des Wassers. Eine andere Möglichkeit ist, sie in Wintergärten zu kultivieren.

In fast jedem unserer botanischen Gärten werden beide Arten im Victoria-Haus, einem speziellen Gewächshaus für tropische Wasserpflanzen, gehalten. Wer materiellen und finanziellen Aufwand nicht scheut und diese empfindlichen Lotosblumen verwendet, wird allerdings durch die herrlichen farbenprächtigen Blüten in einem tropisch anmutenden Wassergarten entschädigt, vorausgesetzt, der Sommer ist sonnenreich. Eine erfolgreiche Freilandkultur ist bis zu einem gewissen Grad von der Witterung abhängig.

Die Lotosblumen können in Becken mit frostfreiem Grund ausgepflanzt oder in Kübeln gehalten werden, die im Herbst herausgenommen, frostfrei überwintert werden. Eine weitere Möglichkeit ist, die Pflanzen in freistehenden dekorativen Kübeln bei einem Wasserstand von 10–20 cm zu halten, z. B. an windgeschützten Standorten auf Terrassen. In den letzten Jahren sind einige schöne zwergige Sorten in den Handel gekommen, die sich dafür bestens eignen.

Abb. 167 Nelumbo 'Rosea Plena'

In China gibt es sogar solche kleinen Sorten, die in flachen Reisschalen kultiviert werden.

Die Pflanzen sind stark zehrend, sie verlangen eine tiefgründige, etwa 40 cm starke Bodenschicht aus einer nährstoffreichen, lehmigen Erde, die mit verrottetem Rinderdung, Hornspänen oder Blutmehl angereichert ist. Mineralischer Dünger ist weniger geeignet. Es ist angeraten, abgelagerte Erde zu nehmen, die ein Jahr vor der eigentlichen Verwendung mit organischen Düngern gemischt und mehrmals umgesetzt wurde. Während der Wachstumszeit ist wöchentlich mit phosphor- und kalibetontem Dünger nachzudüngen.

Ab Mitte Mai können die Rhizome in das Freilandbecken gepflanzt werden. Bei einer Vorkultur im Gewächshaus werden sie schon im März/April in Töpfe gelegt. Da die Rhizome sehr brüchig sind, muß mit besonderer Sorgfalt gepflanzt werden, um ein Abbrechen der Vegetationsspitzen zu verhindern. Das Reststück wäre dann nicht mehr lebensfähig. Die Rhizome werden mit dem Kopf schräg nach oben gepflanzt, so daß die Spitzen noch wenige Zentimeter herausragen. In Töpfen vorkultivierte Pflanzen sind so tief zu setzen, daß die Ballenoberfläche mit der Bodenoberfläche abschließt. Zu Beginn halte man den Wasserstand flach, damit sich das Wasser schneller erwärmen kann. Mit Einsetzen des Wachstums kann der Wasserstand auf 30–40 cm angehoben werden. Je Pflanze ist etwa 1 m^2 Standraum einzuplanen. Falls die Lotosblumen in Kübeln gehalten werden, ist die oberste Substratschicht jährlich zu erneuern. Alle 3 Jahre sollte die Erde völlig ausgewechselt werden. Wenn ein Wasserbecken nicht bis zum Grund durchfriert, können die Rhizome im Winter ohne Schutzmaßnahmen im Becken verbleiben. Andernfalls ist das Wasser abzulassen und die Rhizome sind durch eine etwa 40 cm hohe Laubschicht frostfrei zu halten.

Wenn auch die Amerikanische Lotosblume ohne zusätzliche Beheizung des Wassers gehalten werden und auch im Winter in einem frostfreien Becken verbleiben kann, reifen in manchen Jahren durch nicht ausreichende Temperaturen im Sommer die Rhizome nicht völlig aus und überstehen dann den Winter nicht. Eine Eisdecke auf dem Wasser schadet den Pflanzen nicht, sie ist auch nicht der Grund, weshalb sie im nächsten Jahr nicht mehr austreiben.

Trotz aller dieser 'Wenn und Aber' lohnt ein Versuch, Lotosblumen im Wassergarten zu verwenden.

Die Vermehrung der beiden Arten erfolgt durch Aussaat von gut ausgereiften 'Samen' der letzten Ernte. Die 'Samen' sind nußartige Einzelfrüchte. Nach einem Jahr läßt die Keimfähigkeit stark nach. Die günstigste Aussaatzeit liegt Ende Februar bis Ende März. Da die Schalen sehr hart sind, werden sie an einer Seite mit einem scharfen Messer angeritzt und einzeln in kleine Töpfe, die mit sandiger Erde gefüllt sind, gelegt. Sie keimen bei einer Wassertiefe von etwa 10–15 cm und bei einer Wassertemperatur von 30–35 °C nach etwa 8–10 Tagen. Nicht keimfähige 'Samen', die unter Wasser verfaulen, haben einen äußerst unangenehmen Geruch.

Anfangs erscheinen kleine Schwimmblätter. Mit fortschreitender Entwicklung der Keimlinge ist der Wasserstand nach und nach auf 15–20 cm über den Töpfen zu erhöhen. Die Pflänzchen sind mehrmals in nährstoffreichere Erde umzutopfen, wobei darauf zu achten ist, daß die Schwimmblätter nicht übereinander liegen, da sie dann leicht faulen. Bei der entsprechend hohen Wasser- und Lufttemperatur sowie bei ausreichendem Sonnenschein sind die Pflanzen bis Anfang/Mitte Mai so kräftig, daß sie an den endgültigen Standort gepflanzt werden können. Erst hier entwickeln sie bald aufrechte Luftblätter und blühen ab August.

Nierembergia Ruiz et Pav.
Nierembergie
(Solanaceae)

Die Gattung wurde nach Juan Eusebio Nieremberg (1595–1658) benannt, der ein spanischer Jesuit und Naturwissenschaftler war. Es kommen etwa 30 Arten im gemäßigten Amerika vor, Halbsträucher oder Kräuter mit ganzrandigen Blättern. Die Blüten haben einen glockenförmigen oder röhrigen Kelch, eine dünne, fünflappige, in einen becherförmigen Saum verbreiterte Kronröhre und sind meist weiß, selten blau. Die 5 Staubfäden sind oben in der Kronröhre eingefügt, kaum herausragend, ungleich, 4 davon miteinander verbunden. Die härteste Art ist

N. repens Ruiz et Pav.
VII–IX, so-hs

Argentinien, Chile, Uruguay. Dort wachsen die Pflanzen an Flußufern. Es sind Stauden mit dünnen, kriechenden, an den Knoten wurzelnden Stengeln, die 10–15 cm hoch werden und dichte Matten bilden. Die eirunden oder länglich-

spatelförmigen, stumpfen Blätter sind langgestielt, bis 2,5 cm lang und 6–12 mm breit. Die Blüten sind reinweiß oder gelblichweiß, manchmal rosa oder blau überlaufen, sitzend oder sehr kurzgestielt, mit 3–5 cm langer Kronröhre und 2,5–3,5 cm breitem, fünflappigem Kronsaum, sie duften.

Verwendung/Ansprüche/Anzucht
Die Pflanze ist ein guter Bodendecker für einen feuchten Standort in der Uferzone, die dichte Matten bildet und den ganzen Sommer über blüht. Leider ist die Art nicht ganz winterhart und erfriert trotz Abdecken in kalten Wintern. Man kann auch einige Ausläufer im Herbst ausgraben und frostfrei überwintern. Die Vermehrung durch Aussaat ist einfach. Sie erfolgt im März. Nach einem frühzeitigen Entspitzen können die Pflanzen dann im Mai ins Freiland ausgepflanzt werden.

Nuphar Sm.
Mummel, Teichrose
(Nymphaeaceae)

Für die Ableitung des Namens gibt es mehrere Deutungen. *Nuphar* kann aus dem arabischen Wort *naufar* = blauglänzend, aus dem lateinischen Wort *nenuphar* (*ne* = nicht, *nuphar* = eßbar) oder aus dem griechischen Wort *nympharion* = Verkleinerungsform von *nymphe* (Nymphe, Nixe) abgeleitet sein. Die Gattung umfaßt 12 Arten. Alle sind Wasserpflanzen mit kriechenden Rhizomen und meist herzförmigen, grünen, auf dem Wasser schwimmenden Blättern. Die meisten Arten bilden auch dünne, gewellte, grüne Unterwasserblätter aus. Die Seitennerven der Schwimmblätter sind dreimal gabelig verzweigt. Jeder Seitennerv gabelt sich ziemlich regelmäßig in 2 Seitennerven 2. Ordnung, die sich wieder in 2 Seitennerven 3. Ordnung teilen, um sich dann kurz vor dem Rand nochmals zu gabeln. Die 10–15 cm über dem Wasser stehenden Blüten haben meist 5 gelbe, manchmal rötlich gezeichnete Kelchblätter und zahlreiche, spatelförmige Blütenblätter, die kürzer als die Kelchblätter sind. Die stark gewölbten Kelchblätter geben den Blüten eine kugelige Form. Ihre Fruchtknoten sind rundlich oder flaschenförmig und 10- bis 16fächerig.

N. advena (Ait.) Ait. f.
Amerikanische Teichrose
V–VIII, so-hs

USA, Mexiko, Westindien. Diese Art lebt normalerweise in geringer Wassertiefe und erhebt ihre großen, glänzend grünen Blätter und ihre Blüten senkrecht über den Wasserspiegel. Die emersen Blätter sind lederartig fest und dick, eiförmig und haben eine scharfe, breite, oft fast rechtwinkelig ausgeschnittene Blattbasis. Bei etwa 20 cm Wasserstand und nährstoffreichem Boden können sich die Luftblätter bis zu 1 m über die Wasseroberfläche erheben. Bei tieferem Wasser, etwa 70–80 cm tief, werden 15–30 cm lange und 12–23 cm breite, eiförmige Schwimmblätter ausgebildet. Diese haben an der Basis einen schmaleren Ausschnitt, einem Winkel von etwa 15–30° entsprechend. Wasserblätter entstehen seltener als bei anderen Arten, vor allem im Frühjahr und Herbst, weniger im Sommer. Sie sind etwa 15–20 cm langgestielt, rosettenartig ausgebreitet, zart, durchsichtig, nicht oder leicht wellig verbogen und haben eine rechtwinkelig bis stumpfwinkelig ausgeschnittene Blattbasis. Je Sproß können 3–5 Wasserblätter ausgebildet werden. Die Blüten erreichen einen Durchmesser von 4–8 cm und haben 6 Kelchblätter, 3 äußere grüne und 3 innere gelbe, die rot gezeichnet sind, und schwefelgelbe Staubblätter.

Die ovalen oder eiförmigen Früchte sind mit einer breiten, flachen Narbenscheibe versehen, die in der Mitte schwach sternförmig gekerbt ist. Die Narbenstrahlen reichen nicht bis an den Rand.

N. japonica DC.
Japanische Teichrose
VII–VIII, so-hs

Japan. Die Blätter erheben sich bei flachem Wasserstand schräg aus dem Wasser. Sie sind länglich eiförmig, 20–30 cm lang und durch die tief gespaltenen Blattlappen fast pfeilförmig. In tieferem Wasser schwimmen sie auf der Wasseroberfläche. Diese Art bildet regelmäßig breitherzförmige, gewellte und gefaltete Wasserblätter aus, die bei der Sorte 'Rubrotinctum' glänzend rotbraun gefärbt sind. Die Blüten mit einem Durchmesser von 4–5 cm ragen weit aus dem Wasser heraus. Sie sind hellgelb und haben im Verblühen eine rötliche Narbenscheibe, die sternförmig tief gekerbt ist. Die Früchte sind flaschenförmig.

N. lutea (L.) Sm.
Mummel, Gelbe Teichrose
VI–VIII, so-hs

Europa, Nordasien, Nordafrika. In Deutschland steht diese Art unter Naturschutz. Die Pflanzen haben kräftige, armstarke, gelbliche, mit Blattnarben bedeckte Rhizome, die bis über 3 m lang werden können und sich verzweigen. Es werden in der Regel keine Überwasserblätter ausgebildet. Bei einem Wasserstand von weniger als 40 cm wird das Wachstum der Pflanzen gehemmt, und sie bleiben in allen Teilen kleiner. Für *N. lutea* sind die typische Blattform derbe, lederartige, herzeiförmige, an der Basis tief ausgeschnittene Schwimmblätter, die bis 40 cm lang und 30 cm breit werden können. Die Entwicklung von Unterwasserblättern, eiförmigen bis runden Blättern mit einer schmal oder weit ausgebuchteten, herzförmigen Blattbasis, kann den ganzen Sommer über erfolgen. Je Sproß werden 3–9 Unterwasserblätter ausgebildet. Die gelben, wohlriechenden Blüten erreichen einen Durchmesser von 4–5 cm. Ihre Narbenscheibe ist ganzrandig, seltener schwach ausgeschweift und in der Mitte mehr oder weniger trichterförmig vertieft.

Die Narbenstrahlen enden vor dem Rand. Die flaschenförmigen Früchte werden 4–5 cm lang.

N. polysepala R. Br.
V–VIII, so-hs

Nordamerika. Diese Art hat einen ähnlichen Wuchscharakter wie *N. advena*, doch sind die Pflanzen wuchskräftiger und in allen Teilen größer. Die Blätter werden bis zu 45 cm lang. Die flachen Blüten sind reingelb, manchmal auch leicht rötlich, mit einem Durchmesser von 8–12 cm. Sie ist damit die Art mit den größten Blüten. Sie weisen 9 Kelchblätter auf.

N. pumila (Timm) DC.
Zwergmummel, Zwergteichrose
VI–VII, so-sch

Nord-, Mittel- und Osteuropa, Westsibirien, Japan, in Deutschland unter Naturschutz stehend. Diese Art bildet Schwimm- und Unterwasser-

Abb. 168 Nuphar polysepala

Abb. 169 Nuphar pumila

blätter aus. Die Schwimmblätter sind klein, bis 15 cm lang, oval, seltener eirundlich und haben eine genäherte oder auseinanderstehende, tief herzförmig eingeschnittene Blattbasis. Unterseits sind sie graugrün und mehr oder weniger stark behaart, wobei die Härchen nach dem Rand zu dichter und zahlreicher stehen. Die Unterwasserblätter sind unbehaart. Je Sproß werden 4–9 Wasserblätter ausgebildet, die halb so groß sind wie die von *N. lutea*. Sie verbleiben von April bis gegen Ende des Winters an der Pflanze. Die Blüten sind gelb, wenig duftend und haben einen Durchmesser von 2–3 cm. Sie ist damit die Art mit den kleinsten Büten. Die Narbenscheibe besitzt einen deutlich gekerbten Rand, da die Narbenstrahlen, in der Regel sind es 10, in den Rand auslaufen. Im Umriß ist die Narbenscheibe rund oder elliptisch. Die länglichbirnenförmigen Früchte werden 2–4 cm lang, wobei die eine Seite der Frucht stets stark konvex ist, so daß sie schief zu sein scheint.

Verwendung/Ansprüche/Anzucht
Die Teichrosen können im Wassergarten wie die Seerosen verwendet werden, doch sind ihre Ansprüche nicht so hoch. Sie wachsen noch in leicht bewegtem und kühlem Wasser, blühen auch in schattigen Bereichen, die für Seerosen nicht geeignet sind, ziehen aber auch seichtes und ruhiges Wasser vor. Bei 20–40 cm Wasserstand erheben sich die Blätter einiger Arten hoch über die Wasseroberfläche und geben den Pflanzen einen eigenartigen Wuchscharakter. *N. pumila* ist für kleinere Becken zu empfehlen. Hierher passen sie auch gestalterisch besser, denn ihre kleinen gelben Blüten nehmen sich doch im Vergleich zu den Seerosen recht bescheiden aus. Alle anderen Arten entwickeln sich auf Grund ihrer Wüchsigkeit in größeren Anlagen und Naturteichen besser. Insgesamt sind aber alle Teichrosen nicht sehr blühfreudig.

Die Vermehrung erfolgt durch Abtrennen der Rhizomsprosse und durch Aussaat.

Nymphoides Séguier
Seekanne
(Menyanthaceae)

Der Name ist aus dem Gattungsnamen *Nymphaea* und dem griechischen Wort *eidos* = Gestalt abgeleitet worden, da die Schwimmblätter Ähnlichkeit mit denen von Seerosen haben. Die Gattung umfaßt etwa 20 Arten, die entweder ausdauernde, schwimmende Wasserpflanzen oder kriechende Sumpfpflanzen sind. Die Blätter sind rund bis elliptisch und am Grunde tief herzförmig gelappt, seltener schildförmig, ganzrandig oder undeutlich buchtig, wechselständig oder seltener unter den Blüten auch gegenständig. Die trichterförmigen, tief fünflappigen, gelben oder weißen Blüten stehen einzeln, paarig oder gebüschelt an beblätterten, seltener nackten Stengelknoten.

N. aquatica (Walt.) O. Kuntze
Wasserbanane, Banana Plant
V–VII, so-hs

Südöstliches Nordamerika. Es sind Pflanzen mit Ausläufern und aufrechten Sprossen.

Die sproßbürtigen Wurzeln sind dick angeschwollen, sie sehen kleinen Bananen ähnlich, daher auch der Name. Die Wasserblätter sind herzförmig, zart gewellt, langgestielt und hellgrün bis rötlich. Die Schwimmblätter sind oberseits olivgrün mit dunkelvioletten Punkten, unterseits rötlich, bis 15 cm im Durchmesser. Die 1,5–2 cm großen Blüten sind weiß und stehen in Büscheln unmittelbar unter den Schwimmblättern.

N. peltata (S. G. Gmel.) O. Kuntze
Heimische Seekanne
VII–VIII, so-hs

Europa, gemäßigtes Asien. Die Pflanzen bilden 0,80–1,50 m lange, dünne Rhizome, die im Wasser fluten. Ihre Blätter sind fast kreisrunde Schwimmblätter, mit einem Durchmesser von 8–15 cm und mehr oder weniger tief wellenförmig ausgeschweiften Rändern, lederartig, dunkelgrün, unterseits drüsig punktiert und oberseits oft bräunlich schattiert. Die leuchtend gel-

Abb. 170 Nymphoides peltata

ben, mit bewimperten Blütenzipfeln versehenen Blüten stehen einzeln und erheben sich über die Wasseroberfläche.

Verwendung/Ansprüche/Anzucht
Die Heimische Seekanne steht unter Naturschutz. Sie ist eine sehr wuchskräftige Pflanze, deren Rhizome stark wuchern und die kleinere Wasserflächen völlig überwachsen kann. Wenn dieses Ausbreitungsbedürfnis unerwünscht ist, muß das Wachstum der Pflanzen unter Kontrolle gehalten werden, oder besser, in einem kleinen Wasserbecken ganz auf diese Pflanzen verzichten. Wenn Platz vorhanden ist, ist sie aber auf Grund ihrer leuchtend gelben Blüten für den Wassergarten zu empfehlen und kann im flachen Wasser, beispielsweise vor *Pontederia*, sehr schön wirken.

Die Wasserbanane ist nicht winterhart und muß so wie *Hydrocleys* kultiviert werden.

In einem warmen Sommer breitet sie sich ebenfalls stark aus.

Vermehrt werden beide Arten am besten durch Rhizomteilung. Bei Anzucht aus Samen muß dieser unmittelbar nach der Reife unter Wasser ausgesät werden, wo er im kommenden Frühjahr keimt.

Onoclea L.
Perlfarn
(Onocleaceae)

Onokleia ist ein griechischer Pflanzenname. Die Gattung umfaßt nur eine Art. Die Pflanzen haben beschuppte, kriechende Rhizome sowie verschiedengestaltige, sommergrüne Blätter. Die sterilen Blätter sind einfach gefiedert, dünnkrautig, kahl und haben häufig untereinander verbundene Adern. Ihre Fiedern sind gebuchtet oder gelappt. Die fertilen Blätter sind doppelt gefiedert und besitzen gelappte Fiedern.

Abb. 171 Onoclea sensibilis

O. sensibilis L.
Perlfarn
so-sch

Nordamerika, Ostasien, in England und Schottland stellenweise eingebürgert. Die bis zu 80 cm hohen Pflanzen haben sterile, 30–60 cm langgestielte, hellgrüne und im Umriß ovaldreieckige Blätter, während die fertilen Blätter nur eine Höhe von 40 cm erreichen. Ihre Blattspreite umschließt die Sporangien, die sich, perlschnurartig aufgereiht, an den Mittelrippen der Fieder entwickeln, daher der Name 'Perlfarn'.

Die Sorte 'Rotstiel' hat rötliche Blattstiele.

Verwendung/Ansprüche/Anzucht
Durch sein kriechendes Rhizom kann sich der Perlfarn schnell ausbreiten und auch lästig werden, vor allem in kleineren Anlagen, wo er bald andere kleinere Pflanzen überwuchert. Wegen seiner Wuchskraft ist er in der Lage, schnell größere Flächen zu überziehen, was in naturhaft gestalteten Anlagen oft wünschenswert ist. Der Standort sollte nicht zu trocken sein, selbst einige Zentimeter Wasserstand werden vertragen. Auf sumpfigen, ihm besonders zusagenden Standorten, bildet der Perlfarn bald üppige Bestände. Er eignet sich deshalb gut zur Uferbepflanzung in größeren Anlagen, vor allem in schattigen Partien in Verbindung mit Gehölzen, wie Sumpfzypressen oder Bambus. Die jungen austreibenden Wedel sind sehr frostempfindlich und sollten deshalb in gefährdeten Lagen gegen Spätfröste geschützt werden. Einmal geschädigt, erholen sich die Pflanzen nur langsam und bilden in dieser Zeit ein unschönes Bild. Ihre Vermehrung erfolgt im Frühjahr durch Rhizomteilung.

Orontium L.
Goldkeule
(Araceae)

Orontium ist ein griechischer Pflanzenname, benannt wurde die Pflanze nach dem Fluß Orontes in Syrien. Die Gattung umfaßt nur eine Art.

Abb. 172 Orontium aquaticum

O. aquaticum L.
Goldkeule
V–VI, so

Ostküste und Südosten der USA. Es sind ausdauernde, rhizombildende Wasserpflanzen mit grundständigen, lanzettlichen oder länglichelliptischen, bis 25 cm langen, 5–12 cm breiten Blättern. Unterseits sind diese silbergrün, oberseits samtartig dunkel- bis blaugrün. Bei tiefem Wasserstand (ab 50 cm) schwimmen sie auf der Wasseroberfläche, bei flachem stehen sie aufrecht über dem Wasser. Die goldgelben, etwa 5 cm langen Blütenkolben stehen an bis 40 cm langen, oben verdickten, weißen Stielen, die niederliegen oder schräg aufstreben. Die Spatha fällt meist schon vor Entfaltung der Blüten ab. Die Fruchtstände reifen auf dem Waser liegend. Die Samen sind grün, so groß wie Kirschkerne und schwimmen anfangs auf dem Wasser. Ganz neu ist die Sorte 'Variegata' mit cremegelb gestreiften und gefleckten Blättern.

Verwendung/Ansprüche/Anzucht
Die Goldkeule ist ein Tiefwurzler, die nährstoffreichen, mindestens 35 cm starken Boden verlangt. Durch das unterschiedliche Erscheinungsbild der Pflanzen, je nach Wassertiefe schwimmende oder aufsteigende Blätter, sind sie interessante Wasserpflanzen, die sich unterschiedlich im Wassergarten verwenden lassen. Man kann sie in den Sumpf, an den Beckenrand oder aber ins tiefere Wasser bei etwa 50 cm Wassertiefe setzen. Die zahlreich erscheinenden Blütenkolben sind auffallend. Zur besseren Wirkung sollten die Pflanzen solitär stehen, in Gruppen solitär oder nur von niedrigen Nachbarpflanzen umgeben sein. Die Vermehrung kann durch Rhizomteilung oder Aussaat erfolgen.

Oryza L.
Reis
(Gramineae)

Der Name ist aus dem arabischen Wort *eruz* = Reis oder dem altindischen Wort *oryza* = Reis abgeleitet. Auch im Griechischen heißt *oryzon*, *oryza* = Reis. Bekannt sind 6 Arten. Die einjährigen Pflanzen haben eine oft reich verzweigte Grundachse und im Gegensatz zu anderen tropischen Nuztgräsern hohle Stengel. Diese sind aufrecht und beblättert. Die Blütenrispen tragen kleine, dreiblütige Ähren mit 2–4 kleinen, schuppenförmigen und 2 großen Spelzen, den sogenannten 'Reisschalen'. Die unteren 2 Blüten sind bis auf die sterilen Dachspelzen verkümmert, die eine obere ist zwittrig.

O. sativa L.
Reis
VII–IX, so

Ursprung und Herkunft sind unbekannt. Die 1 m hohen Pflanzen haben bis 60 cm lange und 1,5 cm breite Blätter, die am Grunde lang scheidenartig und borstig gewimpert sind. Die zusammengezogene, bis 30 cm lange Rispe trägt flache, längliche, bis 3 mm langgestielte Ährchen. Bei den Kulturformen fallen sie nicht ab. Die Deckspelzen haben ganz kurze oder bis 8 cm lange Grannen, die hell oder schwarzrot sind. Es gibt auch Formen ohne Grannen. Die beiden typischen Kulturformen sind der Bergreis und der Sumpfreis (Wasserreis). Nach der unterschiedlichen Begrannung, der Farbe und Größe der Früchte und Pflanzen werden davon etwa 1100 Sorten und Formen unterschieden. So hat z. B. *O. sativa* var. *rubribarbis* Stend. violettrötliche Stengel und Blätter.

Verwendung/Ansprüche/Anzucht
Die Verwendung einiger Reispflanzen im Wassergarten ist nur dem Liebhaber zu empfehlen. Die Aussaat erfolgt im April in kleine Töpfe, im Freiland ausgepflanzt wird nach Mitte Mai bei etwa 10 cm Wasserstand. Nur in warmen Sommern kommen die Pflanzen zur Blüte und im September zur Reife. Sicherer ist die Kultur im Wasserbecken eines kleinen Gewächshauses. Die Beschaffung des Saatgutes muß nicht immer mit Unkosten verbunden sein, ab und zu finden sich ungeschälte Reiskörner in dem im Handel erhältlichen Speisereis, die für die jedes Jahr erneut nötige Aussaat verwendet werden können.

Osmunda L.
Königsfarn
(Osmundaceae)

Die Entstehung des Namens ist nicht eindeutig zu erklären. Wahrscheinlich ist er deutschen Ursprungs und leitet sich von Osmunder, einem Beinamen des germanischen Gottes Thor, ab. Der Name tauchte erstmals im 16. Jahrhundert für diesen Farn auf. Die Gattung umfaßt 14 Arten. Die Pflanzen haben kräftige, holzige, einköpfige Rhizome. Die sterilen Blattabschnitte sind einfach bis doppelt gefiedert, die fertilen bilden eine reichverzweigte Rispe, die ganz mit einzeln stehenden Sporangien besetzt ist. Oft sind auch nur die Fiedern verschiedenartig gestaltet.

O. regalis L.
Königsfarn
so-hs

Nördliche und südliche gemäßigte Zonen außer Australien und Südostasien. Die Pflanzen haben aufrechte, kurze Rhizome und werden bis etwa 1,80 m hoch. Die bis 60 cm langen Blattstiele tragen ovale, doppelt gefiederte, bis 30 cm breite Blätter. Im oberen Drittel sind die kräftigsten Blätter fertil. Diese fertilen Fiedern sind bis auf den Mittelnerv reduziert, stark fiederspaltig und tragen rotbraune, in Knäueln angeordnete Sporangien, die zur Reife dunkelgrüne Sporen enthalten. Sie sind aufrechtstehend, paarig, grün, lederig und tragen sitzende oder kurzgestielte, ovale, ganzrandige oder sehr fein gezähnte Fiederchen, die etwa 4 cm lang und 2 cm breit sind. Im Herbst verfärben sich die Blätter in ein stumpfes Braun.

Sorten vom Königsfarn sind:

- 'Cristata' – Hahnenkamm-Königsfarn, die Blätter sind groß, flach ausgebreitet und haben monströs geformte Spitzen,
- 'Gracilis' – Zwerg-Königsfarn, die bis 60 cm hohen Pflanzen färben sich schon im September braun,
- 'Purpurascens' – Purpur-Königsfarn, Bronze-Königsfarn, diese Sorte wächst etwas üppiger als die Art, mit rötlichen Blattspitzen. Die nur im Austrieb rötlichen Blätter verfärben sich später dunkelgrün und behalten diese Färbung bis Ende Oktober.

Verwendung/Ansprüche/Anzucht
Der Königsfarn und seine Sorten sind sehr dekorativ und stattlich. Zur vollen Entwicklung brauchen sie tiefgründigen, sauren, humosen Boden und einen feuchten bis sumpfigen Standort, wo sie auch volle Sonne vertragen. Sie gehören deshalb in den Uferbereich. Werden die Art und die Sorte 'Purpurascens' benachbart gepflanzt, sind sie von vortrefflicher Farbwirkung, da die Sorte im Gegensatz zur Art bis Ende Oktober grün bleibt. Königsfarne kommen am besten solitär oder in kleinen Gruppen in weiträumig und großzügig gestalteten Anlagen zur Geltung. Eine Vermehrung durch Teilung ist nicht möglich, da die Rhizome einköpfig sind, so daß durch Sporenaussaat vermehrt werden muß. Da die Sporen sehr früh reifen, meist schon im Juni, und sie ihre Keimfähigkeit nur kurze Zeit behalten, müssen sie rechtzeitig geerntet und möglichst gleich in Torf ausgesät werden. Im 1. Jahr stehen die Sämlinge besser unter Glas, dann ein bis zwei Jahre im Freien, ausgepflanzt unter Schatten. Der Königsfarn ist der stattlichste unserer einheimischen Farne, er steht unter Naturschutz.

Osmunda wird aber nicht nur im Freiland verwendet. Die Orchideenfreunde schätzen die Osmundawurzeln als wertvolles Pflanzsubstrat. Besonders die nordamerikanischen Arten (z. B. *Osmunda cinnamomea* L., *Osmunda claytoniana* L.) haben Rhizome, die mit einem dichten Filz schwarzer bis schwarzbrauner, fester, faseriger Wurzeln umgeben sind, die in Europa als Osmundafasern gehandelt und für die Kultur von Epiphyten, vor allem Orchideen, verwendet werden.

Parnassia L.
Herzblatt
(Saxifragaceae)

Die Gattung wurde nach dem Berg Parnassus bei Delphi in Griechenland benannt, der als Sitz der Musen galt. Bekannt sind 44 Arten, alles mehrjährige Kräuter mit kriechenden Rhizomen. Die Blätter sind gestielt, eiförmig oder länglich. Am Blütenschaft sitzt ein Blatt und eine endständige, ansehnliche, schalenförmige, 1,5–3 cm große, fünfzählige Blüte.

P. palustris L.
Sumpfherzblatt
VII–IX, so-hs

Nördliche und gemäßigte Gebiete der nördlichen Halbkugel. Die 10–25 cm hohen Pflanzen

haben herzförmige, ganzrandige, langgestielte Grundblätter, welche in einer grundständigen Rosette stehen. Das Blatt am Blütenschaft ist sitzend, stengelumfassend und ebenfalls herzförmig. Die einblütigen Stiele tragen weiße, endständige Schalenblüten. Bei uns steht diese Art unter Naturschutz.

Verwendung/Ansprüche/Anzucht
Das Sumpfherzblatt ist eine kleine, mehr unauffällige Pflanze für den Liebhaber. An den Standort stellt es keine großen Ansprüche. Am besten gedeiht es auf moorhaltigen Böden, wobei auch kalkhaltiger Boden noch vertragen wird. Vermehrt wird durch Teilung oder Aussaat in feuchte Wiesenmoorerde.

Peltandra Raf.
Pfeilaronstab
(Araceae)

Der Gattungsname ist aus den griechischen Wörtern *pelte* = Schild und *ander, andros* = Mann abgeleitet und bezieht sich auf die schildförmigen Staubblätter. Es kommen 2 Arten vor, die beide in den USA beheimatet sind. Diese ausdauernden Sumpfpflanzen entwickeln pfeilförmige Blätter. Ihre Blüten sind einhäusig, die Früchte lederige Beeren, in denen sich, in einer gelantineartigen Masse eingebettet, ungewöhnlich große Samen ohne Nährgewebe befinden.

Abb. 173 Parnassia palustris

P. sagittifolia (Michx.) Morong
Pfeilaronstab, Nordamerikanisches Pfeilblatt
VI–VIII, so-hs

Virginia, Georgia, Florida. Die Pflanzen haben einen knolligen Wurzelstock und bis 15 cm lange und 6 cm breite Blätter. Diese sind pfeilförmig und laufen am Ende in eine kurze, feine Spitze aus. Die im unteren Teil scheidigen Blattstiele werden bis 30 cm lang. Die Stiele der Blütenstände erreichen bis 35 cm Länge. Die Spatha ist im oberen Teil ausgebreitet, ähnlich der Zimmerkalla, weißlichgrün und etwa 8 cm lang. Der 4 cm lange Blütenkolben trägt ausgereift rote, einsamige Früchte.

P. virginica (L.) Schott et Endl.
Wasseraronstab, Virginisches Pfeilblatt
VI–VIII, so-hs

Massachusetts bis Florida. Die Pflanzen haben einen Wurzelstock, der sich aus dicken, schnurartigen Wurzeln zusammensetzt. Ihre Blätter sind bis 30 cm lang, 15 cm breit, pfeilförmig zugespitzt, einem *Sagittaria*-Blatt ähnelnd, mit bis 40 cm langen, im unteren Drittel scheidigen Blattstielen. Die Stiele der Blütenstände erreichen die gleiche Länge wie die der Blätter. Die 15 cm lange Spatha ist schmal und grün. Beim 10 cm langen Blütenkolben ist der untere Teil

Abb. 174 Peltandra virginica

Abb. 175 Peltandra virginica 'Variegata'

Abb. 176 Penthorum sedoides

auf einer Länge von etwa 2 cm mit weiblichen Blüten besetzt. Die Früchte sind grün und ein- bis dreisamig. Die Sorte 'Variegata' hat unregelmäßig cremegelb gerandete Blätter.

Verwendung/Ansprüche/Anzucht
Beide Arten verlangen einen nahrhaften, tiefgründigen Boden und wachsen bei einem Wasserstand von 0–30 cm. Sie sind durch ihre pfeilförmigen Blätter dekorative Pflanzen, allerdings mit unscheinbaren Blüten. Schon nach 2–3 Tagen krümmen sich die Blütenstiele, damit die Früchte unter Wasser ausreifen können, oder sie legen sich flach auf den Boden. *P. virginica* ist winterhart, *P. sagittifolia* sollte besser im Kalthaus überwintert werden, wenn ihr kein ausreichender Schutz aus Laub gegeben werden kann. Die Vermehrung erfolgt durch Teilung des Wurzelstocks, Abtrennen der Seitentriebe oder Aussaat.

Penthorum L.
(Saxifragaceae)

Der Name leitet sich von dem griechischen Wort *pent-* = in Zusammensetzungen: fünf- ab und bezieht sich auf die fünffächerige Samenkapsel. Es kommen 3 Arten vor, eine in Nordamerika und zwei in Asien, ausdauernde Sumpfpflanzen mit aufrechten, beblätterten Stengeln.

P. sedoides L.
VII–IX, so-hs

Mittlere und südliche Staaten der USA. Es sind aufrechte, einfach bis mehrfach verzweigte, etwa 30–50 cm hohe Pflanzen, die sich durch kurze Ausläufer vermehren. Die Blätter sind wechselständig, elliptisch bis breitlanzettlich, gesägt-gezähnt, spitz, zur Basis keilförmig, 10–15 cm lang und 3–4 cm breit. Sie haben eine rosa Herbstfärbung. Die kleinen fünfstrahligen, cremefarbenen Blüten sind in endständigen, etwa 10 cm großen, gespreizten Blütenähren angeordnet. Sie haben ebenfalls eine rosa Herbstfärbung.

Verwendung/Ansprüche/Anzucht
Die Pflanzen sind durch ihre Färbung im Herbst auffallend im Sumpfgarten. Sie wachsen auch noch bei einigen Zentimetern Wassertiefe.
An den Boden stellen sie keine besonderen Ansprüche. Sie breiten sich durch die kurzen Ausläufer aus, ohne aber lästig zu werden. An zusagenden Standorten kann die Selbstaussaat stärker als erwünscht sein. Es empfiehlt sich in diesem Fall, die Samenstände vor der Reife abzuschneiden. Vermehrt wird durch Teilung oder Aussaat.

Phalaris L.
Glanzgras
(Gramineae)

Phalaris ist ein griechischer Pflanzenname, er leitet sich von *phalaros* = glänzend ab und bezieht sich auf die glänzenden Samen. Die Gattung umfaßt 10 Arten, einjährige oder ausdauernde Gräser mit flachen Blättern und endständigen, kopfigen, ährenförmigen oder unterbrochen dichtstraußigen Rispen mit einblütigen Ährchen. Die Ährchenachse ist nicht behaart.

P. arundinacea L.
Rohrglanzgras
VI–VII, so-hs

Europa, West-, Nord- und Ostasien, Nordamerika, Nordafrika. Die 0,90–2 m hohen Pflanzen haben kriechende Wurzelstöcke. Die aufrechtstehenden, kräftigen Halme sind schilfartig beblättert mit bis 2 cm breiten Blättern. Die verlän-

gerte Blütenrispe trägt zur Blütezeit ausgebreitete, später mehr geknäulte Äste, an denen die Ährchen büschelweise zusammenstehen. Die Hüllspelzen sind lanzettlich und beiderseits zugespitzt. Die Sorte 'Picta' hat nur 15–30 cm lange Blätter, die im Jugendstadium rosa-weiß, später mehr gelblichweiß gebändert und an den Rändern rauh sind, während die Sorte 'Luteo-Picta' lebhaft gelb gebänderte Blätter besitzt.

Verwendung/Ansprüche/Anzucht

Das Rohrglanzgras liebt einen nährstoffreichen und sumpfigen Boden. Selbst ein flacher Wasserstand wird zeitweise vertragen. Es eignet sich deshalb gut zur Bepflanzung von Uferzonen größerer Anlagen und Teiche, wo es sich ungehindert ausbreiten kann. Die beiden Sorten sind der Art wegen ihrer Blattfärbung im Zierwert überlegen. Sie bringen farblich Abwechslung in die vorherrschenden Grüntöne des Ufergartens. Auch können sie wie andere hohe Gräser als Solitärs die Pflanzung gliedern. In einem kleineren Wassergarten ist das Rohrglanzgras mit Vorsicht zu verwenden, es breitet sich zu stark aus. Wer unbedingt die Art oder die Sorten kultiveren möchte, sollte sie lieber in ein Gefäß pflanzen, aus dem die Ausläufer nicht herauskönnen. Die Vermehrung erfolgt durch Teilung oder bei der Art auch Aussaat.

Abb. 177 Phragmites australis 'Variegatus'

Phragmites Adans.
Schilf, Rohr
(Gramineae)

Der Name leitet sich aus dem griechischen Wort *phragma* = Zaun ab und bezieht sich auf die Verwendung der Halme für Zäune oder zur Berohrung von Wänden. Die Gattung umfaßt 3 Arten, alle ausdauernde, hohe Gräser mit kriechenden Wurzelstöcken und breiten, flachen Blättern. Die Blütenrispen sind groß, dicht und meist nickend. Sie tragen 3- bis 7blütige Ährchen. Ihre Ährchenachse ist behaart. Wenn die Spelzen beim Aufblühen auseinanderspreizen, treten die langen, weißen Härchen der Ährchenachse hervor und verleihen der schwarzvioletten Blütenrispe ein weißschimmerndes Aussehen.

P. australis (Cav.) Trin. ex Steud.
(syn. *P. communis* Trin.)
Schilf, Rohr
VIII–IX, so-hs

Kosmopolitisch. Die Pflanzen werden bis 2,5 m hoch, sie erreichen diese Höhe selbst noch aus einer Wassertiefe von 2 m. Die Stengel sind bis oben knoten- und blatttragend, mit graugrünen, 2–3 cm breiten Blättern, die statt der Blatthäutchen einen dichten Haarkranz haben. Die Rispen erreichen eine Länge von 30 cm und mehr. Die Sorte 'Variegatus' bleibt niedriger (1,20–1,50 m Höhe), hat gelbgrün längsgestreifte Blätter, blüht aber nicht so reichlich. Es gibt auch eine Sorte mit weißgrün längsgestreiften Blättern, sie ist unter dem Namen 'Candy Stripe' im Handel.

In der Natur kommen eine Zwergform (ssp. *humilis* (De Notaris) Asch. et Graebner) – nur 70–150 cm hoch, Rispe bis 20 cm lang, auch zur Blütezeit straff zusammengezogen – und eine Riesenform (ssp. *pseudodonax* Asch. et Graebner) – 10–12 m hoch, Rispe 40–50 cm lang, Blätter bis 75 cm lang und 6 cm breit – vor.

Verwendung/Ansprüche/Anzucht

Die Art ist auch bei der Gestaltung größerer Wasseranlagen in Parks nur mit Vorsicht zu verwenden, da sie zu stark wuchert. Für Pflanzenkläranlagen und für die Renaturierung von Gewässern ist sie dagegen eine sehr wichtige

Pflanze. Für den Wassergarten am Haus oder für kleinere Anlagen ist sie völlig ungeeignet. Für diese Zwecke kann man auf die buntlaubigen Sorten oder die ssp. *humilis* zurückgreifen, die schwächer wachsen. Das Schilf wird bei den ingenieurbiologischen Bauweisen zur Befestigung der Ufer größerer Gewässer eingesetzt. Landeskulturell haben die breiten Röhrichtgürtel von Flachseen als Schutz- und Brutgebiete zahlreicher Wasservögel große Bedeutung.

Pilularia L.
Pillenfarn
(Marsileaceae)

Der Gattungsname ist aus dem Lateinischen *pilula* = Pille, kleiner Ball abgeleitet. Die Sporenbehälter dieses Farns sind wie ein kleiner Ball geformt. Die Gattung umfaßt 6 Arten, davon nur eine in Mitteleuropa vorkommend. Es sind bodenwurzelnde Sumpfpflanzen mit wechselständigen Blättern.

P. globulifera L.
Pillenfarn
VII–IX, so-hs

Mitteleuropa. Die Pflanzen treiben lange, kriechende Stengel mit grundständigen, fadenförmigen, 5–10 cm langen, grünen Blättern, die in der Knospe gerollt sind und keine Fiedern bilden. Sie sehen binsenartig aus. Die Sporenbehälter sind dunkelbraun, kugelförmig, kurz gestielt und stehen am Blattgrund.

Verwendung/Ansprüche/Anzucht
Wie der Kleefarn ist auch der Pillenfarn für den Pflanzenfreund eigenartiger Sumpfpflanzen zu empfehlen. Er sieht mehr oder weniger unscheinbar aus, ist aber wintergrün und gedeiht auf sumpfigen, nährstoffarmen Böden. Die Vermehrung erfolgt vor allem durch Rhizomteilung.

Abb. 178 Pilularia globulifera

Pistia L.
Muschelblume, Wassersalat
(Araceae)

Der Name ist aus dem lateinischen Wort *pistos* = wässerig abgeleitet und bezieht sich auf die etwas schwammigen Blätter. Die Gattung umfaßt nur eine Art, die eine in den Tropen weitverbreitete Schwimmpflanze ist.

P. stratiotes L.
Muschelblume, Wassersalat
V–VIII, so

Kosmopolit tropischer Gebiete. Die Pflanzen haben bis 25 cm lange und 10 cm breite, spatelförmige, rosettig angeordnete, schwammig verdickte Blätter, die am oberen Rand etwas eingebuchtet sind. Auffällig ist ihre samtartige Oberfläche, die oberseits hellbläulichgrün und unterseits weißlichgrün gefärbt ist. Die etwas vertieften Blattrippen laufen fast parallel. In den Achseln der Niederblätter bilden sich Ausläufer, wodurch eine starke vegetative Vermehrung möglich ist. Die kleinen, unauffälligen Blütenstände sitzen in den Achseln der Laubblätter. Der Kolben, der sich aus nur einer weiblichen und männlichen Blüte zusammensetzt, ist von einem unscheinbaren Hochblatt umhüllt. Die Pflanzen haben sehr lange weißliche, im Alter bläulichschwarze, feingefiederte, in Büscheln stehende Wurzeln, die im Wasser fluten.

Verwendung/Ansprüche/Anzucht
Die Muschelblumen sind Schwimmpflanzen, die wegen ihrer hohen Temperaturansprüche nur in den Sommermonaten im Freiland gehalten werden können. Sie wollen einen flachen Wasserstand, bei dem die Wurzeln bis auf den Grund reichen, sowie weiches Wasser. Ist der Sommer sonnenscheinreich und warm, bilden die Pflanzen bald einen üppigen Bestand, der auch lästig werden kann. An ihren heimatlichen Standorten überwuchern die Muschelblumen wie *Eichhornia* in kurzer Zeit große Wasserflächen. Zwischen den langen Wurzeln entwickeln sich die Larven einer Stechmückengattung, die als Zwischenwirt für verschiedene tropische Krankheiten bekannt ist.

Die Überwinterung ist problematisch und oft

Abb. 179 Pistia stratiotes

mit großen Verlusten verbunden. Sie erfolgt am besten in flachen Schalen mit lehmiger Gartenerde und etwa 1 cm Wasserstand bei 17–20 °C an einem sehr hellen Standort. Die Temperatur sollte keinesfalls unter 15 °C absinken, und man wird auch kaum ohne Zusatzbeleuchtung auskommen. Die Licht- und Temperaturansprüche sind bei der Muschelblume höher als bei der Wasserhyazinthe, die ähnlich überwintert wird. Werden diese Kulturbedingungen nicht eingehalten, setzt bei den Pflanzen bald ein Zerfallsprozeß ein. Bereits im zeitigen Herbst sollten einige kräftige Pflanzen in Töpfe gepflanzt werden, die mit sandiger Erde, Torf oder Torfmoos gefüllt sind und die sehr hell, warm und feucht aufgestellt werden. Wenn die Pflanzen im Winter zugrunde gehen, liegt es meist an mangelndem Licht. Die Art kann durch Ausläuferpflanzen, die bei zusagendem Standort reichlich anfallen, und durch Aussaat vermehrt werden. Die während des Sommers häufig ausgebildeten keimfähigen Samen werden im März in mit Wasser gefüllte flache Schalen ausgesät. Bei sehr hellem Standort und einer Temperatur von 30–35 °C erscheinen bald die ersten Blättchen. Nach und nach kann dann die Temperatur auf 25 °C gesenkt werden. Die Muschelblumen sind auch beliebte Aquarienpflanzen.

Wie bei den Wasserhyazinthen ist es auch bei den Muschelblumen billiger, sie im Frühjahr neu zuzukaufen, anstatt sie aufwendig zu überwintern.

Polygonum L.
Knöterich
(*Polygonaceae*)

Der Gattungsname ist aus den griechischen Wörtern *polys* = viel und *gone* = Nachkommenschaft abgeleitet und bezieht sich auf die hohe Vermehrungsrate einiger Arten. Für den Vogelknöterich (*P. aviculare* L.) ist der Name schon mindestens seit dem 16. Jahrhundert im Gebrauch. Die Gattung umfaßt etwa 150 Arten, meist ausdauernde, seltener einjährige Kräuter, die bisweilen am Grunde verholzen. An den knotig gegliederten Stengeln sitzen verschieden gestaltete, wechselständige Blätter und Blütenstände, deren aus 5 Blütenblättern bestehenden Blüten in Scheinähren, einzeln oder in kleinen Büscheln stehen. Die Nebenblätter sind am Stengel oft zu einer röhrigen Scheide (Tute) verwachsen. Für den Wassergarten sind nur die folgenden Arten zu empfehlen.

P. amphibium L.
Wasserknöterich
VI–IX, so-hs

Nördliche gemäßigte Zone. Die Pflanzen haben stielrunde, kriechende Rhizome von 0,30 über 1 m Länge. Je nach Standort wird eine Landform oder Wasserform ausgebildet. Die Landform wächst aufrecht und hat länglichlanzettliche, am Grunde abgerundete, behaarte Blätter. Die Wasserform bildet schwimmende, sehr langgestielte, länglicheiförmige, am Grunde gestutzte bis herzförmige, kahle Blätter aus.

Die Blätter beider Formen sind ganzrandig und durch warzige, schildförmige Drüsen mehr oder weniger punktiert. Die Blattstiele zweigen sich erst über der Mitte der Tute ab. Aus den kräftigen, glatten oder leicht behaarten Blütenstielen erscheinen rosa- bis purpurrote Blüten, die in einer aufrechten, walzenförmigen, dichtblütigen, einzelstehenden, endständigen Scheinähre stehen. Bei der Wasserform stehen die Blütenstände 10–15 cm über der Wasseroberfläche.

P. bistorta L.
Wiesenknöterich
VI–VIII, so-hs

Eurasien, arktisches Nordamerika. Die 30–100 cm hohen Pflanzen treiben aus einem dicken, gedrehten Wurzelstock ihre einfachen, mit langen, nervig-gestreiften Nebenblatttuten versehenen Stengel. Diese tragen an geflügelten Stielen länglicheiförmige, etwas wellige, unterseits bläulichgrüne Blätter. Die rosa bis roten endständigen Blütenstände sind dicht walzenförmig.

Verwendung/Ansprüche/Anzucht
Der Wasserknöterich vermehrt sich stark durch Ausläufer und ist deshalb nur für größere Anlagen oder Teiche zu verwenden. In kleinen Becken werden schnell andere Pflanzen überwuchert, wenn er nicht unter Kontrolle gehalten wird (in Container pflanzen). Die Wasserform wird ab einer Wassertiefe von etwa 30 cm gebildet. Wenn das Wasser abgelassen wird, entwickelt die Pflanze dann die für die Landform typischen Blätter. Der Wiesenknöterich ist eine Pflanze für den Sumpfgarten und die bodenfeuchte Randzone. Er bevorzugt nährstoffreichen Boden. Beide Arten werden vorwiegend durch Teilung vermehrt.

Pontederia L.
Hechtkraut
(Pontederiaceae)

Die Gattung wurde nach dem Italiener Giulio Pontedera (1688–1757) benannt, der als Professor der Botanik in Padua gewirkt hat. Die Gattung umfaßt 4 Arten, Sumpfstauden mit starken, kriechenden Rhizomen und grundständigen,

Abb. 180 Polygonum bistorta

Abb. 181 Pontederia cordata

langgestielten, glattrandigen Blättern, meist von einer herzeiförmigen Gestalt. Die Blütentriebe tragen ein stengelständiges Blatt und bilden reichblühende Scheinähren mit röhrenförmigen Blüten aus, die je eine dreizipfelige Unter- und Oberlippe besitzen.

P. cordata L.
Herzblättriges Hechtkraut
VI–IX, so-hs

Nordamerika. Die 0,60–1 m hohen Pflanzen entwickeln herzförmige, löffelartige, weiche und glänzend grüne, etwa 20 cm lange und bis 15 cm breite Blätter. Das stengelständige Blatt ist kleiner und etwa 4–5 cm langgestielt. Die 10 cm langen Blütenstände tragen große hell- bis violettblaue Blüten, die in ihrem Jugendstadium dicht mit weißen, zottigen Haaren besetzt sind. Es treten auch weiße und rosa Standortformen auf, die unter dem Namen 'Alba' und 'Pink Pons' im Handel sind.

Ebenfalls im Angebot sind die Sorten 'Crown Point' mit einem kompakteren Wuchs und 'Spoon River' mit 2 cm breiten und bis 17 cm

Abb. 182 Pontederia cordata 'Alba'

langen, lanzettlichen Blättern, deren Blütenstand auch nach der Blüte noch aufrechtstehend ist.

P. lanceolata Nutt.
Lanzettblättriges Hechtkraut
VI–IX, so-hs

Tropisches und subtropisches Amerika. Die Pflanzen erreichen etwa die gleiche Größe wie die vorige Art, unterscheiden sich aber von ihr durch ihre lanzettlich geformten, härteren Blätter sowie darin, daß das stengelständige Blatt nur etwa 2–3 cm lang gestielt ist.

Verwendung/Ansprüche/Anzucht
Das Hechtkraut ist eines der wenigen blau blühenden Sumpf- und Wasserpflanzen und deshalb für den Wassergarten wertvoll. Es bevorzugt einen nährstoffreichen Boden und eine Wassertiefe bis 30 cm, wächst aber auch an einem sumpfigen Standort, wo den Pflanzen ein leichter Winterschutz aus Laub zu geben ist. Bei den im Wasser stehenden Pflanzen kann dieser Schutz entfallen. *P. lanceolata*, die in wärmeren Gebieten beheimatet ist, erweist sich als frostempfindlicher. Auch in kühlen Sommern will diese Art nicht so recht wachsen. Falls kein ausreichender Frostschutz gegeben werden kann (entsprechende Wassertiefe), sollte *P. lanceolata* besser im Kalthaus überwintert werden. Das Hechtkraut blüht unermüdlich und reich den ganzen Sommer über. Meist setzen erst frühzeitig auftretende leichte Nachtfröste der Blüte ein Ende. Der Neuaustrieb der Pflanzen ist empfindlich gegen Spätfröste, was vor allem bei den Pflanzen auf sumpfigem Standort zu Erfrierungen führen kann.

Diese benötigen dann einige Zeit, um sich von den Frostschäden zu erholen. Mit Hechtkraut lassen sich üppige und farbenprächtige Vegetationsbilder schaffen, wenn es in die Flachwasserzone gesetzt wird, zur Mittelwasserzone sich verschiedene Seerosen oder Schwimmblattpflanzen ausbreiten und zum Ufer hin *Lysimachia punctata* ihre gelbe Blütenfülle entfaltet. Vermehrt wird durch Rhizomteilung oder Aussaat. Die Samen werden in ein lockeres Erdgemisch, das schlammig gehalten wird, flach eingedrückt und bei 12–15 °C zum Keimen gebracht. Nach der Entwicklung des Keimblattes ist die Temperatur langsam zu senken. Die kleinen Pflänzchen können nach Mitte Mai ins Freiland gesetzt werden.

Abb. 183 Pontederia cordata 'Pink Pons'

Potamogeton L.
Laichkraut
(Potamogetonaceae)

Der Name ist von den griechischen Wörtern *potamos* = Fluß und *geiton* = Nachbar abgeleitet, was darauf hindeutet, daß die Pflanzen meist in Flüssen vorkommen.

Potamogeton war der Name für eine im Wasser lebende Pflanze, der im 16. Jahrhundert auf Arten dieser Gattung übertragen wurde. Es kommen etwa 60 Arten vor, von denen 24 einheimisch sind. Alle sind Wasserpflanzen, die flutende Stengel und untergetauchte oder schwimmende Blätter ausbilden. Die ganzrandigen Blätter weisen oft eine gitterartige Nervatur auf. Sie können bei den einzelnen Arten sehr verschieden geformt sein (nadel-, faden- oder pfriemförmig, lanzettlich, elliptisch, rundlich oder eiförmig). Einige Arten bilden nur eine Blattform aus, andere dagegen 2 oder 3 verschiedene. Die wechselständig sitzenden Blätter haben am Grunde zwischen Blatt und Stengel zungenförmige Nebenblätter, die für diese Familie der Laichkraut-

gewächse charakteristisch sind. Die windblütigen, kleinen, grünlichen oder bräunlichen Blüten haben kein Perianth und sitzen in einfachen, rundum mit Blüten besetzten Ähren, die während der Blütezeit aus dem Wasser ragen. Zuerst entwickeln sich bei den Blüten die Narben; wenn diese völlig vertrocknet sind, werden die Staubbeutel freigelegt. Nach der Befruchtung krümmt sich der Ährenstiel ins Wasser zurück. Einige Arten neigen zur Bastardisierung, was die Bestimmung der Artzugehörigkeit erschwert.

P. crispus L.
Krauses Laichkraut
VI–IX, so-hs

Fast Kosmopolit, fehlt nur in Südamerika. Die Art bildet kriechende Rhizome und 0,30–1,50 m lange, vierkantige Stengel, an denen längliche, 3–9 cm lange und 0,5–1,3 cm breite, stark wellige, krause, am Rand sehr fein und scharf gesägte Blätter sitzen, die halbstengelumfassend sind. Die Blütenähren erreichen eine Größe von 4–5 cm. An den Trieben werden im Herbst Winterknospen (Hibernakeln) ausgebildet, die aus einer kurzen Achse und einigen sehr dickfleischigen und an den Rändern kräftig bedornten Blättern bestehen. Diese Winterknospen sinken zu Boden, sie wachsen im Frühjahr zu neuen Pflanzen heran.

P. natans L.
Schwimmendes Laichkraut
VI–VIII, so-hs

Gemäßigte und subtropische Zonen der nördlichen und südlichen Halbkugel. Diese Pflanzen bilden ebenfalls kriechende Rhizome aus, die oft knollig verdickt sind. Die Stengel sind 0,60–1,50 m lang. Im Frühjahr werden Unterwasserblätter in verschiedenen Formen ausgebildet. Während die unteren 40 bis50 cm lang, bis 1 cm breit und stielrund sind, haben die weiter oben stehenden eine lanzettliche Form. Die an der Wasseroberfläche schwimmenden Blätter sind elliptisch, am Grund schwach herzförmig, bis 12 cm lang und 5 cm breit, derb, lederartig und bräunlich. Alle Blattformen besitzen einen Stiel, die Schwimmblätter oberseits flachrinnige Stiele. Die 8 cm langen Blütenähren stehen auf 10 cm langen, schlanken Stielen.

Abb. 184 Potamogeton natans

Verwendung/Ansprüche/Anzucht
Laichkräuter sind sehr wuchsfreudig und können deshalb in kurzer Zeit größere Bestände bilden. Sie sollten vorzugsweise in natürlichen Teichen oder ausreichend und tiefen Wasserbecken Verwendung finden. Für kleine Becken sind sie nicht zu empfehlen, weil sie bald andere Pflanzen bedrängen, die weniger wuchsfreudig sind.

Neben den beschriebenen Arten können auch noch u. a. folgende im Wassergarten verwendet werden:

- *P. filiformis* Pers. – Fadenblättriges Laichkraut,
- *P. lucens* L. – Spiegel-Laichkraut,
- *P.* × *nitens* Web. (*P. gramineus* × *P. perfoliatus*) – Glanz-Laichkraut,
- *P. pectinatus* L. – Kamm-Laichkraut,
- *P. perfoliatus* L. – Durchwachsenes Laichkraut,
- *P. rutilus* Wolfg. – Rötliches Laichkraut.

Einige Arten wachsen noch bei einer Wassertiefe von 2 m und mehr. Wie der deutsche Name 'Laichkraut' schon besagt, sind alle Arten nützliche Unterwasserpflanzen für die Aufzucht von Jungfischen. Eine Vermehrung ist durch Rhizomteilung oder Winterknospen möglich.

Potentilla L.
Fingerkraut
(Rosaceae)

Der Name leitet sich aus dem Lateinschen *potens* = mächtig, kräftig ab, wegen der Pflanze früher zugeschriebener Heilkräfte. Der deutsche Name 'Fingerkraut' bezieht sich auf die Blattform. Die Gattung umfaßt über 300 Arten, meist ausdauernde Kräuter, seltener niedrige Sträucher oder einjährige Pflanzen mit gefiederten oder gefingerten Blättern. Die fünfzähligen Blüten sind weiß, rosa oder häufig gelb. Im Sumpfgarten kann folgende Art angepflanzt werden.

Abb. 185 Potentilla palustris

P. palustris (L.) Scop.

(syn. *Comarum palustre* L.)

Sumpfblutauge

VI–VII, so-hs

Europa, Grönland, Island, Nordamerika. Die 30–50 cm hohen, fast halbstrauchigen Sumpfpflanzen besitzen kriechende Wurzelstöcke. Die oberen, meist fünf-, die unteren siebenzähligen, unpaarig gefiederten Blätter bestehen aus lanzettlichen, grobgesägten und kahlen Fiederblättchen. Oft sind Stengel und Blätter rötlich gefärbt. Die erdbeerähnlichen Blüten stehen in locker trugdoldigen Blütenständen, die an den Verzweigungen mit Hochblättern versehen sind. Die Blütenblätter sind dunkelpurpurn, halb so lang wie die trübpurpurnen Kelchblätter und verbleiben bis zur Fruchtreife an den Blüten.

Verwendung/Ansprüche/Anzucht

Das Sumpfblutauge ist eine Wildstaude, die im Sumpfgarten verwendet werden kann. Nasse, moorige, kalkfreie Böden werden bevorzugt. Sind der Boden und das Wasser zu kalkhaltig, ist das Wachstum der Pflanzen nicht befriedigend. Die Vermehrung dieser Pflanze erfolgt vor allem durch Rhizomteilung und Stecklinge, aber auch eine Aussaat ist möglich.

Preslia Opiz

Preslie

(Lamiaceae)

Die Gattung wurde nach dem Botaniker Karel Boriwog Presl (1794–1852) benannt. Es kommt nur eine Art vor.

P. cervina (L.) Fresenius

Preslie

VII–VIII, so-hs

Südwestmediterran. Eine ausdauende, fast kahle Pflanze, die aus niederliegendem, wurzelndem Grund aufrechte Stengel bildet, 10–40 cm hoch. Die jungen Achsen haben zunächst 3–4 Quirle linealisch-lanzettlicher, ganz allmählich zugespitzter, relativ derber und dunkelgrüner Primärblätter, 8–30 mm lang und 2–3 mm breit.

Die blühenden Achsen haben in der mittleren und unteren Region 5–15 aufrechte Äste. Die Folgeblätter sind schmallinealisch bis lineallanzettlich, 10–16 mm lang, 1–3 mm breit, ganzrandig oder undeutlich gezähnelt, mit nach unten umgeschlagenen Rändern, sitzend, am Grund verschmälert, dunkelgrün, derb und schwarz drüsig punktiert. Die violetten Blüten sitzen in 4–12 großen, vielblütigen Quirlen. Der Kelch ist röhrig. Alle Pflanzenteile haben einen auffallenden Minzegeruch. Die Sorte 'Alba' blüht weiß.

Verwendung/Ansprüche/Anzucht

Die Preslie ist eine schöne Pflanze für den Sumpfgarten, die sich zwar durch kurze Seitensprosse vermehrt, aber nicht lästig wird. Wegen

Abb. 186 Preslia cervina

Abb. 187 Preslia cervina 'Alba'

der geringen Höhe ist sie für den kleinen Wassergarten brauchbar. Die Blüten, die über einen langen Zeitraum erscheinen, werden gern von Schmetterlingen besucht. Sie wächst im Sumpf und im flachen Wasser bei etwa 5 cm Tiefe. In 50 cm Wassertiefe wird eine Wasserform ausgebildet, die fast unverzweigte, sterile Sprosse und schmallinealische, 2–12 cm lange und 2–7 mm breite, zarte, hellgrüne Tauchblätter hat. Die Vermehrung erfolgt durch Aussaat und Teilung.

Primula L.
Primel
(Primulacea)

Im Namen steckt das lateinische Wort *prima* = die erste, weil einige Arten dieser Gattung zu den ersten Frühlingsblumen gehören. Den deutschen Namen 'Schlüsselblume', der für einige Arten gebräuchlich ist, kann man so deuten, daß diese Pflanzen den 'Blütenhimmel' aufschließen. Die Gattung umfaßt etwa 550 Arten, die meist Gebirgsbewohner sind. Die Pflanzen sind in der Regel ausdauernde, seltener einjährige Kräuter mit grundständigen, rosettig angeordneten Blättern von länglicher, verkehrteiförmiger, lanzettlicher, linealischer oder pfriemlicher Gestalt. Die doldigen Blüten stehen auf einem grundständigen, blattlosen Schaft. Die walzige, oben erweiterte, fünfzählige Blütenröhre ist länger als der Saum.

Aus der Vielzahl von Arten interessieren nur einige, die an den heimatlichen Standorten auf Sumpfwiesen, in Sümpfen und an Bachufern vorkommen.

Die Gattung *Primula* ist in mehrere Sektionen und z. T. auch noch Untersektionen eingeteilt. Die in der folgenden Beschreibung der Arten angegebene Sektionseinteilung folgt der von W. W. Smith und G. Forrest.

P. alpicola Stapf
Glockenprimel
(Sektion *Sikkimensis* Balf. f.)
V–VI, hs

Tsangpo in Südosttibet, Bhutan, in einer Höhe von 3700–4000 m. Die Blätter werden einschließlich des Stiels 10–30 cm lang und 2–8 cm breit. Sie sind elliptisch, am Grund abgerundet oder leicht herzförmig, gezähnt oder fein gekerbt, etwas lederig, mit matter, nicht glänzender Oberseite. Unterseits sind sie mit vielen Drüsen besetzt und wirken dadurch wie rauh. Der 15–60 cm hohe Blütenschaft ist zur Spitze zu leicht bemehlt, ebenso wie die Blütenstiele.

Am Schaft werden in der Regel 1–2 übereinanderstehende Blütenquirle mit zahlreichen, trichterförmigen Blüten gebildet. Die 1–8 cm langen Blütenstiele sind ebenso bemehlt wie der verkehrteiförmige bis glockige Kelch. Die 1,5–2,5 cm breiten Blüten haben eine Röhre, die 1- bis 2mal so lang ist wie der Kelch. Die Blütenfarbe ist unterschiedlich, var. *alba* W. W. Sm. trägt weiße, var. *luna* Stapf blaßzitronengelbe, var. *violacea* (Stapf) W. W. Sm. purpurne oder violette Blüten.

P. alpicola ist nahe verwandt mit *P. florindae*, unterscheidet sich aber von dieser durch ihre glanzlosen Blätter und die Blütenform.

P. beesiana Forrest
Terrakottaprimel, Etagenprimel
(Sektion *Candelabra* Balf. f.)
VI–VII, hs

Jünnan, Szetschuan, in 2600 m Höhe. Die mit Stiel bis 40 cm langen und 6 cm breiten Blätter weisen eine auffällige, lila oder fleischfarbene Mittelrippe auf. Sie sind eiförmiglanzettlich, in

Abb. 188 Primula beesiana

der Mitte am breitesten, am Grunde in den Stiel verschmälert, gezähnt und auf der Unterseite schwach drüsig. An einem 70 cm hohen Blütenschaft sind je 8–16 Blüten in 2–8 Quirlen angeordnet. Der Schaft ist nur an den Knoten weiß bemehlt, die 1–3 cm langen Blütenstiele selbst sind unbemehlt. Die 2 cm breite Blütenröhre ist doppelt so lang wie der glockenförmige Kelch und orangefarben. Die Blüten bestehen aus rosakarminrot gefärbten Blütenblättern mit gelbem Auge und haben tief ausgerandete, verkehrteiförmige Abschnitte.

P. bulleyana Forrest
Nankingelbe Kandelaberprimel
(Sektion *Candelabra* Balf. f.)
VI–VII, hs

Jünnan, Szetschuan, in einer Höhe von 3300 bis 3600 m. Diese nur zweijährige Art gleicht im Habitus *P. beesiana* sehr, unterscheidet sich aber durch die rote Mittelrippe der Blätter, die orangegelben Blüten und den mehr pfriemförmigen Kelch. Aus der erfolgreichen Kreuzung von *P. beesiana* mit *P. bulleyana* entstanden die Primula-Bullesiana-Hybriden mit orangefarbenen, roten, pfirsichrosa, violetten oder blauen Blüten. Im Habitus gleichen die Hybriden den Eltern. Die Moerheim- und Ipswich-Hybriden gehören hierher.

Abb. 190 Primula-Bullesiana-Hybride

P. florindae F. K. Ward
Tibet-Sommerprimel
(Sektion *Sikkimensis* Balf. f.)
VII–IX, hs

Südosttibet, in 4000 m Höhe. Die Blätter sind einschließlich des Stieles 25–50 cm lang und bis 15 cm breit, breiteiförmig, fast so breit wie lang,

Abb. 189 Primula bulleyana

Abb. 191 Primula florindae

am Grund tief herzförmig und beiderseits kahl, mit tiefer und regelmäßiger Zähnung. Die Blattstiele selbst sind oft rot überlaufen. Der kahle, 0,50–1 m hohe Blütenschaft trägt in der Regel nur eine Scheindolde, seltener werden 2 übereinanderstehende, bis 80blütige Quirle ausgebildet. An den 2–3 cm langen Blütenstielen hängen schmaltrichterförmige, 1,5–2,5 cm breite, leuchtend schwefelgelbe Blüten mit angenehmem Duft. Ihr Kelch ist glockenförmig. Bemehlt sind bei dieser Art Kelch und Blütenstiele. Die Art ist *P. alpicola* ähnlich.

P. helodoxa Balf. f.

(Sektion *Candelabra* Balf. f.)
VI–VII, hs

Westyunnan, Burma, in 2000 m Höhe. Die Blätter werden bis 35 cm lang und 7 cm breit, sind breit-verkehrt-lanzettlich, länglich-verkehrt-eiförmig oder lanzettlich, gezähnt, kahl und unbemehlt, selten unterseits ganz leicht gelb bemehlt, verschmälern sich am Grund in einen langen geflügelten Stiel. Der Blütenschaft wird 60–80 cm hoch und trägt bis 20 Blüten in 4–6 Quirlen übereinander. Knoten, Deckblätter und Blütenstiele sind leicht gelb bemehlt. Die 2,5 cm großen Blüten sind goldgelb, duftend und schwach überhängend.

P. involucrata Wall.

(Sektion *Farinosae* Pax)
IV, hs

Westhimalaya, Sikkim, Bhutan, Südosttibet, Szetschuan, in einer Höhe von 4000–5000 m. Die mit Stiel 3–15 cm langen, 0,5–2 cm breiten Blätter sind eiförmig bis länglich, ganzrandig, nur selten leicht und wenig gezähnt, beiderseitig unbemehlt und von einer etwas fleischigen Beschaffenheit. Der 10–30 cm hohe Blütenschaft ist unbemehlt und trägt eine 2- bis 6blütige Dolde, bestehend aus 1,5–2 cm breiten, weißen Blüten mit gelbem Auge. Zuweilen sind sie purpurfarben überlaufen.

P. japonica A. Gray

(Sektion *Candelabra* Balf. f.)
V–VI, hs

Japan, in schattigen Gebirgstälern. Die verkehrteiförmig-länglichen Blätter werden bis 25 cm lang und 8 cm breit, verschmälern sich in einen kurzen Stiel, sind fein und unregelmäßig gekerbt-gezähnt. Die Mittelrippe ist oft rötlich. Der Blütenschaft wird bis 45 cm hoch und trägt in 1–6 Quirlen etwa 2 cm breite, purpurrote Blüten. Bis auf die Innenseiten der Kelchabschnitte sind alle Pflanzenteile unbemehlt. In Kultur sind auch viele andersfarbige Formen mit weißen, fleisch- und rosafarbenen oder auch zweifarbigen Blüten. Bekannte Sorten sind z. B. 'Postford White' mit weißen Blüten und 'Miller's Crimson' mit karminroten.

P. pulverulenta Duthie

(Sektion *Candelabra* Balf. f.)
V–VI, hs

Szetschuan, in einer Höhe von 2700–3300 m. Die bis 30 cm langen und 10 cm breiten Blätter sind verkehrteiförmig, in den Stiel verschmälert, regelmäßig oder unregelmäßig gezähnt und unterseits durch ihre kräftige Aderung auffallend. Der Blütenschaft wird 50–70 cm hoch und trägt mehrere übereinanderstehende Blütenquirle. Schaft, Blütenstiele und Kelch sind weiß bemehlt. An den waagerecht abstehenden, bis 2 cm langen Blütenstielen sitzen 2–3 cm breite, rote Blüten mit einem dunkelroten oder purpurfarbenen Auge. Die Sorten und Hybriden weisen ein breites Farbenspiel auf.

P. rosea Royle

Rosenprimel
(Sektion *Farinosae* Pax)
III–IV, hs

Nordwesthimalaya, Kaschmir, Afghanistan, in einer Höhe von 2700–4000 m. Die Blätter sind mit Stiel 3–20 cm lang und 0,5–4 cm breit, eiförmiglänglich, regelmäßig feingekerbt, sehr kleindrüsig punktiert, anfangs kurz-, zur Frucht-

Abb. 192 Primula rosea 'Gigas'

reife langgestielt. Sie erscheinen erst nach der Blüte und sind, wie auch der Blütenschaft, unbemehlt. Der ursprünglich 3–10 cm hohe Blütenschaft streckt sich zur Fruchtreife auf 20–30 cm. Der Blütenstand, eine 4- bis 12blütige Dolde, besteht aus leuchtend karminroten Blüten, deren Stiele zur Fruchtreife bis 2 cm lang werden und aufrecht stehen. Eine Verbesserung der Art ist die Sorte 'Gigas' mit größeren Blüten.

P. sikkimensis Hook. var. *sikkimensis*

Hängeglockenprimel

(Sektion *Sikkimensis* Balf. f.)
Vi–VII, hs

Himalaya, von Nepal bis Bhutan, Süd- und Osttibet, Szetschuan, Jünnan, in 3700–5000 m Höhe. Die mit Stiel 10–30 cm langen und 2–7 cm breiten Blätter sind elliptisch oder länglich, mit meist gerundeter Spitze und einem langverschmälerten Grund, glänzend, unbemehlt, mit einem gesägten oder gezähnten Rand. Die Blattstiele sind wesentlich kürzer als die Blätter. Der zur Spitze gelb bemehlte Blütenschaft wird 15–90 cm hoch und trägt eine vielblütige Dolde, seltener 2 Blütenquirle. Die 2–10 cm langen, dünnen, bemehlten, hängenden, zur Fruchtreife aber aufrechtstehenden Blütenstiele tragen wohlriechende, 1,5–3 cm breite Blüten in Schwefelgelb, gelegentlich in Cremeweiß. Die Blütenröhre ist zylindrisch und bis doppelt so lang wie der Kelch.

Abb. 193 Primula sikkimensis var. sikkimensis

P. yargongensis Petitm.

(Sektion *Farinosae* Pax)
IV–V, hs

Jünnan, Szetschuan, Südosttibet, Bhutan, in 3000–4500 m Höhe. Die Pflanzen sind im Habitus *P. involucrata* sehr ähnlich, unterscheiden sich aber von dieser Art durch ihre malvenfarbigen bis rosa- oder purpurfarbenen Blüten, die meist ein weißes Auge haben.

Verwendung/Ansprüche/Anzucht
Alle Primelarten sind zur Blütezeit auffallende Pflanzen des Sumpfgartens, die mehr Verwendung finden sollten. Ihre Wirkung kann noch gesteigert werden, wenn man sie in größere Gruppen zusammenpflanzt. Das gilt besonders für die starkwachsenden Arten (*P. alpicola*, *P. beesiana*, *P. bulleyana*, *P. florindae*, *P. helodoxa*, *P. japonica*, *P. pulverulenta*, *P. sikkimensis*) und deren Sorten, die auch farblich alle gut zueinander passen und sich durch eine späte Blütezeit auszeichnen. Da sie Halbschatten brauchen, kann man sie gut mit Gehölzen kombinieren, auch Königs- und Perlfarn sind zur Benachbarung geeignet. Die kleinbleibenden Arten (*P. involucrata*, *P. rosea*, *P. yargongensis*), welche auch bedeutend früher als die vorgenannten blühen, sollte man so pflanzen, daß sie nicht nach der Blüte von benachbarten hohen Stauden überdeckt oder verdrängt werden. Diese weniger konkurrenzbeständigen Arten kann man kleinflächig zu höheren Sträuchern setzen. Alle eignen sich auch gut für Uferbepflanzungen. Der Boden sollte lehmig-humos und nährstoffreich sein. Während der Wachstumszeit verlangen sie sehr viel Feuchtigkeit, die sie an ihren heimatlichen Standorten in den Bergen durch das Schmelzwasser erhalten.

P. florindae wächst dort sogar in flachen, langsam fließenden Bächen. Im Winter hingegen stehen die Pflanzen 'trocken', da der Boden ständig gefroren ist. Sie sind deshalb bei uns gegen stagnierende Nässe im Winter empfindlich. Aus diesem Grund empfiehlt es sich, sie auf durchlässigem Untergrund auszupflanzen oder, wo möglich, den Wasserstand des Sumpfbeckens im Winter um einige Zentimeter zu sen-

ken, um ihre Wurzeln aus der Zone der stauenden Nässe herauszuheben. Man kann auch gleich auf kleine Hügel setzen. Im Winter sind die Pflanzen in ihrer Heimat durch eine hohe Schneedecke geschützt, die in unseren Breiten meist fehlt. Sie erhalten deshalb hier als Schutz eine Reisigdecke. Da die Primeln flach wurzeln, sind sie der Gefahr des Hochfrierens stark ausgesetzt. Weniger gefährdet sind sie, wenn sie eng gepflanzt sind und sich die Wurzelballen gut verfilzen können.

Sagen den Pflanzen alle Standortbedingungen zu, so können sie in unseren Gärten durch Selbstaussaat bald üppige Bestände bilden. Sie erhalten sich auf diese Weise von selbst, auch die Arten, die nicht sehr langlebig sind. Bei leicht bastardisierenden Arten kann Selbstaussaat aber auch von Übel sein, wenn nach einigen Jahren an Stelle der ursprünglich vorhandenen Arten nur noch Bastarde stehen, die zwar durchaus schön sein können, aber nicht immer erwünscht sind.

Vermehrt werden alle Primeln durch Aussaat, weniger durch Teilung. Da frisches Saatgut am keimfähigsten ist, wird gleich nach der Ernte ausgesät, am besten in ungeheizte Frühbeetkästen, die schattig zu halten sind. Es bilden sich noch im gleichen Jahr kleine Blattrosetten, die, im Frühbeetkasten pikiert, den ersten Winter am besten überstehen. Im Frühjahr wird dann im Freiland an Ort und Stelle ausgepflanzt, wo die Pflanzen noch im gleichen Jahr blühen können. Februaraussaaten im Kasten haben im September die Stärke erreicht, um ins Freiland gepflanzt zu werden. Die Blüte setzt im darauffolgenden Jahr ein. Als Aussaatsubstrat hat sich ein Gemisch aus Lauberde, Nadelerde und Torf im Verhältnis 1 : 1 : 1 bewährt.

Ranunculus L.
Hahnenfuß
(Ranunculaceae)

Der Gattungsname leitet sich vom lateinschen Wort *rana* = Frosch ab. Diese Bezeichnung ist darauf zurückzuführen, daß viele Arten dieser Gattung im Wasser, dem Lebensraum der Frösche, wachsen. Die deutsche Bezeichnung 'Hahnenfuß' bezieht sich auf die Blattform einiger Arten, die den Zehen eines Hahnes ähnelt.

Die Gattung umfaßt etwas über 800 Arten, ausdauernde Kräuter mit meist handförmig gelappten oder geschlitzten Blättern. Die Blüten sind fünfzählig, ungespornt, gelb oder weiß.

Abb. 194 Ranunculus acris 'Citrina'

R. acris L.
Scharfer Hahnenfuß, Wiesenranunkel
VI–VII, so-hs

Europa, Nord- und Südasien, Nordafrika, Abessinien, Kapland, Nordamerika. Es sind staudige Wiesenpflanzen, die 30–100 cm hoch werden und die an allen Teilen angedrückt behaart sind. Die unteren Blätter sind handförmig fünfteilig mit fast rautenförmigen, eingeschnitten spitzgezähnten Zipfeln. Die Blattstiele sind weichhaarig, die Blüten goldgelb, stehen an vielblütigen Stengeln. Die Sorte 'Citrina' hat zitronengelbe Blüten, die Sorte 'Multiplex', Goldranunkel, Goldknöpfchen, gefüllte, gelbe Blüten.

R. aquatilis L.
Gemeiner Wasserhahnenfuß
V–VIII, so-hs

Europa, Mittel- und Ostasien, Nordamerika, westliches und südliches Südamerika, Nord- und Südafrika. Die 0,10–1,50 m langen Pflanzen haben untergetauchte, kahle, verzweigte Stengel, an denen Unterwasserblätter und Schwimm-

Abb. 195 Ranunculus acris 'Multiplex'

Abb. 196 Ranunculus aquatilis

blätter ausgebildet werden. Die Unterwasserblätter sind gestielt, borstenförmig vielspaltig, zart und fallen außerhalb des Wassers pinselförmig zusammen. Die Schwimmblätter sind veränderlich, meist rundlich oder nierenförmig und gelappt oder 3- bis 5spaltig. Die langgestielten, zahlreich erscheinenden Blüten stehen einzeln und erheben sich aus dem Wasser. Sie sind 2–2,5 cm breit und bestehen aus weißen Blütenblättern mit gelbem Nagel.

R. circinatus Sibth.
Spreizender Hahnenfuß
V–IX, so-hs

Europa, gemäßigtes Asien, Nordafrika. Diese Art hat bis 2 m lange, untergetauchte, kahle, verzweigte Stengel. Sie bildet nur Unterwasserblätter aus, niemals Schwimmblätter. Die Blätter sind 1–2 cm lang, rundlich und haarförmig gespalten. Ihre einzelnen Zipfel sind starr und stets in einer Ebene ausgebreitet. Sie bleiben auch außerhalb des Wassers gespreizt und fallen nicht pinselförmig zusammen wie bei *R. aquatilis*. Die mehr oder weniger langgestielten, einzeln stehenden Blüten werden aus weißen Blütenblättern mit hellgelbem Nagel gebildet. Sie sind 0,5–2 cm groß und erheben sich aus dem Wasser.

R. flabellaris Raf.
Fächeriger Hahnenfuß
VI–VII, so-hs

Atlantisches Nordamerika. Die bis 80 cm langen Pflanzen bilden an ihren untergetauchten, kahlen, verzweigten Stengeln nur Unterwasserblätter aus mit einem bis 10 cm langen Stiel. Diese sind halbrund bis fast kreisförmig und fächerförmig aufgespalten. Im Sommer laufen sie in 15–70 und im Winter in 90 bis über 100 feine Blattzipfel aus. Die glänzend dunkelgelben, etwa 2 cm großen Blüten sind langgestielt und stehen einzeln über dem Wasser.

R. lingua L.
Zungenhahnenfuß
VI–VIII, so-hs

Europa, Westasien. Diese Art unterscheidet sich im Habitus deutlich von den anderen beschriebenen Arten. Es sind 0,50–1,50 m hohe Sumpfpflanzen, die bis 80 cm lange Ausläufer treiben. Ihre kräftigen, aufrechten, hohlen, kahlen oder leicht behaarten, vielblütigen Stengel verzweigen sich im oberen Teil. Grund- und stengelständige Blätter besitzen die gleiche Gestalt. Sie sind kurzgestielt, lanzettlich, spitz auslaufend, ganzrandig, derb und graugrün. Mit 2–4 cm Durchmesser gehören die glänzend goldgelben Blüten zu den größten unter den Hahnenfußarten. Die Sorte 'Grandiflora' wird noch etwas großblütiger und hat im Austrieb auch deutlich breitere Blätter als die Art.

Verwendung/Ansprüche/Anzucht
R. aquatilis, *R. circinatus* und *R. flabellaris* tragen wie alle Unterwasserpflanzen zur Reinhaltung

Abb. 197 Ranunculus lingua 'Grandiflora'

des Wassers bei. An den Standort stellen sie keine großen Ansprüche. Bevorzugt wird ein lehmighumoser Sandboden. In kleinen Becken können sie allerdings durch ihr kräftiges Wachstum leicht lästig werden. Ihre Eigenschaft zu wuchern, kann für größere Becken oder Teiche ausgenutzt werden, wo sie, an den Rand oder in die Mitte des Teiches gesetzt, teppichartig große Wasserflächen überziehen, die zur Blütezeit über und über mit Blüten bedeckt sind. *R. flabellaris* wächst selbst im Winter unter dem Eis weiter.

R. lingua gehört in den Sumpfgarten, wächst aber ebenso noch bei 30 cm Wassertiefe. Der Zungenhahnenfuß ist deshalb brauchbar für die Randgestaltung der Becken und Teiche. Bei nährstoffreichem Boden entwickelt er ein üppiges Wachstum und kann leicht lästig werden, indem er andere Pflanzen überwuchert und unterdrückt. In kleinen Becken ist deshalb das Wachstum unter Kontrolle zu halten. Zur Benachbarung eignen sich *Lythrum* und *Mimulus ringens.*

R. acris ist eine einheimische Wiesenpflanze, d. h., im Wassergarten kann sie in der feuchten Uferzone verwendet werden. Der Boden soll nicht zu naß sein. Wertvoller als die Art sind die beiden Sorten mit ihrem wochenlangen Blütenflor. Sie wachsen auch im normalen Gartenboden, wenn er nicht zu trocken ist. Die Goldranunkel eignet sich zum Schnitt.

Vermehrt werden die Arten und Sorten durch Teilung. Von den Unterwasserpflanzen werden Seitentriebe abgetrennt und in den Boden gesteckt, wo sie willig weiterwachsen. Vom Zungenhahnenfuß werden die Ausläufer abgetrennt. Bei allen Arten ist auch Samenvermehrung möglich, wobei das Saagut der Unterwasserpflanzen unter Wasser zum Keimen gebracht werden muß.

Rhexia L.
Rhexie
(Melastomataceae)

Der Name leitet sich von dem griechischen Wort *rhexeis* = Bruch ab. Im östlichen Nordamerika und auf Kuba kommen etwa 15 Arten vor, niedrige, aufrechte, meist borstig-drüsige Stauden oder Halbsträucher mit gegenständigen, sitzenden oder kurzgestielten Blättern. Die endständigen Blüten stehen einzeln oder in Trugdolden. Die Blütenröhre ist krugförmig, bleibend und hat an der Spitze 4 Kelchblätter, die 4 Kronblätter sind schief und bald abfallend. Die 8 Staubblätter sind gleich oder fast gleich. Die härteste Art ist

R. virginica L.
Rhexie
VII–VIII, so-hs

Nordamerika, Neuschottland bis New York und Wisconsin, südlich bis Georgia, Louisiana und Oklahoma. Die Pflanzen wachsen dort auf moorigen, sandigen und feuchten Wiesen, oft in Gemeinschaft mit *Sarracenia purpurea* und *Vaccinium.*

Es sind 30–50 cm hohe Stauden mit knolligem Erdstamm und einem vierkantigen, an den Kanten häutigen Stengel, der rötlich gestreift und oben verästelt ist. Die Blätter sind sitzend, ovallanzettlich, oben behaart und unterseits kahl. Die Blüten sind purpurrot mit Violett und stehen in endständigen, rispig vereinigten Trugdolden.

Sie haben gelbe Staubbeutel und eine steifhaarige Blütenröhre.

Verwendung/Ansprüche/Anzucht
Die Rhexie ist eine Liebhaberpflanze für den Sumpf. Sie liebt einen sonnigen, warmen Standort und einen mit Torf und Sand gemischten Boden. Über Winter sollte sie abgedeckt werden, da sie nicht ganz winterhart ist. Die knolligen Wurzelstöcke können auch ausgegraben und frostfrei überwintert werden, um sie dann im Frühjahr wieder auszupflanzen. Die Vermehrung erfolgt durch Teilung oder Aussaat. Die Jungpflanzen sollten 1–2 Jahre in Töpfen kultiviert werden, am besten in einem Kalthaus.

Rosa L.
Rose
(Rosaceae)

Rosa ist ein lateinischer Pflanzenname. Zur Gattung gehören etwa 200 Arten, laubabwerfende, seltener immergrüne, aufrechte oder kletternde, meist stachelige Sträucher.

Ihre Blätter sind wechselständig, unpaarig gefiedert und weisen Nebenblätter auf. Die Blüten stehen endständig, einzeln oder in Doldentrauben an den diesjährigen Trieben. Sie setzen sich aus je 5 Kelch- und Blütenblättern zusammen. Ihre Blütenachse ist urnenförmig und wird zur Reife fleischig und beerenartig. Die 'Frucht', als Hagebutte bezeichnet, enthält einige oder viele

einsamige, harte Früchtchen. Für den Sumpfgarten eignen sich die beiden folgenden Arten.

R. carolina L.
(syn. *R. humilis* Marsh.)
Wiesenrose
VII–VIII, so

Östliches Nordamerika. Es sind bis 1,50 m hohe, ausläuferbildende, schlankästige Sträucher mit kaum bestachelten Trieben. Die Blätter bestehen aus 5 oder 7, seltener aus 9 Blättchen, die 2–5 cm lang werden. Die Blättchen selbst sind schmaleiförmig bis lanzettlich oder elliptisch, spitz auslaufend und scharf gesägt. Die Blattoberseite weist eine sattgrüne Farbe auf, unterseits sind sie graugrün, kahl oder locker flaumhaarig behaart. Die Nebenblätter sind schmal und einwärts gebogen. Blüten in einem satten Rosa stehen zu mehreren, seltener einzeln, und sind 5–7 cm groß. Die ganzrandigen, ausgebreiteten Kelchblätter fallen zur Fruchtfärbung ab. Die Hagebutten sind flach-kugelig, bis 8 mm groß, drüsig-borstig, scharlachrot.

R. palustris Marsh.
(syn. *R. pensylvanica* Michx.)
Sumpfrose
VII–VIII, so

Östliches Nordamerika. Die bis 1,80 m hohen Sträucher haben aufrechte, rötliche Triebe, die mit hakenförmig gebogenen Stacheln besetzt sind. Die Blätter bestehen meist aus 7 Fiederblättchen, die breitelliptisch, an beiden Enden zugespitzt, derb, fein und scharf gesägt und 2–5 cm lang sind. Oberseits sind sie dunkelgrün und kahl, unterseits etwas heller und behaart. Die etwa 5 cm großen, rosa Blüten erscheinen zu mehreren. Die rundlichen, erbsengroßen, kahlen und glänzend roten Hagebutten stehen auf drüsigen Stielen.

Verwendung/Ansprüche/Anzucht
Beide Arten sind Gehölze, die bisher kaum Eingang in den Sumpfgarten gefunden haben. Vielen Pflanzenfreunden ist es wahrscheinlich unbekannt, daß sich unter der artenreichen Gattung *Rosa* auch Rosen befinden, die zu den Sumpfpflanzen gezählt werden können. In ihrer nordamerikanischen Heimat kommen beide Arten an feuchten und sumpfigen Stellen vor. Bei gleichen Standortbedingungen im Sumpfgarten blühen sie auch bei uns jedes Jahr reichlich, nur bei zu trockenem Stand ist die Blütenbildung unbefriedigend, auch wenn sie durchaus im normalen Gartenboden wachsen können. Sie eignen sich sehr gut als Ufergehölz für größere Anlagen und Teiche, haben aber auch als Solitärsträucher im kleineren Wassergarten ihre Berechtigung. In ihrem Schutz können z. B. kleinere Primeln und Farne angesiedelt werden. Beide Arten breiten sich durch Ausläufer aus, *R. carolina* kann durch ihre reichlich gebildeten Ausläufer ganze Flächen dicht begrünen. Obwohl beide Arten als Wildrosen nicht solche edel geformte große Blüten wie die Gartensorten hervorbringen, so sollte man doch nicht auf sie verzichten. Vermehrt wird durch Abtrennen der Ausläufer, Stecklinge oder Aussaat.

Rumex L.
Ampfer
(Polygonaceae)

Rumex war der Name des Ampfers bei den Römern. In den gemäßigten Teilen der nördlichen Halbkugel kommen 120 Arten vor, meist ausdauernde Kräuter, bisweilen Halbsträucher mit

Abb. 198 Rosa palustris

grund- oder wechselstänidigen Blättern und oft durchscheinenden, dünnen Tuten am Stengel. Die Blüten haben 6 Hüllblätter, seltener 4, zur Blütezeit bisweilen gleichgroß, die äußeren nach der Blütezeit unverändert, die inneren aber sich um die Frucht sehr vergrößernd, aufrecht, krautig oder trockenhäutig, seltener steif, ganz oder fransiggezähnt. Die Blüten sind in Blütenknäueln zu traubigen oder rispigen Gesamtblütenständen vereinigt.

R. hydrolapathum Hudson

Flußampfer

VII–VIII, so-hs

Europa. Es ist eine staudige Uferpflanze mit mehrköpfigem, rübenförmigem Wurzelstock, der mit dicken Fasern besetzt ist. Die Stengel sind 1–2,5 m hoch, aufrecht ästig, kantiggefurcht und meist purpurbraun. Die dicklichen, graugrünlichen, trocken lederartigen, grundständigen Blätter sind starr aufrecht, mit langem, oberseits flachem Stiel. Sie sind 30–70 cm lang, 5–12 cm breit, in der Mitte am breitesten, lanzettlich mit schmalkeiligem Grund und lang ausgezogener Spitze, flach oder am äußersten Rand etwas gekraust. Die Seitennerven zweigen fast rechtwinkelig von der Mittelrippe ab. Die Stengelblätter sind schmallanzettlich, mit breitkeiligem oder abgerundetem Grund, am breitesten unterhalb der Mitte, am Rand schwach wellig ausgeschweift, gegen die Spitze allmählich lang verschmälert. Die obersten Blätter sind linealisch, der Blütenstand mit vielfach verzweigten Seitenästen ist fast blattlos.

Verwendung/Ansprüche/Anzucht

Der Flußampfer ist unsere ansehnlichste *Rumex*-Art und kommt in der Verlandungszone von Gewässern vor. Dort steht er feucht bis sumpfig, wächst auch direkt im Wasser. Sogar submers bei 1 m Wassertiefe kann diese Art wachsen, bildet dann aber nur reduzierte, grundständige Blätter mit schmallanzettlichen, gestielten, zarten Spreiten aus. Die Pflanzen sind mehr für größere, naturnahe Teiche zu empfehlen und sollten solitär stehen. Für einen kleinen Wassergarten werden sie zu groß. Der Boden sollte nährstoffreich sein. Vermehrt wird vorwiegend durch Aussaat, aber auch Teilung ist möglich.

Sagittaria L.

Pfeilkraut

(Alismataceae)

Im Namen steckt das lateinische Wort *sagitta* = Pfeil, auf die Form der Blätter hindeutend. Die Gattung umfaßt etwa 30 Arten, meist ausdauernde, sehr selten einjährige und oft ausläuferbildende Sumpf- oder Wasserpflanzen mit grundständigen Blättern. Die ausläufertreibenden Pflanzen überwintern durch eiförmige, von Art zu Art in Größe und Farbe variierende Knollen, die sich im Herbst an der Spitze der Ausläufer bilden. Die Unterwasserblätter sind meist bandförmig, die emersen Blätter lang und dick gestielt und in der Form und Größe veränderlich. In der Regel sind sie elliptischlanzettlich oder pfeilförmig und bei einigen Arten durchscheinend bräunlich punktiert. Der aufrechte Blütenschaft erhebt sich über das Wasser und trägt weiße, eingeschlechtliche, einhäusige oder zweihäusige Blüten, die in entfernten, meist dreizähligen Quirlen angeordnet sind. Diese Blüten setzen sich aus je 3 schmutzigroten Kelch- und großen weißen Kronblättern zusammen. In der Mitte der weiblichen Blüten steht ein Köpfchen aus zahlreichen Fruchtknoten, in der Mitte der männlichen Blüten eines aus zahlreichen Staubgefäßen.

S. engelmanniana J. G. Sm.

Langschnäbeliges Pfeilkraut

VI–VIII, so-hs

Ostküste der USA. Die 60 cm hohen Pflanzen bilden bandförmige, submerse, bis 40 cm lange und 1,5 cm breite Blätter aus, die 5–7 parallel verlaufende Nerven aufweisen. Die Überwasserblätter besitzen eine breitovale, pfeilförmige Gestalt und weichhäutig ausgezogene Blattlappen und Blattspitzen. Aus den 2,5 cm großen Blüten entwickeln sich Früchtchen mit einem auffallend großen, aufrechten, etwas gebogenen Schnabel, daher der deutsche Name dieser Art „Langschnäbeliges Pfeilkraut“. Die Knollen sind kirschgroß und bräunlich.

S. graminea Michx.

Grasblättriges Pfeilkraut

VI–VIII, so-hs

Nordamerika, Kuba. Diese 60 cm hohe Art besitzt bandförmige, submerse, parallelnervige Blätter, die bis 25 cm lang und 1,5–2 cm breit

Abb. 199 Sagittaria graminea 'Crushed Ice'

sind. Wenn die Pflanzen tiefer als 30 cm unter Wasser stehen, bilden sie nur diese Blätter aus, stehen sie flacher, entwickeln sich langgestielte Überwasserblätter, die lineal, lanzettlich, elliptisch oder breitoval sind und sich nach beiden Enden gleichmäßig verschmälern.

Ihre Länge beträgt 5–20 cm, ihre Breite 1,5–6 cm. Ihre 3–5 Blattnerven entspringen alle an der Blattbasis. Diese Nervatur bildet auch das Unterscheidungsmerkmal zu *S. macrophylla* und *S. platyphylla.* Der Blütenschaft ist meist dreikantig. Es werden kirschgroße, bräunliche Knollen ausgebildet. Ganz neu auf dem Markt ist die Sorte 'Crushed Ice', deren Blätter über und über mit hellgelben Flecken besetzt sind.

S. lancifolia L.

VII–IX, so-hs

Südliche USA, Mexiko, Mittelamerika, nördliches Südamerika, Westindien. Es sind variable, 1,20–1,50 m Sumpfpflanzen, die keine Ausläufer und Knollen bilden. Ihre Blattstiele können bis 1 m lang werden, sie tragen lederige, 30–40 cm lange und 10 cm breite, schmal- bis breitlanzettliche Blätter. Aus der Blattbasis entspringen der Mittelnerv und die beiden äußeren Nerven, die anderen Längsnerven zweigen höher hinauf von dem Mittelnerv ab. Der Blütenstand ist höher als die Blätter. Die Blüten sind sehr groß, 3–5 cm im Durchmesser, stehen an 2–3 cm langen Stielchen. Die fast kahlen Staubblätter sind pfriemförmig. Die reine Art wird selten kultiviert, meist nur die Form *ruminoides* mit auffallend dunkelroten Blattstielen.

S. latifolia Willd.

Breitblättriges Pfeilkraut

VI–IX, so-hs

Nordamerika, Mexiko, nordwestliches Südamerika. Die Pflanzen erreichen eine Höhe bis 60 cm. Ihre langgestielten Überwasserblätter haben pfeilförmige, seltener lanzettförmige, bis 40 cm lange und 25 cm breite Blattflächen, die auffallende, vereinzelte, bräunliche Punkte aufweisen. Sie sind in ihrer Form sehr variabel, aber immer breiter als bei *S. sagittifolia.* Die Blattlappen liegen am Stielansatz manchmal übereinander. Der bis 1 m hohe Blütenschaft trägt 3–4 cm große, aus rundlichen Blütenblättern bestehende Blüten mit 2–5 cm langen Stielen. Ihre gelben Staubbeutel sind ein wichtiges Unterscheidungsmerkmal zu *S. sagittifolia,* bei der sie braunviolett gefärbt sind. Die Blüten setzen keinen Samen an, da wahrscheinlich nur männliche Pflanzen in Kultur sind.

Die gefülltblühende Sorte 'Plena' zeichnet sich durch vollgefüllte, fast ballartige, weiße Blüten aus. Doch läßt ihre Vermehrungsrate zu wünschen übrig.

Abb. 200 Sagittaria latifolia 'Plena'

Die Sorte 'Leopard Spot' ist eine Selektion mit stark dunkel gefleckten Blättern.

Die Knollen von *S. latifolia* sind etwa walnußgroß, von 'Plena' etwa so groß wie ein Gänseei, und rosa-blau gezeichnet.

S. macrophylla Zucc.
VI–VIII, so-hs

Südliche USA, Mexiko. Diese 1 m hohe Art bildet bandförmige, bis 40 cm lange und 4 cm breite Unterwasserblätter aus. Die Überwasserblätter haben eine 25 cm lange und 10 cm breite, lanzettliche, an der Basis stumpf zugespitzte oder spießförmige Blattfläche. Die Blattnerven zweigen alle von einem Mittelnerv ab, entspringen also nicht der Blattbasis. Die Blüten können einen Durchmesser von 3–4 cm erreichen. Die Staubfäden sind linealspindelförmig und kahl. Die bräunlichen Knollen erreichen etwa die Größe einer Kirsche.

S. platyphylla (Engelm.) J. G. Sm.
(syn. *S. graminea* var. *platyphylla* Engelm.)
VI–VIII, so-hs

USA, Mittelamerika. Diese Art wird häufig mit *S. macrophylla* verwechselt, doch ist sie in allen Teilen kleiner. Die Pflanzen werden nur etwa 50 cm hoch, ihre bandförmigen Unterwasserblätter bis 25 cm lang und 3 cm breit. Die Überwasserblätter erreichen eine Länge von 10 cm und stehen auf bis 40 cm langen Stielen. Sie sind schmallanzettlich bis breitoval und werden an der Basis schmäler, bis sie in den Blattstiel verlaufen, oder sie sind abgerundet. Die Nervatur gleicht der von *S. macrophylla*. Die 2–2,5 cm großen Blüten haben lanzettliche, fein flaumhaarige Staubfäden. Die Knollen sind bräunlich, von der Größe einer Kirsche.

S. sagittifolia L.ssp. *sagittifolia*
Spitzes oder Heimisches Pfeilkraut
VI–VIII, so-hs

Europa, Westasien. Die Pflanzen können bis 1 m hoch werden. Den 10–80 cm langen und 2 cm breiten Unterwasserblättern folgen erst 1–4 froschlöffelartige Schwimmblätter, ehe sich die langgestielten, pfeilförmigen, in der Form und Größe sehr verschiedenen Überwasserblätter entwickeln. Es kommen auch Formen mit extrem schmalen pfeilförmigen Blättern vor. In sehr tiefem Wasser werden statt der Schwimm- und Überwasserblätter bandartige, bis 2,50 m lange und 3 cm breite Unterwasserblätter ausgebildet. Diese Form wird als forma *vallisneriifolia* Cos. et Germ. bezeichnet. An den Überwasserblättern kann ein eigenartiges Verhalten beobachtet werden. Bei freiem Stand der Pflanzen zeigen die mit der Spitze senkrecht nach oben stehenden Blätter bei voller Sonne in Nord-Süd-Richtung und werden so von der heißen Sonne weniger getroffen. Die Blüten werden 2–4 cm groß, wobei die männlichen Blüten größer als die weiblichen sind. Jedes Blütenblatt trägt am Grund einen braunroten Fleck. Die Staubbeutel sind braunviolett und meist länger als die Staubfäden. Auch von diesem Pfeilkraut gibt es eine gefülltblühende Form, die Sorte 'Plena', die aber mehr unscheinbare Blüten hat, oft nur aus kleinen, grünlichen Blättchen bestehend.

Die ssp. *leucopetala* (Miq.) Hartog hat reinweiße Blüten ohne Fleck. Sie kommt nur im südlichen Asien vor (Java bis Japan). Bei dieser Form sind die Blütenstiele der männlichen Blüten meist mehr als doppelt so lang wie die der weiblichen. Sie wird fälschlicherweise als *Sagittaria japonica* gehandelt, wobei auch noch andere Arten unter diesem Namen geführt werden. Die Knollen von *S. sagittifolia* sind etwa walnußgroß und grün-blau gezeichnet.

S. sinensis Sims.
Chinesisches Pfeilkraut
so-hs

Japan, Korea, China, Indien. In den letzten Jahren sind Importe aus China auf den Markt gekommen. Die Pflanzen sehen im Habitus *S. latifolia* ähnlich, haben aber deutlich dreieckige Blätter, die nicht ganz so glänzend sind. Sie werden bis 50 cm hoch. In ihren Heimatländern wird diese Art als Nahrungsmitel angebaut, wegen der stärkehaltigen Knollen. Es ist nicht bekannt, wie sie dort blühen. Bei den importierten Pflanzen sind bisher noch keine Blüten festgestellt worden. Die Vermehrung erfolgt aber reichlich durch Knollen, die etwa walnußgroß sind.

Verwendung/Ansprüche/Anzucht
Nach ihren Ansprüchen und ihren Verwendungsmöglichkeiten können die Arten in verschiedene Gruppen eingeordnet werden.

Sagittaria latifolia, S. sagittifolia und *S. sinensis* wachsen am besten bei einer Wassertiefe von 10–30 cm, wo sie, um ihre volle Wirkung entfal-

ten zu können, möglichst solitär, aber kombiniert mit Schwimmblattpflanzen, angeordnet werden sollten. Die 3 Arten wachsen aber ebenso auch auf einem sumpfigen Standort. Ist der Boden nährstoffreich, können sich kräftige Pflanzen mit großen Blättern entwickeln.

Eine ausreichende Nährstoffversorgung ist wichtig, sonst werden die Blätter schon Anfang August gelb und sterben ab.

S. engelmanniana, *S. graminea*, *S. macrophylla* und *S. platyphylla* entwickeln bei einer Wassertiefe von 30 cm und tiefer nur ihre bandförmigen Unterwasserblätter, erst im flacheren Wasser oder Sumpf werden Überwasserblätter ausgebildet. Bei flachem Stand allerdings brauchen *S. macrophylla* und *S. platyphylla* einen leichten Winterschutz, da sie aus wärmeren Gebieten stammen.

S. lancifolia ist nicht winterhart und muß frostfrei überwintert werden. Man pflanzt sie am besten in große Container und stellt diese im flachen Wasser aus. Je wärmer der Sommer ist, um so kräftiger werden die Pflanzen. Die rotstielige Form ist sehr dekorativ.

Die Zugehörigkeit der einzelnen Pflanzen zu den Arten ist oft nicht mit Sicherheit festzustellen, da die verschiedenen Unterscheidungsmerkmale verwischt sein können oder auch manchmal ineinander übergehen. Einige Arten sind beliebte Aquarienpflanzen. Die Vermehrung erfolgt durch die Ausläufer oder Knollen. Die Knollen treiben im Frühjahr ziemlich spät aus. Entweder bilden sie einen Ausläufer oder gehen sofort dicht über ihrer Spitze zur Blattbildung über. Bei den meisten Arten ist auch Aussaat möglich, beispielsweise setzt *S. sagittifolia* reichlich Samen an.

S. lancifolia kann nur durch Aussaat vermehrt werden.

Ausgesät wird unmittelbar nach der Reife in Aussaatgefäße, die von unten ständig feucht zu halten sind.

Salvinia Séguier
Schwimmfarn
(Salviniaceae)

Die Gattung wurde nach Antonio Maria Salvini (1633–1720), Professor in Florenz, benannt. Sie umfaßt 12 Arten, ausdauernde oder einjährige, wurzellose Schwimmfarne mit horizontal auf dem Wasser schwimmenden Sproßachsen. Die Blätter sind in Dreierwirteln angeordnet, auf dem Wasser schwimmend oder untergetaucht. Zwei haben die Funktion von Luft- oder Schwimmblättern und sind oval bis rundlich, hell- bis bläulichgrün, im Jugendstadium an der Mittelrippe klappig nach oben gefaltet und auf der Oberfläche durch höckerförmige Papillen unbenetzbar. Das dritte Blatt ist chlorophylllos, wurzelartig feingeteilt, ein Wasserblatt, das die Funktion einer Wurzel übernommen hat. An den Wasserblättern entstehen auch die Fortpflanzungsorgane, kugelige, braune Sporangienbehälter, die 2 verschiedene Sporenformen enthalten, welche beide in besondere Behälter eingeschlossen sind.

S. natans (L.) All.
Schwimmfarn
so-hs

Eurasien, nördlich bis Mittelsibirien und Amur, südlich bis Java, Algerien. Diese einjährige Art bildet 3–15 cm lange Pflanzen mit flachen, 1,5 cm langen und 1 cm breiten Schwimmblättern. Auf den Blattoberflächen befinden sich 0,5 mm hohe, kurzhöckerige Papillen. Dieser Farn ist in Deutschland geschützt.

Verwendung/Ansprüche/Anzucht
Der Schwimmfarn tritt in Mitteleuropa vor allem in ruhigen, windgeschützten, warmen und nährstoffreichen Altwässern großer Ströme auf. Unter günstigen Wachstumsbedingungen werden richtige Schwimmdecken ausgebildet. Die Sprosse zerfallen leicht in Teilstücke, die bald wieder zu vollständigen Pflanzen heranwachsen. Kleine Becken können durch diese starke vegetative Vermehrung (Sprossung) in kurzer Zeit völlig zuwachsen. Ein zu großer Bestand von *Salvinia* läßt sich aber durch Abfischen der Pflanzen relativ leicht wieder auf einen erträgli-

Abb. 201 Salvinia natans

chen Umfang bringen. Da die 'Wurzeln' die Nährstoffe aus dem Wasser ziehen, sind sie für den Wassergarten durchaus brauchbar. Im Herbst sterben alle Pflanzen ab und sinken mit den Sporangienbehältern zu Boden. Diese Behälter steigen im Frühjahr wieder zur Wasseroberfläche empor, wo sich nach der Befruchtung schildförmige Keimpflänzchen entwickeln, die bald zu neuen Pflanzen heranwachsen. Es empfiehlt sich aber, im Herbst einige absterbende Pflanzen einzusammeln und diese in flachen Schalen hell und kühl zu überwintern.

Sarracenia L.
Schlauchpflanze
(Sarraceniaceae)

Die Gattung ist nach Michel Sarrazin (1659–1736), einem Arzt in Quebec, benannt. In den feuchten oder sumpfigen Savannen des östlichen Nordamerika kommen 9 Arten vor. Es sind immergrüne, stengellose Kräuter, deren Blätter zu runden Schläuchen umgebildet sind, die an der Spitze mit einem Deckel oder ausgebreitetem Blatt versehen sind. Die nickenden Blüten stehen einzeln auf blattlosen Stielen. Die Blüte setzt sich aus 5 lederartig dicken, bleibenden Kelchblättern und 5 herabhängenden, roten oder gelben, bald abfallenden Kronblättern zusammen. Die zahlreichen Staubblätter sind in einem Kranz um den Fruchtknoten gestellt. Der Fruchtknoten ist fünffächerig mit kurzem Griffel, der in einen merkwürdigen, fünfteiligen, ausgebreiteten Schirm endet, dessen 5 Spitzen je eine Narbe tragen.

S. flava L.
V–VI, so-hs

USA. Virginia, Carolina, Georgia, Alabama, Florida. Die Pflanzen bilden 30–100 cm lange, aufrechte, trompetenförmige Schläuche aus, die gelbgrün bis grün, mitunter am Schlund mehr oder weniger rot sind und deutlich hervortretende Längsnerven haben. Die rundlicheiförmigen Deckel sind etwas über die Schlauchöffnung geneigt, mit starkem Mittelnerv, der in eine Stachelspitze endet. Die Blüten haben hellgelbe Kronblätter und einen starken Geruch. Es kommen mehrere Varietäten mit unterschiedlich gefärbten Schläuchen und Höhen vor.

S. purpurea L.
V–VI, so-hs

Ostküste und Süden der USA. Die aufsteigenden Schläuche sind 6–35 cm lang und in der Mitte 2–10 cm dick, runde Rosetten bildend. Die Schläuche sind grün bis dunkelbraunrot, der aufrechte, nach innen etwas eingebogene Deckel ist auf der Innenseite mit steifen Haaren besetzt, die sich auch im Innern der Schläuche befinden, sie sind nach unten gerichtet. Die Kronblätter sind purpurrot.

Verwendung/Ansprüche/Anzucht
Die Schlauchpflanzen sind interessante Pflanzen für den Liebhaber seltener Sumpfgewächse. Sie gehören in den Sumpfgarten oder das Moorbeet. *Sarracenia purpurea* ist absolut winterhart, *S. flava* nur an klimatisch günstigen Standorten in Deutschland. Sie gehören zu den insektenfangenden Pflanzen und besitzen im Inneren der Schläuche Verdauungsdrüsen zur Abscheidung von Proteasen. An den Mundrändern der Schläuche sind zum Anlocken von Tieren Honigdrüsen vorhanden.

Die nach unten gerichteten Haare in den Trichtern verhindern ein Entweichen von Tieren (z. B. Fliegen, Käfer und Spinnen), wenn sie hineingefallen sind. In den Trichtern sammelt sich Regenwasser, worin die Tiere dann ertrinken. Die Schlauchpflanzen fallen durch ihre schöne Blattfärbung und ihre eigenartige Gestalt auf.

Der pH-Wert des Bodens sollte 4,1–5 betragen, also sauer sein. Am besten wachsen sie in reinem Torf oder Sphagnum. Wichtig ist, daß die Pflanzen nicht direkt im Wasser stehen, sondern das Substrat muß die Feuchtigkeit hochziehen.

Die Vermehrung kann durch Teilung oder Aussaat erfolgen. Die Sämlinge zeichnen sich

Abb. 202 Sarracenia purpurea

durch bessere Bewurzelung und demzufolge auch zügigeres Wachstum im Vergleich zu den Teilpflanzen aus. Ausgesät wird im Herbst nach der Reife auf feingehacktes Sphagnum oder Torf. Die Samen sind Lichtkeimer und dürfen deshalb nicht mit Erde bedeckt werden. Nach 6–12 Wochen erfolgt die Keimung. Die Sämlinge sollten bei 15–20 °C bis zum Frühjahr durchkultiviert werden. Von der Aussaat bis zur blühfähigen Pflanze vergehen 3–4 Jahre.

Saururus L.
Molchschwanz, Eidechsenschwanz
(Saururaceae)

Im Gattungsnamen stecken die griechischen Worte *sauros* = Eidechse und *oura* = Schwanz. Die Gattung umfaßt nur 2 Arten, ausdauernde Sumpfpflanzen mit kriechenden Rhizomen. Ihre Blätter sind wechselständig, groß und herzförmig, die Nebenblätter häutig und am Blattstiel angewachsen, so daß der Blattstiel scheidig ist. Der Blütenstand, eine endständige, später oft blattgegenständige Traube mit herabgebogener Spitze, trägt zahlreiche kleine, zwittrige, weißgelbliche, duftende Blüten. Die Einzelblüten bestehen nur aus je 6–8 fadenförmigen Staubblättern und je 3–4 Fruchtblättern ohne jegliches Blütenblatt.

S. cernuus L.
(syn. *S. lucidus* Donn)
Amerikanischer Molchschwanz
VI–VII, so-hs

Nordamerika längs der atlantischen Küste. Die Pflanzen werden etwa 1 m hoch, bei besonders guten Standortbedingugen auch höher. Sie haben bis 5 m lange, im Boden kriechende, stark verzweigte Rhizome. An den runden Stengeln sitzen 10–15 cm lange, 6–8 cm breite, in eine lange Spitze auslaufende Blätter von sattgrüner Farbe.

Der Blütenstand ist 15–20 cm lang. Die Staubblätter sind lang und behaart. Es ist auch eine Form mit roten Stengeln im Handel.

Abb. 203 Saururus cernuus

S. chinensis (Lour.) Baill.
(syn. *S. loureirii* Decne.)
Asiatischer Molchschwanz
VI–VII, so-hs

Nordchina bis Japan, Korea, Philippinen. Diese Art ähnelt im Habitus *S. cernuus*, bleibt aber in allen Teilen kleiner. Die nur 30–50 cm hohen Pflanzen unterscheiden sich von der vorigen Art durch ihre kantigen Stengel. Ihre Blätter sind 6–8 cm lang, 4–5 cm breit und haben eine fast pfeilförmige Basis. Der Blütenstand ist nur 8–12 cm lang. Die Staubblätter sind kurz, nicht länger als die Fruchtblätter.

Verwendung/Ansprüche/Anzucht
Beide Arten wachsen am besten bei einem Wasserstand von 10 cm in nährstoffreichem Boden. Bei kräftiger Entwicklung werden reichlich Blüten gebildet, die einen angenehmen Duft verströmen. Die Pflanzen eignen sich gut für die Ufergestaltung. Der Amerikanische Molchschwanz ist winterhart. Die Pflanzen haben an verschiedenen Standorten schon viele Jahre ohne jeglichen Schutz unsere Winter ohne Schäden überstanden. Der Asiatische Molchschwanz ist etwas empfindlicher, deshalb ist hier ein Winterschutz angebracht. *Saururus* pflanze man zur Uferseite neben *Pontederia* oder auch *Calla*. Die Vermehrung erfolgt vorwiegend durch Rhizomteilung, weniger durch Aussaat.

Scirpus L.
Simse
(Cyperaceae)

Scirpus ist der Name einer binsenartigen Pflanze bei den Römern gewesen. Die Gattung umfaßt etwa 200 Arten, alle ausdauernde Kräuter mit meist kriechenden Rhizomen und grundständigen, meist runden, markigen Stengeln, auch Halme genannt. Der Blütenstand ist seitenständig oder endständig, oft auch nur durch ein halmähnliches Tragblatt seitenständig erscheinend, und besteht aus einer buschigen Ähre, die sich aus vielen, meist bräunlichen Ährchen zusammensetzt.

S. atrovirens Willd.

VI–VIII, so-hs

USA, außer Westküste. Die kurzen Rhizome sind 2–6 mm dick, die Stengel 80–100 cm hoch, 5–8 mm dick, aufrecht, nach oben etwas dreikantig. Die Blätter sind grasartig, büschelig. Der rispige Blütenstand setzt sich aus 5–14 cm langgestielten, runden, dunkelbraunen Ähren zusammen. Der Blütenstengel ist unter der Rispe beblättert, Blätter so lang oder etwas länger als die Rispe.

S. cyperinus (L.) Kunth

VII–VIII, so-hs

Östliche USA, Kanada. Die Pflanzen haben kurze, dicke Rhizome und sind horstbildend. Die Blätter sind grasartig, die Blütenstengel 80–200 cm hoch, rund, am Grund 6–13 mm dick, unter dem Blütenstand 3–4 mm dick. Der Blütenstand ist eine große, büschelige Rispe, die Rispenäste sind 5–11 cm lang und haben 200–500 braune Ährchen. Der Blütenstengel ist unter der Rispe beblättert, Blätter so lang wie die Rispe oder kürzer.

S. holoschoenus L.

(syn. *Holoschoenus vulgaris* Link)

Kopfsimse

VII–VIII, so-hs

Europa. Die 1 m hohen Pflanzen bilden dichte Horste aus zeimlich dünnen Halmen. Der Blütenstand ist scheinbar seitenständig und besteht aus meist 3 kugeligen Köpfen, von denen ein Kopf sitzend, die anderen beiden gestielt sind.

S. lacustris L. ssp. *lacustris*

See- oder Teichsimse

VII–VIII, so-hs

Europa, Afrika, Asien, Australien, Nord- und Mittelamerika. Die 1–3 m hohen Pflanzen haben harte, brüchige, gelbbraune, rotbraune oder tiefrote, kriechende Wurzelstöcke, stielrunde Halme mit einem Durchmesser bis zu 1,5 cm, die am Grunde nicht knotig verdickt sind. Sie sind dunkelgrün, bei der Sorte 'Albescens' gelblich-grün längsgestreift. Vor und während der Blütezeit sind meist 2–12 Blätter mit deutlichen Spreiten entwickelt. Die 1 cm langen Ährchen stehen kopfig an den Enden von etwa 5 cm langen Ästen und haben glatte Spelzen ohne erhabene Punkte.

Abb. 204 Scirpus lacustris 'Albescens'

S. lacustris L. ssp. *tabernaemontani* (C. C. Gmel.) Syme

Salz-Teichsimse

VII–VIII, so-hs

Europa, gemäßigtes Asien, Nordafrika. Diese Art wird 1–1,5 m hoch und hat grau- oder blaugrüne Halme, die dünner als bei der ssp. *lacustris*

Abb. 205 Scirpus tabernaemontani 'Zebrinus'

sind und gelbbraune, kriechende, weiche und zähe Wurzelstöcke. Zur Blütezeit ist nur 1 Blatt vorhanden, das bei gut entwickelten Pflanzen am Grunde knotig verdickt ist. Die Sorte 'Zebrinus', Zebrasimse, besitzt auffallend gelbgrün oder weiß-grün geringelte Halme, wobei an den Jungtrieben diese Querstreifen am intensivsten ausgeprägt sind. Die Färbung läßt im Laufe des Sommers mit zunehmendem Längenwachstum nach, so daß die Halme später mehr und mehr gelblichgrün werden. Die 0,5–1 cm langen Ährchen stehen büschelig gehäuft und besitzen, durch viele erhabene dunkle Punkte hervorgerufene, rauhe Spelzen.

S. mucronatus L.
Stachelspitzige Teichsimse
VII–X, so-hs

Von Südeuropa bis Japen, Südasien bis Australien. Die Pflanzen werden 40–100 cm hoch und haben 2–6 mm dicke, starr aufrechte, wenigstens im oberen Teil scharf 3kantige Stengel. Sie bilden dichte Horste, aber keine Ausläufer. Der Blütenstand ist dicht, kopfig, aus 3–10 sitzenden Ährchen bestehend. Die 3kantigen Hüllblätter sind mehrmals länger als die Spirre und plötzlich zugespitzt.

S. triqueter L.
Dreikant-Teichsimse
VI–VII, so-hs

West-, Mittel- und Südeuropa, Westasien, Nord- und Südafrika, Nordamerika. Die Pflanzen haben 2–5 mm dicke, oft sehr lang kriechende Wurzelstöcke, die dunkel oder lebhaft rot sind und weit voneinander entfernte Stengel treiben. Diese sind 50–100 cm hoch, 2–6 mm dick, graugrün, starr aufrecht, kräftig, wenigstens im oberen Teil scharf 3kantig. Der Blütenstand ist eine bis 4 cm breite Spirre aus 3–15 Ährchen, selten kopfig zusammengezogen. Das Hüllblatt ist bis 4 mal so lang wie die Spirre, 2–7 cm lang, steif, 3kantig, scharf gekielt, allmählich zugespitzt, den Stengel fortsetzend.

Verwendung/Ansprüche/Anzucht
Die Simsen eignen sich als Wasserpflanzen zur Verwendung an Teichufern und in Wasserbecken. Die ausläuferbildenden Arten wuchern stark und sind deshalb nur für große Teiche und Gewässerufer zu empfehlen. Die beiden Formen mit gelb-grün quergeringelten und gelb-grün längsgestreiften Halmen sind gartenwürdiger. Ihre Halme sind auffallend. Diese Farbwirkung kann vor einem dunklen Hintergrund noch gesteigert werden.

Alle Arten entwickeln sich in einem nährstoffreichen Boden zu kräftigen Pflanzen und erreichen eine erstaunliche Höhe. Die beiden Sorten reagieren auf einem solchen Boden ebenfalls mit kräftigem Wachsen, aber mit einer schlechten Ausfärbung ihrer Halme, die mehr oder weniger vergrünen. 'Zebrinus' und 'Albescens' sollten deshalb lieber in einen mageren Boden gepflanzt werden, wo sie zwar nicht so groß werden, dafür aber intensiv und langanhaltender gefärbt sind. Stickstoffhaltige Dünger fördern ebenfalls ein Vergrünen der Halme.

Die Arten, die grasartig wachsen, eignen sich gut, um Uferbepflanzungen zu gliedern. Sie wachsen am besten im Sumpf oder bis 10 cm Wassertiefe. Auch sind sie als Solitärpflanzen bestens geeignet. Vor allem hat *Scirpus cyperinus* ein markantes Erscheinungsbild.

Scirpus lacustris ssp. *lacustris* wird in Großpflanzungen an Fluß-, See- und Teichufern verwendet. Die Pflanzen tragen dort als Wellenbrecher zur Uferbefestigung bei. Sie sind Verlandungspionier und in der Lage, am weitesten in das offene Wasser vorzudringen, stellenweise bis 3 m Tiefe. Sie sind Bestandteil des Schilfröhrichts. Von allen Röhrichtpflanzen vertragen diese Simsen Austrocknung am schlechtesten, dagegen werden Schwankungen des Wasserspiegels sehr gut vertragen.

In Großpflanzungen wird diese Art auch in Kläranlagen verwendet, wo die Pflanzen durch ihre Wurzelausscheidungen Krankheitskeime schnell und wirksam abtöten und auch die giftigen Phenole in ungiftige Aufbaustoffe umwandeln.

Alle Simsen werden durch Rhizomteilung oder Aussaat vermehrt.

Selliera Cav.
Selliere
(Goodeniaceae)

Die Gattung wurde nach Francois-Noel Sellier (1737 bis ca. 1800) benannt. Er war ein französischer Stecher, der für Cavanilles Pflanzenbilder anfertigte. In Australien, Neuseeland und Chile kommen 2 Arten vor, ausdauernde, kahle, ziemlich fleischige, niederliegende Kräuter mit kriechendem Wurzelstock oder mit gestauchtem Stengel und kriechenden Ausläufern. Die ein-

zeln stehenden Blüten sind achselständig, sitzend oder gestielt.. Die Frucht ist mehr oder weniger fleischig und springt nicht auf.

S. radicans Cav.
Selliere
VII–IX, so-hs

Ostaustralien, Tasmanien, Neuseeland, Chile. Die Pflanzen wachsen mattenförmig, mit an den Knoten wurzelnden, 60–80 cm langen Stengeln. Die etwas fleischigen, spatelförmigen Blätter sind ganzrandig, 2–6 cm lang, 0,8–1,6 cm breit, stumpf, am Grund langsam in den den Stengel halbumfassenden Stiel übergehend und glänzend grün. Die weißen oder bläulichen Blüten sind etwa 1,2 cm lang, langgestielt, einzeln oder zu mehreren in den Blattachseln.

Verwendung/Ansprüche/Anzucht
Die Selliere ist eine Sumpfpflanze für den Liebhaber seltener Arten. Sie wächst am besten in einem moorig-lehmigen Boden. Die Pflanzen eignen sich gut als Bodendecker in einem kleinen Sumpfbeet. Leider sind sie nicht winterhart. Sie verlangt im Winter eine starke Abdeckung als Frostschutz. Sicherer ist es, einige Pflanzen im Kalthaus zu überwintern, um sie dann im nächsten Frühjahr wieder in das Freiland pflanzen zu können. Die Vermehrung erfolgt durch Teilung der langen, an den Knoten wurzelnden Triebe.

Sisyrinchium L.
Binsenlilie
(Iridaceae)

Sisyrinchon war bei den alten Griechen der Name für ein Zwiebelgewächs. Im tropischen und außertropischen Amerika kommen etwa 70, oft polymorphe Arten vor.

Es sind Pflanzen mit sehr kurzem Erdstamm und Büschelwurzeln, deren Fasern bisweilen fleischig verdickt sind. Die Stengel sind stielrund oder zweischneidig, die Blätter grundständig, linealisch-stielrund oder schwertförmig, schmal. Die mehr oder weniger langen Blüten stehen zu mehreren in endständigen oder seitenständigen Scheiden. Die breitglockige Blütenhülle ist bei fast fehlender Röhre ausgebreitet, sie haben verkehrteiförmige oder längliche Abschnitte. Für den Sumpfgarten ist folgende Art zu empfehlen.

S. littorale Bickn.
Strandbinsenlilie
V–VI, so-hs

Nordamerika. Die etwa 20 cm hohen Pflanzen haben schwertförmige Blätter, etwa 0,5 cm breit. Die endständigen Blüten sind violettblau mit einem orangegelbem Auge.

Verwendung/Ansprüche/Anzucht
Wie die meisten *Sisyrinchium*-Arten hat auch diese mehr Liebhaberwert, obwohl sie ausgesprochen winterhart ist. Es ist eine Art, die feucht oder im Sumpf wachsen möchte. Im normalen Gartenboden kann sie auch kultiviert werden. Die Blütezeit ist nur relativ kurz. Als Begleitpflanze eignet sich gut *Lysimachia nummularia*. Vermehrt wird durch Teilung oder Aussaat.

Solanum L.
Nachtschatten
(Solanaceae)

Solanum ist ein griechischer Pflanzenname mit ungewisser Bedeutung. Es kommen etwa 1500 Arten vor, die über die ganze Erde verbreitet

Abb. 206 Sisyrinchium littorale

sind, vor allem in den Tropen. Viele davon sind stark giftig, andere eßbar. Es sind niedrige Bäume, Sträucher, Halbsträucher, Schlinggewächse oder Kräuter mit ganzen, gelappten oder fiederteiligen Blättern. Die zum Teil großen Blüten sind weiß, gelb, blau oder violett. Der Blütenkelch ist 5- oder 10teilig, die radförmige oder breitglockige Krone hat eine kurze Röhre. Der gefaltete Kronsaum ist eckig, vier-, fünf- oder sechsspaltig. Es werden 5 Staubblätter ausgebildet, seltener 4 oder 6. Die Frucht ist eine fleischige Beere.

S. dulcamara L.
Bittersüß, Bittersüßer Nachtschatten
VI–IX, so-hs

Europa, Nordafrika, Westasien bis Indien, Japan und China. Die strauchigen Zweige werden bis 3 m lang oder klettern bis in diese Höhe. Die Pflanzen haben stielrunde, weißgraue, glatte Stengel, die rechts- und linkswindend oder übergeneigt sind. Ihre Blätter sind herzförmigeirund oder länglicheirund, die unteren einfach und ganzrandig, selten gelappt, die oberen häufig dreilappig und dann manchmal geöhrt oder spießförmig, mit waagerechten oder abwärtsgerichteten Lappen oder ganz ungeteilt, beiderseits kahl, selten weichhaarig. Die Blüten stehen in endständigen oder den Blättern gegenüberstehenden, wenig- oder vielblütigen Trugdolden. Sie sind hellviolett mit 10 grünlichweißen Flecken am Kronschlund und 5 zugespitzten, ausgebreiteten, später zurückgeschlagenen Kronabschnitten, der Kelch ist fünfzähnig. Die goldgelben Staubbeutel sind zu einer Röhre verwachsen. Die scharlachroten, eiförmigen Beeren sind hängend angeordnet.

Verwendung/Ansprüche/Anzucht
Der Bittersüß ist eine Pflanze für den Sumpfgarten. In der Natur kommt er an Bachufern, Gräben und im feuchten Gebüsch vor. An den Standort stellt er wenig Ansprüche, wenn er nur feucht genug ist. Die leuchtendvioletten Blüten und später dann die lackroten Beeren sind auffallend. Man läßt die Pflanzen entweder auf dem Boden kriechen oder in höhere Pflanzen der Uferzone hineinranken. Alle Pflanzenteile sind giftig. Vermehrt wird durch Ableger oder Aussaat, wobei diese auch an Ort und Stelle im Freiland erfolgen kann. Die Keimung setzt innerhalb von 3–4 Wochen ein.

Sparganium L.
Igelkolben
(Sparganiaceae)

Sparganium ist ein griechischer Pflanzenname, der wahrscheinlich von *sparganon* = Band abgeleitet wurde und sich auf die bandförmigen Blätter bezieht. Zur Gattung gehören etwa 20 Arten, ausdauernde Sumpf- oder Wasserpflanzen mit unterirdischen Rhizomen. Die Blätter stehen aufrecht oder sind im Wasser flutend. Die flutenden Blätter sind grasartig verschmälert, die etwas breiteren Überwasserblätter linealisch. Alle Laubblätter sind derb und unterseits gekielt. Die unscheinbaren Blüten sind zu auffälligen, kugeligen Teilblütenständen vereinigt, die, traubig oder rispig angeordnet, zwischen den Blättern stehen. Die unteren Teilblütenstände bestehen ausschließlich aus weiblichen Blüten, die sich aus 3 keilförmigen Kronblättern und einem Fruchtknoten zusammensetzen, die oberen aus männlichen, die 3 kleine Kronblätter und 3 Staubgefäße aufweisen. Die sich aus den weiblichen Blütenständen entwickelnden kugeligen Früchte ähneln in ihrem Aussehen auffallend einem zusammengerollten Igel, was dieser Pflanze dann auch zu ihrem deutschen Namen 'Igelkolben' verholfen hat.

S. emersum Rehm.
(syn. *S. simplex* Huds.)
Einfacher Igelkolben
VII–VIII, so-hs

Europa, West- und Mittelasien, Nordamerika. Die 20–60 cm hohen Pflanzen bilden im tieferen Wasser nur flutende Blätter aus. Hier kann der Blütenstengel bis über 1 m lang werden. Die deutlich gekielten Blätter sind am Grunde 3kantig. Flutende Blätter haben im oberen Teil auf dem Rücken vorspringende Mittelnerven, stengelständige Blätter sind am Grunde mehr oder weniger scheidenartig verbreitert. Die unverzweigten Stengel tragen traubenförmige Blütenstände, deren Teilblütenstände alle mit der Hauptachse nahe verbunden sind. Im unteren Teil der Blütenstände stehen 2–5 weibliche Köpfe mit laubblattartigen Tragblättern, im oberen Teil befinden sich bis 8 männliche Blüten, deren Tragblätter schuppenartig ausgebildet sind.

S. erectum L. emend. Rchb.
(syn. *S. ramosum* Huds.)
Ästiger Igelkolben
VII–VIII, so-hs

Europa, Vorder- und Mittelasien. Die Pflanzen ähneln im Habitus *S. emersum*, entwickeln sich aber in allen Teilen kräftiger. Sie werden bis 1 m hoch, zuweilen auch noch höher und besitzen etwa 1,5 cm breite Blätter. Die verzweigten Stengel tragen rispig angeordnete Blütenstände. An den Seitenästen befinden sich unten die weiblichen und oben die männlichen Teilblütenstände. An jedem Seitenast stehen 2–4 weibliche und zahlreiche männliche Köpfe. Die Tragblätter der Rispenzweige sind laubartig.

S. minimum Wallroth
Kleiner Igelkolben
VI–VIII, so-hs

Europa von 70° nB südwärts, in Asien vom Polarkreis südwärts, in Nordamerika von Alaska südwärts. Eine meist auf der Wasseroberfläche schwimmende oder untergetaucht flutende Wasserpflanze, selten aufrecht über dem Wasser. Die Pflanze ist 5–50 cm lang bzw. hoch. Die grundständigen Tauchblätter sind 15–45 cm lang, 3–5 mm breit, zart, dünn, meist durchscheinend, beiderseits flach, ohne Kiel, mit stumpfer Spitze, gelblichgrün. Die oberen Stengelblätter sind am Grunde oft scheidig erweitert. Der unverzweigte Blütenstand ist 1,5–8 cm lang, nur mit dem obersten Achsenteil wenige Zentimeter über der Wasseroberfläche stehend, mit 1–2 weiblichen Köpfchen. Die Stiele der weiblichen Köpfchen sind nicht mit der Hauptachse verwachsen, stehen immer in den Achseln der Tragblätter. Es wird 1 männliches Köpfchen, etwa 1 cm groß, ausgebildet.

Verwendung/Ansprüche/Anzucht
Die Igelkolben sind zur Blüte- und Fruchtzeit dekorative Pflanzen für den Wassergarten. Sie passen sich jedem Wasserstand bis1 m Tiefe an. Stehen die Pflanzen sumpfig oder im flachen Wasser, erheben sie ihre Blätter über die Wasseroberfläche, bei tieferem Stand werden flutende Blätter ausgebildet. Für einen kleineren Wassergarten sind nur *Sparganium emersum* und *S. minimum* zu empfehlen. *Sparganium erectum* wächst stark und wuchert außerdem durch Ausläufer. Diese Art sollte nur in größeren Teichen oder Anlagen angepflanzt werden.

Wer nicht viel Platz hat, aber nicht auf diese Art verzichten möchte, sollte das Umherwuchern der Pflanzen durch Einsetzen in ein Gefäß verhindern. Der Ästige Igelkolben verlangt auch nährstoffreichen Boden, wobei die beiden anderen Arten mit nährstoffärmerem Boden auskommen. Die Vermehrung erfolgt durch Abtrennen der Ausläuferpflanzen oder durch Aussaat.

Stenanthium Kunth
Federlilie
(Liliaceae)

Im Namen stecken die griechischen Wörter *stenos* = schmal und *anthos* = Blüte und beziehen sich auf die kleinen Blüten, die in Trauben mit sehr schmalen Seitenrispen erscheinen. Die Gattung umfaßt 5 Arten, von denen 3 in Nordamerika, 1 in Mexiko und 1 auf Sachalin vorkommen. Es sind Stauden mit knolligem oder fleischigem Wurzelstock und grasartigen Blättern. Die Pflanzen blühen auf hohen, festen Stengeln in vielblütigen Trauben oder aus Trauben bestehenden Rispen.

S. robustum S. Wats.
Kräftige Federlilie
VIII–IX, hs

Nordosten der USA, Pennsylvania und Ohio bis South Carolina, Tennessee und Missouri. Die Pflanzen wachsen dort auf feuchten Standorten. Sie haben grasartige, bis 30 cm lange und 5 cm breite Blätter, die steif und nur in der oberen Hälfte leicht gebogen sind. Der Blütenstengel ist 1,2–1,5 m hoch, gerade und trägt als Blütenstand eine reichverzweigte Traube mit Seitentrauben, die abstehen oder leicht nicken. Die Krone ist 6spaltig, sternförmig und weiß. Die Blüten duften angenehm.

Verwendung/Ansprüche/Anzucht
Die Federlilie eignet sich für die feuchte Uferzone eines naturhaft gestalteten Wassergartens. Sie ist für den Liebhaber seltener Uferpflanzen, da sie nicht leicht zu kultivieren ist. Sie stellt hohe Ansprüche an den Standort. Der Boden muß tiefgründig, kalkfrei, frisch bis leicht anmoorig sein und der Standort im Halbschatten liegen. Die Pflanzen brauchen lange, bis sie ansehnlich werden, wirken aber nach einigen Jahren sehr imposant. Man sollte sie deshalb möglichst lange ungestört wachsen lassen. Die Blü-

tenstengel sind auch haltbare Schnittblumen, die bis 10 Tage in der Vase halten. Die Anzucht ist langwierig. Sie erfolgt durch Teilung kräftiger Pflanzen oder Aussaat. Da der Zuwachs gering ist, dauert es lange, bis die Pflanzen geteilt werden können. Der Samen liegt meist ein Jahr über und ergibt erst nach 4 Jahren blühfähige Pflanzen.

Stratiotes L.
Wasseraloe, Krebsschere
(Hydrocharitaceae)

Stratiotes kommt aus dem Griechischen und heißt Soldat, die schwertförmigen Blätter sollen an Soldaten erinnern. Die Gattung umfaßt nur eine Art.

S. aloides L.
Wasseraloe, Krebsschere
V–VI, so-hs

Europa, Kaukasus, Westsibirien. Die Art ist zweihäusig, ausdauernd und bildet 15–45 cm hohe, freischwimmende Pflanzen, die mit den Blattspitzen aus dem Wasser herausragen oder auch oft ganz untergetaucht sind. Die Blätter bilden eine dichte trichterförmige Rosette, sind steif, schwertförmig und am Rand stachelig gezähnt. Jede Blüte entspringt einer zweiblättrigen Scheide. Bei den männlichen Pflanzen befinden sich 2 bis mehrere Blüten an einem verlängerten Stiel, bei den weiblichen Pflanzen stehen die Blüten einzeln, seltener zu zweit, und sind kurz gestielt. Alle männlichen Blüten haben 3 Kelchblätter und 3 rundliche, ziemlich große, weiße Blütenblätter sowie 12 Staubblätter. Die weiblichen Blüten bestehen ebenfalls aus je 3 Kelch- und Blütenblättern sowie aus einem länglichen, fast sitzenden Fruchtknoten mit 6 zweispaltigen Griffeln. Staubblätter und Fruchtknoten sind von 10–30 pfriemförmigen, hellgelben Fäden umgeben. Die Blütenstände heben sich über den Wasserspiegel empor, wo sie durch Insekten bestäubt werden.

Abb. 207 Stratiotes aloides

Verwendung/Ansprüche/Anzucht
Die Krebsschere bildet am natürlichen Standort große Kolonien, sie ist eine typische Verlandungspflanze und steht bei uns unter Naturschutz. Im flachen Wasser hält sie sich mit ihren Wurzeln im Boden fest und hebt ihre Blätter immer über die Wasseroberfläche. In tieferem Wasser verankern sich die Pflanzen nicht, wachsen untergetaucht und kommen erst vor der Blütezeit mit den Spitzen der Blätter aus dem Wasser. Sie können sich also verschiedenen Standortbedingungen anpassen. Die Krebsschere liebt saures Wasser, bei zu hohem Kalkgehalt entwickeln sich die Pflanzen nur kümmerlich oder gehen ein. Wenn man im Frühjahr eine kleine Pflanze kauft, die vielleicht 5 cm im Durchmesser hat, lebt sie manchmal 2 oder 3 Jahre völlig untergetaucht, bis sie sich zu einer blühfähigen Pflanze entwickelt hat und an die Oberfläche kommt. Vermehrt wird durch Brutknospen, die sich an Ausläufern bilden und sich von den Pflanzen lösen oder durch Abtrennen der Ausläuferpflanzen.

Styrax L.
Storaxbaum
(Styracaceae)

Der Name kommt aus dem Griechischen und wurde für *S. officinalis* verwendet. In den wärmeren Gebieten Amerikas, Asiens und Südwesteuropas kommen etwa 100 Arten vor. Es sind immergrüne oder laubabwerfende Bäume oder Sträucher, die bei uns kultivierten Arten sind sommergrün. Die Zweige sind sternhaarig, die Blätter wechselständig, kurzgestielt, ganzrandig oder gesägt und ebenfalls meist sternhaarig. Die weißen Blüten stehen in endständigen Trauben oder Büscheln an kurzen Seitenzweigen, selten achselständig oder einzeln. Die Krone ist tief 5- oder vereinzelt 8lappig, der Kelch glockig und leicht 5lappig bis ganzrandig. Der Fruchtknoten ist fast oberständig, die Frucht eine kugelige Steinfrucht.

S. americana Lam.
V–VI, so-hs

Nordosten der USA, Virginia bis Florida und Louisiana, nördlich in der Mississippi-Ebene bis Südindiana. Die bis 3 m hohen Sträucher wachsen dort in Sümpfen und nassen Wäldern. Die Zweige sind rotbraun und kahl, die Blätter elliptisch bis eiförmiglänglich, 4–7 cm lang, spitz, ganzrandig bis fein gezähnt, frischgrün und etwas sternhaarig. Die nickenden Blüten sind reinweiß, duftend und hängen zu 1–4 an kurzen, sternfilzigen Stielen. Der Kelch hat dreieckige Zähne, die Früchte sind verkehrteiförmig.

Verwendung/Ansprüche/Anzucht
Der Storaxbaum ist eines der wenigen Gehölze, die auch in einem kleineren Sumpfgarten verwendet werden können. Zur Blütezeit ist er ein prachtvoller Solitärstrauch, der aber in der Jugend empfindlich und nicht immer leicht zu kultivieren ist. Er verlangt einen geschützten Standort und nährstoffreichen, lehmigen, kalkfreien Boden. Die Vermehrung erfolgt durch Ableger oder Aussaat.

Succisa Haller
Teufelsabbiß
(Dipsacaceae)

Succisus ist ein lateinisches Wort und heißt unten abgeschnitten. Die Pflanzen haben eine gewisse Ähnlichkeit mit *Scabiosa*. Es kommt nur eine Art vor.

S. pratensis Moench
Teufelsabbiß
VII–IX, so-hs

Europa bis Westsibirien, Nordafrika. Es sind 30–80 cm hohe Stauden mit einem schwärzlichen Wurzelstock, der unten wie abgebissen aussieht (daher der deutsche Name), und lange Wurzelfasern hat. Die Stengel sind unten kahl, nach oben angedrückt behaart und haben nur wenige Blattpaare. Die rosettig angeordneten unteren Blätter sind eirundlänglich bis spatelförmig, in den Stiel verschmälert, ungeteilt, ganzrandig. Alle Blätter, auch an den Stengeln, sind rauhhaarig. Die blauvioletten, selten weißen Blüten stehen in kugeligen, einzelnen, langgestielten Köpfen. Sie haben eine 4spaltige Krone und einen Kelch mit 5 kurzborstigen Strahlen.

Verwendung/Ansprüche/Anzucht
Der Teufelsabbiß ist eine einheimische Wiesenpflanze und wächst in moorigen Humusböden auf feuchten bis sumpfigen Standorten. Er eignet sich deshalb gut für die Ufergestaltung. Wegen der späten und langen Blütezeit und wegen der bei Sumpfpflanzen seltenen blauen Blütenfarbe sind die Pflanzen wertvoll. Ihr Erscheinungsbild wirkt durch die langen Blütenstengel elegant. Man kann sie solitär oder in größeren Gruppen pflanzen. Die Vermehrung erfolgt durch Aussaat.

Swertia L.
Tarant
(Gentianaceae)

Die Gattung wurde nach dem holländischen Samenhändler Emanuel Sweerts (1552–1612) benannt, dem Herausgeber eines Florilegiums. Die Gattung umfaßt 90 Arten, vorwiegend in gebirgigen Gebieten beheimatet. Sie sind einjährige oder ausdauernde, mehr oder weniger stark verzweigte Kräuter mooriger oder sumpfiger Standorte mit meist verschiedengestalteten

Abb. 208 Succisa pratensis

Grund- und Stengelblättern. Ihre Blüten stehen in einer traubigen Trugdolde.

S. perennis L.

Moortarant

VII–IX, so-hs

Südost- und Mitteleuropa, Mittelasien, Nordamerika. Wie der Artname schon andeutet, ist diese ausdauernd. Die Pflanzen werden 30–50 cm hoch und haben aufrechte, kantige, oft violett überlaufene Stengel, an denen eiförmige, gestielte Grundblätter und stengelständige, breitlanzettliche, gegenständige Blätter sitzen. Die radförmigen Blüten sind, ebenso wie der Kelch, fast bis zum Grunde fünfteilig, dunkel punktiert und haben eine stahlblaue bis schmutzigviolette Farbe.

Verwendung/Ansprüche/Anzucht

Der Moortarant, der in Mitteleuropa auf kalkhaltigen Flach- und Quellmooren vorkommt und bei uns unter Naturschutz steht, stellt für seine Verwendung im Sumpfgarten ähnliche Ansprüche. In einer größeren Gruppe angepflanzt, ergeben die Pflanzen zur Blütezeit ein ansehnliches Bild, vor allem wegen ihrer blauen Blüten. Gelegentlich werden auch Arten mit andersfarbigen, z. B. weißen Blüten, verwendet, so z. B. die einjährige, aus dem Himalaya stammende *Swertia chirata* Buch.-Ham. ex Wall. Von dieser Art wird das Chirettakraut gewonnen, ein sehr bitter schmeckendes Arzneimittel, das in Indien als Kräftigungs-, Wurm- und Fiebermittel benutzt wird. Die Vermehrung der Arten erfolgt vorwiegend durch Aussaat, aber auch Teilung ist möglich.

Abb. 209 Swertia perennis

Symplocarpus Salisb. ex Nutt.

Stinkkohl

(Araceae)

Im Namen stecken die griechischen Worte *symplokos* = zusammengeflochten und *karpos* = Frucht, was sich auf den kugeligen Kolben bezieht. Die Gattung besteht nur aus einer Art.

S. foetidus (L.) Nutt.

Stinkkohl

III–IV, so-hs

Gemäßigtes Ostasien, atlantisches Nordamerika. Die ausdauernden Pflanzen bilden dicke Rhizome. An jedem ihrer Triebe werden 0,30–1 m lange und bis 30 cm breite, ovalherzförmige, dicke Blätter entwickelt. Die Pflanzen, die nicht blühen, bilden nur diese Laubblätter aus. Bei Erreichen der Blühfähigkeit erscheinen im zeitigen Frühjahr die Blütenstände zusammen mit einigen kleinen Niederblättern lange vor den eigentlichen Laubblättern. Der kurzgestielte Blütenstand besteht aus einem kugeligen Kolben, der von einem auffallenden, bauchigen oder muschelförmigen, zugespitzten, schmutzigvio-

Abb. 210 Symplocarpus foetidus

letten bis kastanienbraunen Hochblatt (Spatha) umgeben ist. Die Blüten verbreiten einen unangenehmen Geruch, daher der deutsche Name Stinkkohl.

Verwendung/Ansprüche/Anzucht
Der Stinkkohl ist eine auffallende, aber eigenartige Staude für den Sammler seltener Sumpfpflanzen. Wie an seinem heimatlichen Standort gehört er in den Sumpf, auf sauren Boden. Der Boden muß sehr tiefgründig sein, mindestens 30 cm. Wo ihm der Standort nicht zusagt, kümmert er. In Nordamerika wurde der Stinkkohl von einigen Indianerstämmen als Nutzpflanze verwendet. Die pulverisierten Rhizome und Wurzeln dienten als Heilmittel gegen verschiedene Krankheiten. Aus den Wurzeln wurde ein pfefferiges Brot hergestellt, und die jungen Blätter wurden als Gemüse gegessen. Die Vermehrung ist durch Rhizomteilung möglich. Man muß aber sehr tief graben, um diese unverletzt ausbuddeln zu können. Eine Aussaat gleich nach der Reife ist auch möglich, doch dauert es einige Jahre, bis blühfähige Pflanzen herangewachsen sind.

Thalia L.
Thalie
(Marantaceae)

Die Gattung wurde nach dem deutschen Arzt und Botaniker Johann Thal (1542–1583) benannt, der durch sein 1588 in Frankfurt/Main veröffentlichtes Verzeichnis der Pflanzen des herzynischen Waldes (lat. *sylva hercynia* = der Harz) Bedeutung erlangt hat. Die Gattung umfaßt 7 Arten, bis 2 m hohe, ausläufertreibende Sumpfstauden mit wenigen, grundständigen, langgestielten, länglicheiförmigen, nach oben zugespitzten und oft zusammengerollten Blättern. Unterseits haben die Blätter oft eine mehlartige weiße Wachsschicht. Der Blütenstand bildet eine lockere Traube aus violetten bis purpurroten Blüten und steht weit über den Blättern. Die Samen sind kugelig und ellipsoidisch, erbsengroß, braunschwarz und sehr hartschalig.

T. dealbata Fras.
VII–VIII, so

Südliche USA, in Sümpfen von Süd-Carolina bis Florida, Texas und Missouri. Die bis 2 m hohen Pflanzen tragen auf langen Stielen bis 50 cm

Abb. 211 Thalia dealbata

lange und 25 cm breite, an der Basis abgerundete, lederartig glatte, dunkelgrüne Blätter, die in der Jugend eingerollt sind. Stengel und Blätter sind dicht grauweiß mehlig bereift, worauf auch der Artname hindeutet (*dealbatus* = weiß bestäubt). Der bis 20 cm lange Blütenstand steht auf einem bis 2,5 m langen Schaft und wird aus einer Traube paarweise angeordneter Blüten gebildet. Die Samen sind ellipsoidisch und kastanienbraun. Es ist auch eine Form mit mehr dreieckigen Blättern im Handel.

T. geniculata L.
VII–VIII, so

Südliche USA, Mittelbrasilien, Argentinien. Die Pflanzen sind im Habitus ähnlich der vorigen Art. Ihre Blätter sind nicht mehlartig bestäubt. Die grundständigen Blätter sind langgestielt, eiförmig länglichlanzettlich, spitz, an der Basis rund, glatt, oben an der Basis etwas weichhaarig, 60 cm lang und 20 cm breit. Die Blütenrispe entwickelt sich unter einem Blatt. Die Internodien der Trauben sind bis zu 1 cm verlängert und knieförmig gebogen. Die Blüten sind violett. Die Art wird selten angeboten, meist nur die Form *ruminoides* mit auffallend dunkelrot gefärbten Stengeln.

Umgangssprachlich wird diese Art in den USA auch als „Alligatorflagge" bezeichnet. Wenn die Tiere durch die Sümpfe schwimmen, zeigen die wedelnden Blätter ein Herannahen an.

Verwendung/Ansprüche/Anzucht
Beide Arten sind sehr stattliche Pflanzen, die ab Ende Mai bis zum Herbst im Freiland stehen können. Dort sagen ihnen ein geschützter Standort, nährstoffreicher Boden und ein Wasserstand bis etwa 10 cm zu. Die in der Artenbeschreibung angegebenen Größen erreichen die

Pflanzen allerdings nur im Gewächshaus oder in einem beheizten Freilandbecken. Unter normalen Bedingungen im Freien werden sie nur etwa 1 m hoch, in warmen Sommern vielleicht auch höher. Sie bleiben dann im Wuchs gedrungener, die Blätter sind fester und oft mehr rundlich. Vor dem Eintreten der ersten Fröste im Herbst sind die Pflanzen mit ihren Wurzelballen aus der Erde herauszunehmen und bei 10–15 °C hell zu überwintern, wobei ein vorübergehendes geringfügiges Absinken der Temperaturen nicht schadet. Sie sollten aber auch an ihrem Winterstandort in seichtem Wasser stehen, bzw. die Kübel in einer flachen Schale mit Wasser.

Von beiden Arten ist *Thalia dealbata* die robusteste. Die andere Art ist wärmebedürftiger.

Die Vermehrung kann durch Rhizomteilung oder Aussaat erfolgen. Da die Samenschalen sehr hart sind, sollten diese vor der Aussaat angefeilt werden, um die Keimung zu beschleunigen. In grobem Sand bei einer Wassertemperatur von 25–30 °C ausgelegt, keimen sie nach 5–6 Tagen. Nach dem Auflaufen ist gleich zu pikieren.

Abb. 212 Thalia geniculata forma ruminoides

Thelypteris Schmidel
Sumpffarn
(Thelypteridaceae)

Thelypteris ist der Name eines Farns bei Theophrastus. Im Namen stecken die griechischen Worte *thelys* = weiblich und *pteris* = Farn. Die Gattung umfaßt etwa 500 Arten, ausdauernde Farne mit kurz- oder langkriechenden oder aufsteigenden Rhizomen. Die doppelfiederigen, meist nach beiden Enden verschmälerten Blätter bilden keine Trichter, sondern entspringen dem Rhizom in Abständen nacheinander. Die Blattflächen sind 3- bis 4mal so lang wie breit. Rhizome und Blätter sind nur spärlich mit behaarten Spreuschuppen besetzt, wobei die Blätter nur anfangs behaart sind und später verkahlen. Die Sporangienhäufchen sind ziemlich klein und rückenständig auf den Adern. Oft werden sie auch von eingerollten Blatträndern bedeckt.

T. noveboracensis (L.) Nieuwl.
Amerikanischer Sumpffarn
so-sch

Nordamerika. Die bis 60 cm langen, 10–15 cm breiten Blätter haben einen kurzen, bräunlichen Stiel. Ihre Blattflächen sind am Grunde verschmälert und oben lang zugespitzt, die ungestielten Fiedern stehen waagerecht von der Hauptrippe ab. Die Fruchtwedel sind an den Rändern eingerollt und werden nach den Blattwedeln bebildet.

T. palustris Schott
(syn. *T. thelypteroides* (Michx. f.) Holub)
Sumpffarn
so-sch

Gemäßigte Zonen aller Erdteile. Im Habitus ist diese Art ähnlich *T. noveboracensis*, wobei ihre Rhizome nicht so weit kriechen. Die Blätter sind einschließlich eines bis 30 cm langen Stiels 30–80 cm lang und etwa 10 cm breit, hellgrün und an der Basis nicht verschmälert.

Verwendung/Ansprüche/Anzucht
Beide Arten kommen an ihren natürlichen Standorten auf Torfwiesen, in Bruchwäldern, Wald- und Schilfsümpfen vor. Die Standorte sind dort mehr oder weniger nährstoffarm, aber humos. Erhalten die Farne im Wassergarten ähnliche Bedingungen, gedeihen sie auch hier gut, selbst noch bei einer Wassertiefe von 20 cm, und brei-

ten sich rasch aus. Da in kleinen Wasserbecken dieses Wuchern unter Umständen lästig werden kann, wird besser in Unterwasserkübel gepflanzt. Die Farne vertragen sowohl vollsonnige Lage, wenn sie im Wasser stehen, als auch schattige und sind deshalb im Wassergarten überall einsetzbar. Gut wirken sie in Verbindung mit Primeln und Gehölzen feuchter Standorte. Ihre zarten Laubfiedern können auch als Kontrast zu grob- und großblättrigen Pflanzen (z. B. *Calla* und *Darmera*) gesetzt werden. Ihre Eignung für den schattigen Bereich ist besonders hervorzuheben. So kann der Sumpffarn auf grundwassernahen Standorten in Parkanlagen unter Bäumen auch großflächig zur Bodenbegrünung verwendet werden. Da die Vermehrung durch Rhizombildung ergiebig ist, wird die Anzucht aus Sporen nur selten angewendet.

Trapa L.
Wassernuß
(Trapaceae)

Der Gattungsname ist vom lateinischen Wort *calcitrapa* = Fußangel abgeleitet und bezieht sich auf die im Bodengrund überwinternden Steinfrüchte der Pflanzen, die aufwärts gerichtete Kelchdornen haben. Die Gattung umfaßt 3 Arten. Diese einjährigen Pflanzen schwimmen mit ihren kleinen rautenförmigen, grob gezähnten und rosettenförmig angeordneten Blättern auf stehenden Gewässern. Die Blattstiele sind lang und blasenartig aufgetrieben, sie halten die Blätter auf der Wasseroberfläche. Ihre aus 4 Blütenblättern bestehenden weißen Blüten sitzen einzeln an zottig behaarten Blütenstielen in den Achseln der Schwimmblätter. Die Steinfrüchte haben 2 oder 4 schräg aufwärts gerichtete Kelchdornen.

Abb. 213 Trapa natans

T. natans L.
Wassernuß
VI–VIII, so

Süd- und Mitteleuropa, Süd- und Mittelasien. Die Blüten werden bis 8 mm lang, Die schwarzbraunen Steinfrüchte haben 4 Kelchdornen, im Unterschied zu der bei uns kaum verwendeten Arten *T. bicornis* L. aus China und der in Indien vorkommenden *T. bispinosa* Roxb., die beide an ihren Früchten jeweils nur 2 Kelchdornen ausbilden.

Verwendung/Ansprüche/Anzucht
Die Wassernuß ist eine recht interessante Schwimmpflanze, weniger durch ihre unscheinbaren Blüten als vielmahr durch ihren Habitus, ihre rötliche Herbstfärbung und die Art ihrer Verwendung. Sie gedeiht am besten in klaren und nährstoffarmen Gewässern, wo der Wasserstand nicht viel höher als 50 cm sein sollte, damit sich die langen, fadenförmigen Stengel im Bodengrund verankern können. In der Natur kommt sie allerdings auch noch bei 1,5 m Tiefe vor. Vermehrt wird durch Aussaat. Die Steinfrüchte werden im Herbst oder zeitigen Frühjahr an Ort und Stelle in den Bodengrund gedrückt. Gleichfalls kann man einen Container mit Erde füllen und die Nuß dahinein drücken. Beim Kauf im Frühjahr sollte man darauf achten, daß die Nuß eine weißliche Triebspitze aufweist und damit beweist, daß sie nicht „tot" ist. Es ist immer damit zu rechnen, daß ein gewisser Prozentsatz nicht keimfähige Nüsse sind.

Die Nüsse entwickeln einen fadenförmigen Stengel, der seitlich mit vierzeilig angeordneten, fiederartig verzweigten Wurzeln besetzt ist. Wenn dieser Stengel die Wasseroberfläche erreicht hat, werden dort erst die Blätter ausgebildet. Sollte eine Aussaat im Herbst nicht möglich sein, sind die Steinfrüchte im Wasser aufzubewahren und kühl zu stellen. Sie bleiben etwa 2 Jahre keimfähig. Unter zusagenden Bedingungen sät sich die Wassernuß jedes Jahr von allein aus, ihre Früchte sinken auf den Boden und überwintern dort im Schlamm.

Die Samen der Wassernuß sind auch eßbar, sie werden in einigen Ländern roh oder geröstet gegessen. In Gegenden mit reichlichem Vorkommen wurden sie früher den Schweinen verfüttert. Die Pflanze steht heute bei uns unter Naturschutz.

Trollius L.
Trollblume
(Ranunculaceae)

Der Name *Trollius* ist aus dem althochdeutschen Wort *trol* = Kugel abgeleitet und latinisiert. Die Gattung umfaßt 29 Arten, alles ausdauernde Kräuter, die auf der nördlichen Halbkugel vorkommen. Die Pflanzen haben grund- und stengelständige, handförmiggeteilte Blätter. Ihre Blüten sind aus 5 bis vielen Hüllblättern zusammengesetzt, gelb oder gelbrosa, seltener weiß, schalen- oder ballförmig, stehen endständig an aufrechten, meist unverzweigten Stengeln.

T. chinensis Bunge
VII–VIII, so-hs

Nordostchina. Die 70–90 cm hohen Pflanzen haben tiefgeteilte Blätter und schalenförmige, orangegelbe Blüten. Diese haben 10–12 Blütenhüllblätter und 20 dunkelorangefarbene Honigblätter, die doppelt so lang wie die Staubblätter sind.

Es ist die spätestblühende Art.

T. europaeus L.
Trollblume
V–VI, so-hs

Europa, Kaukasus, arktisches Nordamerika. Die 10–60 cm hohen Pflanzen haben oberseits dunkelgrüne, unterseits hellere Blätter. Die grundständigen Blätter sind langgestielt, die stengelständigen sitzend. Die kugelförmigen, goldgelben, bis 3 cm großen Blüten bestehen aus 5–15 ganzrandigen Hüllblättern. Die Sorte 'Superbus' blüht hellgelb und wird 70 cm hoch.

Abb. 214 Trollius europaeus 'Superbus'

Abb. 215 Trollius 'Alabaster'

Durch Züchtung und Kreuzung mit anderen Arten sind Trollius-Hybriden entstanden. Einige sind:

- 'Alabaster' – cremeweiß, 60 cm hoch,
- 'Ealiest of All' – goldgelb, 50 cm hoch, frühblühend,
- 'Etna' – dunkelorange, 60 cm hoch,
- 'Goldquelle' – goldgelb, 70 cm hoch,
- 'Goliath' – orangegelb, 60 cm hoch,
- 'Lemon Queen' – hellzitronengelb, 70 cm hoch, kompakt wachsend,
- 'Meteor' – dunkelorangegelb, 80 cm hoch,
- 'Orange Globe' – hellorange, 80 cm hoch,
- 'Orange Princess' – orangegelb, 50 cm hoch, großblumig.

T. laxus Salisb.
Amerikanische Trollblume
IV–V, so-hs

Nordamerika. Diese Art wird nur 10–15 cm hoch und hat schalenförmige, blaß- bis grünlichgelbe, oft fast weiße Blüten, die 5–7 Hüllblätter haben.

T. pumilus D. Don
Zwergtrollblume
VI–VII, so-hs

Himalaya. Die Pflanzen werden 20–25 cm hoch und haben kleine, auffallend gekrauste, kurzgestielte Blätter. Die goldgelben, schalenförmigen Blüten sind langgestielt, sie stehen auf steifen, unbeblätterten Stielen.

Verwendung/Ansprüche/Anzucht
Die Trollblumenarten kommen an heimatlichen Standorten auf feuchten Wiesen vor, *T. laxus* sogar in Sümpfen. Die Arten, Sorten und Hybriden sind dankbare Frühjahrs- und Frühsommer-

blüher, die während des Wachstums viel Feuchtigkeit verlangen und sich deshalb für den Sumpfgarten und die Bepflanzung der bodenfeuchten Randzone eignen. Sie kommen aber noch in jedem normalen Gartenboden fort, wenn dieser nicht gar zu trocken und sandig ist. Je feuchter die Pflanzen stehen, um so sonniger kann auch der Standort sein. Sie brauchen einen nahrhaften Boden. Ihre Blüten eignen sich gut zum Schnitt. *Trollius europaeus* ist in allen Teilen giftig. Diese Art steht in Deutschland unter Naturschutz. Vermehrt wird durch Aussaat und Teilung. Die Hybriden und Sorten sind echt nur durch Teilung zu vermehren, Aussaaten würden in der Blütenfarbe variieren.

Typha L.
Rohrkolben
(Typhaceae)

Der Name ist vom griechischen Wort *typhos* = Rauch abgeleitet und bezieht sich auf die braune, rauchähnliche Farbe der Fruchtkolben. *Typhe* war auch ein griechischer Pflanzenname bei Theophrastus. Die Gattung umfaßt 15 Arten, ausdauernde Sumpfpflanzen mit dicken, kriechenden Rhizomen und aufrechten, linealen, auf dem Rücken oft abgerundeten Blättern, die einen scheidigen Grund haben. Die Blüten bilden lange, endständige, kolbenförmige Blütenstände, wobei die männlichen Kolben über den weiblichen stehen. Die männlichen Blüten bestehen aus 3 Staubgefäßen auf einem kurzen Stielchen mit einem Kranz abstehender Haare am Grunde, die weiblichen aus einem ebenso gestielten Fruchtknoten mit langem Griffel. Nach der Reife platzen die Kolben auf und geben ihre wolligen Samen frei.

Abb. 216 Trollius pumilus

T. angustifolia L.
Schmalblättriger Rohrkolben
VII–VIII, so

Europa, Westasien, Nordafrika, Nordamerika, Australien. Die 1,5–2 m hohen Pflanzen haben grasgrüne, etwa 60 cm lange und 1 cm breite Blätter, die länger als der Blütenstand sind. Die weiblichen Kolben sind 1,5 cm dick, 10–20 cm lang und kastanienbraun. Die männlichen Kolben stehen 2–5 cm über den weiblichen, werden 10–20 cm lang und zerfallen nach der Blüte.

T. domingensis Persoon
VII–VIII, so

In den Tropen und Subtropen der Alten und Neuen Welt, in Europa stellenweise eingebürgert. Der Pflanzen werden 2–4 m hoch, sind kräftig, haben 10 oder mehr bleichgrüne, feste oder trockenhäutige, flache, 7–15 mm breite Blätter, die oft vom Blütenstand überragt werden. Männliche und weibliche Kolben stehen 2–8 cm voneinander entfernt, berühren sich selten. Der weibliche Kolben ist 13–26 mm dick, rotbraun, der männliche 20–40 cm lang.

T. latifolia L.
Breitblättriger Rohrkolben
VII–VIII, so

Kosmopolit. Diese 1–2,5 m hohe Art hat blaugrüne, schwertförmige, über 1 m lange und 2,5–4 cm breite, beiderseits flache Blätter, die gleich lang oder länger als der Blütenstand sind. Die weiblichen und männlichen Kolben sind ziemlich gleich lang, etwa 10–20 cm. Die männlichen Kolben zerfallen nach der Blüte, so daß nur die schließlich schwarzbraunen, weiblichen Kolben an den Pflanzen verbleiben. Die männli-

chen Kolben schließen ohne Zwischenraum an die weiblichen an. Die Sorte 'Variegata' hat cremeweiß-grün längsgestreifte Blätter und wirkt vor einem dunklen Hintergrund sehr dekorativ.

T. laxmannii Lepech.

VII–VIII, so

Südosteuropa, Kleinasien bis China. Die 1,40 bis 1,80 m hohen Pflanzen haben auffallend schmale, nur bis 5 mm breite Blätter, auch die Stiele der Blütenstände sind beblättert. Die Kolben stehen in etwa 3/4 Höhe des Laubes. Die weiblichen Kolben sind 3–5 cm lang, 2 cm breit und eiförmig, die männlichen wesentlich länger und von den weiblichen deutlich getrennt.

T. minima Funck ex Hoppe

Zwergrohrkolben, Kleiner Rohrkolben

V–VI, so

Europa, West- und Mittelasien, Nordchina. Die nur 50 cm hohen Pflanzen haben 1–4 mm breite, graugrüne Blätter, die auf der Innenseite flach und auf der Außenseite halbrund sind. Die Blütenstände sitzen auf unbeblätterten Stielen und stehen über dem Laub. Die weiblichen Kolben sind kugeligelliptisch, 2–4 cm lang und kastanienbraun, die männlichen zylindrisch und gleich lang wie die weiblichen. Beide Kolben berühren sich meist oder stehen nur geringfügig voneinander entfernt. Unmittelbar unter dem weiblichen Kolben befindet sich ein lanzettliches, häutiges Stengelblatt, das eine reduzierte Blattfläche hat.

Abb. 219 Typha minima

Abb. 217 Typha latifolia

Abb. 218 Typha latifolia 'Variegata'

T. shuttleworthii W. D. J. Koch et Sond.
(syn. *T. latifolia* ssp. *shuttleworthii* (W. D. J. Koch et Sond.) Stoj. et Stef.)
Shuttleworths Rohrkolben
VII–VIII, so

Europa. Die 1–1,5 m hohen Pflanzen ähneln im Habitus der höheren *Typha angustifolia.* Ihre Blätter sind bis 1 cm breit und überragen deutlich den Blütenstand, unterseits sind sie mehr oder weniger gewölbt. Die Kolben sind kürzer als bei *T. angustifolia*, männliche und weibliche berühren sich meist. Die männlichen Kolben sind um die Hälfte kürzer als die weiblichen und vergehen wie bei allen Rohrkolbenarten bald nach der Blüte. Die weiblichen Kolben sind zuletzt grauhaarig und durch die Narben schwarz punktiert.

Verwendung/Ansprüche/Anzucht
Alle Rohkolbenarten sind Sumpfpflanzen, die durch ihre Fruchtstände zieren, die, bis auf *Typha minima*, oft bis in den Winter an den Pflanzen verbleiben. Erst dann platzen die Kolben auf und geben den wolligen Samen frei. Die im Volksmund häufig als 'Bumskeulen' bezeichneten Rorkolben sind getrocknet auch als Vasenschmuck verwendbar, wenn sie rechtzeitig vor dem Platzen der Kolben wieder aus der Wohnung entfernt werden. Für kleine Wasserbecken eignet sich nur *T. minima.*

Den anderen Arten sollte schon mehr Platz zum Ausdehnen gegeben werden. Besonders *T. latifolia* ist nur für größere Anlagen zu empfehlen, da die Pflanzen sehr kräftig wachsen. Am besten gedeihen alle Arten bei einem flachen Wasserstand.

T. angustifolia verträgt auch etwas tieferes Wasser, bis etwa 50 cm. In der Natur kommt diese Art selbst noch bei einer Wassertiefe von 1 m vor. Der Boden sollte nährstoffreich sein.

Die Vermehrung durch Rhizomteilung ist einfach, möglich ist aber auch Aussaat, am besten von April bis Juni. Die aufgegangenen kleinen Pflänzchen sind sobald wie möglich an ihren zukünftigen Standort zu pflanzen. Die Sorte 'Variegata' wird auch durch Meristemkultur vermehrt, um große Stückzahlen produzieren zu können. Sie ist beim Teilen und Umpflanzen manchmal heikel.

Abb. 220 Typha shuttleworthii

Utricularia L.
Wasserschlauch
(Lentibulariaceae)

Im Namen steckt das lateinische Wort *utriculus* = kleiner Schlauch und deutet auf die aus Blattzipfeln gebildeten Fangblasen hin, die an den Wasserblättern oder Seitensprossen der Landpflanzen sitzen und als Fallen zum Fangen kleiner Insekten dienen. Die Gattung umfaßt über 200 Arten, wobei die im gemäßigten Klima vorkommenden nur Wasserpflanzen sind. Alle Arten sind wurzellose Wasserpflanzen oder Landpflanzen mit sehr verschieden gestalteten Blättern. Die völlig untergetauchten, schwimmenden Wasserpflanzen haben vielteilige, mit linealischen Zipfeln versehene Blätter. An einem langen Schaft stehend, bilden die löwenmaulähnlichen Blüten meist eine Traube. Ihre Blütenkronen sind 2lippig, gelb und haben einen geschlossenen Schlund.

U. minor L.
Kleiner Wasserschlauch
VI–IX, so-hs

Zirkumpolar. Die Pflanzen bilden bis 50 cm lange Triebe. Die Blätter sind im Umriß rundlich oder nierenförmig, etwa 2 cm groß, gabelteilig,

mit 7–22 Spitzen und mit 1–7 rundlichen, etwa 2 mm großen Fangblasen versehen. Ihre Endzipfel sind nicht borstig gewimpert, sie haben höchstens eine Endborste. Die meist kugeligen, kahlen Winterknospen erreichen eine Größe von etwa 5 mm. Der Blütenstengel steht bis 15 cm über dem Wasser und trägt 2–6 zitronengelbe, braungestreifte Blüten. Die Gaumen der Unterlippen sind flach und verschließen den Schlund nicht völlig.

U. vulgaris L.

Gemeiner Wasserschlauch

VI–VIII, so-hs

Zirkumpolar. Die Pflanzen bilden bis 1 m lange Triebe, die völlig untergetaucht sind und nur zur Blütezeit an die Wasseroberfläche kommen. Die Blätter sind bis 8 cm lang, 5–6 cm breit und 2- bis undeutlich 4lappig. Jeder Lappen ist wiederum 1- bis 2fach gefiedert und läuft in viele haarförmig-borstig gewimperte Spitzen aus, so daß die Blätter sehr zart wirken. Jedes Blatt hat 20–200 Fangblasen, die etwa 0,7–4 mm lang und 0,5–3 mm breit sind. Vereinzelt können auch Luftsprosse ausgebildet werden. Die ovalen, behaarten Winterknospen erreichen eine Länge von 18 mm und eine Breite von 13 mm. Der Blütenstand erhebt sich bis 35 cm über die Wasseroberfläche und trägt 4–5 goldgelbe, etwa 2 cm große Blüten. Die Gaumen sind niedergedrückt und länger als hoch. Die Oberlippen sind den Gaumen angeschmiegt und bilden mit den Unterlippen einen mehr oder weniger spitzen Winkel. Die Gaumen der Unterlippen sind gewölbt und verschließen den Schlund.

Verwendung/Ansprüche/Anzucht

Die Wasserschlaucharten sind wegen ihrer Fangbläschen interessante Unterwasserpflanzen. Die heimischen Arten stehen bei uns unter Naturschutz. Wenn man die Pflanzen aus dem Wasser herausnimmt, hört man ein eigenartiges Knakken, das durch das Aufspringen der Fangblasen verursacht wird. Außer den beschriebenen Arten werden gelegentlich auch noch andere kultiviert, so *Utricularia bremii* Heer (Bremi-Wasserschlauch), *U. intermedia* Hayne (Mittlerer Wasserschlauch), *U. neglecta* Lehm. (Übersehener Wasserschlauch) und *U. ochroleuca* Hartmann (Ockergelber Wasserschlauch). Alle Arten bevorzugen leicht saures, nährstoffreiches, stehendes, warmes und klares Wasser, das vor allem reich an Mikroorganismen sein muß. Diese winzigen Organismen werden mit den Fangblasen gefangen und dienen als Nahrung. Der manchmal verbreitete Hinweis, mit Hilfe der Fangblasen können auch Mückenlarven aufgenommen werden, ist für Pflanzen normaler Größe ein Märchen. Die Mückenlarven sind viel zu groß. Bei einem vollsonnigen Standort erheben sich die Blütenschäfte mit ihren ansehnlichen Blüten über die Wasseroberfläche. Im Herbst, mit nachlassendem Wachstum, schließt jede Triebspitze mit einer Winterknospe ab, die zu Boden fällt. Der übrige Pflanzenkörper zerfällt. Im Frühjahr treiben die Winterknospen wieder aus und kommen an die Wasseroberfläche. Die Vermehrung erfolgt durch Teilung der Triebe oder Absammeln der Winterknospen. Durch Aussaat ist sie auch möglich, wird wegen der leichten vegetativen Vermehrung kaum erforderlich sein.

Vaccinium L.

Heidelbeere, Moosbeere, Preiselbeere

(Ericaceae)

Vaccinium ist ein alter lateinischer Pflanzenname und geht auf *baccinium* = Beerenstrauch, wegen der Beerenfrüchte, zurück. Plinius hat ihn für die Bezeichnung der Heidelbeere verwendet. Die Gattung umfaßt etwa 150 Arten, sommergrüne oder auch immergrüne Sträucher mit oft kriechenden Stengeln, an denen wechselständig die kurzgestielten, ganzrandigen oder gesägten Blätter sitzen. Die achsel- oder endständigen Blüten stehen einzeln oder in Trauben, sind glockenförmig, kugelig oder mit zurückgeschlagenen Zipfeln, weiß, rosa oder rot. Die Blütenkrone ist 4zählig. Als Früchte werden saftige, weiche, vielsamige Beeren ausgebildet.

V. macrocarpon Ait.

(syn. *Oxycoccus macrocarpos* (Ait.) Pursh)

Großfrüchtige Moosbeere, Cranberry

VI–VIII, so-hs

Östliches Nordamerika. Die immergrünen Pflanzen haben bis 1 m lange, kriechende Zweige. Die Blätter sind elliptischlänglich, stumpf, 1–2 cm lang, eben oder am Rand leicht umgerollt, oberseits glänzend dunkelgrün und unterseits weißlich. Die zartrosa, 0,6–1 cm langen Blüten mit zurückgebogenen Zipfeln erscheinen zahlreich. Dicht unter den Blüten sitzen 2 Vorblätter. Die 1–2 cm großen, tiefroten Beeren hängen an fädigen Stielen und sind eßbar, im Geschmack dem der Preiselbeeren ähnlich. Ihr

Abb. 221 Vaccinium macrocarpon

Abb. 222 Vernonia noveboracensis

Wert besteht in dem hohen Gehalt an Apfel- und Zitronensäure.

Die Verwendung ist vielseitig, roh oder konserviert, als Saft, Marmelade, Wein oder Likör. In den USA sind viele ertragreiche Sorten entstanden, da die Beeren dort wirtschaftlich verwendet werden.

V. oxycoccos L.

(syn. *Oxycoccus palustris* Pers.)

Moosbeere

V–VII, so-hs

Zirkumpolar. Die immergrünen Pflanzen haben bis 80 cm lange, kriechende, fadenförmige Zweige. Die oberseits glänzend dunkelgrünen, unterseits bläulichen Blätter sind eiförmig, spitz, bis 8 mm lang und haben deutlich zurückgerollte Ränder.

Die Blüten stehen zu 2–4 in endständigen, aufrechten Trauben. Sie sind zartrosa, 5–6 mm lang und haben zurückgeschlagene Zipfel. Die Vorblätter sitzen etwa in der Mitte der behaarten Blütenstiele. Die Beeren sind 8–10 mm groß und ebenfalls eßbar.

Verwendung/Ansprüche/Anzucht

Die Moosbeeren sind typische Moorpflanzen, die an ihren heimatlichen Standorten auf Hoch- und Zwischenmooren vorkommen. Im Sumpfgarten verlangen sie deshalb auch einen sauren Moorboden oder Torf, der sandighumos sein kann. Auf anderen Böden gedeihen sie nicht. Ihre rankenden, niederliegenden Triebe decken den Boden gut und bilden auf zusagenden Standorten bald dichte Polster. Die dunkelroten Beeren sind als Kontrast zum dunkelgrünen Laub leuchtende Farbtupfer, die die immergrünen Pflanzen bis zum Frühjahr schmücken. Die Beeren beider Arten sind eßbar und reich an Vitamin C. Die Moosbeeren sind Liebhaberpflanzen. Vermehrt werden sie durch Aussaat, Stecklinge oder Ableger, wobei die Sorten nicht durch Aussaat vermehrt werden können. Wenn die Anzucht durch Aussaat erfolgt, dauert diese sehr lange, da die Samen erst im 2. Jahr keimen. Die Stecklingsvermehrung wird im Juli/August durchgeführt, wenn die Jahrestriebe zu verhärten beginnen.

Vernonia Schreb.

Vernonie

(Compositae)

Die Gattung wurde nach dem englischen Botaniker William Vernon (gest. 1711) benannt, der Teile Nordamerikas bereiste. In Amerika, Afrika und Asien kommen mehr als 500 Arten vor, Sträucher oder oft hohe Kräuter mit wechselständigen, wehrlosen, ganzen oder gezähnten, gestielten oder sitzenden, nicht herablaufenden Blättern. Die endständigen Blütenköpfchen sind einzeln oder häufiger trugdoldig-rispig oder an blühenden, beblätterten Zweigen achselständig. Der Köpfchenboden ist ziemlich flach, glatt oder etwas grubig. Die röhrigen Blüten sind purpurn, rot, blau oder seltener weiß. Auf Marschböden und in feuchten Wäldern wächst die folgende Art.

V. noveboracensis (L.) Willd.

Vernonie

VIII–IX, so-hs

USA, Massachusetts bis Mississippi. Die Stauden werden 1–2 m hoch und haben kahle bis schwach behaarte Stengel. Die Blätter sind lanzettlich bis linealischlanzettlich, 10–20 cm lang, 1,5–5 cm breit, lang zugespitzt, scharf gesägt bis fast ganzrandig, oberseits etwas rauh, unterseits filzig. Der Blütenstand ist locker und breit, die 30–50blütigen Köpfchen sehr langgestielt,

die Kronblätter dunkelrot. Die Samenstände sind purpurn.

Verwendung/Ansprüche/Anzucht
Die Vernonie ist eine anspruchslose Staude für einen feuchten Standort, die aber ebenso noch im normalen Gartenboden wächst. Aufgrund ihrer Höhe (je feuchter sie steht, umso höher wird sie) und ihres Aussehens eignet sie sich besonders für größere, naturhaft gestaltete Anlagen. Ihre später Blütezeit und leuchtende Blütenfarbe machen sie wertvoll. Ihr gesamtes Erscheinungsbild hat eine gewisse Ähnlichkeit mit *Eupatorium*. *Vernonia noveboracensis* ist die härteste Art aller Vernonien, aber nicht immer ganz standfest. Vermehrt wird durch Aussaat oder Teilung.

Veronica L.
Ehrenpreis
(Scrophulariaceae)

Die Gattung ist nach der Heiligen Veronica benannt. Dieser Name geht sprachlich auf lateinisch *verus* = wahr und *unicus* = einzig zurück. Die Gattung umfaßt etwa 150 Arten, hohe Kräuter und Sträucher mit wechselständigen, ganzrandigen oder gezähnten und gestielten oder sitzenden Blättern. Die purpurnen, roten, blauen oder seltener weißen Blüten mit verhältnismäßig kurzer Kronröhre entwickeln sich endständig, meist in Trauben, oder achselständig an beblätterten Zweigen.

V. americana (Raf.) Schwein.
Amerikanische Bachbunge
VI–VIII, so-hs

Nordamerika, Nordostasien. Diese Art ist im Wuchs ähnlich unserer einheimischen Bachbunge. Die Blätter des mittleren und oberen Teils der Pflanzen sind deutlich gestielt, länglich-oval bis lanzettlich, spitz, bis 9 cm lang, unregelmäßig gesägt, fleischig. Der Blütenstand ist eine lockere Traube, steht in den Blattachseln und setzt sich aus 6–30, hellblauvioletten, 11 mm großen Blüten zusammen.

Abb. 223 Veronica americana

V. beccabunga L.
Bachbunge
V–IX, so-hs

Europa, Kleinasien, Nordafrika. Die bis 60 cm langen Sprosse der Pflanzen erreichen nur eine Höhe von 20–30 cm, weil sie im unteren Teil aufliegen, wo sie an allen Knoten Wurzeln bilden. Alle Blätter sind kurz gestielt, eiförmig oder breitelliptisch, stumpf, unregelmäßig gesägt, fleischig und etwa 3–5 cm lang. Die in achselständigen, gegenständigen Trauben stehenden Blüten sind von auffallend tiefblauer Farbe. Sie besitzen einen 4blättrigen Kelch und eine radförmige Blumenkrone mit einer sehr kurzen Röhre. Es gibt auch eine submerse Form, die aber keine Blüten bildet.

V. longifolia L.
(syn. *V. exaltata* Maund)
Kerzen-Ehrenpreis
VII–IX, so

Europa, Ostasien. Diese bei uns unter Naturschutz stehende, 1,20 m hohe Art hat kaum verzweigte, aufrechte Stengel. Die Blätter sind gegenständig, lanzettlich, scharf gesägt, kurz gestielt und schwach behaart. Der Blütenstand ist eine lange, endständige, zugespitzte, aus blaulila Blüten bestehende Ähre. Sorten sind:
- 'Blaubart' – tiefblaue Blütenkerzen, niedriger, kompakter Wuchs,
- 'Blauriesin' – kräftig blau, lange, schön gebaute, schmale Ähren, straffer Wuchs,
- 'Schneeriesin' – weiß, lange, schmale Ähren, schmaler, aber straffer Wuchs.

V. subsessilis (Miq.) Carr.
(syn. *V. longifolia* var. *subsessilis* Miq.)
VII–VIII, so-hs

Japan. Die Pflanzen haben Ähnlichkeit mit *V. longifolia*, sind aber in allen Teilen gedrungener. Ihre Blätter sind fein gezähnt, sitzend oder nur kurzgestielt. Der Blütenstand ist sehr dicht, die Krone größer und dunkler violettblau als beim Kerzen-Ehrenpreis.

Verwendung/Ansprüche/Anzucht
Veronica americana und *V. beccabunga* wachsen beide auf kalkreichen Schlammböden an und in langsam fließenden Bächen, Gräben und Quellen. In fließendem oder tieferem Wasser wird auch eine submerse Form ausgebildet. Beide Arten sind also anpassungsfähig und können deshalb an verschiedenen Standorten verwendet werden von sumpfig bis 40 cm Wassertiefe. In tieferem Wasser muß man jedoch auf ihre blauen Blüten, die die Pflanzen eine lange Zeit zieren, verzichten. Am besten kann man sie in der nassen Uferzone als bodenbedeckende Pflanzen, beispielsweise neben *Mimulus*-Arten, verwenden, obwohl man von ihren etwas vereinzelt sitzenden, kleinen, blauen Blüten nicht die Farbwirkung vom Sumpfvergißmeinnicht erwarten kann.

Der Kerzen-Ehrenpreis und *V. subsessilis* kommen auf nassen Wiesen, an Gräben und Ufern vor und wachsen deshalb im Sumpfgarten recht gut, eine bisher wenig praktizierte Verwendungsmöglichkeit. Hier sind beide Ehrenpreisarten vor allem in Verbindung mit *Lythrum*, *Ranunculus lingua* oder *Lysimachia thyrsiflora* zu empfehlen. Da sie auch im normalen Gartenboden gut gedeihen, sind die Sorten vom Kerzen-Ehrenpreis seit langem beliebte, lang blühende Pflanzen für den Staudengarten und werden dort häufig verwendet. Allerdings bleiben die Pflanzen auf trockenem Standort wesentlich niedriger und erreichen nur eine Höhe von 60–80 cm.

Vermehrt werden die Arten durch Teilung oder Aussaat. Die Sorten können nur durch Teilung vermehrt werden.

Villarsia Vent.
Villarsie
(Menyanthaceae)

Die Gattung ist nach dem französischen Botaniker Dominique Villars (1745–1814) benannt worden. Sie umfaßt 10 Arten, ausdauernde Sumpfkräuter mit grundständigen, langgestielten Blättern, die ganzrandig oder unregelmäßig buchtig gezähnt sind. Der Blütenschaft ist einfach, blattlos oder gering verzweigt mit wenigen Blättern und trägt am Ende meist gelbe, glockenförmige, fünfzählige Blüten. Ihre Staubblätter haben fast pfeilförmige Antheren.

V. exaltata (Sims) F. v. Muell.
(syn. *V. reniformis* R. Br., *Menyanthes exaltata* Sims)
VII, so

Australien, Tasmanien. Die 15–90 cm hohen Pflanzen haben 2,5–5 cm lange, rundliche Blätter und einen selten beblätterten Blütenschaft.. Die goldgelben Blüten erreichen einen Durchmesser von 2–3 cm. Ihre Kronabschnitte sind länger als der Kelch und am Grunde der Innenseite gebärtet. Der Kelch selbst ist tief geteilt und hat lanzettliche Abschnitte.

V. ovata (L. f.) Vent.
(syn. *Menyanthes ovata* L. f.)
VI, so

Südafrika, am Kap. Die einzige Art, die außerhalb Australiens heimisch ist. Sie bleibt ziemlich klein und wird nur 15 cm hoch. Ihre ovalen Blätter sind von ledriger Beschaffenheit. Die Blüten sind zitronengelb. Sie haben an den Rändern gekerbt-gefranste Kronabschnitte.

V. parnassiifolia R. Br.
VIII, so

Australien, Tasmanien. Diese 30–60 cm hohe Art besitzt eiförmige oder fast kreisrunde, bis 2,5 cm lange Blätter. Der Blütenschaft ist gering verzweigt, mit wenigen Blättern. Er trägt am Ende gelbe Blüten, deren Kronabschnitte etwas länger als der Kelch sind.

Verwendung/Ansprüche/Anzucht
Alle Villarsien sind Pflanzen für den Liebhaber seltener Sumpfstauden. Sie bringen ansehnliche gelbe Blüten hervor. Allerdings sind die Arten bei uns nicht winterhart und müssen deshalb im Kalthaus oder einem anderen frostfreien, aber hellen Platz überwintert werden. Die Vermehrung erfolgt nur durch Aussaat. Der Samen gehört zu den Lichtkeimern, das bedeutet, daß er nach der Aussaat nicht mit Erde bedeckt werden darf. Seine optimale Keimtemperatur liegt bei 15–20 °C.

Viola L.
Veilchen
(Violaceae)

Viola ist ein römischer Pflanzenname. In der nördlichen gemäßigten Zone, in den Gebirgen Südamerikas, im tropischen und subtropischen

Abb. 224 Viola elatior

Abb. 225 Viola palustris

Amerika und Afrika, in Australien und Neuseeland kommen etwa 400 Arten vor. Es sind meist mehrjährige Kräuter, seltener Halbsträucher mit wechsel- oder grundständigen, langgestielten, ei- oder herzförmigen, mit Nebenblättern versehenen Laubblättern. Die Blüten stehen einzeln, seltener zu zweit in den Achseln der grund- oder stengelständigen Laubblätter. Die Blüten setzen sich aus je 5 Kelchblättern, am Grunde mit krautigen Anhängseln, und Blütenblättern, von denen das untere oft größer als die übrigen ist, zusammen. Sie sind meist blau, seltener weiß, sehr selten rot oder gelb. Die Frucht ist eine 3klappige, aufspringende Kapsel.

V. elatior Fries
Hohes Veilchen
V–VII, so-hs

Europa. Die Pflanzen werden 20–50 cm hoch und sind oberwärts ziemlich dicht flaumhaarig. Sie haben eilanzettliche Blätter, am Grund gestutzt bis leicht herzförmig, halbsolang bis gleichlang wie der Blattstiel. Die Nebenblätter der mittleren Stengelblätter sind so lang wie der Blattstiel, die der oberen länger. Die gespornten Blüten sind 2–2,5 cm lang und hellblau mit weißem Grund.

V. palustris L.
Sumpfveilchen
V–VI, so-hs

Europa. Die Pflanzen werden 5–12 cm hoch und haben kurze, kriechende Rhizome. Die glänzenden, beiderseits kahlen Blätter sind grundständig, haben eine stumpfe Spitze und nicht oder kaum geflügelte Stiele, sind herznierenförmig und bis 5 cm breit. Ihre Ränder sind gekerbt und die Basis ist meist überlappend. Die Nebenblätter sind unter, in oder wenig über der Mitte des Blütenstiels. Die etwa 3 cm langgestielten, 1–1,5 cm langen, lilafarbenen Blüten stehen einzeln in den Achseln der Blattstiele.

Verwendung/Ansprüche/Anzucht
Beide Arten eignen sich zum Verwildern im Sumpfbeet. Das Hohe Veilchen liebt feuchte, zeitweise nasse, basen- und kalkreiche Böden, das Sumpfveilchen staunasse, saure, nährstoffarme Böden. Zur Blütezeit sind beide Arten auffallend. Danach werden sogenannte kleistogame Blüten ausgebildet, das sind solche, die sich durch Selbstbestäubung auszeichnen. Sie haben keine Blütenblätter mehr, sondern nur Samenstände. Die kapselartigen Früchte besitzen einen Schleudermechanismus, durch den die Samen verbreitet werden. Die Vermehrung erfolgt durch Aussaat oder beim Sumpfveilchen auch durch Teilung. Durch Selbstaussaat breiten sich beide Arten rasch aus, oft stärker als gewünscht.

Zantedeschia Spreng.
Zantedeschie, Zimmerkalla
(Araceae)

Die Gattung wurde nach dem italienischen Botaniker und Physiker Francesco Zantedeschi (1773–1846) benannt. Im tropischen Afrika und in Südafrika kommen 8 Arten vor, Sumpfpflanzen mit dickem, fleischigem Erdstamm. Die spieß- oder pfeilförmigen, bisweilen weißgefleckten Blätter haben eine starke Mittelrippe. Die Blattnerven berühren den Rand. Die dicken, verlängerten Blattstiele sind am Grund scheidig. Die Blüten sitzen an einem oder mehreren starken und langen Stielen. Sie haben eine aufrechte Spatha mit kurzer, zusammengerollter, trich-

terförmiger, bleibender Röhre und offenem Schlund. Die Fläche ist schief ausgebreitet, mit langgespitzter, zurückgekrümmter Spitze. Der aufrechte, zylindrische Kolben ist kürzer als die Scheide. Die Blüten sind an dem fortsatzlosen Kolben alle vollkommen, männliche und weibliche stehen dicht aneinander. Männliche Blüten setzen sich aus 2–3 Staubblättern, weibliche aus 3 spateligen, unfruchtbaren Staubblättern und eiförmigen Fruchtknoten zusammen. Die Griffel sind kurz oder fehlen.

Die wenigsamigen, verkehrteiförmigen oder fast kugeligen Beeren sind von der Spatharöhre eingeschlossen.

Z. aethiopica (L.) Spreng.
Zantedeschie, Zimmerkalla
VI–VIII, so-hs

Kapland, Natal. Die Pflanzen wachsen dort auf sumpfigen, im Sommer austrocknenden Wiesen. Sie haben einen fleischigen Erdstamm und langgestielte Blätter, die derb, fleischig, herz- oder pfeilförmig und grün sind. Die Blattstiele sind doppelt so lang oder länger als die Blätter. Der Blütenschaft wird bis 1 m hoch und überragt die Blätter. Die am Grunde kurzröhrige, trichterförmige, sich dann flach ausbreitende und in eine Spitze auslaufende Spatha ist weiß. Der gelbe Blütenkolben ist fast so lang wie die Spatha. Es gibt einige Sorten, die sich in Blütengröße und -farbe sowie Stiellänge unterscheiden. Für den Wassergarten brauchbar ist die Sorte 'Crowborough', weil sie härter als die Art ist.

Verwendung/Ansprüche/Anzucht
Die Zimmerkalla ist als Schnittblume bekannt, sie wird für diesen Zweck aber in Gewächshäusern kultiviert. Kaum verwendet wird sie bisher im Wassergarten, was vielleicht daran liegt, daß die Pflanze in Deutschland nicht winterhart ist. Die Sorte 'Crowborough' ist im Süden Englands hart, wenn sie über Winter tief genug im Wasser steht. Unter gleichen Bedingungen kann sie vielleicht auch in Deutschland den einen oder anderen Winter überstehen. Am besten pflanzt man sie in große Kübel mit nährstoffreicher, lehmiger Erde und stellt diese im flachen Wasser aus. Der Nährstoffbedarf ist groß, so daß unter Umständen im Sommer nachgedüngt werden muß. Über Winter wird der Kübel entweder unter Wasser in eine frostfreie Tiefe gestellt oder außerhalb an einem frostfreien Ort überwintert,

Abb. 226 Zantedeschia aethiopica

wo er dann trocken gehalten wird. Ein Auspflanzen in den Sumpf ist ebenfalls möglich, wenn über Winter die Pflanzstelle dick abgedeckt wird. Bei dieser Kulturmethode ist die Zimmerkalle nicht an eine trockene Ruheperiode gebunden, wie es sonst für den Schnittblumenanbau notwendig ist. Die Vermehrung erfolgt durch Aussaat, bei den Sorten durch Teilung.

Zigadenus Michx.

Jochlilie

(Liliaceae)

Im Namen stecken die griechischen Wörter *zygon* = Joch und *aden* = Drüse. Sie beziehen sich darauf, daß die Honigdrüsen paarweise beisammenstehen, an die Bogen eines Jochs erinnernd. Die Gattung umfaßt etwa 18 Arten in Nordamerika und Asien.

Die Pflanzen haben einen zwiebelförmigen oder rhizombildenden Erdstamm und rosettenförmig angeordnete, schmale, linealische Blätter. Die weißen bis cremefarbenen, sternförmigen Blüten sind manchmal dunkel gestreift und stehen in Ähren oder Trauben.

Z. elegans Pursh

Jochlilie

VI–VIII, so-hs

USA. Colorado bis Nevada und Oregon, nördlich bis Alaska. Die Pflanzen wachsen dort auf nassen Wiesen. Sie haben einen rhizomartigen Erdstamm und bis 30 cm lange, schmale, lanzettliche, blaugrüne Blätter. Der Blütenschaft ist bis 80 cm hoch und hat zahlreiche weiße, sternförmige Blüten mit einem grünlichen Mittelfleck. Außen sind die Blüten grünlich überlaufen. Der Blütenstand ist reichlich verzweigt.

Verwendung/Ansprüche/Anzucht

Die Jochlilie ist eine Pflanze für den Liebhaber seltener Sumpfpflanzen, die verhältnismäßig spät blüht. Man kann sie in kleine Gruppen für sich pflanzen, gut macht sich in diesem Fall *Lysimachia nummularia* als Bodendecker, oder zwischen Trollblumen und Etagenprimeln. Die Blütenstengel lassen sich schneiden, sie sind aparte Schnittblumen. Man sollte die Pflanzen möglichst lange an ihrem Platz lassen und nicht umpflanzen. Die Vermehrung erfolgt durch Aussaat oder Teilung im Frühjahr.

Zizania L.

Wasserreis

(Gramineae)

Der Gattungsname leitet sich von dem Wort *zizanion* ab, das ein griechischer Pflanzenname für Lolch (*Lolium*) war. Die Gattung umfaßt 3 Arten, einjährige oder ausdauernde hohe Wassergräser mit langen, flachen Blättern und einhäusigen, rispigen Blütenständen. Da der obere weibliche Teil der Rispe schmal zusammengezogen, der untere männliche Teil weit ausgebreitet ist, erhalten die Rispen ein pyramidenförmiges Aussehen. Die männlichen Ährchen haben 6 Staubblätter, die weiblichen sind langbegrannt.

Abb. 227 Zizania aquatica

Abb. 228 Zizania caduciflora

Z. aquatica L.
Kanadischer Wasserreis, Tuskarora-Reis
VIII–IX, so-hs

Östliches Nordamerika. Diese einjährige Art entwickelt sich, auf kräftiger Faserwurzel stehend, zu einem 1–2 m hohen Gras, das aufrechte, unbehaarte Halme trägt. Seine 30 cm langen, teilweise auch längeren Blätter sind 0,5–2,5 cm breit und unbehaart, die oberen mehr oder weniger rauh. Alle Blätter sind leicht gebogen oder hängen über. Aus den Blüten, die in einer 30–50 cm langen Rispe stehen, entwickeln sich schmale, längliche, schwarzbraune Samen.

Z. caduciflora (Turcz.) Hand.-Mazz.
(syn. *Z. latifolia* (Griseb.) Turcz. ex Stapf)
Schwertblättriger Wasserreis
so-hs

Japan, Nordostchina, Burma, Indochina. Die Pflanzen dieser Art unterscheiden sich von *Z. aquatica* durch schwertförmige, 3–5 cm breite, leicht überhängende Blätter. Sie erreichen ebenfalls eine Höhe von 1–2 m und bilden lange, im Schlamm kriechende Rhizome. Im Gegensatz zur vorher beschriebenen Art ist sie ausdauernd, kommt aber bei uns nicht zur Blüte.

Verwendung/Ansprüche/Anzucht
Beide Arten sind interessante Pflanzen für den Wassergarten, die am besten bei einem flachen Wasserstand wachsen. Ihre beste Wirkung erreichen sie freistehend oder in einer Gruppe weniger Pflanzen. Zur kräftigen Entwicklung benötigen sie nährstoffreichen Boden.

Der Kanadische Wasserreis bildet im östlichen Nordamerika (Gebiete westlich der Großen Seen zwischen den USA und Kanada) in Sümpfen, an See-, Fluß- oder Teichrändern große Bestände. Früher war er ein wichtiges Sammelgetreide vieler Indianerstämme. Er ist leicht verdaulich, gesund, kalorienarm und besitzt einen hohen Nährwert ähnlich dem des Getreides. In den USA und Kanada wird er heute noch als Delikatesse geschätzt. Auch in Deutschland wird er als 'Wildreis' angeboten. Dabei handelt es sich meist um amerikanischen Wildreis, in den USA als 'Paddy Wild Rice' im Handel, der in Reisfarmen angebaut wird. Er wird gedüngt, mit Pestiziden behandelt und großen Maschinen geerntet. Es sind aber auch gute Qualitäten aus Kanada im Handel, die von den Indianern dort in der Natur im Kanu per Hand geerntet werden. Die Rispen werden über das Kanu gebogen und die Samen abgeklopft. Dabei fällt ein Teil der Samen wieder ins Wasser und der Reis sät sich dadurch selbst aus. Diese Qualität ist natürlich teurer als maschinell geernteter Wildreis.

Der Kanadische Wasserreis läßt sich leicht durch Aussaat selbst vermehren. Die Samen werden im Frühjahr an Ort und Stelle ausgesät, indem sie einfach in das Wasser geworfen werden, wo sie bald zu keimen beginnen. Auch ist eine Vorkultur in flachen Schalen möglich. Unbedingt zu beachten ist, daß die Samen nicht mit Erde bedeckt werden, da sonst die Keimung unterbleibt. Im Wassergarten erhalten sich die Pflanzen durch Selbstaussaat. Die reifen Samen fallen von den Rispen ab in das Wasser und keimen dort im nächsten Frühjahr, oft mehr als erwünscht. Soll das Saatgut längere Zeit aufbewahrt werden, ist es ratsam, es bei 1–3 °C feucht oder noch besser im Wasser zu lagern, weil sonst die Keimkraft verloren geht. Daher ist es auch nicht möglich, den gekauften Wildreis zur Aussaat zu verwenden. Dieser keimt nicht mehr.

Zizania caduciflora wird in China in Teichen wirtschaftlich angebaut. Die unteren Stengelglieder der Pflanzen werden dort als Gemüse gegessen. Diese Art kann nur durch Teilung vermehrt werden. Aufgrund des kräftigen Wuchses und der langen Ausläufer ist sie nur für große Teiche zu empfehlen.

Pflanzen und Wasser als Gestaltungselemente

Sumpf- und Wasserpflanzen im Garten

Es müssen einige Faktoren berücksichtigt werden, wenn es darum geht, den Gartenteich in ein Grundstück einzugliedern. Die meisten Sumpf- und Wasserpflanzen brauchen zur optimalen Entwicklung einen vollsonnigen Standort. Nur einige wenige wachsen im Halb- bzw. Vollschatten besser. Zu diesen gehören z. B. Kalla (*Calla palustris*), Scheinkalla (*Lysichiton*) und Sumpffarn (*Thelypteris palustris*). Sowohl für Kinder als auch für Erwachsene hat eine Wasserfläche immer eine besondere Anziehungskraft. Das vielfältige Leben im Teich will aus der Nähe betrachtet werden.

Die meisten Tiere, wie z. B. Wasserläufer, Rückenschwimmer, Frösche, Molche, Schnecken oder Insektenlarven kommen von selbst oder werden unbewußt mit eingeschleppt. Vögel kommen zum Trinken und Baden an den Teich, auch Bienen nehmen im Sumpfbereich Wasser auf. Die vielen Pflanzen und Blüten im und am Teich laden natürlich auch ein, dicht an sie heranzutreten. Deshalb sind Möglichkeiten zu schaffen, dicht an das Wasser herantreten zu können. In größeren Anlagen sorgen Trittsteine oder Holzstege dafür. Zum Aufenthalt für den Menschen sollte unmittelbar neben dem Teich eine entsprechend große Fläche angelegt werden, die befestigt oder als Rasen gestaltet werden kann. Es bietet sich an, den Gartenteich in Verbindung zu einer Terrasse am Haus oder zu einem Sitzplatz zu bringen, denn Wasser und Pflanzen laden mit ihrer Erlebniswelt zum Verweilen ein. Eine gute Lösung ist, wenn der Gartenteich aus dem Wohnzimmer heraus, z. B. von einer Sitzgruppe, beobachtet werden kann. Wasser im Garten bildet einen Gestaltungsschwerpunkt. Man sollte deshalb die wirkungsvollste Lage im Garten dafür suchen.

Evtl. kann man den Standort durch eine nach Süden offene Pergola, Hecke oder Mauer abtrennen.

Die Wasserfläche eines Gartenteiches sollte nicht höher als das umgebende Niveau liegen, damit eine Draufsicht auf das Wasser möglich ist. Man legt den Teich möglichst ebenerdig oder sogar etwas vertieft an. Bei einem Gelände mit unterschiedlichen Höhen wählt man für den Teich den tiefsten Punkt. Der Bodenaushub kann zur

Modellierung von Wällen oder Hügeln verwendet werden, die vom Wasserbecken aus leicht ansteigen. Durch diese gestalterische Maßnahme kann man das Wasser und die Pflanzen gut erleben.

Je größer ein Gartenteich angelegt wird, je größer der Flachwasserbereich und die Sumpfzone sind, um so umfangreicher und artenreicher kann gepflanzt werden. Miniwassergärten wie z. B. Bottiche oder Waschkessel bieten nur für zwei oder drei Pflanzen Platz. Bei großen Teichen kann man aus dem umfangreichen Sortiment von Sumpf- und Wasserpflanzen für jede Wassertiefe die passenden Pflanzen auswählen, so daß zu fast jeder Jahreszeit irgendeine Pflanze blüht. Die Größe und die Form eines Teiches hängen also auch davon ab, in welchem Umfang Pflanzen kultiviert werden sollen. Ebenso sind sie für die Einordnung in den Garten wichtig. Ein Miniteich wird nicht den gesamten Garten als dominierendes Thema prägen. Er wird sich einfügen oder an eine höhere umgebende Pflanzung anlehnen. Mehrere kleine Teiche oder ein großer können zu einem Wassergarten gestaltet werden, der für den gesamten Gartenraum dominierend ist. Das heißt, daß die gesamte Bepflanzung auf dieses Thema abgestimmt werden muß. Bambusarten, Taglilien und Gräser eignen sich dazu, um urwüchsige Vegetationsbilder entstehen zu lassen.

Aus gestalterischen Gründen sollte die Wasserfläche nur zu einem Drittel mit Schwimmblättern bedeckt sein, damit noch ausreichend offene Wasserfläche zu sehen ist. Auf dieser können sich Pflanzen, die am Ufer stehen oder aus dem Wasser herauswachsen, spiegeln. Diesen ästhetischen Effekt will man mit einem Gartenteich erreichen. Eine offene Wasserfläche strahlt eine beruhigende Wirkung aus.

Sumpf- und Wasserpflanzen in öffentlichen Freiräumen

Die gestalterischen Kriterien für die Verwendung von Sumpf- und Wasserpflanzen in Gärten treffen im Großen und Ganzen auch für öffentliche Freiräume zu. Hier spielt Wasser als Gestaltungselement eine wichtige Rolle. In Fußgängerzonen, auf Plätzen oder in Hotels findet man oft repräsentative Anlagen, verbunden mit Fontänen, Wasserfällen, Wasserspielen oder Plastiken bekannter Künstler. An solchen Standorten mit stark bewegtem Wasser sind Pflanzen nicht geeignet. Sie bevorzugen doch mehr ruhige Flächen. Auch passen sie nicht zum lauten Getriebe großstädtischen Lebens. Wasser schafft Abwechslung und spendet Erfrischung.

Größere Parkanlagen mit natürlichen Gewässern oder mit Folie abgedichteten Teichen sind ein optimaler Standort, um Sumpf- und Wasserpflanzen in größeren Beständen zu pflanzen. Oft können hier auch Seerosen viele Jahrzehnte ungestört und ohne Pflege wachsen. Die Pflege ist in öffentlichen Anlagen ein nicht zu unterschätzender Faktor. Richtig angelegte Wasserpflanzengesellschaften gehören zu den pflegeleichten Pflanzungen.

Es gibt vielfältige Möglichkeiten der Anwendung von Sumpf- und Wasserpflanzen in öffentlichen Freiräumen, wie z. B. Dorfanger, Hotelgärten, Golfplätze, Schauanlagen oder Pausengärten in Betrieben. Sie könnten noch viel öfter genutzt werden. Geländer oder breite bepflanzte Streifen zwischen Uferrand und Weg dienen der Gewährleistung der Sicherheit. Überall, wo man bis an das Wasser herantreten kann, sind solche Sicherheitsfaktoren zu beachten.

Sumpf- und Wasserpflanzen als Repositionspflanzen

(Pflanzenkläranlagen, Schwimmteiche, Ufersicherung)

Als Repositionspflanzen werden die Pflanzen bezeichnet, die von Menschen gestörte Umweltverhältnisse zumindest teilweise zu beheben vermögen. Reposition heißt (Ver-)Setzung in den alten Zustand. Dazu zählt auch der Uferschutz durch Erosionshemmung. Vorwiegend steht der Begriff für eine ganze Anzahl verschiedener Pflanzen, die überwiegend für Reinigungszwecke eingesetzt werden. Repositionspflanzen können reinigend auf alle drei Sphären der menschlichen Umwelt, Boden, Wasser und Luft, wirken. Man kann sie deshalb auch als moderne Nutzpflanzen bezeichnen. Unsere Gesellschaft hat einen großen Bedarf an diesen Pflanzen, weil sie zur ökologischen Reposition der Umwelt eingesetzt werden.

Die in der Wasserreinigung einsetzbaren Pflanzen sind Sumpf- und Wasserpflanzen. Über die wasserreinigende Wirkung der symbiontischen Lebensgemeinschaft von Pflanzen und Mikroorganismen ist viel bekannt, aber nur wenig über die meisten Pflanzenarten und ihre besondere Wirkung dabei. Es fehlt bisher an Ergebnissen, die bestimmte Eigenschaften von Pflanzen und Pflanzengesellschaften feststellen und belegen. Die gezielte Anpflanzung besonders wirksamer Pflanzenarten beruht noch auf Erfahrungswerten.

Die wasserreinigende Wirkung von Pflanzen ist in Pflanzenkläranlagen und auch in Schwimmteichen gefordert. Es ist nicht Inhalt dieses Buches auf die baulichen Gesichtspunkte solcher Anlagen und Schwimmteiche einzugehen. Dazu gibt es entsprechende Literatur oder man holt sich den Rat spezialisierter Firmen. Vielmehr sollen einige grundlegende Erläuterungen zu den entsprechenden Pflanzen gegeben werden.

Sumpfpflanzen finden sich in der Natur an den Ufern von Fließ- und Stillgewässern. Solche Standorte sind vom Wasser angeschwemmte oder durch vorübergehenden Rückzug des Wassers freigelegte Flächen. Diese Flächen zu besiedeln gelingt den Pflanzen nur unter günstigen Umständen. Die oft in Massen vorhandenen Flug-

und Schwimmsamen können zwar keimen, aber sich nicht immer weiter entwickeln, weil das Wasser fehlt. Deshalb spielt für diese Pionierpflanzen die generative Vermehrung eine quantitativ untergeordnete Rolle. Umgekehrt haben diese Arten die Fähigkeit zu einer überaus starken vegetativen Verbreitung, die am oder im Boden stattfindet. Die zumeist horizontal laufenden Rhizome bilden in gleichmäßigen Abständen grüne Triebe. Das Ergebnis ist ein nach außen sichtbares Röhricht. Röhrichte sind einzigartige Pflanzengesellschaften, die am häufigsten von dem oft bestandbildenden Vertreter, dem Schilf (*Phragmites australis*), gebildet werden. Die bestandbildenden Arten bilden dabei meist größere zusammenhängende Bereiche nur einer Art. Solche Röhrichtbestände zeigen eine gleichmäßige Verteilung der über- und unterirdischen Organe. An den Teich-, See- und Flußufern findet man das sogenannte Binsen-Schilf-Röhricht. Alle Röhrichte verlanden ein Gewässer. Das macht sie deshalb zu Repositionspflanzen des Uferschutzes. Die Röhrichtpflanzen leiten mit der Verlandungstätigkeit zugleich den Zusammenbruch ihres Bestandes ein. Mit fortschreitender Verlandung haben Gehölze die Möglichkeit, sich zu entwickeln. Wenn sie groß sind, nehmen sie den Röhrichtpflanzen das Licht. Als Ergebnis bricht der Bestand zusammen.

Die bestandbildenden Arten können sich mit mehr (*Typha latifolia*) oder weniger (*Scirpus lacustris*) großer Geschwindigkeit ausbreiten. Im Gegensatz dazu stehen die horstig wachsenden Arten der Gräser und Binsenähnlichen. Diese können mehr oder weniger gelockert wachsen. Zwischen den Wuchsformen gibt es Übergangszustände.

Ein einzelner Sämling von *Iris pseudacorus* entwickelt sich zu einem typischen Horst. Wachsen mehrere Horste zusammen, ergibt sich ein geschlossener und homogener Bestand.

In den ersten Pflanzenkläranlagen standen die Pflanzen noch in reinen Monokulturen. Inzwischen hat die Praxis aber gezeigt, daß gemischte Pflanzungen einem größeren Spektrum an Mikroorganismen Lebensraum schaffen und damit die Leistung einer Anlage flexibler gestalten. Auch passen sich gemischte Pflanzungen harmonischer in die Landschaft ein.

Wichtige Arten für eine Pflanzenkläranlage sind folgende:

Schilf (*Phragmites australis*)

Das Schilf ist die einzige Art der Gräser, die mit ihren Rhizomen im Boden vertikal und horizontal wandert. Dabei kann der Boden über 2 m tief durchwurzelt werden.

Im Abwasser wächst das Schilf wie an seinem natürlichen Standort. Wird es mit Abwasser oder Schlamm überstaut, bilden sich an den überstauten Nodien Sekundärwurzeln. Neben der Eigenschaft hohe organische Belastung ertragen zu können, gilt Schilf als Nährstofffresser. Es ist sehr empfindlich gegenüber einem Schnitt unter Wasser. Die mächtigen Rhizome sind ohne die Sauerstoffversorgung über das Halmsystem nicht mehr austriebsfähig. Im Herbst bildet das Laub der fallenden Blätter eine Sperrschicht, die den Gasaustausch über die Bodenoberfläche behindern kann. Die Halme bleiben bis zum folgenden Frühjahr stehen. In horizontal durchflossenen Becken gelangt Sauerstoff im Winter über die porösen Nodien des Schilfs an die Wurzeln. Schilf hat eine hohe Produktivität. Der Flächenzuwachs beträgt bis 3,14 m^2 pro Jahr bei bis zu 200 Trieben pro m^2 und Jahr. Schilfhalme haben einen Zellulosegehalt von etwa 50 % und einen Heiz-

Abb. 229 Scirpus lacustris ssp. lacustris

Abb. 230 *Carex acutiformis*

Abb. 231 *Carex gracilis*

Abb. 232 *Carex pseudocyperus*

Abb. 233 *Carex riparia*

wert, der ungefähr doppelt so hoch ist wie der von Braunkohle. Schilf ist zur Wasserreinigung und zum Uferschutz gleichermaßen geeignet.

Rohrglanzgras (*Phalaris arundinacea*)

Die Pflanzen sehen in der äußeren Gestalt dem Schilf sehr ähnlich, werden aber nicht so hoch. Es findet sich fast ausschließlich im Flußröhricht, sehr selten in stehendem Wasser. Bei langandauernder Überstauung stellt es sein Wachstum ein. Das Rohrglanzgras vermehrt sich vegetativ über kurze Ausläufer und hat somit keinen tiefen und regelmäßigen Wurzelhorizont. Gegenüber Abwasserbelastungen ist es empfindlicher als Schilf.

Schwaden (*Glyceria maxima*)

Der Schwaden ist ein Bewohner flacher Gewässer mit stark schwankendem Wasserstand. Die Pflanzen bilden flachkriechende Rhizome mit starken Ankerwurzeln. Die Blütenrispen sind mitunter noch größer als die des Schilfes. Das helle Grün des Schwadens hebt ihn von dem Dunkelgrün der anderen Gräser deutlich ab.

See- oder Teichsimse (*Scirpus lacustris* ssp. *lacustris*)

Diese Art hat eine ebenso herausragende Bedeutung wie das Schilf. Die Pflanzen wachsen ganzjährig. Auch mit eingeschränktem Wachstum in den Wintermonaten bleibt ihr Stoffwechsel aktiv. Betrieben wird er mit Reservestoffen (meist Stärke), die in den Sommermonaten in Speicherorganen (Rhizomen) akkumuliert werden. An natürlichen Standorten besitzen die Pflanzen ein drahtiges, sehr stabiles und reißfestes Wurzelgeflecht im Bereich der Rhizome, welche dicht unter der Bodenoberfläche entlangkriechen. Neue Rhizome kriechen über alte und bilden dazwischen eine fruchtbare Schicht aus abgestorbenen Wurzeln. In der vegetativen Vermehrung sind kurze Stücke der harten Rhizome auch ohne sichtbare Knospen austriebsfähig.

Die Teichsimse hat eine beträchtliche Anpassung an verschiedenste Abwässer. Sie verträgt hohe organische Belastung und Nährstoffkonzentration. Wie das Schilf gilt sie als Nährstofffresser. Sie besitzt sogar die Fähigkeit, Coli-Bakterien abzutöten.

Die Teichsimse wirft im Herbst, nach dem Abbau der grünen Farbstoffe, kein Laub, sondern behält ihre Halme bis zum Frühjahr bei. Erst bei Neuaustrieb zerfallen sie in mehrere bis viele Bruchstücke.

Ein Schnitt des Halmes verursacht meist ein Wachstumsstop des selben. Die Pflanze treibt aber dann verstärkt aus Knospen oder über junge, kurze und daher ungeschnittene Halme wieder aus.

Seggen (*Carex*-Arten)

Sie sind die zahlenmäßig größte und botanisch vielfältigste Gattung der Riedgrasgewächse. Auch die Seggen bilden Röhrichte. Die bestandbildenden Arten ähneln in ihrem Wurzel- und Rhizomwachstum und damit in ihrer Widerstandsfähigkeit gegenüber erodierenden Angriffen dem Schilf. Sie sind auch sehr anpassungsfähig an verschiedene Abwässer. Sie stehen an Pionierleistung dem Schilf und den Teichsimsen um nichts nach. Ihr Wurzelfilz ist dicht und fest und dem Schilf ähnlich.

Auch das Rhizomwachstum ähnelt dem Schilf. Die bis zu 30 cm langen Rhizome durchwandern und verfestigen das Wurzelgeflecht durch weitere Wurzelbildung. Knospen werden unten am Rhizom angelegt und wandern über einen Bogen an die Erdoberfläche.

Manche Seggen vertragen Halbschatten und sind in Pflanzenkläranlagen an solchen Standorten einsetzbar. Manche sind ganzjährig grün und wachsen zu röhrichtähnlichen Beständen heran.

Nährstoffliebende, bestandbildende Seggenarten sind: Sumpfsegge (*Carex acutiformis*), Schlanke Segge (*Carex gracilis*), Behaarte Segge (*Carex hirta*), Wiesensegge (*Carex nigra*), Hirsesegge (*Carex panicea*), Hängesegge (*Carex pendula*), Scheinzypersegge (*Carex pseudocyperus*), Ufersegge (*Carex riparia*) und Schnabelsegge (*Carex rostrata*).

Die horstig wachsenden Seggenarten sind die Spezialisten der nährstoffarmen Stillgewässer. Sie sind deshalb für Pflanzenkläranlagen weniger geeignet.

Breitblättriger Rohrkolben (*Typha latifolia*)

Seine Samenvermehrung verläuft auch unter natürlichen Bedingungen problemlos. Er ist daher die Pionierart schlechthin und erfreut sich bei vielen wasserbaulichen Maßnahmen großer Beliebtheit. Die Sämlinge können bei ausreichender Feuchtigkeit auf lehmigen Böden ohne Bewuchs schnell große Bestände bilden. Bei Feuchtigkeitsmangel (vorübergehende Trockenheit) kann der Bestand aber genauso schnell wieder zusammenbrechen. Der flachwurzelnde Rohrkolben wird in Konkurrenz mit den anderen großen Röhrichtpflanzen (Schilf und Teichsim-

se) zurückgedrängt. Einen positiven Einfluß auf das Reinigungsgeschehen kann der Rohrkolben nur in flachen, horizontal durchströmten Becken nehmen.

Der Breitblättrige Rohrkolben weist hohe Einträge von Sauerstoff in den Wurzelbereich auf. Seine langen stärkereichen Rhizome sind relativ kurzlebig und vor allem empfindlich gegenüber Druck und Trockenheit.

Kalmus (*Acorus calamus*)

Der Kalmus ist eine bestandbildende Art, die in Pflanzenkläranlagen eingesetzt werden kann. Die Rhizome zeigen einen schnellen Wuchs, sind aber nur an wenigen Stellen mit grünen Trieben versehen. Ältere Rhizomteile werden schon ab der zweiten Vegetationsperiode wieder abgebaut. An den Rhizomspitzen ergibt sich ein dichter Bewuchs, der an älteren Rhizomteilen aufgelockert und wenig konkurrenzfähig gegenüber eindringenden anderen Arten ist.

Angeblich haben die Mongolen den Kalmus auf ihren Feldzügen nach Mitteleuropa mitgebracht, weil sie um seine wasserreinigende Wirkung gewußt haben. Tatsächlich wächst Kalmus auch im Abwasser mit hoher organischer Belastung. Dort zeigt er die Tendenz, seine kräftigen Rhizome weit in die Wasserzone vorzuschieben.

Sumpfschwertlilie (*Iris pseudacorus*)

In Pflanzenkläranlagen ist die Sumpfschwertlilie eine beliebte Art, vor allem, weil sie dekorativ blüht. Unter den Repositionspflanzen für das Wasser ist sie neben einigen Seggen die einzige halbschattenverträgliche Art. Gegenüber den meisten Standortfaktoren ist sie wenig wählerisch. Die gedrungenen, verzweigten Rhizome werden von vielen bleistiftdicken Ankerwurzeln festgehalten, um der hohen Blattbiomasse einen festen Halt zu geben.

Einzeln stehende Horste haben auch gegenüber den großen Röhrichtarten eine langjährige Behauptungsmöglichkeit.

Die zweikeimblättrigen Repositionspflanzen sind für die wasserreinigende Wirkung von geringerem Interesse. Es gibt keine krautige, bestandbildende, überstaubare Art.

Sie spielen nur eine Rolle als Beiarten, die einen bunten Blütentupfer setzen können. Gepflanzt werden können z. B. Blutweiderich (*Lythrum salicaria*), Bachbunge (*Veronica beccabunga*) oder Sumpfvergißmeinnicht (*Myosotis palustris*).

Die Kriterien, nach denen Wasserpflanzen in Pflanzenkläranlagen eingesetzt werden, können auch auf Schwimmteiche übertragen werden. Sie haben dort ebenfalls die Aufgabe, Belastungen aus dem Wasser herauszufiltern. Schwimmteiche erfreuen sich in den letzten Jahren zunehmender Beliebtheit. Sie sind dekorativer als ein steriler Swimmingpool, der oft nur an wenigen Tagen im Jahr zum Baden genutzt werden kann. Ein bepflanzter Schwimmteich ist auch dann dekorativ, wenn das Wasser zum Baden zu kalt ist.

Abschließend zu diesem Thema kann gesagt werden, daß die Reposition gestörter Umweltverhältnisse nicht nur lokal zu sehen ist, in Bezug auf örtlich verschmutzte Wasser-, Boden- und Luftverhältnisse, sondern auch global. Pflanzen in der Abwasserreinigung produzieren Sauerstoff. Das in den Kläranlagen gebildete Kohlendioxid kommt den Pflanzen als Gasdüngung zugute. Die Pflanzen helfen also, den Kohlendioxidausstoß zu verringern.

Pflegearbeiten im Wassergarten

Pflegearbeiten im Wassergarten

Wenn auch die Kultur der Sumpf- und Wasserpflanzen recht einfach ist, so kommt man doch nicht umhin, im Laufe des Jahres gewisse Pflegearbeiten durchzuführen, wobei auch die Pflanzen der trockenen Uferzone mit in diese Arbeiten einbezogen werden.

Im Frühjahr beginnt man damit, den Winterschutz bei den Pflanzen zu entfernen. Je nach Witterung wird etwa Ende März die Reisigdecke von den Primeln genommen und dann später, wenn keine stärkeren Fröste mehr zu befürchten sind, auch der Laubschutz von *Lobelia cardinalis* (Scharlachrote Lobelie), von *Anemopsis californica* (Scheinanemone) und anderen nur bedingt winterharten Arten.

Als weitere Arbeit werden die abgestorbenen Pflanzenteile entfernt und die Gräser der Uferzone, *Typha* (Rohrkolben) und *Scirpus* (Simsen) zurückgeschnitten. Bei den Pflanzen im Wasser wird ein Ausputzen kaum erforderlich sein, da im Laufe des Winters sich in der Regel alle abgestorbenen Pflanzenteile im Wasser zersetzt haben und auf den Boden gesunken sind, wo sie den Pflanzenwurzeln neue Nahrung liefern. Das Frühjahr ist auch der richtige Zeitpunkt, um einen Erdwechsel durchzuführen, wobei diese recht aufwendige, mühsame Arbeit meist nur in Abständen von einigen Jahren notwendig wird, nämlich dann, wenn auch ein Nachdüngen der Pflanzen nicht mehr den gewünschten Erfolg bringt.

Sobald die Temperaturen ansteigen, setzt bei den meisten Pflanzen ein sichtliches Wachstum ein. Im Herbst ausgefallene Samen beginnen zu keimen. Ist es versäumt worden, verblühte Blütenstände z. B. von *Alisma* (Froschlöffel) im Sommer des Vorjahres zu entfernen, werden sich in den verschiedensten Wassertiefen kleine Froschlöffelpflänzchen entwickeln. Wo diese Selbstaussaat unerwünscht ist, muß durch oft mühselige Kleinarbeit ordnend eingegriffen werden.

Ab April können auch die ersten Sumpfpflanzen verpflanzt oder gepflanzt werden, wobei sich dieser Termin beim Kauf des Pflanzenmaterials auch nach den Versandzeiten der Gärtnereien richtet, falls die gewünschten Pflanzen nicht in einem Garten-Center in der Nähe zu bekommen sind. Der Versand von Sumpf- und Wasserpflanzen, einschließlich der Seerosen, erfolgt hauptsächlich in den Monaten Mai und Juni, wobei natürlich in Containern herangezogene Pflanzen schon früher oder auch noch später verschickt werden können, ohne daß Wachstumsstockungen befürchtet werden müssen. Alle Pflanzen, die als Winterknospen oder Knollen überwintern und in der Regel erst Anfang bis Mitte Mai in Wuchs kommen, wie z. B. *Hydrocharis* (Froschbiß) oder *Sagittaria* (Pfeilkraut), können auch erst dann angeboten werden. Der Versand von Sumpf- und Wasserpflanzen spielt heute sicherlich nicht mehr diese Rolle wie vor 20 Jahren, denn sie werden im Frühjahr in den meisten Garten-Centern angeboten. Wer allerdings Pflanzen sucht, die über das Grundsortiment hinausgehen, muß weiterhin Verbindung zu Spezialgärtnereien aufnehmen.

Sobald die letzten Fröste vorbei sind, etwa Mitte Mai, können dann auch die Pflanzen, die im Kalthaus oder temperierten Haus überwintert haben, wieder in den Wassergarten gepflanzt werden.

Die Pflanzen, die sich unseren gestalterischen Absichten entgegen zu kräftig entwickelt haben, müssen durch Teilen reduziert werden, was bei besonders wuchernden Arten oft schon nach einer Vegetationsperiode notwendig sein kann.

So können in kleineren Anlagen z. B. *Sagittaria* (Pfeilkraut), *Typha* (Rohrkolben) oder einige wuchernde Gräser schon im 2. Standjahr zu dichte Bestände bilden.

Andere Pflanzen, wie z. B. *Aponogeton* (Wasserähre), *Orontium* (Goldkeule), *Lysichiton* (Scheinkalla) oder auch *Caltha* (Sumpfdotterblume), brauchen nicht geteilt werden, weil sie erst nach einigen Jahren ihre eigentliche Schönheit erreichen.

Das Teilen der Pflanzen muß nicht auf die Frühjahrsmonate beschränkt bleiben, es kann während der gesamten Vegetationsperiode durchgeführt werden, denn Schwimm- und Unterwasserpflanzen überschreiten erst in den Sommermonaten bei sehr üppigem Wachstum den ihnen zugedachten Wuchsraum. Ein Auslichten erfolgt also erst dann, denn je größer diese Pflanzen sind, um so einfacher lassen sie sich entfernen.

Die weitere Pflege in den Sommermonaten besteht darin, das verdunstete Wasser durch Nachfüllen zu ersetzen, je nach Witterung in unterschiedlich großen Zeitabständen. Falls ein natürlicher Zufluß vorhanden ist oder bei natürlichen Teichen erübrigt sich diese Maßnahme.

Das Düngen kann in der Regel in den ersten 2 bis 3 Jahren im Wassergarten entfallen, wenn dem Substrat langwirkende Dünger, wie Knochenmehl, Hornspäne o. ä., zugesetzt wurden.

Erst dann muß nachgedüngt werden, am besten mit einem handelsüblichen Volldünger. Pflanzen, die sauren Boden verlangen, dürfen nicht mit kalkhaltigen Düngern gedüngt werden. Der günstigste Zeitpunkt liegt im Frühjahr, wenn die Pflanzen noch nicht ausgetrieben haben, damit keine durch Dünger verursachte Blattverbrennungen entstehen, wenn der Dünger auf die feuchte bis nasse Erde im Uferbereich ausgestreut wird. Eine andere Möglichkeit ist das Einkneten des Düngers in Lehmkugeln, die direkt in den Grund in die Nähe der Wurzeln, besonders bei Seerosen, gedrückt werden. Auch kann man den Pflanzkorb, falls in solchen gepflanzt, aus dem Wasser herausnehmen, mit einem Stock 2 oder 3 Löcher bohren und diese mit Dünger füllen. Anschließend werden die Löcher wieder mit Erde bedeckt und der Korb in das Wasser zurückgestellt. Im Uferbereich ist eine Nachdüngung auch im Sommer möglich, nur muß dann auf Pflanzenteilen haftender Dünger sofort abgespült werden. Ein jährliches Nachdüngen mit verrottetem organischem Material, das einfach auf den Boden aufgebracht wird, kann für einige Irisarten, z. B. *Iris sibirica*, empfohlen werden. Die Pflanzen entwickeln sich wesentlich kräftiger und blühen üppiger.

Bei einigen Pflanzen empfiehlt es sich, während der Vegetationsperiode die abgeblühten Triebe zu entfernen, um somit zu verhindern, daß sich diese durch ausfallende Samen zu stark vermehren, z. B. bei *Caltha* (Sumpfdotterblume), *Iris pseudacorus* (Sumpfschwertlilie) und vor allem *Alisma* (Froschlöffel). Der Aufwand des Abschneidens ist nicht groß, der des Herausziehens der vielen kleinen Sämlinge viel größer.

Im Herbst sind vor den ersten Frösten alle nicht winterharten Pflanzen in ihr Winterquartier zu bringen, das ein Gewächshaus oder ein anderer frostfreier, heller Raum sein kann. Die besonderen Anforderungen dieser Pflanzen werden bei der jeweiligen Gattung beschrieben.

Sumpfpflanzen, die nur bedingt winterhart sind, die aber bei den entsprechenden Schutzmaßnahmen den Winter über im Freiland verbleiben können, werden mit einer Laubdecke überzogen, z. B. *Anemopsis* (Scheinanemone). Bei weniger empfindlichen Arten reicht eine Reisigdecke als Schutz aus. Die Wasserpflanzen, die nur bedingt winterhart sind, z. B. *Aponogeton* (Wasserähre), müssen in eine solche Wassertiefe (mindestens 50 cm) gebracht werden, wo sie nicht einfrieren können. Kleine und kleinste Becken, in denen solche gefährdeten Pflanzen stehen, müssen mit Brettern und Laub ganz abgedeckt werden, oder die Pflanzen werden herausgenommen und frostfrei überwintert. Bei einer vollständigen Abdeckung ist jedoch in frostfreien Perioden zu lüften.

Bei Folienteichen, Fertigteichen und bei richtig konstruierten Betonbecken braucht das Wasser im Winter nicht abgelassen werden. Die Becken erleiden durch den Frost keinen Schaden. Eine Ausnahme bilden solche, die über der Erde stehen. Bei diesen empfiehlt es sich, das Wasser abzulassen und die Pflanzen durch eine starke Laubschicht zu schützen. Ein Schutz aus Folie darüber verhindert das Einfallen von Niederschlägen, die den Boden bis zum Frühjahr in einen übelriechenden Morast verwandeln, in dem die Pflanzen mit Sicherheit geschädigt werden und teilweise in Fäulnis übergehen.

Ist ein Wasserbecken mit Goldfischen und deren Zuchtformen besetzt, können bei mindestens 60 cm Wassertiefe auch die Fische im Winter dort verbleiben. Für Goldorfen oder Koi sollte er tiefer sein, für Koi mindestens 1,5 m. Die Fische verhalten sich ganz ruhig, stehen entweder zwischen den Unterwasserpflanzen oder wühlen sich in den Schlamm ein.

Krankheiten und Schädlinge

Krankheiten und Schädlinge

Selbst ein gut gepflegter Wassergarten bleibt manchmal von Krankheiten und Schädlingen einschließlich Algen und Wassertrübungen nicht verschont. In einem kleinen Becken ist ihre Bekämpfung in der Regel relativ einfach, in größeren kann sie schon komplizierter werden. Auf Unkräuter und Pflanzen, die durch starkes Wuchern benachbarte Pflanzen oder die Pflanzengemeinschaften des Wasserbeckens insgesamt behindern, wird hier nicht eingegangen.

Es werden die pilzlichen und bakteriellen Krankheiten und tierische Schädlinge aufgeführt, ihre Bekämpfung sowie abschließend auf die Algen und die damit verbundenen Wassertrübungen eingegangen.

Kommen zur Bekämpfung von Schaderregern Pflanzenschutzmittel zum Einsatz, so sind folgende Hinweise zur sachgerechten Handhabung zu befolgen.

Alle Spritzmaßnahmen sind am besten in den Abendstunden oder an trüben Tagen durchzuführen, um an den Blättern der Pflanzen keine Verbrennungen hervorzurufen.

Vor allem Seerosenblätter reagieren an sonnigen, heißen Tagen empfindlich auf Pflanzenschutzmittelrückstände. Um die befallenen Pflanzenteile gezielt behandeln zu können, ist bei den Seerosen vor dem Spritzen der Wasserstand zu senken. Die hier zur Bekämpfung meist empfohlenen systemisch wirkenden Pflanzenschutzmittel sind Präparate, deren Wirkstoffe von der Pflanze durch Blätter und Wurzeln aufgenommen und im Leitbündelsystem transportiert werden. Dort werden sie vorübergehend in wirksamen Dosen gespeichert.

Pilzliche und bakterielle Schaderreger

Krankheiten und Schädlinge

An Sumpf- und Wasserpflanzen kommen Pilze und Bakterien als Krankheitsverursacher relativ selten vor. Meist treten sie nur dort auf, wo die Pflanzen durch nicht zusagende Standortbedingungen geschwächt sind.

Die Blätter der *Iris*-Arten können von der Blattdürre (*Heterosporium gracile*) befallen werden, wobei die Iris-Kaempferi-Hybriden und *Iris versicolor* besonders anfällig sind. Das Schadbild äußert sich im vorzeitigen Eintrocknen der Blattspitzen, anfangs gelben, später braunen Flecken auf den Blättern und einer Vergilbung des Laubes. Gelegentlich werden *Iris* auch von Rostpilzen (*Puccinia iridae*) befallen. Die Blätter verfärben sich gelbstreifig und sind mit rotbraunen Pusteln bedeckt. Bei beiden Krankheiten kümmern die Pflanzen, da ihnen die Assimilationsfläche genommen wird.

Die Bekämpfung erfolgt mit systemischen Fungiziden.

Die Blätter und die Blattstiele von *Caltha*-Arten werden vom Echten Mehltau (ein Pilz aus der Gruppe der *Erysiphaceae*) befallen. Die Stiele sowie die Blattober- und -unterseiten sind dabei von einem weißgrauen Belag überzogen, der die Pflanzen unansehnlich macht. Bei starkem Befall vertrocknen die betroffenen Pflanzenteile. Die Pflanzen werden hauptsächlich in den Monaten Juni bis August mit diesem Pilz befallen.

Die Bekämpfung erfolgt durch mehrmalige Anwendung mit Schwefelpräparaten oder mit systemischen Fungiziden.

Bei den Seerosen kann die Knollenfäule (*Gloeosporium nymphaearum*), ein Schwächeparasit, der vor allem bei ungünstigen Standortbedingungen auftritt, Schaden anrichten. Solche Bedingungen sind Nährstoff- und Lichtmangel, zu kaltes Wasser, falsche Pflanzerde oder ein zu hoher Wasserstand. Gelbe und kupferfarbene Sorten werden bevorzugt befallen, aber nicht nur diese. Das Schadbild äußert sich durch gelbe Flecken auf den Blättern, bis diese vollkommen vergilben und allmählich absterben. Bei Befallsbeginn liegen die Blätter nicht mehr in ihrer normalen Haltung auf der Wasseroberfläche, sondern ihre Ränder hängen schlaff herunter. Mit dem Absterben der Blätter wird die Assimilationsfläche der Pflanzen verringert. Der Austrieb von neuen Blättern wird immer geringer, bis schließlich eine völlige Wuchsstockung eintritt.

Die Bekämpfung ist schwierig. Meist besteht sie darin, die befallenen Pflanzen zu entfernen. Alternativ kann der Bestand mit einem systemischen Fungizid gespritzt werden. Manchmal sind an den Rhizomen noch gesunde Triebspitzen zu entdecken, die herausgeschnitten und weiterkultiviert werden können. Dabei ist auf besondere Sauberkeit zu achten, damit die noch gesunden Rhizomteile nicht gleich wieder angesteckt werden. Das kranke Rhizom stinkt sehr unangenehm. Wenn man die Pflanzen retten kann, dauert es manchmal ein oder zwei Jahre, bis sie sich wieder erholt haben.

Ein ähnliches Schadbild hat bei den Seerosen die Stengelfäule, die durch *Phytophthora*-Pilze hervorgerufen wird. Bei Befallsbeginn ist äußerlich am Blatt nichts festzustellen, nur die Stengel brechen am Austrieb bei der kleinsten Berührung ab. Dort sind die Stengel schwarz und abgefault.

Die Bekämpfung erfolgt wie bei der Knollenfäule. Manchmal erholt sich das Rhizom auch von selbst. In beiden Fällen müssen die noch gesunden Rhizomteile in neue Pflanzerde gepflanzt werden. Die alte darf man nicht wieder verwenden.

Gelegentlich werden Seerosen und Teichmummelarten auch von Blattfleckenpilzen befallen (*Colletotrichum nymphaea* und *Phyllostica nupharis*). Die Blätter bekommen gelbe Flecken, die nach und nach dunkler werden und zum Schluß herausfallen. Es entstehen Löcher, die Blätter sterben ab.

Die Bekämpfung besteht im Abschneiden der befallenen Blätter oder im Spritzen mit systemischen Fungiziden.

Die Rhizome von *Iris laevigata* und deren Sorten werden manchmal von der Bakterienfäule (*Erwinia phytophthora*, *Pseudomonas iridis*) befallen. Der Krankheitsverlauf beginnt mit einem oberseitigen Verfaulen des Rhizoms. Wenn der Fäulnisherd auf die Vegetationsknospe übergreift, ist die Pflanze verloren. Die Pflanzen werden von dieser Fäule nicht befallen, wenn sie ganzjährig im flachen Wasser stehen. Frosteinwirkung auf das Rhizom soll die primäre Ursache für den Befall durch Bakterienfäule sein.

Als Bekämpfung wird empfohlen, die Pflanzen aus dem Boden zu nehmen, die kranken Rhizomteile auszuschneiden und die Rhizome für 1 bis 2 Stunden in eine entsprechende Naßbeizelösung zu tauchen. Die Pflanzen sind an einer anderen nicht verseuchten Stelle wieder einzupflanzen.

Tierische Schaderreger

Sie kommen im Wassergarten weitaus häufiger vor als pilzliche und bakterielle Krankheiten. Seerosen werden von Schädlingen häufiger befallen als andere Sumpf- und Wasserpflanzen. Als wichtige tierische Schädlinge, die an den Seerosen auftreten, sind der Seerosenblattkäfer, der Seerosenzünsler und die Seerosenblattlaus bekannt.

Die Seerosenblattlaus (*Rhopalosiphum nymphaea*) überzieht die befallenen Pflanzen förmlich wie mit einer Schmutzschicht. Sie ist etwa 1–1,5 mm groß, schwarz, hat 6 Beine und stechendsaugende Mundwerkzeuge, mit denen sie den Pflanzen Saft entzieht. Sie überwintern als Eiform an den Triebspitzen von Pflaumenbäumen und Schlehenbüschen. Aus den Eiern schlüpfen im Frühjahr Tiere aus, die zum Wasser wandern und an den Pflanzenteilen ihre saugende Tätigkeit aufnehmen. Diese ersten Tiere sind Weibchen, sogenannte „Stammmütter", die sich ohne Befruchtung (ungeschlechtlich) weitervermehren. Bei feuchtwarmem Wetter im Sommer kann es zu einer Massenvermehrung der Blattläuse kommen, sodaß bei einem starken Befall die Pflanzenteile schwarz aussehen. Sie saugen besonders an jungen und zarten Blättern sowie an den Knospen und Blüten, die dann unansehnlich werden, verkrüppeln und schließlich vergilben. Erst Ende des Sommers treten männliche Blattläuse auf, die die letzte Generation der nun geflügelten Weibchen befruchten. Mit der Eiablage beginnt der Kreislauf von neuem. Die Blattläuse befallen nicht nur die Seerosen sondern auch andere Wasserpflanzen, wie z. B. Pfeilkraut (*Sagittaria*), Froschlöffel (*Alisma*), Rohrkolben (*Typha*), Kalmus (*Acorus*) und Blumenbinse (*Butomus*).

Bekämpfung: In kleinen Becken lassen sich die Blattläuse mit einem scharfen Wasserstrahl von den befallenen Pflanzenteilen abspritzen. Eine eigentliche Bekämpfung wird damit allerdings nicht erreicht, da die Läuse mit einer Wachsschicht umgeben sind und deshalb auf dem Wasser schwimmen, bis sie wieder Halt finden. Nur in Ausnahmefällen, bei einem sehr starken Befall, kann auf eine chemische Bekämpfung mit systemisch wirkenden Insektiziden zurückgegriffen werden. Man muß aber bedenken, daß dabei auch andere Tiere geschädigt werden können. In diese Maßnahmen sind auch die Pflaumenbäume und, wo vorhanden, auch Schlehenbüsche als Zwischenwirte mit einzubeziehen. Fische sollten vor der Behandlung aus dem Wasserbecken herausgenommen werden, da die Präparate für diese giftig sind.

Abb. 234 Seerosenblattlaus

Abb. 235 Seerosenblattlaus, Schäden an der Blüte

Der Seerosenzünsler (*Nymphula nymphaeata*) tritt vor allem als Schädling in den Anzuchtquartieren auf, wo Seerosen in größeren Mengen herangezogen werden. Nur gelegentlich kommt er auch in einem kleineren Wasserbecken vor. Er ist ein etwa 2–2,5 cm großer, mottenähnlicher Schmetterling mit orangebraunen, weißgefleckten Flügeln. Im Juli bis August legen die Falter ihre Eier in Blattrandnähe in kleinen Haufen ab, aus denen bald ihre Larven, kleine weiße Raupen, schlüpfen. Diese erreichen im ausgewachsenen Stadium etwa 1,5 cm Länge. Die Falter sind mehr oder weniger unscheinbar und schädigen nicht. Die eigentlichen Schädlinge sind die Raupen. Sie schädigen durch Blattfraß. Erkennbar werden sie durch ihre Behausung. Sie schneiden vom Blattrand ovale Stückchen ab und leben bis zur Verpuppung zwischen zwei solchen Blattstückchen in einer Art Kokon, das auf der Wasseroberfläche schwimmt. Gelegentlich findet man die Raupen auch unter den Blättern mit nur einem schildförmigen Blättchen zugedeckt. Diese Larven fressen wahllos und trennen dabei weitere Blattstückchen heraus. Befallen werden nicht nur Seerosen, sondern auch die Wasserähre (*Aponogeton*), die Seekanne (*Nymphoides*), der Schwimmfarn (*Salvinia*), der Froschbiß (*Hydrocharis*) und das Schwimmende Laichkraut (*Potamogeton natans*). Bei einem Massenauftreten kann der Schaden groß sein, wenn nicht bekämpft wird.

In kleinen Wasserbecken ist das Absammeln der Raupen (auch unter den Blättern) eine recht einfache Bekämpfungsmaßnahme. Bei größeren Becken muß mit systemischen Insektiziden gespritzt werden. Durchgreifende Bekämpfungserfolge sind nur bei mehrmaliger Anwendung in Abständen von etwa 8 Tagen zu erwarten, wenn auch die neu ausgeschlüpften Raupen ständig vernichtet werden. Gute Erfolge erreicht man mit dem biologischen Antagonisten *Bacillus thuringiensis*. Das Mittel wird bei den ersten Befallssymptomen zweimal im Abstand von zwei Wochen auf die Blätter gespritzt. Es dauert einige Tage, bis das Bakterium im Darm der Raupen aktiv wird und diese nicht mehr fressen, bis sie dann letztendlich zugrunde gehen.

Der Seerosenblattkäfer (*Galerucella nymphaea*) schädigt sowohl als Käfer als auch als Larve durch Loch- oder Schabefraß auf den Blättern und gelegentlich auch auf den Blüten und Knospen. Die Blätter sehen durch die länglichen, etwas hin und her gewundenen Fraßgänge unansehnlich aus und sterben bei starkem Befall ab. Die Käfer sind dunkelbraun und etwas länger als ein Marienkäfer. Sie überwintern zwischen den Uferpflanzen. Ab Juni, manchmal auch schon ab Mai, legen sie ihre Eier auf die Seerosenblätter in kleinen Haufen ab. Nach etwa einer Woche schlüpfen die außerordentlich gefräßigen, nur einige Millimeter großen, schneckenartigen, bräunlichschwarzen Larven. Gewöhnlich treten sie auf den Blättern in kleinen Gruppen auf. In einem Jahr können sich mehrere Generationen entwickeln.

Abb. 236 Seerosenzünsler

Abb. 237 Seerosenblattläufer

Ein Absammeln der Larven oder Zerdrücken der Eierhaufen ist als Bekämpfungsmaßnahme nur bei kleinen Wasserbecken möglich. Bei größeren Anlagen sind systemische Insektizide zu spritzen, wobei auch die Uferpflanzen in die Behandlung mit einzubeziehen sind, um auch dort die Käfer zu vernichten. Das ist jedoch nur bei einem sehr starken Befall notwendig, wenn die Schmuckwertbeeinträchtigung zu groß wird. Wer natürliche Gewässer mit Seerosenbeständen in der Nähe hat, wird oft mit diesem Schädling leben müssen. Die Käfer fliegen von dort in den eigenen Garten.

Je früher man die Eierhaufen auf den Blättern zerdrückt, um so besser bekommt man den Schädling in den Griff. Dadurch können sich erst gar keine neuen Larven entwickeln.

Gelegentlich tritt bei den Seerosen die Blattminiermücke (*Cricotopus ornatus*) auf. Die Larven dieses Schädlings fressen schmale, kurvige Linien auf die Blattoberflächen. Die Schädigung durch die Larven ist insgesamt nicht groß, so daß nur selten eine Insektizidspritzung erforderlich wird. Andere *Cricotopus*-Arten (Zuck- und Schwarmmücken) können dagegen manchmal an jungen Pflanzen erheblichen Schaden anrichten. Die winzig kleinen Larven lassen nur skelettierte Blätter übrig. Man findet die Larven sowohl auf als auch unter den Blättern.

Eine Bekämpfung dieser Mückenlarven ist nur mit systemischen Insektiziden möglich.

Neben diesen Schädlingen, die hauptsächlich die Seerosen und weniger die anderen Sumpf- und Wasserpflanzen befallen, treten im Wassergarten auch noch andere tierische Schädlinge auf, die an den Pflanzen Schaden verursachen, wie Schnecken und Wasservögel.

Die Schnecken leben nicht nur von Algen und abgestorbenen Pflanzenteilen, sie befallen auch besonders junge Triebe und Blätter der Wasserpflanzen. Von den einheimischen Wasserschnecken ist nur die Spitzschlammschnecke (*Lymnaea stagnalis*) mit spitzem, keilförmigem Gehäuse gelegentlich als Schädling anzutreffen. Alle anderen Schnecken sind harmlos und richten im Wassergarten keinen großen Schaden an. Die Spitzschlammschnecke schädigt bei einem Massenauftreten auch die jungen Blätter von Seerosen. Andere Pflanzen, wie z. B. Wasserähre (*Aponogeton*) und Goldkeule (*Orontium*) scheinen für die Schnecken eine Delikatesse zu sein. Die Eier werden in gallertartigen, durchsichtigen Bögen unter Wasser an Pflanzenteilen oder unter Seerosenblättern angeheftet.

Bekämpfung: Man kann sie absammeln oder mit einem ins Wasser gelegten Salatkopf anködern und dann vernichten. Da die Schnecken Lungenatmer sind und deshalb in gewissen Abständen an die Oberfläche kommen, um Luft zu holen, können sie dann leicht abgefischt werden.

Hat man größere Wasserbecken in der Nähe natürlicher Gewässer, kommen auch ab und zu Wasservögel zugeflogen, vor allem Wildenten. Im Frühjahr sind sie auf der Suche nach Nistmöglichkeiten. Sie lassen sich dann auf dem Gartenteich nieder und gründeln auf dem Bodengrund. Dabei fressen sie die Überwinterungsknospen von Unterwasserpflanzen und die stärkehaltigen Pfeilkrautknollen, die für sie eine Delikatesse sind. Unter Umständen vernichten sie mit ihrem Fressen ganze Pflanzenbestände oder reißen sie nur heraus.

Nur bei kleinen Wasserbecken können über das Wasser gespannte Schnüre Abhilfe schaffen.

Zum Abschluß dieses Kapitels wird ein Problem kurz angesprochen, das mit Kranheiten und Schädlingen im eigentlichen Sinn nichts zu tun hat, jedoch aber zu einem großen Problem für den Pflanzenbestand einer Wasseranlage werden kann. Es ist die Verunreinigung des Wassers durch Algen, einzelligen, niederen Pflanzen, die sich unter günstigen Lebensbedingungen rasend schnell vermehren können. Sie leben einzeln oder im Verband. Die Algen können in 2 Gruppen unterteilt werden, in Schwebealgen (Blaualgen, Kieselalgen, Grünalgen) und Faden- und Netzalgen (Wattealgen, Jochalgen, Wassernetz). Die Jochalgen werden auch als Schleimalgen bezeichnet. Bei starkem Auftreten können alle Arten lästig werden, vor allem die Fadenalgen. Sie sehen blaugrün aus, an der Oberfläche gelbgrün. Im Wasser und an der Oberfläche schwimmen sie als watteähnliche Gebilde, die langen grünen Fäden ähneln, wenn man sie herausnimmt. Oft enthalten diese wattebauschartigen Klumpen kleine Bläschen, vor allem, wenn sie an der Wasseroberfläche treiben. Es handelt sich dabei um Sauerstoff, den die Algen durch ihre Assimilation erzeugen. Diese Eigenschaft, Sauerstoff zu erzeugen und an das Wasser abzugeben, läßt sie sogar nützlich werden. Die Algen lieben sauerstoffreiches, nährstoffreiches und hartes Wasser mit einem hohen pH-Wert. Das ist auch ein Grund, weshalb das Problem der Veralgung vorwiegend in neu eingerichteten Becken mit frisch eingelassenem Wasser auftritt, hier oft die Schwebealgen. In

den Wasserbecken, in denen ein biologisches Gleichgewicht herrscht, wird man keine störenden Algen finden. Dieses biologische Gleichgewicht stellt sich in einem harmonisch gestalteten Wasserbecken nach einiger Zeit von selbst ein. Es erfordert manchmal etwas Geduld. Mit einem Ablassen des Wassers und dem Ersatz durch neues erreicht man das Gegenteil dessen, was bezweckt wird. Nach vielleicht zwei Wochen mit klarem Wasser, beginnt das Algenwachstum wieder, da mit dem Wasser auch neue Nährstoffe zugeführt werden.

Die Fadenalgen können in einem kleinen Wasserbecken einfach mit der Hand, einem Stock oder einer Harke herausgefischt werden. Eine andere Bekämpfungsmaßnahme ist das Absenken des pH-Wertes im Wasser oder die Verwendung weichen Wassers (Regenwasser). Eine reichliche Bepflanzung des Beckens mit Unterwasserpflanzen, Seerosen, Schwimmpflanzen und nährstoffbedürftigen Pflanzen in einem ausgewogenen Verhältnis sorgt in kurzer Zeit dafür, daß das Wasser algenfrei wird. Diese Pflanzen entziehen den Algen die Nahrung, treten also in Nahrungskonkurrenz auf, bringen sie zum Verhungern und schließlich zum Absterben. Einige Unterwasserpflanzen, wie z. B. Nadelsimse (*Eleocharis acicularis*) oder Wasserstern (*Callitriche palustris*) und Schwimmpflanzen, wie z. B. Wasserhyazinthe (*Eichhornia crassipes*) oder Muschelblume (*Pistia stratiotes*) sind dafür bekannt, daß sie Algenbewuchs unterdrücken. Eine chemische Bekämpfung mit Aluminiumsulfat oder Kupfersulfat sollte im Gartenteich unbedingt vermieden werden, da diese Mittel auch höhere Pflanzen und Tiere schädigen. Die im Handel befindlichen Präparate gegen Schwebealgen und Fadenalgen sind pflanzen- und fischverträglich, doch sie bekämpfen nur die Algen und nicht die Ursachen. Es gibt einige sehr wirksame Mittel, die durch physikalische Beeinflussung Schwebealgen zusammenklumpen lassen.

Es soll in diesem Zusammenhang auch nicht unerwähnt bleiben, daß es neben den ausgesprochen lästigen Algen auch einige nützliche Arten gibt, wie z. B. Armleuchteralgen (*Chara*) und Glanzleuchteralgen (*Nitella*), die hin und wieder im Wasserbecken auftreten können. Diese Algen, die im Habitus schon einer höher entwickelten Pflanze ähnlich sehen, sind Zeigerpflanzen für eine gute Wasserqualität und sollten deshalb nicht beseitigt werden.

Pflanzenlisten

Wuchernde Sumpf- und Wasserpflanzen

Acorus calamus
Azolla-Arten
Callitriche-Arten
Carex acutiformis
Carex gracilis
Carex pseudocyperus
Carex riparia
Cladium mariscus
Eichhornia crassipes
Eleocharis-Arten
Elodea canadensis
Equisetum-Arten
Glyceria maxima
Hippuris vulgaris
Hydrocharis morsus-ranae
Hydrocleys nymphoides
Hydrocotyle-Arten
Juncus ensifolius
Littorella uniflora
Ludwigia clavellina
Ludwigia palustris
Luronium natans
Lysimachia nummularia
Lysimachia punctata
Lysimachia vulgaris
Marsilea quadrifolia
Mentha aquatica
Mimulus guttatus
Mimulus luteus
Myosotis palustris
Myriophyllum-Arten
Nymphoides peltata
Onoclea sensibilis
Phalaris arundinacea
Phragmites australis
Pilularia globulifera
Pistia stratiotes
Polygonum amphibium
Potamogeton-Arten
Ranunculus-Arten
Rosa carolina
Salvinia natans
Saururus cernuus
Scirpus lacustris
Scirpus triqueter
Sparganium erectum
Thelypteris-Arten
Typha-Arten
Veronica beccabunga
Viola palustris
Zizania caduciflora

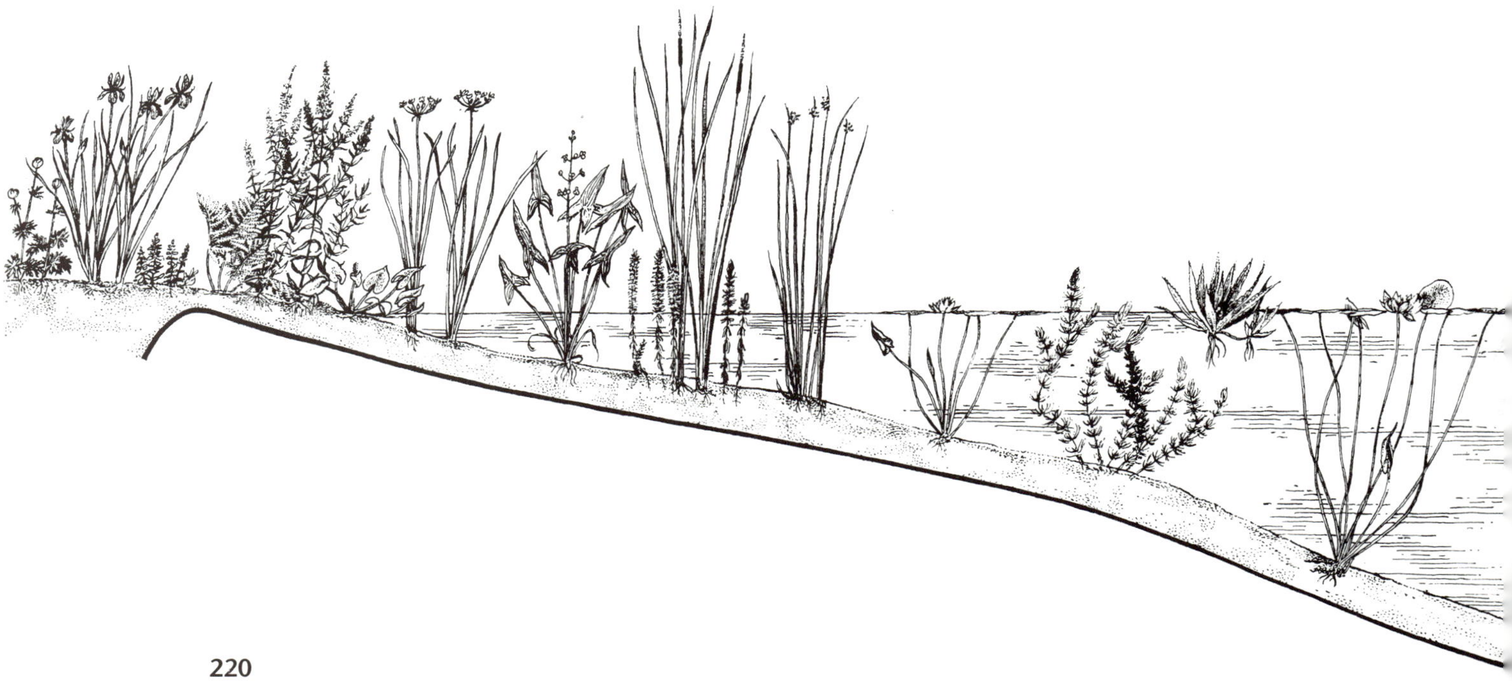

Schwimmpflanzen

(freischwimmend oder mit den Wurzeln im Boden verankert)

Azolla caroliniana
Azolla filiculoides
Eichhornia crassipes
Hydrocharis morsus-ranae
Hydrocleys nymphoides
Limnobium spongia
Nymphoides aquatica
Nymphoides peltata
Pistia stratiotes
Salvinia natans
Stratiotes aloides
Trapa natans

Unterwasserpflanzen

Aldrovanda vesiculosa
Callitriche-Arten
Ceratophyllum-Arten
Crassula aquatica
Crassula recurva
Egeria densa
Eleocharis acicularis
Elodea canadensis
Fontinalis antipyretica
Hottonia-Arten
Littorella uniflora
Lobelia dortmanna
Myriophyllum-Arten
Potamogeton-Arten
Ranunculus aquatilis
Ranunculus circinatus
Ranunculus flabellaris
Stratiotes aloides
Utricularia-Arten

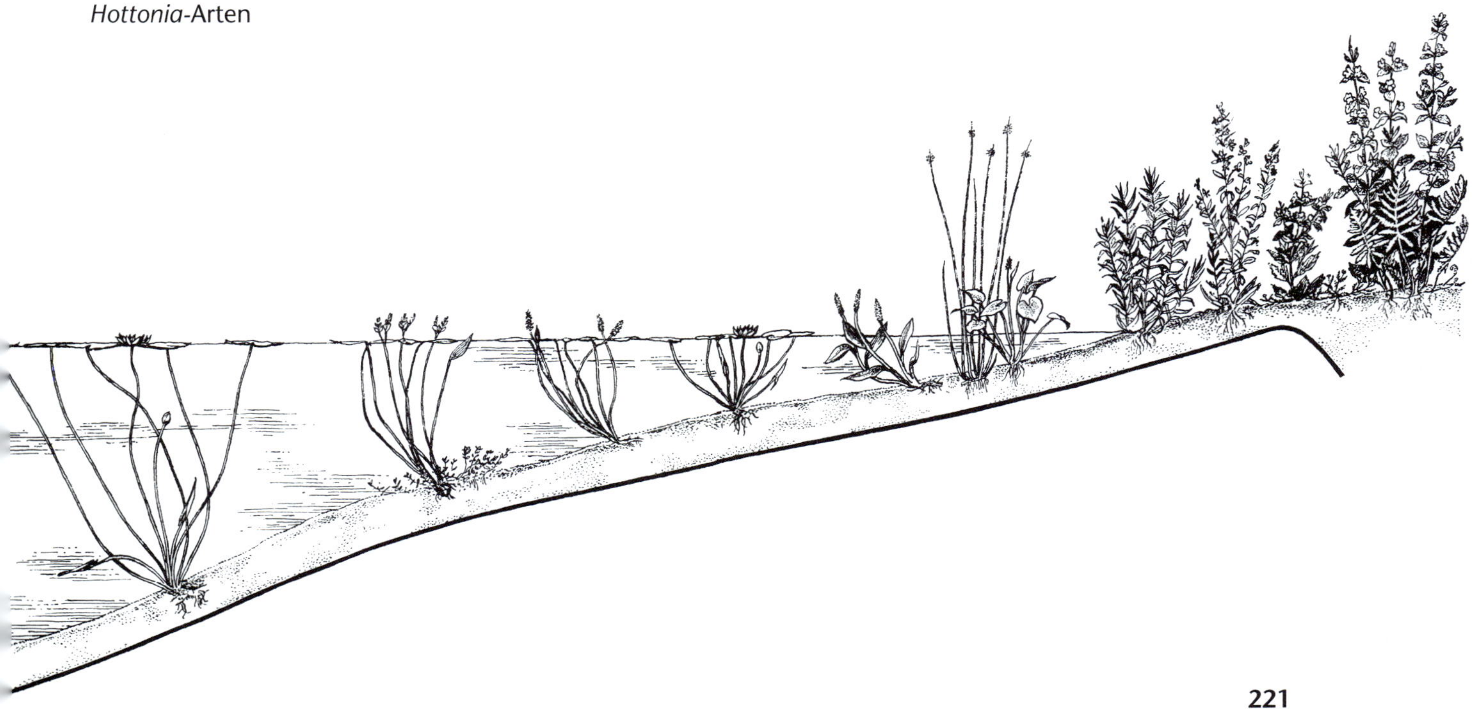

Kleinere Gehölze für einen sumpfigen Standort

(in Klammern Höhe in m)

Cephalanthus occidentalis (2)
Clethra alnifolia (3)
Ledum palustre (1,50)
Rosa carolina (1,50)
Rosa palustris (1,80)
Styrax americana (3)
Vaccinium macrocarpon (kriechend)
Vaccinium oxycoccos (kriechend)

Einheimische Sumpf- und Wasserpflanzen

Acorus calamus
Aldrovanda vesiculosa
Alisma gramineum
Alisma lanceolatum
Alisma plantago-aquatica ssp. *plantago-aquatica*
Allium angulosum
Allium suaveolens
Baldellia ranunculoides
Butomus umbellatus
Caldesia parnassiifolia
Calla palustris
Callitriche hamulata
Callitriche hermaphroditica
Callitriche palustris
Callitriche stagnalis
Caltha palustris
Carex acutiformis
Carex elata
Carex flava
Carex paniculata
Carex pseudocyperus
Carex riparia
Ceratophyllum demersum
Ceratophyllum submersum
Cladium mariscus
Crassula aquatica
Cyperus longus
Dianthus superbus
Drosera anglica
Drosera rotundifolia
Eleocharis acicularis
Eleocharis palustris
Elodea canadensis
Equisetum fluviatile
Equisetum palustre
Equisetum variegatum
Eriophorum angustifolium
Eriophorum latifolium
Eriophorum vaginatum
Eupatorium cannabinum
Euphorbia palustris
Filipendula ulmaria
Fontinalis antipyretica
Geranium palustre
Geum rivale
Gladiolus imbricatus
Gladiolus palustris
Glyceria maxima
Gratiola officinalis
Hippuris vulgaris
Hottonia palustris
Hydrocharis morsus-ranae
Hydrocotyle vulgaris
Iris pseudacorus
Iris sibirica
Juncus conglomeratus
Juncus effusus
Juncus inflexus
Lathyrus palustris
Ledum palustre
Leucojum aestivum
Littorella uniflora

Ludwigia palustris
Luronium natans
Lychnis flos-cuculi
Lysimachia nummularia
Lysimachia punctata
Lysimachia thyrsiflora
Lysimachia vulgaris
Lythrum salicaria
Lythrum virgatum
Marsilea quadrifolia
Mentha aquatica
Menyanthes trifoliata
Mimulus guttatus
Myosotis palustris
Myosotis rehsteineri
Myriophyllum alternifolium
Myriophyllum spicatum
Myriophyllum verticillatum
Nuphar lutea
Nuphar pumila
Nymphoides peltata
Osmunda regalis
Parnassia palustris
Phalaris arundinacea
Phragmites australis
Pilularia globulifera
Polygonum amphibium
Polygonum bistorta
Potamogeton crispus
Potamogeton filiformis
Potamogeton lucens
Potamogeton natans
Potamogeton x nitens
Potamogeton pectinatus
Potamogeton perfoliatus
Potamogeton rutilus
Potentilla palustris
Ranunculus acris
Ranunculus aquatilis
Ranunculus circinatus
Ranunculus lingua
Rumex hydrolapathum
Sagittaria sagittifolia
Salvinia natans
Scirpus holoschoenus
Scirpus lacustris ssp. *lacustris*
Scirpus lacustris ssp. *tabernaemontani*
Scirpus mucronatus
Scirpus triqueter
Solanum dulcamara
Sparganium emersum
Sparganium erectum
Sparganium minimum
Stratiotes aloides
Succisa pratensis
Swertia perennis
Thelypteris palustris
Trapa natans
Trollius europaeus
Typha angustifolia
Typha latifolia
Typha minima
Typha shuttleworthii
Utricularia bremii
Utricularia intermedia
Utricularia minor
Utricularia neglecta
Utricularia ochroleuca
Utricularia vulgaris
Vaccinium oxycoccus
Veronica beccabunga
Veronica longifolia
Viola elatior
Viola palustris

Sumpf- und Wasserpflanzen, die einen Winterschutz benötigen

In dieser Übersicht werden Pflanzen zusammengefaßt, die entweder im Freien überwintern und dort eine Bedeckung aus Reisig, Laub u. a. brauchen, im flachen oder tieferen Wasser stehen oder während der kalten Jahreszeit in einem Gewächshaus o. ä. Räumen untergebracht werden müssen.

Es werden von den Temperaturansprüchen her 3 Pflanzengruppen unterschieden:

- Pflanzen des Kalthauses = K (5–12 °C)
- Pflanzen des temperierten Hauses = T (12–18 °C)
- Pflanzen des Warmhauses = W (18–22 °C)

Acorus gramineus-Sorten (K)
Anemopsis californica
Aponogeton distachyos
Azolla caroliniana (K)
Canna-Arten, Sorten und Hybriden (T)
Colocasia esculenta (T)
Crinum-Arten (K)
Cyperus papyrus (T)
Egeria densa
Eichhornia crassipes (T)
Eryngium-Arten (K)
Gunnera magellanica
Hibiscus moscheutos
Houttuynia cordata
Hydrocleys nymphoides (K)
Hydrocotyle bonariensis (K)
Hymenocallis liriosme (K)
Iris nelsonii
Lilaeopsis attenuata
Limnobium spongia (K)
Lobelia cardinalis
Ludwigia clavellina (K)
Marsilea quadrifolia
Mimulus cardinalis (K)
Mimulus cupreus
Mimulus lewisii
Mimulus moschatus
Mimulus primuloides
Myriophyllum aquaticum (T)
Nelumbo lutea
Nelumbo nucifera (K)
Nierembergia repens (K)
Nymphoides aquatica (K)
Peltandra sagittifolia (K)
Pistia stratiotes (W)
Pontederia lanceolata (K)
Primula-Arten
Rhexia virginica
Sagittaria lancifolia (T)
Sagittaria macrophylla
Sagittaria platyphylla
Sarracenia flava
Saururus chinensis
Selliera radicans (K)
Thalia-Arten (T)
Villarsia-Arten (K)
Zantedeschia aethiopica (K)

Verzeichnis der deutschen Pflanzennamen

Verzeichnis der deutschen Pflanzennamen

Schwaden – *Glyceria*
Schwanenblume – *Butomus*
Schwertlilie – *Iris*
Schwimmfarn – *Salvinia*
Schwimmlöffel – *Luronium*
Seekanne – *Nymphoides*
Seerose – *Nymphaea*
Segge – *Carex*
Seidenpflanze – *Asclepias*
Selliere – *Selliera*
Siegwurz – *Gladiolus*
Simse – *Scirpus*
Sonnentau – *Drosera*
Stinkkohl – *Symplocarpus*
Storaxbaum – *Styrax*
Storchschnabel – *Geranium*
Strandling – *Littorella*
Süßgras – *Glyceria*
Sumpffarn – *Thelypteris*
Sumpfried – *Eleocharis*
Sumpfsimse – *Eleocharis*
Tannenwedel – *Hippuris*
Tarant – *Swertia*
Taro – *Colocasia*
Tausendblatt – *Myriophyllum*
Teichrose – *Nuphar*
Teufelsabbiß – *Succisa*
Thalie – *Thalia*
Trollblume – *Trollius*
Veilchen – *Viola*
Vergißmeinnicht – *Myosotis*
Vernonie – *Vernonia*
Villarsie – *Villarsia*
Wasserähre – *Aponogeton*
Wasseraloe – *Stratiotes*
Wasserbambus – *Dulichium*
Wasserdost – *Eupatorium*
Wasserfalle – *Aldrovanda*
Wasserfeder – *Hottonia*
Wasserhyazinthe – *Eichhornia*
Wassermohn – *Hydrocleys*
Wassernabel – *Hydrocotyle*
Wassernuß – *Trapa*
Wasserpest – *Elodea, Egeria*
Wasserreis – *Zizania*
Wassersalat – *Pistia*
Wasserschlauch – *Utricularia*
Wasserstern – *Callitriche*
Weiderich – *Lythrum*
Wolfsmilch – *Euphorbia*
Wolfstrapp – *Lycopus*
Wollgras – *Eriophorum*
Zantedeschie – *Zantedeschia*
Zimmerkalla – *Zantedeschia*
Zimterle – *Clethra*
Zypergras – *Cyperus*

Erläuterung von Fachbegriffen

Aerenchym	luftführendes Gewebe mit großen Zellzwischenräumen, welches vor allem bei Sumpf- und Wasserpflanzen auftritt
Anthere	Staubbeutel, in der Regel aus zwei Hälften bestehend. Jede der beiden Staubbeutelhälften enthält zwei Pollensäcke, in denen sich die Pollenkörner bilden.
Bastard	Pflanze, die durch Kreuzung genetisch unterschiedlicher Elternformen entstanden ist
dystroph	als dystroph wird ein Gewässer bezeichnet, welches reich an Huminsäuren und nährstoffarm ist
emers	über dem Wasser lebend
eutroph	als eutroph wird ein Gewässer bezeichnet, welches nährstoffreich ist
fertil	fruchtbar, sporenbildend
F1-Hybriden	Individuen der ersten Tochtergeneration aus einer bestimmten Paarung
Fruchtblatt	Blattorgan der Pflanze, das die Samenanlagen erzeugt
generative Vermehrung	geschlechtliche Vermehrung (durch Aussaat von Samen)
Granne	borstenförmiger, meist trockener Fortsatz der Deckspelzen der Gräser
Habitus	Gesamtbild, Gestalt oder Aussehen der Pflanze, hauptsächlich abhängig von der Art der Verzweigung und Beblätterung, der Internodienlänge, der Wuchsrichtung der Sprosse und der Verholzung
Helophyten	Sumpfpflanzen des Süßwassers
Hibernakeln	Überwinterungsknospen zahlreicher Wasserpflanzen. Sie werden im Herbst gebildet, überwintern auf dem Boden der Gewässer und kommen erst im Frühjahr an die Wasseroberfläche, wo sie sich zu neuen Pflanzen entwickeln
Hybride	Kreuzungsprodukt (siehe Bastard)
Hydrophyten	Wasserpflanzen, alle nicht zum Plankton zählenden, ausdauernden Wasserpflanzen, deren Überdauerungsorgane in der ungünstigen Jahreszeit im Wasser untergetaucht sind
Kosmopolit	Pflanze, deren Verbreitungsgebiet sehr große Teile der Erde umfaßt
Kronblatt	Blatt der Blütenhülle, auch als Blütenblatt bezeichnet

Erläuterung von Fachbegriffen

Krone	der von Kronblättern gebildete innere Kreis einer doppelten Blütenhülle
Kronröhre	Teil der verwachsenblättrigen Krone, der aus den verwachsenen unteren Teilen der Kronblätter gebildet wird
Kutikula	Kutinhäutchen, äußerste Schicht der Außenwände der Oberhautzellen, sie schützt vor schädlichen Wasserverlusten des Gewebekörpers und erhöht zugleich die mechanische Festigkeit. Der Kutikula ist häufig Wachs aufgelagert
Megasporangium	Bildungsbehälter der weibliche Geschlechtszellen bildenden Megasporen bei Moosen und Farnen
Mikrosporangium	Bildungsbehälter der männliche Geschlechtszellen bildenden Megasporen bei Mossen und Farnen
oligotroph	Als oligotroph wird ein Gewässer bezeichnet, welches nährstoff- und humusarm ist
panaschiert	Bezeichnung für gestreifte oder gefleckte Blätter
Perianth	1. die doppelte Blütenhülle, bestehend aus Kelch- und Kronblättern; 2. die becherförmige Hülle der 'Moosblüte'
Perigon	Einheitliche Blütenhülle, bestehend aus gleichgestalteten und gleichgefärbten Blütenhüllblättern. Das Perigon kann kronartig (Tulpe) oder kelchähnlich (Binse) sein
Plankton	Gesamtheit der im Wasser frei schwebenden Lebewesen
Reflecting Pool	meist flaches, großflächiges Wasserbecken zur Spiegelung der Umgebung
Rhizoid	Haarbildung, die die Funktion der Wurzel übernimmt
Rhizom	Unterirdische, mehr oder weniger verdickte Sproßachse, die sich durch die meist vorhandenen schuppenartigen Niederblätter und durch ihre Gliederung deutlich von Wurzeln unterscheidet. Sie speichert häufig Stärke und dient der vegetativen Vermehrung
Saum	der obere, nicht verwachsene, meist ausgebreitete Teil einer Blüte
solitär	einzeln stehend, vereinzelt
Spatha	Blütenscheide, oft lebhaft gefärbtes Hochblatt, das einzeln oder zu mehreren unter den meist kolbigen Blütenständen sitzt. Die Spatha ist typisch für alle Aronstabgewächse
Spirre	Zusammengesetzter, traubiger Blütenstand, dessen Zweige ersten Grades von unten nach oben allmählich kürzer werden.
Sphagnum	botanischer Name für Torfmoos, einer Gattung, deren Arten die überwiegende Substanz des Hochmoortorfes bilden

Sporen	ungeschlechtliche Keim- oder Fortpflanzungszellen (z. B. bei Moosen und Farnen)
Sporangium	Sporenbehälter bei Moosen und Farnen
Sporokarpien	die von einer dicken Hülle vollständig umschlossenen Sporenhaufen der Wasserfarne
Spreite	der verbreiterte, meist flächige Teil des Blattes, der mit einem Blattstiel oder direkt der Sproßachse aufsitzt
Sprossung	Sproßbildung der Pflanzen
steril	unfruchtbar (bei Farnen die Wedel, die keine Sporen tragen)
submers	untergetaucht, unter Wasser lebend
Turonien	siehe Hibernakeln
vegetative Vermehrung	ungeschlechtliche Vermehrung (z. B. durch Teilung, Brutknospen)
zirkumpolar	Bezeichnung für das Tundrengebiet der nördlichen Halbkugel

Literatur

Abrams, L. (1940): Illustrated Flora of the Pacific States. 2. Auflage, Stanford University Press u. Oxford University Press, Stanford University California, London

Altishofen, E. Pfyffer von (1906): Gärtnerische Spezialkulturen. Heft 1, Verlag von Otto Lenz, Leipzig

Arber, A. (1963): Water Plants (Reprint); Hafner Publishing Co., New York

Baensch, H. A., Paffrath, K. seegers, L. (1992): Gartenteich-Atlas. Mergus-Verlag, Melle

Bartrum, D. (1968): Water in the Garden. 1. Auflage, John Gifford Ltd., London

Beal, E. O. (1956): Taxonomic Revision of the Genus Nuphar Sm. of North America and Europe, Jour. Elisha Mitchell Sci. Soc. 72, No. 2: 317–346

Bertsch, K. (1947a): Der See als Lebensgemeinschaft. Otto Maier Verlag, Ravensburg

Bertsch, K. (1947b): Sumpf und Moor als Lebensgemeinschaft. Otto Maier Verlag, Ravensburg

Britton, N. L., Brown, H. A. (1896–1898): An Illustrated Flora of the Northern United States, Canada and the British Possessions. Charles Scribner's Sons, New York

Brünner, G. (1953): Wasserpflanzen. Verlag Gustav Menzel & Sohn, Braunschweig

Bursche, E.-M. (1980): Wasserpflanzen. 6. Auflage, Neumann Verlag, Leipzig-Radebeul

Caillet, M., Mertzweiller, J. K. (1988): The Louisiana Iris. Texas Gardener Press, Waco

Case, D. (1991): Water Garden Plants. The Crowood Press, Marlborough

Casper, S. J., Krausch, H.-D. (1980): Süßwasserflora von Mitteleuropa (hrsg. von H. Ettl, J. Gerloff, H. Heynig). Band 23, Pteridophyta und Anthophyta. 1. Teil: Lycopodiaceae bis Orchidaceae. 1. Auflage, VEB Gustav Fischer Verlag, Jena

Casper, S. J., Krausch, H.-D. (1981): Süßwasserflora von Mitteleuropa (hrsg. von H. Ettl, J. Gerloff, H. Heynig). Band 24, Pteridophyta und Anthophyta. 2. Teil: Saururaceae bis Asteraceae. 1. Auflage, VEB Gustav Fischer Verlag, Jena

Cave, N. L. (1959): The Iris. London

Collins (1989): Guide to Waterlilies and other aquatic plants. Stapeley Water Gardens, London

Conard, H. S. (1991): The Waterlilies – A monograph of the genus Nymphaea. Facsimile Reprint Lark Publications, Bury St. Edmunds

Correll, D. S., Correll, H. B. (1972): Aquatic and Wetland Plants of Southwestern United States. Environmental Protection Agency

Dobler, A., Fleischer, W. (1997): Der Schwimmteich im Garten. Orac Verlag, Wien, München, Zürich

Encke, F., Buchheim, G., Seybold, S. (1994): Zander, Handwörterbuch der Pflanzennamen. 15. Auflage, Verlag Eugen Ulmer, Stuttgart

Encke, F. (1958–1961): Pareys Blumengärtnerei. 2. Auflage, Verlag Paul Parey, Berlin und Hamburg

Fassett, N. C. (1985): A Manual of Aquatic Plants. The University of Wisconsin Press, Madison

Fletcher, H. L. V. (1951): The Water Garden. 1. Auflage, John Lehmann Ltd., London

Freidel, J. W. (1978): Populationsdynamik der Wasserhyazinthe (Eichhornia crassipes (Mart.) Solms) unter besonderer Berücksichtigung des sudanesischen Befallsgebietes. Universität Hohenheim, Diss. A

Gleason, H. A. (1952): The New Britton and Brown Illustrated Flora of the Northeastern United States and Adjacent Canada. The New York Botanical Garden, New York

Glück, H. (1924): Biologische und morphologische Untersuchungen über Wasser- und Sumpfgewächse. Vierter Teil: Untergetauchte und Schwimmblattflora. Verlag Gustav Fischer, Jena

Hall, T. F., Penfound, W. T. (1958): The Biology of the American Lotus, Nelumbo lutea (Willd.) Pers. Bulletin of the Torrey Botanical Club, Vol. 85, No. 1, pp. 744–758

Hansen, R., Stahl, F. (1984): Die Stauden und ihre Lebensbereiche in Gärten und Grünanlagen. 2. Auflage, Verlag Eugen Ulmer, Stuttgart

Hegi, G. (ab 1931): Illustrierte Flora von Mitteleuropa. J. F. Lehmanns Verlag, München

Heritage, B. (1986): Ponds & Water Gardens. Cassell Publishers Ltd., London

Heriteau, J., Thomas, C. B. (1994): Water Gar-

dens. Houghton Mifflin Company, Boston, New York

Herkner, H. (1978): Rund um den Wassergarten, Anlage, Pflanzen, Tiere. 1. Auflage, BLV Verlagsgesellschaft, München

Horinaka, A. (1990): The Pictorial Book of Iris laevigata. Abocsha Co. Ltd., Japan

INTERNATIONAL WATER LILY SOCIETY (1993): Identification of Hardy Nymphaea. Stapeley Water Gardens

Jelitto, L., Schacht, W., Fessler, A. (1985): Die Freiland-Schmuckstauden. 3. Auflage, Verlag Eugen Ulmer, Stuttgart

Kircher, W. (1996): Wasserpflanzen für den Garten. Verlag Eugen Ulmer, Stuttgart

Kircher, W. (1993): Kulturverfahren für Helophyten zur Verwendung in der Landschaft. Dissertation, Technische Universität München

Köhlein, F. (1981): Iris. 1. Auflage, Verlag Eugen Ulmer, Stuttgart

Krausch, H.-D. (1996): Farbatlas Wasser- und Uferpflanzen. Verlag Eugen Ulmer, Stuttgart

Lehr, R. (1981): Taschenbuch für den Garten- und Landschaftsbau. 3. Auflage, Verlag Paul Parey, Berlin und Hamburg

Maass-Lübeck, H. (1934): Wasserbecken für kleine und große Gärten. Gartenbau-Verlag Trowitzsch und Sohn, Frankfurt/O. und Berlin

Markmann, L., Markmann, E. (1991): Der Wassergarten. Hörnemann Verlag, Bielefeld

Mason, H. L. (1957): A Flora of the Marshes of California. University of California Press, Berkeley and Los Angeles

Masters, C. O. (1974): Encyclopedia of the Water-Lily. T. F. H. Publications, Inc., Neptune City, NJ

Matson, T. (1993): Earth Ponds. Countryman Press, Woodstock

McEwen, C. (1990): The Japanese Iris. University Press of New England

McEwen, C. (1996): The Siberian Iris. Timber Press, Portland, OR

Miessner, E. (1958): Winterfeste Seerosen. Reihe Berliner Gärtnerbücher, Heft 22, Deutscher Bauernverlag, Berlin

Muenscher, W. C. (1944): Aquatic Plants of the United States. Comstock Publishing Co., Ithaca, NY

Nash, H., Speichert, C. G. (1996): Water Gardening in Containers. Sterling Publishing, New York

Neuenschwander, E. (1993): Schöne Schwimmteiche. Verlag Eugen Ulmer, Stuttgart

Niklitschek, A. (1958): Wasserpflanzen in Gärten. Verlag F. Bruckmann, München

Olberg, G. (1952): Sumpf- und Wasserpflanzen. Die neue Brehm-Bücherei, Heft 59, Leipzig

Papenfuss, H. J. (1963): Wasserpflanzen für den Gartenteich. Verlag Stichnote, Darmstadt

Paul, A., Rees, Y. (1986): The Water Garden. Frances Lincoln, London

Perry, A.: Water, Bog & Moisture-loving Plants. Meyers, Brooks & Co., Ltd., Enfield

Perry, A. (1946): Amos Perry's Diary. Meyers, Brooks & Co., Ltd., Enfield

Perry, F. (1947): Water Gardening. 2. Auflage, Country Life Ltd., London

Perry, F. (1962): The Garden Pool. H. H. & L. Collingridge Ltd., London and Transatlantic Arts Incorporated, FL

Petrowsky, E. (1993): Seerosen für den Gartenteich. Gräfe und Unzer, München

Plumptre, G. (1993): The Water Garden. Thames and Hudson Ltd., London

Poethig, K., Schneider, C. (1929): Hausgartentechnik. Verlag der Gartenschönheit, Berlin

Rothmaler, W. (1976): Exkursionsflora. 4. Auflage, VEB Volk und Wissen, Berlin

Rothmaler, W. (1987): Exkursionsflora. Band 3. Atlas der Gefäßpflanzen. 6. Auflage, VEB Volk und Wissen, Berlin

Samuelsson, G. (1932): Die Arten der Gattung Alisma L. Arkiv för Botanik, Band 24 A. No. 7, Stockholm, Berlin, Paris

Schatz, R. (1953): Gartentechnik. 3. Auflage, Verlag Paul Parey, Berlin und Hamburg

Schimana, W. (1993): Wassergärten. Franckh-Kosmos Verlag, Stuttgart

Schubert, R., Wagner, G. (1984): Pflanzennamen und botanische Fachwörter. 8. Auflage, Neumann Verlag, Radebeul

Schuster, E. (1995): Gartenteiche richtig gestalten. Deutscher Landwirtschaftsverlag, Berlin

Schuster, E., Sommer, S. (1987): Sumpf- und Wasserpflanzen für Garten und Landschaft. 2. Auflage, VEB Deutscher Landwirtschaftsverlag, Berlin

Skinner, A., Arscott, D. (1994): The Stream Garden. Ward Lock, London

Slocum, P. D., Robinson, P. (1996): Water Gardening – Water Lilies and Lotuses. Timber Press, Portland

Stadelmann, P. (1990): Gartenteich. Gräfe und Unzer, München

Steward, A. N., Dennis, L. R., Gilkey, H. M. (1960): Aquatic Plants of the Pacific Northwest with Vegetative Keys. Oregon State College Corvallis, OR

Stodola, J. (1967): Encyclopedia of Water Plants. T. F. H. Publications, Inc., Neptune City, NJ

Strassburger, E. (1983): Lehrbuch der Botanik. 32. Auflage, VEB Gustav Fischer Verlag, Jena

THE SPECIES IRIS GROUP OF NORTH AMERICA (1999): SIGNA Checklist, Part 1, Alphabetical list of Iris species. SIGNA Checklist of Iris, Part 2, Alphabetical cultivar list of variations and hybrids of Iris species

THE SPECIES GROUP OF THE BRITISH IRIS SOCIETY (1997): A Guide to Species Irises – Their Identification and Cultivation. Cambridge University Press

Sweden, J. van (1995): Gardening with Water. Random House, New York

Swindells, P. (1983): Waterlilies. Timber Press, Portland

Swindells, P. (1988): At the Water`s Edge. Ward Lock, London

Thomas, C. B. (1997): Water Gardens. Houghton Mifflin Company, Boston, New York

Timm, U. (1995): Die neuen Teiche, Bäche, Pools. Callwey Verlag, München

Tiner, R. W. (1993): Field Guide to Coastal Wetland Plants of the Southeastern United States. The University of Massachusetts Press

Tricker, W. (1897): The Water Garden. A. T. De La Mare Printing and Publishing Company, New York

Wachter, K. (1993): Der Wassergarten. 7. Auflage, Verlag Eugen Ulmer, Stuttgart

Wachter, K. (1998): Seerosen – Winterharte und tropische Nymphaeaceen. Verlag Eugen Ulmer, Stuttgart

Waddick, J. W., Yu-Tang, Z. (1992): Iris of China. Timber Press, Portland, OR

Wendt, A. (1952–1955): Die Aquarienpflanzen in Wort und Bild. Alfred Kernen Verlag, Stuttgart

Weixler, R., Hauer, W. (1998): Garten- & Schwimmteiche. Leopold Stocker Verlag, Graz, Stuttgart

Winterringer, G. S., Lopinot, A. C. (1966): Aquatic Plants of Illinois. Illinois State Museum

Wissing, F. (1995): Wasserreinigung mit Pflanzen. Verlag Eugen Ulmer, Stuttgart

Sachwortverzeichnis

Seitenangaben **in Fettdruck** verweisen auf Abbildungen.